U0328898

INTERNATIONAL MATHEMATICAL OLYMPIADS

1964～1968 第2卷

● 主　编　佩　捷

● 副主编　冯贝叶

多解　推广　加强

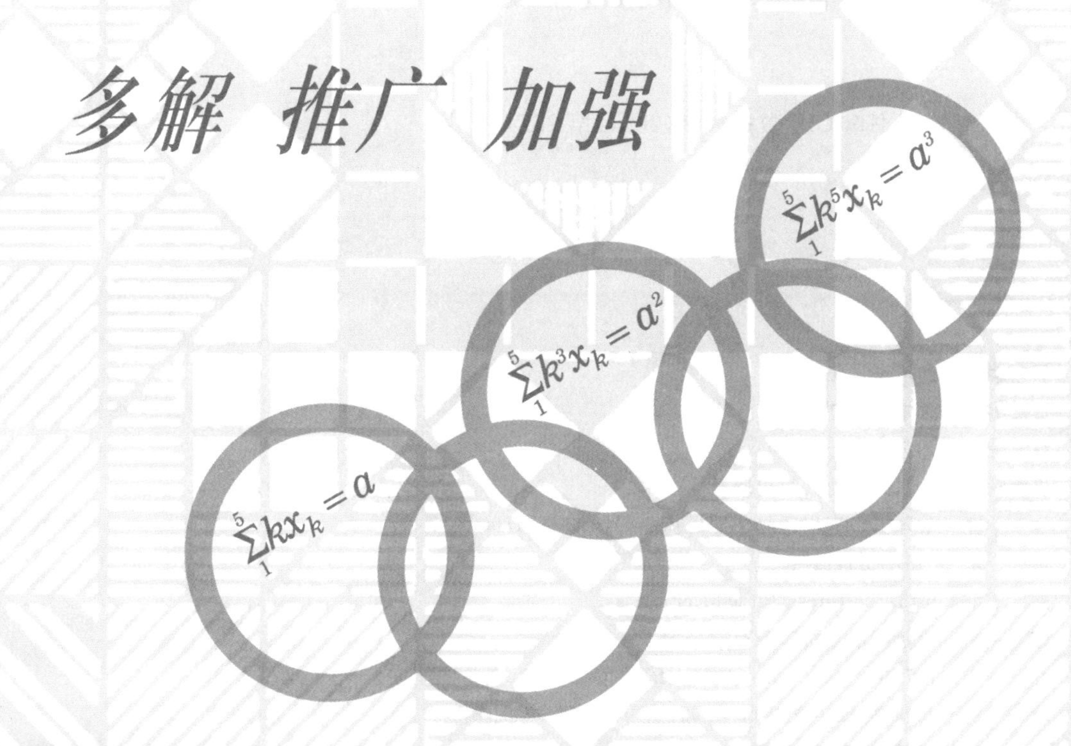

哈爾濱工業大學出版社
HARBIN INSTITUTE OF TECHNOLOGY PRESS

内 容 简 介

本书汇集了第6届至第10届国际数学奥林匹克竞赛试题及解答。本书广泛搜集了每道试题的多种解法，且注重初等数学与高等数学的联系，更有出自数学名家之手的推广与加强。本书可归结出以下四个特点，即收集全、解法多、观点高、结论强。

本书适合于数学奥林匹克竞赛选手和教练员、高等院校相关专业研究人员及数学爱好者使用。

图书在版编目(CIP)数据

IMO 50年.第2卷，1964～1968/佩捷主编.—哈尔滨：哈尔滨工业大学出版社，2014.11(2021.12重印)

ISBN 978－7－5603－4976－3

Ⅰ.①I…　Ⅱ.①佩…　Ⅲ.①中学数学课－题解
Ⅳ.①G634.605

中国版本图书馆CIP数据核字(2014)第257424号

策划编辑　刘培杰　张永芹
责任编辑　张永芹　刘春雷
封面设计　孙茵艾
出版发行　哈尔滨工业大学出版社
社　　址　哈尔滨市南岗区复华四道街10号　邮编150006
传　　真　0451－86414749
网　　址　http://hitpress.hit.edu.cn
印　　刷　哈尔滨市石桥印务有限公司
开　　本　787mm×1092mm　1/16　印张12.25　字数227千字
版　　次　2014年11月第1版　2021年12月第2次印刷
书　　号　ISBN 978－7－5603－4976－3
定　　价　28.00元

前言 | Foreword

法国教师于盖特·昂雅勒朗·普拉内斯在与法国科学家、教育家阿尔贝·雅卡尔的交谈中表明了这样一种观点："若一个人不'精通数学',他就比别人笨吗"?

"数学是最容易理解的.除非有严重的精神疾病,不然的话,大家都应该是'精通数学'的.可是,由于大概只有心理学家才可能解释清楚的原因,某些年轻人认定自己数学不行.我认为其中主要的责任在于教授数学的方式."

"我们自然不可能对任何东西都感兴趣,但数学更是一种思维的锻炼,不进行这项锻炼是很可惜的.不过,对诗歌或哲学,我们似乎也可以说同样的话."

"不管怎样,根据学生数学上的能力来选拔'优等生'的不当做法对数学这门学科的教授是非常有害的."(阿尔贝·雅卡尔、于盖特·昂雅勒朗·普拉内斯.《献给非哲学家的小哲学》.周冉,译.广西师范大学出版社,2001,96)

这本题集不是为老师选拔"优等生"而准备的,而是为那些对IMO感兴趣,对近年来中国数学工作者在IMO研究中所取得的成果感兴趣的读者准备的资料库.展示原味真题,提供海量解法(最多一题提供20余种不同解法,如第3届IMO第2题),给出加强形式,尽显推广空间,是我国建国以来有关IMO试题方面规模最大、收集最全的一本题集,从现在看,以"观止"称之并不为过.

前中国国家射击队的总教练张恒是用"系统论"研究射击训练的专家,他曾说:"世界上的很多新东西,其实不是'全新'的,就像美国的航天飞机,总共用了2万个已有的专利技术,真正的创造是它在总体设计上的新意."(胡廷楣.《境界——关于围棋文化的思考》.上海人民出版社,1999,463)本书的编写又何尝不是如此呢,将近100位专家学者给出的多种不同解答放到一起也是一种创造.

如果说这部题集可比作一条美丽的珍珠项链的话,那么编者所做的不过是将那些藏于深海的珍珠打捞起来并穿附在一条红线之上,形式归于红线,价值归于珍珠.

首先要感谢江仁俊先生,他可能是国内最早编写国际数学奥林匹克题解的先行者(1979年,笔者初中毕业,同学姜三勇(现为哈工大教授)作为临别纪念送给笔者的一本书就是江仁俊先生编的《国际中学生数学竞赛题解》(定价仅0.29元),并用当时叶剑英元帅的诗词做赠言:"科学有险阻,苦战能过关."27年过去仍记忆犹新).所以特引用了江先生的一些解法.江苏师范学院(今年刚刚去世的华东师范大学的肖刚教授曾在该校外语专业读过)是我国最早介入IMO的高校之一,毛振璇、唐起汉、唐复苏三位老先生亲自主持从德文及俄文翻译1～20届题解.令人惊奇的是,我们发现当时的插图绘制居然是我国的微分动力学专家"文化大革命"后北大的第一位博士张筑生教授,可惜天妒英才,张筑生教授英年早逝,令人扼腕(山东大学的杜锡录教授同样令人惋惜,他也是当年数学奥林匹克研究的主力之一).本书的插图中有几幅就是出自张筑生教授之手[22].另外中国科技大学是那时数学奥林匹克研究的重镇,可以说上世纪80年代初中国科技大学之于现代数学竞赛的研究就像哥廷根20世纪初之于现代数学的研究.常庚哲教授、单墫教授、苏淳教授、李尚志教授、余红兵教授、严镇军教授当年都是数学奥林匹克研究领域的旗帜性人物.本书中许多好的解法均出自他们[4],[13],[19],[20],[50].目前许多题解中给出的解法中规中矩,语言四平八稳,大有八股遗风,仿佛出自机器一般,而这几位专家的解答各有特色,颇具个性.记得早些年笔者看过一篇报道说常庚哲先生当年去南京特招单墫与李克正去中国科技大学读研究生,考试时由于单墫基础扎实,毕业后一直在南京女子中学任教,所以按部就班,从前往后答,而李克正当时是南京市的一名工人,自学成才,答题是从后往前答,先答最难的一题,风格迥然不同,所给出的奥数题解也是个性化十足.另外,现在流行的IMO题解,历经多人之手已变成了雕刻后的最佳形式，用于展示很好，但用于教学或自学却不适合，有许多学生问这么巧妙的技巧是怎么想到的，我怎么想不到，容易产生挫败感，就像数学史家评价高斯一样，说他每次都是将脚手架拆去之后再将他建筑的宏伟大厦展示给其他人.使人觉得突兀，景仰之后，备受挫折.高斯这种追求完美的做法大大延误了数学的发展，使人们很难跟上他的脚步，这一点从潘承彪教授、沈永欢教授合译的《算术探讨》中可见一斑.所以我们提倡，讲思路，讲想法，表现思考过程，甚至绕点弯子，都是好的，因为它自然，贴近读者.

中国数学竞赛活动的开展与普及与中国革命的农村包围城市，星星之火可以燎原的方式迥然不同，是先在中心城市取得成功后再向全国蔓延，而这种方式全赖强势人物推进，从华罗庚先生到王寿仁先生再到裘宗沪先生，以他们的威望与影响振臂一呼，应者云集，数学奥林匹克在中国终成燎原之势，他们主持编写的参考书在业内被奉为圭臬，我们必须以此为标准，所以引用会时有发生，在此表示感谢.

中国数学奥林匹克能在世界上有今天的地位，各大学的名家们起了重要的理论支持作用.北京大学的王杰教授、复旦大学的舒五昌教授、首都师范大学的梅向明教授、华东师范大学的熊斌教授、中国科学院的许以超研究员、南开大学的李成章教授、合肥工业大学的苏化明教授、杭州师范学院的赵小云教授、陕西师范大学的罗增儒教授等，他们的文章所表现的高瞻周览、探赜索隐的识力，已达到炉火纯青的地步，堪称为中国 IMO 研究的标志.如果说多样性是生物赖以生存的法则，那么百花齐放，则是数学竞赛赖以发展的基础.我们既希望看到像格罗登迪克那样为解决一批具体问题而建造大型联合机械式的宏大构思型解法，也盼望有像爱尔特希那样运用最少的工具以娴熟的技能做庖丁解牛式剖析型解法出现.为此本书广为引证，也向各位提供原创解法的专家学者致以谢意.

编者为图“文无遗珠”的效果，大量参考了多家书刊杂志中发表的解法，也向他们表示谢意.

特别要感谢湖南理工大学的周持中教授、长沙铁道学院的肖果能教授、广州大学的吴伟朝教授以及顾可敬先生.他们四位的长篇推广文章读之，使我不能不三叹而三致意，收入本书使之增色不少.

最后要说的是由于编者先天不备，后天不足，斗胆尝试，徒见笑于方家.

哲学家休谟在写自传的时候，曾有一句话讲得颇好：“一个人写自己的生平时,如果说得太多,总是免不了虚荣的."这句话同样也适合于一本书的前言,写多了难免自夸,就此打住是明智之举.

刘培杰
2014 年 10 月

目录 Contest

第一编
第 6 届国际数学奥林匹克

第6届国际数学奥林匹克题解

苏联,1964

1 (1) 求所有的正整数 n,使得 2^n-1 能被7整除;
(2) 证明:对于任何正整数 n, 2^n+1 不能被7整除.

捷克斯洛伐克命题

解法1 (1) 任何一个正整数 n,皆可写成 $3m+k$ 形式,其中 $k=0,1,2$. 因为

$$2^3\equiv 1 \pmod 7$$

故

$$2^{3m}\equiv 1 \pmod 7$$

从而知当 $n=3m$ 时, 2^n-1 能被7整除.

又因

$$2^{3m+1}\equiv 2 \pmod 7, 2^{3m+2}\equiv 4 \pmod 7$$

故仅当 $n=3m$ 时, 2^n-1 能被7整除.

(2) 自(1)知,对于所有正整数 n, 2^n 除以7时其余数为1,2或4. 故

$$2^n+1\equiv 2,3,5 \pmod 7$$

这就是说 2^n+1 不能被7整除.

解法2 (1) 若 m 是正整数或零,则

$$\begin{aligned}2^{3m}=&(2^3)^m=(7+1)^m=\\&7^m+C_m^1\cdot 7^{m-1}+C_m^2\cdot 7^{m-2}+\cdots+C_m^{m-1}\cdot 7+1=\\&7M_0+1, M_0\in \mathbf{N}\end{aligned}$$

由此

$$2^{3m+1}=2\cdot 2^{3m}=2(7M_0+1)=7M_1+2, M_1\in \mathbf{N}$$

$$2^{3m+2}=4\cdot 2^{3m}=4(7M_0+1)=7M_2+4, M_2\in \mathbf{N}$$

所以

$$2^n-1=\begin{cases}7M_0,当 n=3m 时\\7M_1+1,当 n=3m+1 时\\7M_2+3,当 n=3m+2 时\end{cases}$$

故当且仅当 n 是3的倍数时, 2^n-1 能被7整除.

(2) 因为

$$2^n+1=\begin{cases}7M_0+2, 当\ n=3m\ 时\\ 7M_1+3, 当\ n=3m+1\ 时\\ 7M_2+5, 当\ n=3m+2\ 时\end{cases}$$

所以对于所有的正整数 n，2^n+1 都不能被 7 整除.

❷ 设 a,b,c 是任一三角形三边的长度，求证

$$a^2(b+c-a)+b^2(c+a-b)+c^2(a+b-c)\leqslant 3abc$$

匈牙利命题

证法 1 令

$$b+c-a=x, c+a-b=y, a+b-c=z \quad ①$$

因三角形两边长度之和大于第三边的长度，故 x,y,z 皆取正值，而且

$$\frac{1}{2}(x+y)=c, \frac{1}{2}(y+z)=a, \frac{1}{2}(z+x)=b$$

因算术中项不小于几何中项，故知

$$\frac{1}{8}(x+y)(y+z)(z+x)\geqslant\sqrt{xy}\cdot\sqrt{yz}\cdot\sqrt{zx}=xyz$$

所以

$$abc\geqslant(b+c-a)(c+a-b)(a+b-c) \quad ②$$

但不等式 ② 的右边等于

$$\begin{aligned}&(b+c-a)[a^2-(b-c)^2]=\\&a^2(b+c-a)-(b^2-c^2)(b-c)+a(b-c)^2=\\&a^2(b+c-a)-(b-c)[(b^2-c^2)-a(b-c)]=\\&a^2(b+c-a)+b^2(c+a-b)+c^2(a+b-c)-2abc\end{aligned}$$

从而得到求证的不等式.

证法 2 设 $a\leqslant b\leqslant c$，则

$$c-a\geqslant b-a\geqslant 0\Rightarrow$$

$$c(c-b)(c-a)\geqslant b(c-b)(b-a)\geqslant 0$$

左边加 $a(a-b)(a-c)$（这个数大于等于 0），得

$$a(a-b)(a-c)+c(c-b)(c-a)+b(b-c)(b-a)\geqslant 0\Rightarrow$$

$$a^3+b^3+c^3-a^2(b+c)-b^2(c+a)-c^2(a+b)+3abc\geqslant 0\Rightarrow$$

$$a^2(b+c-a)+b^2(c+a-b)+c^2(a+b-c)\leqslant 3abc$$

证法 3 把求证的不等式的左边改写成

$$a(b^2+c^2-a^2)+b(c^2+a^2-b^2)+c(a^2+b^2-c^2)$$

应用余弦定理，上式等于

$$\begin{aligned}&a(2bc\cdot\cos A)+b(2ca\cdot\cos B)+c(2ab\cdot\cos C)=\\&2abc(\cos A+\cos B+\cos C)\end{aligned}$$

假如任一角 C 是固定的,则 $\sin\dfrac{C}{2}$ 的值也是固定的. 故

$$\cos A+\cos B=2\cos\frac{A+B}{2}\cdot\cos\frac{A-B}{2}=2\sin\frac{C}{2}\cdot\cos\frac{A-B}{2}$$

当 $\cos\dfrac{A-B}{2}=1$,即 $A=B$ 时为最大. 从而可知 $\cos A+\cos B+\cos C$ 的值,当 $A=B=C=60^\circ$ 时为最大. 这时

$$\cos A+\cos B+\cos C=3\cos 60^\circ=\frac{3}{2}$$

故 $a^2(b+c-a)+b^2(c+a-b)+c^2(a+b-c)\leqslant 3abc$

证法 4 对于任意实数 a,b,c,有

$$(a-b)^2\geqslant 0,(b-c)^2\geqslant 0,(c-a)^2\geqslant 0$$

又因 a,b,c 是某一三角形三边之长,所以有

$$b+c-a>0,c+a-b>0,a+b-c>0$$

从而可得

$$(b-c)^2(b+c-a)\geqslant 0$$
$$(c-a)^2(c+a-b)\geqslant 0$$
$$(a-b)^2(a+b-c)\geqslant 0$$

将这三个不等式两边分别相加,得

$$(b-c)^2(b+c-a)+(c-a)^2(c+a-b)+(a-b)^2(a+b-c)\geqslant 0$$

即

$$6abc-2a^2(b+c-a)-2b^2(a+c-b)-2c^2(a+b-c)\geqslant 0$$

得 $a^2(b+c-a)+b^2(a+c-b)+c^2(a+b-c)\leqslant 3abc$

证法 5 不失一般性,设 $a\geqslant b\geqslant c$,且 $a=b+m,c=b-n$,其中,$m\geqslant 0,n\geqslant 0$. 因而只需证

$$(b+m)^2(b-m-n)+b^2(b+m-n)+(b-n)^2(b+m+n)\leqslant 3(b+m)b(b-n)$$

或

$$b(m^2+mn+n^2)+(m+n)(m^2-n^2)\geqslant 0$$

若 $m>n$,上面的不等式显然成立;

若 $m\leqslant n$,由 $a-c<b$ 或 $m+n<b$ 得

$$(n^2-m^2)[b-(m+n)]+b(2m^2+mn)\geqslant 0$$
$$b(2m^2+mn)+b(n^2-m^2)-(m+n)(n^2-m^2)\geqslant 0$$
$$b(m^2+mn+n^2)+(m+n)(m^2-n^2)\geqslant 0$$

故 $a^2(b+c-a)+b^2(c+a-b)+c^2(a+b-c)\leqslant 3abc$

南斯拉夫命题

3 设圆 I 是 $\triangle ABC$ 的内切圆，作三条分别平行于三角形各边的圆 I 的切线，这三条切线在三角形内截得三个新三角形，然后再作每个新三角形的内切圆．求这四个内切圆的面积的和(用 $\triangle ABC$ 三边的长度表示所求的面积)．

解法 1 如图 6.1 所示，在 $\triangle ABC$ 内作 $A_1A_2 /\!/ BC$，$C_1C_2 /\!/ AB$，$B_1B_2 /\!/ CA$．以 r,r_1,r_2,r_3 分别表示 $\triangle ABC$，$\triangle AA_1A_2$，$\triangle BB_1B_2$，$\triangle CC_1C_2$ 的内切圆的半径，a,b,c 表示 $\triangle ABC$ 三边的长度，h_a,h_b,h_c 表示对应高，s 表示半周长．则 $\triangle ABC$ 的面积

$$S_{\triangle ABC}=rs=\frac{1}{2}ah_a=\frac{1}{2}bh_b=\frac{1}{2}ch_c$$

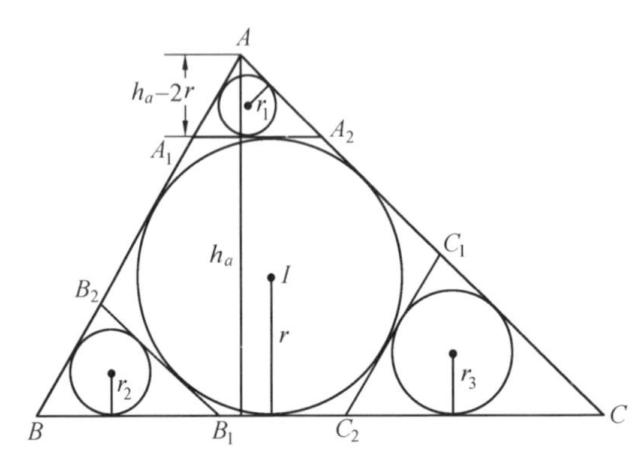

图 6.1

因为
$$\frac{r_1}{r}=\frac{h_a-2r}{h_a}=1-\frac{2r}{h_a}=1-\frac{a}{s}$$

所以
$$r_1=(1-\frac{a}{s})r$$

同理
$$r_2=(1-\frac{b}{s})r,r_3=(1-\frac{c}{s})r$$

所以所求的面积和等于

$$\pi(r^2+r_1^2+r_2^2+r_3^2)=\pi r^2[1+(1-\frac{a}{s})^2+(1-\frac{b}{s})^2+(1-\frac{c}{s})^2]=\pi r^2[4-\frac{2(a+b+c)}{s}+\frac{a^2+b^2+c^2}{s^2}]=\frac{\pi r^2}{s^2}(a^2+b^2+c^2)$$

但
$$r=\frac{S_{\triangle ABC}}{s}=\sqrt{\frac{(s-a)(s-b)(s-c)}{s}}$$

代入上式可得所求的面积和等于

$$\frac{\pi(s-a)(s-b)(s-c)(a^2+b^2+c^2)}{s^3}$$

解法 2　用 $\triangle, s, \triangle_1, s_1, \triangle_2, s_2, \triangle_3, s_3$ 分别表示 $\triangle ABC$，$\triangle AB_1C_1$，$\triangle A_2BC_2$，$\triangle A_3B_3C$ 的面积和半周长.

因为 $\triangle A_3B_3C \backsim \triangle ABC$，所以

$$\frac{\triangle_3}{\triangle}=\frac{s_3^2}{s^2}, \triangle_3=\frac{s_3^2\triangle}{s^2}$$

由此，$\triangle A_3B_3C$ 的内切圆面积为

$$\frac{\pi\triangle_3^2}{s_3^2}=\frac{\pi\cdot\frac{s_3^4\triangle^2}{s^4}}{s_3^2}=\frac{\pi\triangle^2}{s^4}\cdot s_3^2$$

同理，$\triangle AB_1C_1$ 和 $\triangle A_2BC_2$ 的内切圆面积分别为 $\frac{\pi\triangle^2}{s^4}\cdot s_1^2$ 和 $\frac{\pi\triangle^2}{s^4}\cdot s_2^2$.

再注意到 $s_1=s-a, s_2=s-b, s_3=s-c$，可得题设四个圆的面积和为

$$\frac{\pi\triangle^2}{s^2}+\frac{\pi\triangle^2}{s^4}\cdot s_1^2+\frac{\pi\triangle^2}{s^4}\cdot s_2^2+\frac{\pi\triangle^2}{s^4}\cdot s_3^2=$$

$$\frac{\pi\triangle^2}{s^4}(s^2+s_1^2+s_2^2+s_3^2)=$$

$$\frac{\pi\triangle^2}{s^4}[s^2+(s-a)^2+(s-b)^2+(s-c)^2]=$$

$$\frac{\pi\triangle^2}{s^4}(a^2+b^2+c^2)=$$

$$\frac{\pi(s-a)(s-b)(s-c)(a^2+b^2+c^2)}{s^3}$$

4 十七个科学家中每一个和其余十六个通信，在他们的通信中所讨论的仅有三个问题，而任两个科学家通信时所讨论的是同一个问题.

证明：至少有三个科学家通信时所讨论的是同一个问题.

匈牙利命题

证明　设 A 是这十七个科学家之一. 因为所讨论的问题仅有三个，所以根据抽屉原则，他和其他十六个中至少和六个科学家讨论同一个问题. 不妨设这六个科学家是 B,C,D,E,F,G，而所讨论的是问题甲.

如果在 B,C,D,E,F,G 这六个科学家中有二人所讨论的也是问题甲，则结论已成立. 否则他们之间所讨论的是另外两个问题. 这样，B 至少和三个科学家讨论同一个问题. 不妨设这三个科学家为 C,D,E，而所讨论的是问题乙.

如果在 C,D,E 中有两人所讨论的也是问题乙，则结论成立. 否则他们之间所讨论的只能是所剩下的问题丙，所以结论也成立.

罗马尼亚命题

5 在平面上给定五点，其中两两连线互不平行，互不垂直，也互不重合. 今过其中每一点作与其余各点连线的垂线. 试问若不计已知的五点，这些垂线的交点最多能有多少?

解法 1 设 A_1, A_2, A_3, A_4, A_5 是所给定的五点. 先考虑过点 A_1 和过点 A_2 所作的垂线. 就点 A_1 来说，可作其余四点的 $C_4^2=6$ 条连线的垂线；就点 A_2 来说，亦可作其余四点的 6 条连线的垂线. 在这两组垂线上，除同垂直于 A_3A_4, A_4A_5, A_5A_3 的三对直线因互相平行而没有交点外，共有 $6\times 6-3=33$ 个交点.

从五点中任取两点，共有 $C_5^2=10$ 种取法. 因此交点的总数不多于 $10\times 33=330$.

从五点中任取三点作三角形，共有 $C_5^3=10$ 种取法. 这些点在前面计算三次. 故交点的总数不多于 $330-2\times 10=310$.

解法 2 从某一已知点与由其余四点两两联结所得的直线作垂线，由于四点中每两点连线有 $C_4^2=6$ 条，所以从某一已知点向这些直线作垂线共有 6 条，五个点总共可作 $5\times 6=30$ 条垂线.

这 30 条垂线，如果两两相交于不同的点，则“交点”的个数为

$$C_{30}^2=435$$

但是，这些垂线中有些是不相交(平行)的，有些是相交于同一点甚至交于已知点的，对于这些情况应从上面的个数中除去.

对于联结任意两点的一条直线，其余三点向这条直线所作的三条垂线互相平行，它们两两的交点不存在，所以对每条这样的直线，上面多计入的“交点”有 $C_3^2=3$ 个，而这样的直线有 $C_5^2=10$ 条，所以总共应除去这样“交点”的个数为

$$10\times 3=30$$

五个已知点中任意三点组成一个三角形，从这三点中任意一点向其他两点连线所作的三条垂线是这个三角形的三条高，它们实际上只交于一点，所以对每一个三角形多计入了$(C_3^2-1)=3-1=2$ 个“交点”，而这样的三角形有 $C_5^3=10$ 个，所以总共应除去这样“交点”的个数为

$$2\times 10=20$$

从五个已知点中的任意一点作其余四点两两连线的垂线有 $C_4^2=6$ 条，这六条垂线都相交于这个已知点，所以对每一个已知点来说，上面多计算的“交点”有 $C_6^2=15$ 个，五个已知点总共应除去这样交点(重合于已知点)的个数为

$$5\times 15=75$$

由此可得,符合题设要求的这些垂线的交点,最多的个数为

$$435-30-20-75=310$$

6 已知一个四面体 $ABCD$,DD_1 是顶点 D 和底面 $\triangle ABC$ 的重心 D_1 的连线.过 A,B,C 三点作 DD_1 的平行线分别与该点相对的面相交于点 A_1,B_1,C_1.证明:四面体 $ABCD$ 的体积是四面体 $A_1B_1C_1D_1$ 的体积的 1/3.当点 D_1 是 $\triangle ABC$ 内的任意点时,结果会是怎样呢?

波兰命题

证法 1 在四面体 $ABCD$ 中,作 AA_1,BB_1,CC_1 与 DD_1 平行,如图 6.2 所示.AA_1 交 $\triangle BCD$ 所在的平面于点 A_1,故由 AA_1,DD_1 所确定的平面通过 $\triangle ABC$ 的中线 AM.所以

$$\triangle MAA_1 \backsim \triangle MDD_1$$

因 $MA=3MD_1$(D_1 是 $\triangle ABC$ 的重心),故

$$AA_1=3DD_1$$

同理
$$BB_1=3DD_1, CC_1=3DD_1$$

所以 $AA_1B_1B,BB_1C_1C,CC_1A_1A$ 皆是平行四边形,而且

$$\triangle A_1B_1C_1 \cong \triangle ABC$$

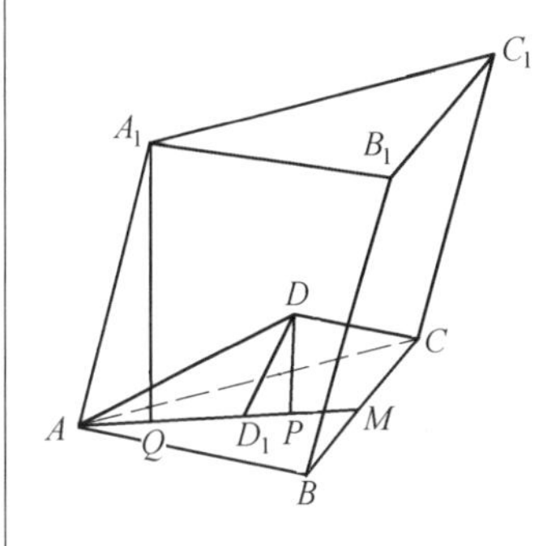

图 6.2

过点 D 和 A_1 分别作 DP,A_1Q 垂直于底平面,并以 h,h_1 表示这两条垂线的长度.因 $\triangle A_1AQ \backsim \triangle DD_1P$,故

$$h_1/h=AA_1/DD_1=3 \Rightarrow h_1=3h$$

用 V_{ABCD} 表示四面体 $ABCD$ 的体积,则

$$V_{ABCD}=\frac{1}{3}hS_{\triangle ABC}$$

所以
$$V_{A_1B_1C_1D_1}=\frac{1}{3}h_1S_{\triangle A_1B_1C_1}=\frac{1}{3}\cdot 3hS_{\triangle ABC}=3V_{ABCD}$$

现在考虑当 D_1 不是 $\triangle ABC$ 的重心时的情形,如图 6.3 所示.设 AD_1 交 BC 于点 A',CD_1 交 AB 于点 C',并设过点 A,B 而平行于 DD_1 的平面为 π_1,过点 B,C 与 D 的平面为 π_2.显然 A,A_1,D,D_1 与 A' 在同一个平面上,点 A_1,D 与 A' 在平面 π_2 上,A_1 是 $A'D$ 和 AA_1 的交点.所以 BA_1 是 π_1 和 π_2 的交线.

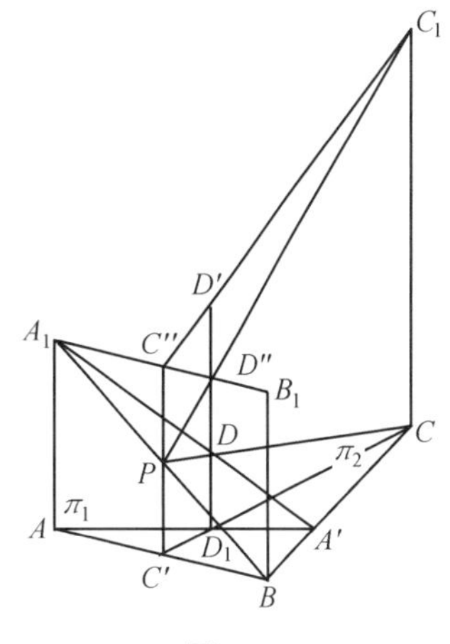

图 6.3

直线 DC 不平行于 π_1 而交 π_1 于点 P,因为 C,D,D_1,C' 与 P 在同一个平面上,且 DD_1 平行于 π_1,故 DD_1 平行于 PC'.AP 与 A,C,D 在同一个平面上,所以 A,P,B_1 在同一直线上.

$C'D$ 与 A,B,D 在同一个平面上,所以 C',D,C_1 也是同一直线上的点.设 $C'P$ 交 A_1B_1 于一点 C'',DD_1 交 $C''C_1$ 于一点 D'.故 D_1D' 与 C_1P 的交点存在,以 D'' 表示.

四边形 ABB_1A_1 是一个梯形.P 是其对角线的交点.由于 $C'C''$ 平行于 AA_1,故 $C'P=PC''$.因此在梯形 $C'CC_1C''$ 中

$$D_1D = DD'' = D''D'$$

从而有 $$D_1D' = 3DD_1$$

四面体 $A_1B_1C_1D_1$ 的体积

$$V_{A_1B_1C_1D_1} = V_{A_1B_1D'D_1} + V_{B_1C_1D'D_1} + V_{C_1A_1D'D_1} =$$
$$V_{ABD_1D'} + V_{BCD_1D'} + V_{CAD_1D'} = V_{ABCD'}$$

根据关系式 $D_1D' = 3DD_1$ 得

$$V_{A_1B_1C_1D_1} = 3V_{ABCD}$$

证法 2　本题只要 D_1 不是 $\triangle ABC$ 的边上或其延长线上的点，皆能成立.其简捷的证法要用矩阵的行列式.

我们以四面体 $ABCD$ 的顶点 D 为空间直角坐标系的原点，并分别以 $\boldsymbol{A},\boldsymbol{B},\boldsymbol{C}$ 表示向量 $\overrightarrow{DA},\overrightarrow{DB},\overrightarrow{DC}$.根据空间解析几何的定理知

$$V_{ABCD} = \frac{1}{6}\det(\boldsymbol{A},\boldsymbol{B},\boldsymbol{C})$$

其中，$\det(\boldsymbol{A},\boldsymbol{B},\boldsymbol{C})$ 表示矩阵 $(\boldsymbol{A},\boldsymbol{B},\boldsymbol{C})$ 的行列式.

若 D_1 在 $\triangle ABC$ 所在的平面上，则

$$\boldsymbol{D}_1 = a\boldsymbol{A} + b\boldsymbol{B} + c\boldsymbol{C}, a + b + c = 1 \quad ①$$

其中，$\boldsymbol{D}_1$ 表示向量 $\overrightarrow{DD_1}$.若 D_1 不在 $\triangle ABC$ 的边上或其延长线上，则 $abc \neq 0$.

设 A_t 是过 A 而平行于 $\overrightarrow{DD_1}$ 的直线上的任意点，则 $\boldsymbol{A}_t$(即向量 $\overrightarrow{DA_t}$) 可表示为

$$\boldsymbol{A} + t\boldsymbol{D}_1 = \boldsymbol{A} + t(a\boldsymbol{A} + b\boldsymbol{B} + c\boldsymbol{C}) = (1 + at)\boldsymbol{A} + bt\boldsymbol{B} + ct\boldsymbol{C}$$

其中，t 是参数.若 $\boldsymbol{A}$ 的系数为 0，则此向量的终点在 $\triangle BCD$ 所在的平面上.此时 $t = -\frac{1}{a}$，故

$$\boldsymbol{A}_1 = -\frac{b}{a}\boldsymbol{B} - \frac{c}{a}\boldsymbol{C} \quad ②$$

同理

$$\boldsymbol{B}_1 = -\frac{a}{b}\boldsymbol{A} - \frac{c}{b}\boldsymbol{C}, \boldsymbol{C}_1 = -\frac{a}{c}\boldsymbol{A} - \frac{b}{c}\boldsymbol{B} \quad ③$$

所以 $$V_{A_1B_1C_1D_1} = \frac{1}{6}\det(\boldsymbol{A}_1 - \boldsymbol{D}_1, \boldsymbol{B}_1 - \boldsymbol{D}_1, \boldsymbol{C}_1 - \boldsymbol{D}_1)$$

由式 ①,②,③ 知

$$\boldsymbol{A}_1 - \boldsymbol{D}_1 = -a\boldsymbol{A} - \left(\frac{b}{a} + b\right)\boldsymbol{B} - \left(\frac{c}{a} + c\right)\boldsymbol{C}$$

$$\boldsymbol{B}_1 - \boldsymbol{D}_1 = -\left(\frac{a}{b} + a\right)\boldsymbol{A} - b\boldsymbol{B} - \left(\frac{c}{b} + c\right)\boldsymbol{C}$$

$$\boldsymbol{C}_1 - \boldsymbol{D}_1 = -\left(\frac{a}{c} + a\right)\boldsymbol{A} - \left(\frac{b}{c} + b\right)\boldsymbol{B} - c\boldsymbol{C}$$

令

$$M=\begin{pmatrix} a & \frac{a}{b}+a & \frac{a}{c}+a \\ \frac{b}{a}+b & b & \frac{b}{c}+b \\ \frac{c}{a}+c & \frac{c}{b}+c & c \end{pmatrix}$$

则 $(\boldsymbol{A},\boldsymbol{B},\boldsymbol{C})(\boldsymbol{M})=-(\boldsymbol{A}_1-\boldsymbol{D}_1,\boldsymbol{B}_1-\boldsymbol{D}_1,\boldsymbol{C}_1-\boldsymbol{D}_1)$

因两矩阵之积的行列式等于该两矩阵的行列式之积. 故

$$|\det(\boldsymbol{A},\boldsymbol{B},\boldsymbol{C})\cdot\det(\boldsymbol{M})|=|\det(\boldsymbol{A}_1-\boldsymbol{D}_1,\boldsymbol{B}_1-\boldsymbol{D}_1,\boldsymbol{C}_1-\boldsymbol{D}_1)|$$

又因为 $\det(\boldsymbol{M})=2+a+b+c=3$

故得 $3V_{ABCD}=V_{A_1B_1C_1D_1}$

证法 3 设 D_1 是 $\triangle ABC$ 的重心,联结 BD_1 并延长交 AC 于 E,如图 6.4 所示,则点 E 是 AC 的中点,且

$$BE:D_1E=3:1$$

过 E,D_1,D 三点作一个平面. 因为点 B 在 ED_1 上,所以它在平面 ED_1D 上. 又因为 $BB_1 \,/\!/\, D_1D$,所以 BB_1 在平面 ED_1D 上.

在平面 ED_1D 上,直线 BB_1 与直线 ED 必相交,其交点也就是 BB_1 与平面 ADC 的交点 B_1. 这就是说,E,D,B_1 三点在同一直线上.

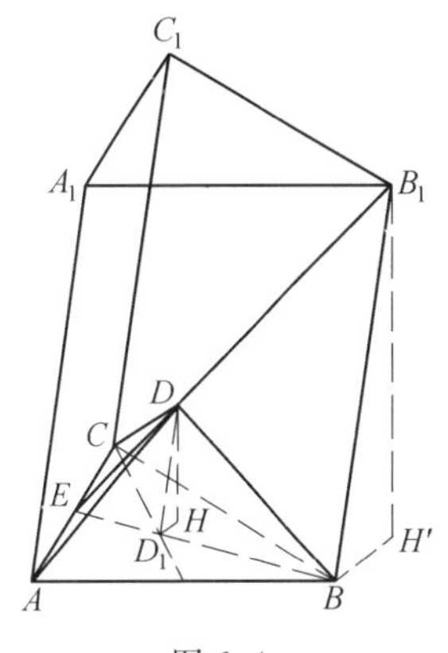

图 6.4

在 $\triangle EBB_1$ 中,由 $BB_1 \,/\!/\, DD_1$ 可得

$$BB_1:D_1D=BE:D_1E=3:1$$

即 $BB_1=3D_1D$

同理 $AA_1=3D_1D,CC_1=3D_1D$

故 $AA_1=BB_1=CC_1=3D_1D$

又因 $AA_1 \,/\!/\, BB_1 \,/\!/\, CC_1 \,/\!/\, D_1D$, 所以四边形 A_1ABB_1, A_1ACC_1, B_1BCC_1 都是平行四边形, 从而平面 $A_1B_1C_1$ $/\!/$ 平面 ABC,并且

$$A_1B_1=AB,B_1C_1=BC,C_1A_1=CA$$

所以

$$\triangle A_1B_1C_1 \cong \triangle ABC \quad ④$$

过点 D 作 $DH\perp$ 平面 ABC,垂足为 H;过点 B_1 作 $B_1H'\perp$ 平面 ABC,垂足为 H'. 有

$$\angle BH'B_1=\angle D_1HD=90^\circ$$

因为 $BB_1 \,/\!/\, D_1D,B_1H' \,/\!/\, DH$,所以

$$\angle BB_1H'=\angle D_1DH$$

所以 $\triangle BH'B_1 \backsim \triangle D_1HD$

所以 $B_1H':DH=BB_1:D_1D=3:1$

即

$$B_1H'=3DH \quad ⑤$$

由式 ④,⑤ 即得

$$V_{A_1B_1C_1D_1}=3V_{ABCD}$$

如果点 D_1 是 $\triangle ABC$ 内的任意一点,上述结论仍然是成立的. 证明如下,如图 6.5 所示.

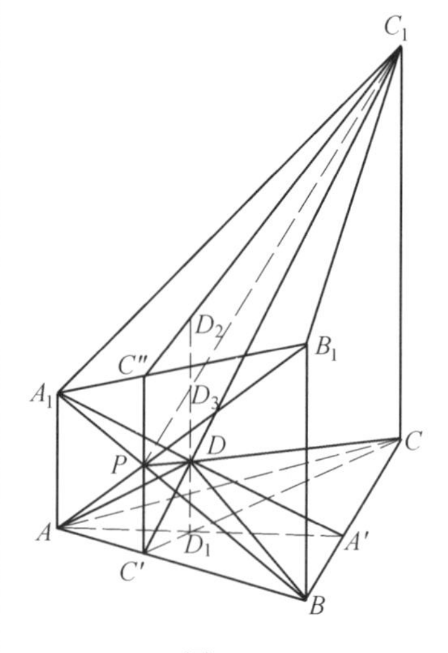

图 6.5

在平面 ABC 上,联结 AD_1 交 BC 于 A',联结 CD_1 交 AB 于 C'.

过 A',D_1,D 三点作一个平面,因为 A 在 $A'D_1$ 上,且 $AA_1 \parallel D_1D$,所以 AA_1 在平面 $A'D_1D$ 上,直线 AA_1 与 $A'D$ 必相交,其交点也就是直线 AA_1 与平面 BCD 的交点 A_1,即 A',D,A_1 三点在一条直线上.

过 C,D_1,D 三点作一个平面. 因为点 C' 在 CD_1 上,且 C' 在 AB 上,所以平面 CD_1D 与平面 ABA_1 必交于过点 C' 的一条直线 $C'P$,设直线 CD 与这条交线 $C'P$ 相交于点 P. 又由 $D_1D \parallel AA_1$ 可得 $DD_1 \parallel$ 平面 ABA_1,从而 $C'P \parallel D_1D$.

因为 $BB_1 \parallel AA_1 \parallel D_1D$,所以 BB_1 在平面 ABA_1 上,直线 BB_1 与 AP 必相交. 由于 AP 在平面 ACD 上,所以直线 BB_1 与 AP 的交点,也就是 BB_1 与平面 ACD 的交点 B_1,即 A,P,B_1 三点共线.

同理可证 C',D,C_1 三点共线;A_1,P,B 三点共线.

因为 $AA_1 \parallel BB_1$,它们都在平面 ABA_1 上,$C'P$ 与 A_1B_1 相交,设交点为 C''. 四边形 A_1ABB_1 是梯形,点 P 是梯形对角线的交点,且 $C'C'' \parallel AA_1 \parallel BB_1$(都平行于 D_1D),所以 $C'P=PC''$.

因为 $C'C'' \parallel D_1D \parallel CC_1$,它们都在平面 CD_1D 上,设 $C''C_1$ 与直线 D_1D 相交于点 D_2,PC_1 与 D_1D 相交于点 D_3. 在梯形 $C''C'CC_1$ 中,$D_1D_2 \parallel C'C'' \parallel CC_1$,$C'P=PC''$,$D,D_3$ 分别是 PC,PC_1 与 D_1D_2 的交点,点 D 还是梯形 $PC'CC_1$ 对角线的交点,所以有

$$D_1D=DD_3=D_3D_2$$

即有
$$D_1D_2=3D_1D$$

从而不难证明
$$V_{ABCD_2}=3V_{ABCD}$$

又因 $AA_1 \parallel BB_1 \parallel D_1D_2$,所以四面体 $A_1B_1D_2D_1$ 与四面体 ABD_1D_2 有相等的底面积,即

$$S_{\triangle A_1D_1D_2}=S_{\triangle AD_2D_1}$$

与相等的高(都等于直线 BB_1 和平面 $AD_1D_2A_1$ 间的距离),因此它们的体积相等,即

$$V_{A_1B_1D_2D_1}=V_{ABD_1D_2}$$

同理可得 $\quad V_{B_1C_1D_2D_1}=V_{BCD_1D_2}$,$V_{C_1A_1D_2D_1}=V_{CAD_1D_2}$

所以 $\quad V_{A_1B_1C_1D_1}=V_{A_1B_1D_2D_1}+V_{B_1C_1D_2D_1}+V_{C_1A_1D_2D_1}=$

$$V_{ABD_1D_2}+V_{BCD_1D_2}+V_{CAD_1D_2}=$$
$$V_{ABCD_2}=3V_{ABCD}$$

证法 4　我们也可以利用物理学上质点重心的有关知识来证明本题的结论.现就一般情况证明如下.

如图 6.6 所示,设 D_1 是 $\triangle ABC$ 内的任一点,在底面 $\triangle ABC$ 内,联结 AD_1,BD_1,CD_1,并分别延长与对边相交于 A',B',C'.如前所证,必有 A',D,A_1 三点共线(在一直线上),B',D,B_1 三点共线,C',D,C_1 三点共线.

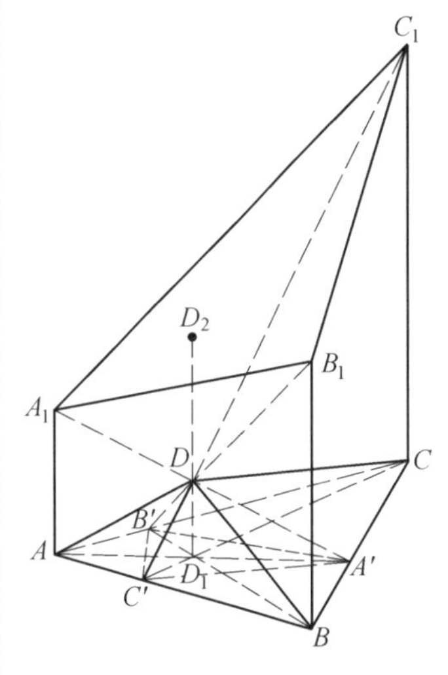

图 6.6

在 A,B,C 三点分别放置适当的质量 x,y,z,使 A,B,C 三质点的重心为点 D_1.这时,点 C' 可看成是点 A(质量 x) 与点 B(质量 y) 的重心,点 A' 可看成是点 B(质量 y) 与点 C(质量 z) 的重心,点 B' 可看成是点 C(质量 z) 与点 A(质量 x) 的重心.而点 D_1 既可以看成是点 A(质量 x) 与 A'(质量 $y+z$) 的重心,也可以看成是点 B(质量 y) 与 B'(质量 $z+x$) 的重心,还可以看成是点 C(质量 z) 与 C'(质量 $x+y$) 的重心.由重心的性质,应有

$$\frac{AB'}{B'C}=\frac{z}{x},\frac{CA'}{A'B}=\frac{y}{z},\frac{BC'}{C'A}=\frac{x}{y}$$

我们可取 $x=B'C$,$z=AB'$,$y=\frac{CA'}{A'B}\cdot AB'$,便能满足要求.

因为

$$\frac{S_{\triangle AB'C'}}{S_{\triangle ABC}}=\frac{AB'\cdot AC'}{AB\cdot AC}=\frac{AB'}{AC}\cdot\frac{AC'}{AB}$$

而
$$\frac{AB'}{AC}=\frac{AB'}{AB'+B'C}=\frac{z}{x+z}$$
$$\frac{AC'}{AB}=\frac{AC'}{AC'+C'B}=\frac{y}{x+y}$$

所以
$$\frac{S_{\triangle AB'C'}}{S_{\triangle ABC}}=\frac{yz}{(x+y)(x+z)}$$

同理可得
$$\frac{S_{\triangle BC'A'}}{S_{\triangle ABC}}=\frac{zx}{(y+z)(y+x)}$$
$$\frac{S_{\triangle CA'B'}}{S_{\triangle ABC}}=\frac{xy}{(z+x)(z+y)}$$

因此
$$\frac{S_{\triangle A'B'C'}}{S_{\triangle ABC}}=\frac{S_{\triangle ABC}-S_{\triangle AB'C'}-S_{\triangle BC'A'}-S_{\triangle CA'B'}}{S_{\triangle ABC}}=$$
$$1-\frac{yz}{(x+y)(x+z)}-\frac{zx}{(y+z)(y+x)}-$$
$$\frac{xy}{(z+x)(z+y)}=\frac{2xyz}{(x+y)(y+z)(z+x)}$$

由于四面体 $A'B'C'D$ 与四面体 $ABCD$ 有相同的高,所以它们的体积之比等于底面积之比,即有

$$\frac{V_{A'B'C'D}}{V_{ABCD}}=\frac{S_{\triangle A'B'C'}}{S_{\triangle ABC}}=\frac{2xyz}{(x+y)(y+z)(z+x)}\qquad ⑥$$

又 $$\frac{A'D}{DA_1}=\frac{A'D_1}{D_1A}=\frac{x}{y+z}$$

同理 $$\frac{B'D}{DB_1}=\frac{y}{z+x},\frac{C'D}{DC_1}=\frac{z}{x+y}$$

由于三面角 $D-A'B'C'$ 与三面角 $D-A_1B_1C_1$ 全等，所以四面体 $A'B'C'D$ 与四面体 $A_1B_1C_1D$ 的体积之比等于对应的三条侧棱乘积之比，即有

$$\frac{V_{A'B'C'D}}{V_{A_1B_1C_1D}}=\frac{DA'\cdot DB'\cdot DC'}{DA_1\cdot DB_1\cdot DC_1}=\frac{xyz}{(x+y)(y+z)(x+z)}\qquad ⑦$$

由式⑥,⑦可得

$$V_{A_1B_1C_1D}=2V_{ABCD}\qquad ⑧$$

为证明本题结论（$V_{A_1B_1C_1D_1}=3V_{ABCD}$），我们进一步来证明 $V_{A_1B_1C_1D_1}=\frac{3}{2}V_{A_1B_1C_1D}$. 在 $\triangle A'B'C'$ 的三顶点 A',B',C' 分别放置质量 $\frac{y+z}{2},\frac{z+x}{2},\frac{x+y}{2}$，这时 A',B',C' 三质点的重心也就在点 D_1. 再在点 A_1,B_1,C_1 三点分别放置适当的质量，使点 D 恰为各对质点 A_1 与 A'，B_1 与 B'，C_1 与 C' 的重心. 因为

$$\frac{A_1D}{DA'}=\frac{y+z}{x},\frac{B_1D}{DB'}=\frac{z+x}{y},\frac{C_1D}{DC'}=\frac{x+y}{z}$$

所以 A_1,B_1,C_1 三点放置的质量应分别为 $\frac{x}{2},\frac{y}{2},\frac{z}{2}$.

这样，点 D 是点 $A'\left(质量\frac{y+z}{2}\right)$ 与 $A_1\left(质量\frac{x}{2}\right)$ 的重心，也是点 $B'\left(质量\frac{z+x}{2}\right)$ 与 $B_1\left(质量\frac{y}{2}\right)$ 的重心， 还是点 $C'\left(质量\frac{x+y}{2}\right)$ 与 $C_1\left(质量\frac{z}{2}\right)$ 的重心. 设 A_1,B_1,C_1 三点的重心为 D_2，显然它在平面 $A_1B_1C_1$ 上. 而 D_1 是 A',B',C' 三点的重心，所以点 D 可以看成是 D_1 与 D_2 两质点的重心，点 D_2 在直线 D_1D 上，并且这时在点 D_1 相当于集中了点 A',B',C' 的总质量 $x+y+z$，在点 D_2 相当于集中了点 A_1,B_1,C_1 的总质量 $\frac{x+y+z}{2}$，因此

$$\frac{D_1D}{DD_2}=\frac{(x+y+z)/2}{x+y+z}=\frac{1}{2}$$

所以 $$\frac{D_1D_2}{DD_2}=\frac{D_1D+DD_2}{DD_2}=\frac{3}{2}$$

由此可知，从点 D_1 与 D 分别到平面 $A_1B_1C_1$ 的距离之比等于 $\frac{3}{2}$.

四面体 $A_1B_1C_1D_1$ 与四面体 $A_1B_1C_1D$ 具有同一底面 $\triangle A_1B_1C_1$，而对应高之比为 $\frac{3}{2}$，所以有

$$\frac{V_{A_1B_1C_1D_1}}{V_{A_1B_1C_1D}}=\frac{3}{2} \tag{9}$$

由式 ⑧，⑨ 即得

$$V_{A_1B_1C_1D_1}=3V_{ABCD}$$

第 6 届国际数学奥林匹克英文原题

The sixth International Mathematical Olympiad was held from June 30th to July 10th 1964 in the city of Moscow.

1 a) Find all positive integers n such that 7 divides 2^n-1.

b) Prove that for any positive integer n the number 2^n+1 can not be divisible by 7.

(Czechoslovakia)

2 Let a,b,c be lengths of the sides of a triangle. Show that

$$a^2(b+c-a)+b^2(c+a-b)+c^2(a+b-c)\leqslant 3abc$$

(Hungary)

3 Let ABC be a triangle and let a,b,c be lengths of its sides. The tangent lines to the incircle of the triangle which are parallel with the sides of the triangle cut in the triangle ABC three small triangles. In each small triangle its incircle is considered.

Find the sum of the areas of the four inscribed circles.

(Yugoslavia)

4 In a group of 17 scientists each scientist sends letters to the others. In their letters only three topics are involved and each couple of scientists makes reference to one topic only. Show that there exists a group of three scientists which send each other letters on the same topic.

(Hungary)

5 We are given five points in a plane. It is supposed that the set of the lines determined by the pairs of distinct points does not contain parallel lines, perpendicular lines or identical lines. In each point consider the perpendicular lines to the lines determined by other four points. Find the maximal number of intersection points of all perpendicular lines from

(Romania)

above, without considering, eventually, the five given points.

6 Let $ABCD$ be a tetrahedron and let D_1 be the barycenter of the face ABC. The lines through A, B, C parallel to DD_1 intersect the opposite faces in the points A_1, B_1, C_1, respectively. Show that the volume of the tetrahedron ABC is a third of the volume of the tetrahedron $A_1B_1C_1D_1$.

Does this result remain valid when D_1 is an arbitrary interior point of the face ABC?

(Poland)

第 6 届国际数学奥林匹克各国成绩表

1964，苏联

名次	国家或地区	分数（满分 336）	奖牌 金牌	银牌	铜牌	参赛队人数
1.	苏联	269	3	1	3	8
2.	匈牙利	253	3	1	1	8
3.	罗马尼亚	213	—	2	3	8
4.	波兰	209	1	1	3	8
5.	保加利亚	198	—	—	3	8
6.	德意志民主共和国	196	—	1	2	8
7.	捷克斯洛伐克	194	—	2	2	8
8.	蒙古	169	—	—	1	8
9.	南斯拉夫	155	—	1	1	8

第二编
第7届国际数学奥林匹克

第 7 届国际数学奥林匹克题解

民主德国,1965

南斯拉夫命题

1 求出区间$[0,2\pi]$内所有能满足下面不等式的实数 x

$$2\cos x \leqslant \left| \sqrt{1+\sin 2x} - \sqrt{1-\sin 2x} \right| \leqslant \sqrt{2}$$

解 原不等式可以改写为

$$2\cos x \leqslant \left| \sqrt{1+\sin 2x} - \sqrt{1-\sin 2x} \right| \quad ①$$

$$\left| \sqrt{1+\sin 2x} - \sqrt{1-\sin 2x} \right| \leqslant \sqrt{2} \quad ②$$

先解不等式 ①. 因为不等式 ① 的右边总是非负数,所以如果 $\cos x \leqslant 0$,即

$$\frac{\pi}{2} \leqslant x \leqslant \frac{3\pi}{2} \quad ③$$

不等式 ① 总是成立的;

如果 $\cos x > 0$,将不等式 ① 两边平方,得

$$4\cos^2 x \leqslant 2 - 2\sqrt{\cos^2 2x}$$

$$\sqrt{\cos^2 2x} \leqslant 1 - 2\cos^2 x$$

$$|\cos 2x| \leqslant -\cos 2x$$

所以
$$\cos 2x \leqslant 0$$

所以
$$\frac{\pi}{2} + 2k\pi \leqslant 2x \leqslant \frac{3\pi}{2} + 2k\pi$$

所以
$$\frac{\pi}{4} + k\pi \leqslant x \leqslant \frac{3\pi}{4} + k\pi, k = 0, 1$$

于是,当 $\cos x > 0$ 时能使不等式 ① 成立的 x 值为

$$\frac{\pi}{4} \leqslant x < \frac{\pi}{2}, \frac{3\pi}{2} < x \leqslant \frac{7\pi}{4} \quad ④$$

综合 ③,④ 得不等式 ① 的解为

$$\frac{\pi}{4} \leqslant x \leqslant \frac{7\pi}{4}$$

再考虑不等式 ②. 它的两边都是非负数,分别平方,得

$$2 - 2\sqrt{\cos^2 2x} \leqslant 2, -2\sqrt{\cos^2 2x} \leqslant 0$$

它对任意实数 x 都是成立的.

因此,原不等式的解为

$$\frac{\pi}{4} \leqslant x \leqslant \frac{7\pi}{4}$$

2 给出方程组

$$\begin{cases} a_{11}x_1 + a_{12}x_2 + a_{13}x_3 = 0 \\ a_{21}x_1 + a_{22}x_2 + a_{23}x_3 = 0 \\ a_{31}x_1 + a_{32}x_2 + a_{33}x_3 = 0 \end{cases}$$

其系数满足下列条件：

(1) a_{11}, a_{22}, a_{33} 是正的；

(2) 所有其他的系数都是负的；

(3) 每一个方程中的系数之和是正的.

证明：$x_1 = x_2 = x_3 = 0$ 是这个方程组的唯一解.

波兰命题

证法 1 假设 $x_1 = x_2 = x_3 = 0$ 不是原方程组的唯一解，则其非平凡解有如下两种可能情形.

i 某个数 x_i 是正的.

不失一般性，可设 $x_1 > 0, x_1 \geqslant x_2, x_1 \geqslant x_3$. 由

$$a_{12}x_2 \geqslant a_{12}x_1, a_{13}x_3 \geqslant a_{13}x_1, a_{11} + a_{12} + a_{13} > 0$$

得

$$a_{11}x_1 + a_{12}x_2 + a_{13}x_3 \geqslant (a_{11} + a_{12} + a_{13})x_1 > 0$$

引出一个矛盾，所以这种情形不会出现.

ii 某个数 x_i 是负的.

不失一般性，可设 $x_1 < 0, x_1 \leqslant x_2, x_1 \leqslant x_3$. 由

$$a_{12}x_2 \leqslant a_{12}x_1, a_{13}x_3 \leqslant a_{13}x_1, a_{11} + a_{12} + a_{13} > 0$$

得

$$a_{11}x_1 + a_{12}x_2 + a_{13}x_3 \leqslant (a_{11} + a_{12} + a_{13})x_1 < 0$$

这也引出一个矛盾，所以这种情形也不会出现.

综上所证，可知 $x_1 = x_2 = x_3 = 0$ 是原方程组的唯一解.

证法 2 n 元线性齐次方程组有非平凡解的必要条件是其系数行列式等于 0.

用 $\triangle$ 表示本题方程组的系数行列式，即

$$\triangle = \begin{vmatrix} a_{11} & a_{12} & a_{13} \\ a_{21} & a_{22} & a_{23} \\ a_{31} & a_{32} & a_{33} \end{vmatrix}$$

要证 $x_1 = x_2 = x_3 = 0$ 是方程组的唯一解，只需证明 $\triangle \neq 0$.

在 $\triangle$ 中，第三列各数以 $s_i = a_{i1} + a_{i2} + a_{i3}$ 代换，其值不变，故

$$\triangle = \begin{vmatrix} a_{11} & a_{12} & s_1 \\ a_{21} & a_{22} & s_2 \\ a_{31} & a_{32} & s_3 \end{vmatrix} = s_1 \begin{vmatrix} a_{21} & a_{22} \\ a_{31} & a_{32} \end{vmatrix} + s_2 \begin{vmatrix} a_{31} & a_{32} \\ a_{11} & a_{12} \end{vmatrix} + s_3 \begin{vmatrix} a_{11} & a_{12} \\ a_{21} & a_{22} \end{vmatrix}$$

由条件(1)，(2) 可知

$$\begin{vmatrix} a_{21} & a_{22} \\ a_{31} & a_{32} \end{vmatrix} = a_{21}a_{32} - a_{31}a_{22} > 0$$

$$\begin{vmatrix} a_{31} & a_{32} \\ a_{11} & a_{12} \end{vmatrix} = a_{31}a_{12} - a_{11}a_{32} > 0$$

又 $$a_{11} > -a_{12} - a_{13} > -a_{12} \Rightarrow a_{11} > |a_{12}|$$

$$a_{22} > -a_{21} - a_{31} > -a_{21} \Rightarrow a_{22} > |a_{21}|$$

故 $$\begin{vmatrix} a_{11} & a_{12} \\ a_{21} & a_{22} \end{vmatrix} = a_{11}a_{22} - a_{12}a_{21} > 0$$

最后由条件(3)可知 $s_i > 0$,从而证明了 $\triangle > 0$.

证法3 用反证法,如果有不全为零的解:$x_1 = k_1, x_2 = k_2, x_3 = k_3$. 则 $|k_1|, |k_2|, |k_3|$ 中必有最大者,不失一般性,不妨设

$$\max\{|k_1|, |k_2|, |k_3|\} = |k_1|, k_1 \neq 0$$

因 $$a_{11}k_1 + a_{12}k_2 + a_{13}k_3 = 0$$

所以 $$a_{11} = -\frac{k_2}{k_1}a_{12} - \frac{k_3}{k_1}a_{13}$$

从而 $$|a_{11}| = \left|-\frac{k_2}{k_1}a_{12} - \frac{k_3}{k_1}a_{13}\right| \leqslant$$

$$\left|\frac{k_2}{k_1}\right| \cdot |a_{12}| + \left|\frac{k_3}{k_1}\right| \cdot |a_{13}| \leqslant |a_{12}| \cdot |a_{13}|$$

由条件(1),(2)知 $a_{11} > 0, a_{12} < 0, a_{13} < 0$. 所以

$$a_{11} + a_{12} + a_{13} \leqslant 0$$

这与条件(3)矛盾. 因此方程组有唯一解 $x_1 = x_2 = x_3 = 0$.

3 已知一个四面体 $ABCD$ 的棱 AB,CD 的长度分别为 a,b. 这两棱间的距离为 d,交角为 ω. 该四面体被一个平行于 AB,CD 的平面 π 截成两部分. 已知 AB,CD 到平面 π 的距离之比为 k,求这两部分的体积的比.

捷克斯洛伐克命题

解法1 若一个多面体的所有顶点都在两个平行的平面上,如图7.1所示,上底和下底的面积分别为 A_1,A_2,高为 h,它的中截面的面积为 M. 根据立体几何的定理,这个多面体的体积为

$$V = \frac{h}{6}(A_1 + A_2 + 4M) \quad ①$$

这种多面体,叫做拟柱*.

* 一般书多称"拟柱",事实上要称"拟棱台"比较适当.

设平行于 AB,CD 的平面 π 和四面体 $ABCD$ 的截面为 $PQRS$,其中 $PQ \parallel SR \parallel CD$,$QR \parallel PS \parallel AB$. T_1 表示以 $PQRS$ 为下底,线段 AB 为上底,高为 m 的拟柱;T_2 表示以 $PQRS$ 为上

底，线段 CD 为下底，高为 n 的拟柱. 根据题意

$$m+n=d, m/n=k \tag{②}$$

T_1，T_2 的体积分别用 V_1，V_2 表示.

□$PQRS$ 的面积

$$S_{PQRS}=PQ\cdot QR\cdot\sin\omega$$

但是 $$PQ=\frac{m}{d}\cdot DC=\frac{mb}{d}, QR=\frac{n}{d}\cdot AB=\frac{na}{d}$$

所以 $$S_{PQRS}=\frac{mnab}{d^2}\cdot\sin\omega$$

平行于 AB 及 $PQRS$，且在其中间的平面为 $P'Q'R'S'$，其面积为

$$M_1=\frac{1}{2}PQ\left(\frac{QR+a}{2}\right)\sin\omega=$$

$$\frac{mb}{4d}\left(\frac{na}{d}+a\right)\sin\omega=\frac{mab}{4d^2}(n+d)\sin\omega$$

同样求得平行于 $PQRS$ 及 CD，且在其中间的平面的面积为

$$M_2=\frac{nab}{4d^2}(m+d)\sin\omega$$

应用 ① 得

$$V_1=\frac{m}{6}(S_{PQRS}+4M_1)=\frac{m^2ab}{6d^2}(2n+d)\sin\omega$$

$$V_2=\frac{n}{6}(S_{PQRS}+4M_2)=\frac{n^2ab}{6d^2}(2m+d)\sin\omega$$

所以

$$\frac{V_1}{V_2}=\frac{m^2(2n+d)}{n^2(2m+d)} \tag{③}$$

由 ② 知 $$\frac{n}{d}=\frac{1}{k+1}, \frac{m}{d}=\frac{k}{k+1}$$

代入 ③ 得

$$\frac{V_1}{V_2}=k^2\cdot\frac{2+k+1}{2k+k+1}=\frac{k^2(k+3)}{3k+1}$$

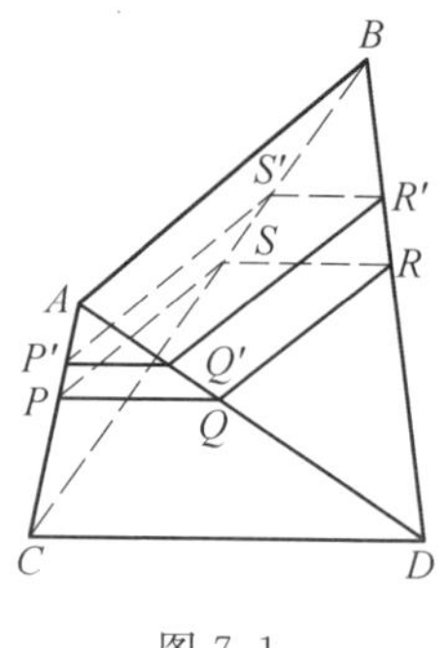

图 7.1

解法 2 利用仿射变换把 $ABCD$ 映成另一个四面体. 经这样变换后，比值 k 不变，被平面 π 分成的两部分的体积的比也不变.

设 $ABCD\to A'B'C'D'$，如图 7.2 所示，并设所映成的四面体 $A'B'C'D'$ 顶点的坐标为

$$A'(1,0,0), B'(0,1,0), C'(0,0,1), D'(0,0,0)$$

因 $C'D'$ 垂直于 $A'B'$ 所在的平面 $z=0$ 上，故四面体被平面 π 所截成的四边形 $PQRS$ 是矩形.

$D'Q$ 和 QA' 的长度分别以 t 和 $1-t$ 表示，则 $k=t/(1-t)$. 故 $t=k/(1+k)$.

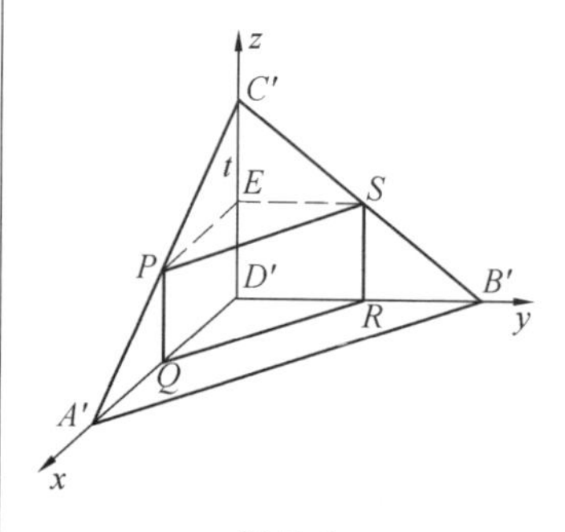

图 7.2

$A'B'C'D'$ 被平面 π 及平行于平面 $z=0$ 而通过 PQ 的平面分成如下三部分：直棱柱 $PESRQD'$，四面体 $C'PES$ 和拟柱 $A'B'SPQR$(底面为 $A'B'RQ$,另一底为线段 PS).

直棱柱 $PESRQD'$ 的体积等于

$$S_{\triangle D'QR}\cdot PQ=\frac{1}{2}t^2(1-t)$$

四面体 $C'PES$ 的体积等于

$$\frac{1}{2}S_{\triangle PES}\cdot C'E=\frac{1}{6}t^3$$

拟柱 $A'B'SPQR$ 的体积等于

$$\frac{1}{3}S_{\triangle A'B'D'}\cdot C'D'-\frac{1}{2}t^2(1-t)-\frac{t^3}{6}=\frac{1}{6}-\frac{t^2(3-2t)}{6}=\frac{(1-t)^2(1+2t)}{6}$$

以 V_1 表示直棱柱 $PESRQD'$ 及四面体 $C'PES$ 的体积和，以 V_2 表示拟柱 $A'B'SPQR$ 的体积，则

$$V_1:V_2=\frac{t^2(3-2t)}{6}:\frac{(1-t)^2(1+2t)}{6}=k^2(k+3):(3k+1)$$

注 V_1 与 V_2 之比仅依赖于 k，而与 a,b,d,ω 无关.

解法3 如图7.3所示，AB,CD 平行于平面 $EFGH$. 过 EH 作平面 EHK // 平面 BCD.

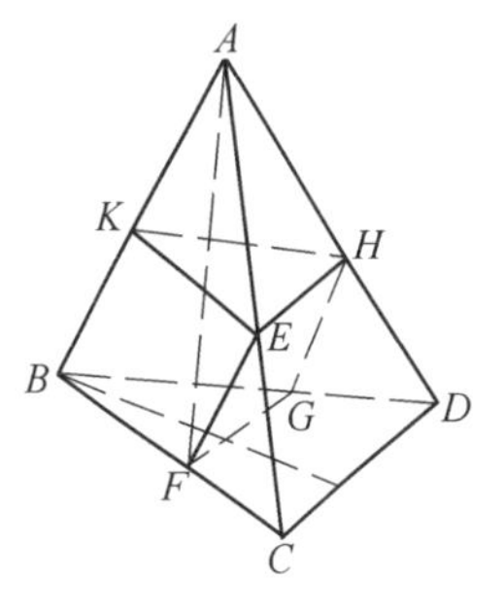

图7.3

设三棱维 $A-BCD$ 和 $A-KEH$ 的体积分别为 V 和 V_1. 由 A 向底所作的高分别为 h 和 h_1. 在 $\triangle BCD$ 中，设 CD 边上的高为 L，$\triangle BFG$ 中 FG 边上的高为 L_1.

根据题设及平行面截线段成比例可知

$$h_1=\frac{kh}{1+k},L_1=\frac{kL}{1+k},FG=\frac{bk}{1+k}$$

其中，$k=\frac{AE}{EC}$. 则

$$V=\frac{h}{3}\cdot\frac{L}{2}b=\frac{hLb}{6}$$

$$V_1=\frac{h_1}{3}\cdot\frac{L_1}{2}\cdot\frac{bk}{1+k}=\frac{hLbk^3}{6(1+k)^3}=\frac{k^3}{(1+k)^3}V$$

又直棱柱 BH 的体积

$$V_2=\frac{bLk^2}{2(1+k)^2}\cdot\frac{h}{1+k}=\frac{3k^2}{(1+k)^3}V$$

所以拟柱 FA 的体积

$$V_3=V_1+V_2=\frac{k^2(k+3)}{(1+k)^3}V$$

拟柱 ED 的体积

$$V_4=V-V_3=\frac{1+3k}{(1+k)^3}V$$

因而
$$\frac{V_3}{V_4}=\frac{k^2(k+3)}{3k+1}$$

解法 4　设平面 γ 和直线 AB 之间的距离为 y. 平面 γ 和四面体 $ABCD$ 的截口是平行四边形 $MLNR$，如图 7.4 所示. 这是由于 $ML\ /\!/\ AB$，$RN\ /\!/\ AB$，所以有 $ML\ /\!/\ RN$，并且 $NL\ /\!/\ CD$，$MR\ /\!/\ CD$，故有 $NL\ /\!/\ MR$.

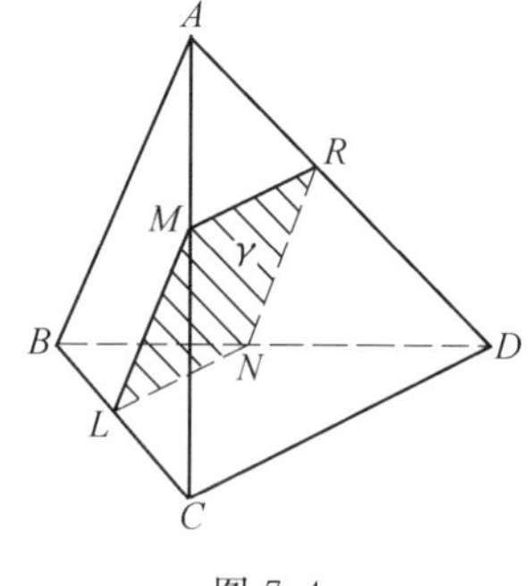

图 7.4

由平行线截得比例线段定理得

$$ML:a=y:d\Rightarrow ML=\frac{ay}{d}$$

$$MR:b=(d-y):d\Rightarrow MR=\frac{b(d-y)}{d}$$

因为平行四边形 $MLNR$ 的两边 ML 和 MR 之间的夹角为 δ，所以这个平行四边形的面积为

$$s(y)=ML\cdot MR\cdot\sin\delta=\frac{ay}{d}\cdot\frac{b(d-y)}{d}\sin\delta$$

相应的，对于和直线 AB 的距离为 x 的平行于 γ 的平面所确定的平行四边形的面积为

$$s(x)=\frac{ax}{d}\cdot\frac{b(d-x)}{d}\sin\delta$$

因此，利用横断面的面积计算体积的公式，得到平面 γ 所截的一部分多面体 $MLNRAB$ 的体积

$$V_1=\int_0^y s(x)\,\mathrm{d}x=\int_0^y\frac{ax}{d}\cdot\frac{b(d-x)}{d}\sin\delta\,\mathrm{d}x=$$
$$\int_0^y\left(\frac{ab}{d}x-\frac{ab}{d^2}x^2\right)\sin\delta\,\mathrm{d}x=\left(\frac{aby^2}{2d}-\frac{aby^3}{3d^2}\right)\sin\delta=$$
$$\frac{aby^2}{6d^2}(3d-2y)\sin\delta \qquad ④$$

若在 ④ 中令 $y=d$，我们就得到

$$V_{ABCD}=\frac{abd}{6}\sin\delta \qquad ⑤$$

由 ④ 和 ⑤ 就得到平面 γ 截四面体 $ABCD$ 所得另一部分多面体 $MLNRCD$ 的体积

$$V_2=V_{ABCD}-V_1=\frac{abd}{6}\sin\delta-\frac{aby^2}{6d^2}(3d-2y)\sin\delta=$$
$$\frac{ab}{6}\left[d-\frac{y^2}{d^2}(3d-2y)\right]\sin\delta$$

由已知条件$\dfrac{y}{d-y}=k$,即 $d=y\dfrac{k+1}{k}$,于是得

$$\frac{V_1}{V_2}=\frac{\frac{aby^2}{6d^2}(3d-2y)\sin\delta}{\frac{ab}{6}\left[d-\frac{y^2}{d^2}(3d-2y)\right]\sin\delta}=$$

$$\frac{y^2(3d-2y)}{d^3-y^2(3d-2y)}=\frac{k^3+3k^2}{3k+1}=\frac{k^2(k+3)}{3k+1}$$

4 求出所有四元实数组(x_1,x_2,x_3,x_4),使其中任一数与其他三数的积的和皆等于 2.

苏联命题

解法 1 本题相当于求下面方程组的所有实数解,即

$$\begin{cases}x_1+x_2x_3x_4=2 & ①\\ x_2+x_3x_4x_1=2 & ②\\ x_3+x_4x_1x_2=2 & ③\\ x_4+x_1x_2x_3=2 & ④\end{cases}$$

若 $x_1=0$,则由 ① 得 $x_2x_3x_4=2$,由 ②,③,④ 得 $x_2=x_3=x_4=2$,这两个结果互相矛盾,故 $x_1\neq 0$,同理 $x_2\neq 0$,$x_3\neq 0$,$x_4\neq 0$.

令 $x_1x_2x_3x_4=p$,则方程组中每一个方程皆可写成

$$x_i+\frac{p}{x_i}=2$$

或
$$x_i^2-2x_i+p=0$$

解之得
$$x_i=1\pm\sqrt{1-p}$$

由于 x_i 是实数,故 $p\leqslant 1$.

(1) 若 $p=1$,则 $x_i=1$,$i=1,2,3,4$.

(2) 若 $p<1$,则有如下三种可能.

i 三个根为 $1+\sqrt{1-p}$,一个根为 $1-\sqrt{1-p}$. 这时

$$p=(1+\sqrt{1-p})^3(1-\sqrt{1-p})=(1+\sqrt{1-p})^2p\Leftrightarrow$$
$$1=(1+\sqrt{1-p})^2\Leftrightarrow 1+\sqrt{1-p}=\pm 1$$

式子左边不能取负值,故 $1+\sqrt{1-p}=1$,即 $p=1$. 但这和 $p<1$ 的假设矛盾.

ii 三个根为 $1-\sqrt{1-p}$,一个根为 $1+\sqrt{1-p}$. 这时

$$p=(1-\sqrt{1-p})^3(1+\sqrt{1-p})=(1-\sqrt{1-p})^2p\Leftrightarrow$$
$$1=(1-\sqrt{1-p})^2\Leftrightarrow 1-\sqrt{1-p}=\pm 1$$

因 $p<1$,式子左边应取负值,故 $1-\sqrt{1-p}=-1$. 解之得 $p=-3$. 故有一个 x_i 为 3,其他三数为 -1.

ⅲ 两个根为 $1+\sqrt{1-p}$,两个根为 $1-\sqrt{1-p}$. 这时

$$p=(1+\sqrt{1-p})^2(1-\sqrt{1-p})^2=p^2$$

故 $p=1$. 这又和 $p<1$ 的假设矛盾.

综合以上各种情形,得

$$(x_1,x_2,x_3,x_4)=(1,1,1,1),(3,-1,-1,-1),(-1,3,-1,-1),(-1,-1,3,-1),(-1,-1,-1,3)$$

解法 2 首先,我们证明 $x_i\neq 0(i=1,2,3,4)$;否则,例如设 $x_1=0$ 时,则由 ②,③,④ 得 $x_2=x_3=x_4=2$,不满足 ①. 故 $x_i\neq 0$.

其次,由 ① 得 $x_3x_4=\frac{2-x_1}{x_2}$,由 ② 得 $x_3x_4=\frac{2-x_2}{x_1}$,从而得

$$\frac{2-x_1}{x_2}=\frac{2-x_2}{x_1}$$

$$2x_1-x_1^2=2x_2-x_2^2$$

$$(x_1-1)^2=(x_2-1)^2$$

即

$$|x_1-1|=|x_2-1|$$

将未知数 x_1,x_2,x_3,x_4 进行轮换,可得

$$|x_1-1|=|x_2-1|=|x_3-1|=|x_4-1| \quad ⑤$$

就 x_i 的取值可分下列五种情况.

ⅰ 四个 $x_i\geqslant 1(i=1,2,3,4)$.

由 ⑤ 可知,$x_1=x_2=x_3=x_4$,由 ①,得

$$x_1+x_1^3=2,x_1^3+x_1-2=0$$

即

$$(x_1-1)(x_1^2+x_1+2)=0$$

由于 $x_1^2+x_1+2=0$ 的判别式 $\Delta=1^2-8=-7<0$,故 $x_1^2+x_1+2=0$ 无实数解.

只有 $x_1=1$,所以 $x_1=x_2=x_3=x_4=1$.

ⅱ 只有三个 $x_i\geqslant 1(i=2,3,4)$.

则 $x_1<1$,由 ⑤ 可得

$$-x_1+1=x_2-1=x_3-1=x_4-1$$

所以

$$x_2=x_3=x_4,x_1=2-x_2$$

由 ① 得

$$2-x_2+x_2^3=2,x_2(x_2^2-1)=0$$

因为 $x_2\geqslant 1$,所以

$$x_2=1,x_1=2-x_2=1$$

这与 $x_1<1$ 矛盾,即这时方程组无解.

ⅲ 只有两个 $x_i\geqslant 1(i=3,4)$.

则 $x_1<1,x_2<1$. 由 ⑤ 得

$$-x_1+1=-x_2+1=x_3-1=x_4-1$$

所以

$$x_1=x_2,x_3=x_4=2-x_1$$

由 ③ 得 $$2-x_1+x_1^2(2-x_1)=2$$

即 $$x_1(x_1-1)^2=0$$

因为 $x_1\neq 0$,所以 $x_1=1$,这与 $x_1<1$ 矛盾.即这时方程组无解.

ⅳ 只有一个 $x_i\geqslant 1$(例如 $x_4\geqslant 1$),其余 $x_i<1(i=1,2,3)$.

由 ⑤ 得

$$-x_1+1=-x_2+1=-x_3+1=x_4-1$$

所以 $$x_1=x_2=x_3,x_4=2-x_1$$

由 ④ 得 $$2-x_1+x_1^3=2$$

即 $$x_1(x_1^2-1)=0$$

由于 $x_1<1$,且 $x_1\neq 0$,所以 $x_1=-1$,从而得

$$x_1=x_2=x_3=-1,x_4=2-x_1=3$$

满足方程组.

轮换 x_1,x_2,x_3,x_4,得

$(3,-1,-1,-1),(-1,3,-1,-1),(-1,-1,3,-1)$

也是原方程组的解.

ⅴ 四个 $x_i<1(i=1,2,3,4)$.

由 ⑤ 得

$$x_1=x_2=x_3=x_4$$

类似于情形 ⅰ,可得 $x_1=1$,这与 $x_1<1$ 矛盾.这时方程组无解.

综上所述,所求实数为

$$x_1=x_2=x_3=x_4=1$$
$$x_1=x_2=x_3=-1,x_4=3$$
$$x_2=x_3=x_4=-1,x_1=3$$
$$x_3=x_4=x_1=-1,x_2=3$$
$$x_4=x_1=x_2=-1,x_3=3$$

解法 4 根据题意 ① - ② 得

$$(x_1-x_2)(x_3x_4-1)=0$$

于是原方程组与下列两个方程组 Ⅰ 和 Ⅱ 同解,即

Ⅰ $$\begin{cases}x_1-x_2=0 & ⑥\\ x_1+x_2x_3x_4=2 & ①\\ x_3+x_4x_1x_2=2 & ③\\ x_4+x_1x_2x_3=2 & ④\end{cases}$$

Ⅱ $$\begin{cases}x_3x_4-1=0 & ⑦\\ x_1+x_2x_3x_4=2 & ①\\ x_3+x_4x_1x_2=2 & ③\\ x_4+x_1x_2x_3=2 & ④\end{cases}$$

由 ⑥,方程组 Ⅰ 变为

$$\begin{cases} x_1 + x_1x_3x_4 = 2 & ⑧ \\ x_3 + x_1^2x_4 = 2 & ⑨ \\ x_4 + x_1^2x_3 = 2 & ⑩ \end{cases}$$

⑨ − ⑩ 得 $$(x_3 - x_4)(x_1^2 - 1) = 0$$

于是方程组 Ⅰ 又与下列方程组 Ⅰ′ 和 Ⅰ″ 同解,即

$$\text{Ⅰ}' \begin{cases} x_3 - x_4 = 0 \\ x_1 + x_1x_3x_4 = 2 \\ x_3 + x_1^2x_4 = 2 \end{cases} \qquad \text{Ⅰ}'' \begin{cases} x_1^2 - 1 = 0 \\ x_1 + x_1x_3x_4 = 2 \\ x_3 + x_1^2x_4 = 2 \end{cases}$$

解方程组 Ⅰ′,得到原方程组的一组解为(1,1,1,1).

解方程组 Ⅰ″,当 $x_1 = 1$ 时,所得的一组解与上面得到的解相同;当 $x_1 = -1$ 时,则方程组 Ⅰ″ 变为

$$\begin{cases} x_3x_4 = -3 \\ x_3 + x_4 = 2 \end{cases}$$

由此得到原方程组的另外两组解

$$(-1, -1, -1, 3), (-1, -1, 3, -1)$$

由 ⑦,方程组 Ⅱ 变为

$$\begin{cases} x_1 + x_2 = 2 & ⑪ \\ x_3 + x_1x_2 \cdot \dfrac{1}{x_3} = 2 & ⑫ \\ \dfrac{1}{x_3} + x_1x_2x_3 = 2 & ⑬ \end{cases}$$

⑫ − ⑬ 得 $$\left(x_3 - \frac{1}{x_3}\right)(x_1x_2 - 1) = 0$$

于是方程组 Ⅱ 又与下列方程组 Ⅱ′ 和 Ⅱ″ 同解,即

$$\text{Ⅱ}' \begin{cases} x_3^2 = 1 \\ x_1 + x_2 = 2 \\ x_3 + x_1x_2 \cdot \dfrac{1}{x_3} = 2 \end{cases} \qquad \text{Ⅱ}'' \begin{cases} x_1x_2 = 1 \\ x_1 + x_2 = 2 \\ x_3 + x_1x_2 \cdot \dfrac{1}{x_3} = 2 \end{cases}$$

解方程组 Ⅱ′,当 $x_3 = 1$ 时,方程组 Ⅱ′ 变为

$$\begin{cases} x_1 + x_2 = 2 \\ x_1x_2 = 1 \end{cases}$$

由此得到原方程组的一组解仍为(1,1,1,1);

当 $x_3 = -1$ 时,则方程组 Ⅱ′ 变为

$$\begin{cases} x_1 + x_2 = 2 \\ x_1x_2 = -3 \end{cases}$$

由此得到原方程组的另外两组解为

$$(-1, 3, -1, -1), (3, -1, -1, -1)$$

解方程组 Ⅱ″,当 $x_1x_2 = 1$ 时,方程组 Ⅱ″ 变为

$$\begin{cases} x_1+\dfrac{1}{x_1}=2 \\ x_3+\dfrac{1}{x_3}=2 \end{cases}$$

由此得到原方程的一组解仍为(1,1,1,1).

显然,若四元实数组(x_1,x_2,x_3,x_4)满足原方程组,则对于所有的 $i=1,2,3,4$,都有 $x_i\neq 0$.

综合上述讨论,原方程组共有五组不同的实数解,即

$$(1,1,1,1),(-1,-1,-1,3),(-1,-1,3,-1)$$
$$(-1,3,-1,-1),(3,-1,-1,-1)$$

5 在 $\triangle OAB$ 中,$\angle AOB$ 为锐角. 自 $\triangle OAB$ 中任意一点 M(异于点 O)作 OA,OB 的垂线 MP,MQ. H 是 $\triangle OPQ$ 的垂心. 试求:当点 M(1) 在 AB 上;(2) 在 $\triangle OAB$ 内部移动时,点 H 的轨迹.

罗马尼亚命题

解法1 (1) 设 $\triangle OAB$ 是给定的三角形,如图 7.5 所示,M 是边 AB 上的点,P,Q 分别是自点 M 到 OA 和 OB 的垂线的垂足,C 与 D 分别是自 A 到 OB 和自 B 到 OA 的垂线的垂足,而 K 是自 P 到 OB 的垂线的垂足. S 是 KP 和 CD 的交点,T 是 QS 和 OA 的交点. 现在需要证明 QT 垂直于 OA,因而 S 是 $\triangle OPQ$ 的垂心.

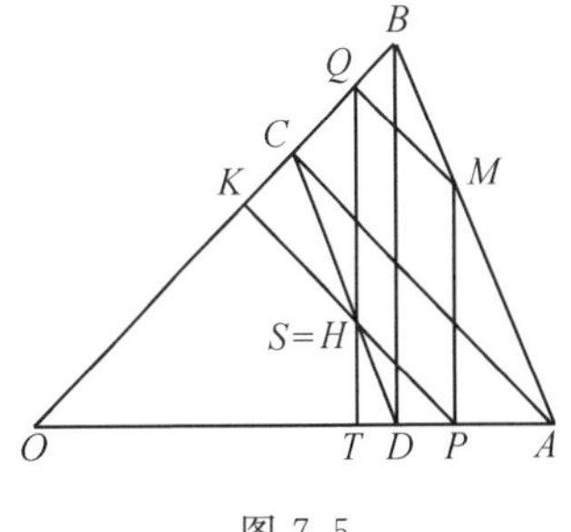

图 7.5

因为 KP 交 $\triangle OCD$ 的边或其延长线于点 K,S 和 P,由梅氏定理得

$$DS\cdot CK\cdot OP=SC\cdot KO\cdot PD$$

由此得
$$\frac{DS}{SC}=\frac{KO\cdot PD}{CK\cdot OP}$$

又依据射线定理有

$$\frac{KO}{CK}=\frac{OP}{PA}$$

故
$$\frac{DS}{SC}=\frac{OP}{PA}\cdot\frac{PD}{OP}=\frac{PD}{PA}$$

另由射线定理有

$$\frac{PD}{PA}=\frac{BM}{MA}=\frac{BQ}{CQ}$$

故
$$\frac{DS}{SC}=\frac{BQ}{QC}$$

今由射线定理的可逆性,得 $QT\parallel BD$,所以 $QT\perp OA$. 这样,$\triangle OPQ$ 的三条高的交点便在 CD 上. 又根据上述作法可知,线段 AB 上的每一点 M 恰好对应线段 CD 上的一点 H;另一方面,对应于线段 CD 上的每一点,恰是线段 AB 上的一点,即构成了线段

AB 上的点集与线段 CD 上的点集之间的一个一一对应. 所以,在这一情形下,所求的轨迹是线段 CD.

(2) 如图 7.6 所示,设 A' 是线段 OA 的内点,B' 是线段 OB 的内点,$A'B'$ 与 AB 平行,C' 与 D' 分别是自 A' 到 OB 与自 B' 到 OA 的垂线的垂足. 从图 7.6 可知,与第一种情形一样,线段 $A'B'$ 的每个内点恰好对应线段 $C'D'$ 的一个内点;反过来,对应于线段 $C'D'$ 的每个内点恰是一个 $A'B'$ 的内点. 即线段 $A'B'$ 的内点集合与线段 $C'D'$ 的内点集合构成一一对应.

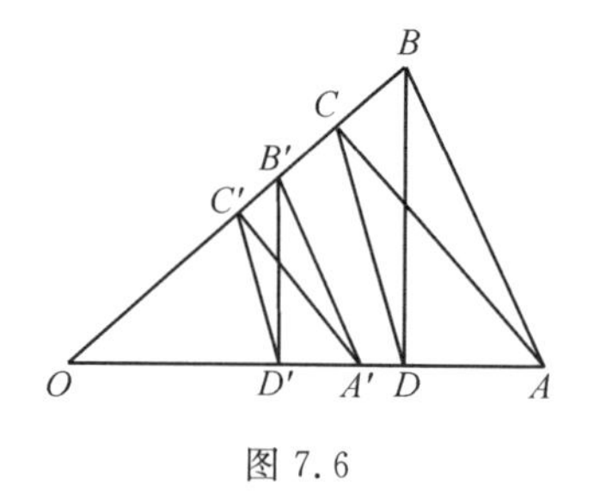

图 7.6

现在,我们考虑平行于 AB 的一族线段 $A'B'$,这里 A' 与 B' 分别是线段 OA 与 OB 的内点,使得这一族线段与平行于 CD 的一族线段 $C'D'$ 还是构成一一对应,这里 C' 与 D' 分别是线段 OC 与 OD 的内点. 即 $\triangle OAB$ 的内点集合与 $\triangle OCD$ 的内点集合构成一一对应(由作法可知,两条不同的线段 $C'D'$ 与 $C''D''$ 所对应的也是两条不同的线段 $A'B'$ 与 $A''B''$),所以,在这一情形下,所求的点 H 的轨迹是 $\triangle ODC$ 的内部.

解法 2 (1) 以 O 为原点,作向量 $\overrightarrow{OA}$,$\overrightarrow{OB}$,$\overrightarrow{OH}$,$\overrightarrow{OM}$,$\overrightarrow{OP}$,$\overrightarrow{OQ}$,并分别以 $\boldsymbol{A}$,$\boldsymbol{B}$,$\boldsymbol{H}$,$\boldsymbol{M}$,$\boldsymbol{P}$,$\boldsymbol{Q}$ 表示之.

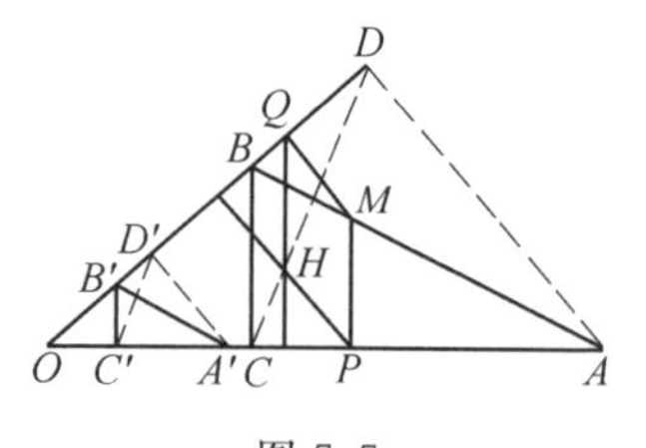

图 7.7

因 $MP \perp OA$,$QH \perp OA$,故 $MP \parallel QH$. 同理 $MQ \parallel PH$,所以四边形 $MPHQ$ 是平行四边形,从而得

$$\boldsymbol{H}-\boldsymbol{P}=\boldsymbol{Q}-\boldsymbol{M} \quad ①$$

用 t 表示 $AM : AB$ 的比值,则

$$\boldsymbol{M}=\boldsymbol{A}+t(\boldsymbol{B}-\boldsymbol{A})=(1-t)\boldsymbol{A}+t\boldsymbol{B} \quad ②$$

如图 7.7 所示,C 是自 B 至 OA 的垂线的垂足,D 是自 A 至 OB 的垂线的垂足. 若

$$(1-t)\boldsymbol{A}+t\boldsymbol{C}=\boldsymbol{P}_1$$

则 P_1 是 OA 上的点,由 ② 得

$$\boldsymbol{M}-\boldsymbol{P}_1=t(\boldsymbol{B}-\boldsymbol{C})$$

故 $P_1M \parallel CB$,即 $P_1M \perp OA$. 可知 P_1 即是点 P. 所以

$$\boldsymbol{P}=(1-t)\boldsymbol{A}+t\boldsymbol{C} \quad ③$$

同理

$$\boldsymbol{Q}=t\boldsymbol{B}+(1-t)\boldsymbol{D} \quad ④$$

把 ②,③,④ 代入 ①,得

$$\boldsymbol{H}=(1-t)\boldsymbol{A}+t\boldsymbol{C}+t\boldsymbol{B}+(1-t)\boldsymbol{D}-(1-t)\boldsymbol{A}-t\boldsymbol{B}=t\boldsymbol{C}+(1-t)\boldsymbol{D}$$

当 $t: 0\to 1$ 时,M 自 A 移动至 B,而 H 则自 D 移动至 C. 故点 H 的轨迹是 DC.

(2)$\triangle OAB$ 可看成是由无穷多的平行于 AB 的线段所组成. 设 $A'B'$ 是这样的一个线段,以 C',D' 分别表示自 B' 至 OA 及自

A' 至 OB 的垂线的垂足. 当 M 自 A' 移动至 B' 时, H 自 D' 移动至 C'. 故当 M 在 $\triangle OAB$ 内移动时, 点 H 的轨迹是 $\triangle OCD$ 的内部.

解法 3　不妨先就 $\triangle OAB$ 是锐角三角形的情形予以讨论.

(1) 如图 7.8 所示, 设 $AH_1 \perp OB$, $BH_2 \perp OA$, 垂足分别为 H_1, H_2, 则线段 H_1H_2 就是所求的轨迹. 证明如下.

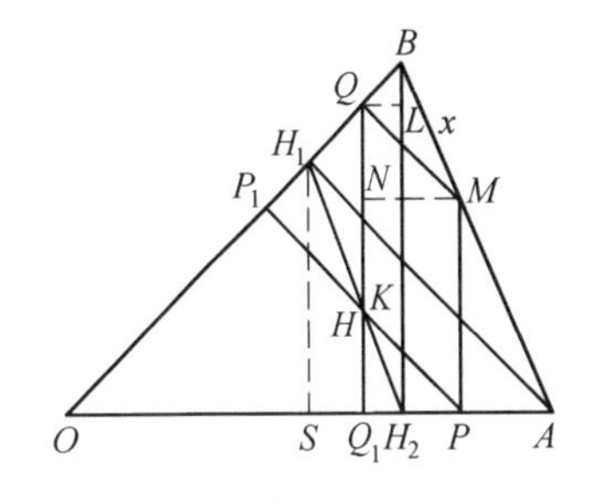

图 7.8

设 M 是 AB 上的任一点, $MP \perp OA$, $MQ \perp OB$, $QQ_1 \perp OA$, $PP_1 \perp OB$, 垂足分别为 P, Q, Q_1, P_1, 则 P_1P 与 Q_1Q 的交点 H 就是 $\triangle OPQ$ 的垂心. 并设 QQ_1 与 H_1H_2 相交于点 K. 要证明点 H 在 H_1H_2 上, 只要证明点 H 与点 K 重合就可以了.

由题设 $\angle AOB = \alpha$, 并令 $\angle OBA = \beta(\alpha, \beta < 90^\circ)$. 因为

$$\angle BH_2A = \angle AH_1B = 90^\circ$$

所以 H_2, A, B, H_1 四点共圆, 所以

$$\angle H_1H_2O = \angle OBA = \beta$$

设 $BM = x$, 则 $BQ = x \cdot \cos\beta$, $QM = x \cdot \sin\beta$.

作 $QL \parallel OA$, 交 BH_2 于点 L, 则四边形 QQ_1H_2L 是矩形, $\angle LQB = \angle AOB = \alpha$.

因为点 K 是 QQ_1 与 H_1H_2 的交点, 所以在 $\triangle KQ_1H_2$ 中, 有

$$Q_1H_2 = QL = BQ \cdot \cos\alpha = x \cdot \cos\beta \cdot \cos\alpha$$

$$Q_1K = Q_1H_2 \cdot \tan\angle H_1H_2O = x \cdot \cos\beta \cdot \cos\alpha \cdot \tan\beta = x \cdot \cos\alpha \cdot \sin\beta \quad ⑤$$

作 $MN \parallel AO$, 交 Q_1Q 于点 N, 则四边形 MNQ_1P 是矩形, 且 $\angle NQM = \angle AOB = \alpha$.

因为点 H 是 P_1P 与 Q_1Q 的交点, 所以在 $\triangle HQ_1P$ 中, 有

$$Q_1P = NM = QM \cdot \sin\alpha = x \cdot \sin\beta \cdot \sin\alpha$$

又因 $\angle Q_1HP = \angle AOB = \alpha$, 得

$$Q_1H = Q_1P \cdot \cot\angle Q_1HP = x \cdot \sin\beta \cdot \sin\alpha \cdot \cot\alpha = x \cdot \cos\alpha \cdot \sin\beta \quad ⑥$$

由 ⑤, ⑥ 两式, 得

$$Q_1H = Q_1K$$

且 Q_1H 与 Q_1K 均在线段 Q_1Q 上, 所以点 H 与 K 重合, 因此符合条件的点 H 在线段 H_1H_2 上.

当动点 M 在 BA 上从 B 连续运动到 A 时, $x = BM$ 的值从 0 连续增大到 BA(长度), 从而

$$Q_1H = Q_1K = x \cdot \cos\alpha \cdot \sin\beta$$

从 0 连续增大到

$$BA \cdot \cos\alpha \cdot \sin\beta = AH_1 \cdot \cos\alpha = H_1S$$

其中, $H_1S \perp OA$, 垂足为 S. 于是, 对于线段 H_1H_2 上的任一点

H'，作 $H'Q'_1 \perp OA$，垂足为 Q'_1，有 $0 < Q'_1H' < H_1S$，有对应的 $x' = \dfrac{Q'_1H'}{\cos\alpha \cdot \sin\beta}$，使

$$Q'_1H' = x' \cdot \cos\alpha \cdot \sin\beta$$

由于
$$0 < x' < \frac{H_1S}{\cos\alpha \cdot \sin\beta} = BA$$

所以在线段 BA 上存在一点 M'，使 $AM' = x'$. H' 就是对应于点 M' 的符合条件的垂心. 这就是说，线段 H_1H_2 上的任一点符合条件.

(2) 当动点 M 在 $\triangle OAB$ 的内部运动时. 我们先考察动点 M 在 $\triangle OAB$ 内与 AB 平行的某一条线段 $A'B'$ 上运动时，对应的垂心 H 的轨迹. 如图 7.9 所示，作 $A'H'_1 \perp OB$，$B'H'_2 \perp OA$，垂足分别为 H'_1，H'_2. 对 $\triangle OA'B'$ 利用(1) 的结论，可知这时点 H 的轨迹为线段 $H'_1H'_2$.

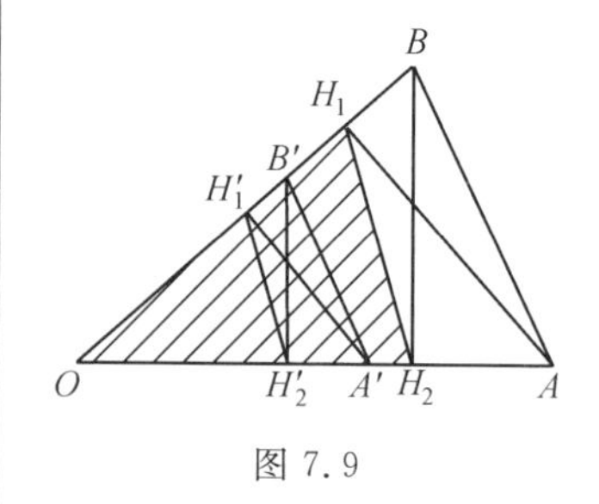

图 7.9

显然，由 $A'B' \parallel AB$，$A'H'_1 \parallel AH_1$，$BH'_2 \parallel BH_2$ 可知，四边形 $H'_1H'_2A'B'$ 与四边形 H_1H_2AB 位似，所以 $H'_1H'_2 \parallel H_1H_2$，且

$$\frac{OH'_2}{OH_2} = \frac{OA'}{OA}$$

设 $OA' = y$，则有 $OH'_2 = \dfrac{OH_2 \cdot y}{OA}$.

当点 A' 在 OA 上从点 O 连续移动到点 A 时，对应的一系列平行线段 $A'B'$(平行于 AB) 就连续充满整个 $\triangle OAB$. 这时，y 从 0 连续增大到 OA，从而 $OH'_2 = \dfrac{OH_2 \cdot y}{OA}$ 的值从 0 连续增大到 OH_2，即对应的点 H'_2 从点 O 连续移动到点 H_2，这一系列的平行线段 $H'_1H'_2$(平行于 H_1H_2) 便连续地移遍整个 $\triangle OH_1H_2$. 并且由于当点 M 在线段 AB 上运动时，对应的点 H 的轨迹是线段 H_1H_2；当点 M 在线段 OA 上运动时，点 H 的轨迹是线段 OH_1；当点 M 在线段 OB 上运动时，点 H 的轨迹是线段 OH_2，所以当点 M 在 $\triangle OAB$ 的内部运动时，所求点 H 的轨迹是 $\triangle OH_1H_2$ 的内部区域(不包括 $\triangle OH_1H_2$ 的边界).

如果 $\triangle OAB$ 是钝角三角形或直角三角形，也有同样的结论，并可类似地作出证明.

解法 4 如图 7.10 所示，建立直角坐标系，设 $\triangle AOB$ 是锐角三角形(当 $\angle OAB$ 或 $\angle ABO$ 为直角或钝角时，证明完全类似)，$|OA| = a$，$|OB| = b$，作 $AC \perp OB$，$BD \perp OA$，联结 CD，那么 A，B，C，D 各点的坐标分别为

$$A(a\cdot\cos\alpha, a\cdot\sin\alpha), B(b, 0)$$
$$C(a\cdot\cos\alpha, 0), D(b\cdot\cos^2\alpha, b\cdot\sin\alpha\cdot\cos\alpha)$$

直线 OA 的方程为

$$y=x\cdot\tan\alpha \tag{7}$$

直线 AB 的方程为

$$y=\frac{a\cdot\sin\alpha}{a\cdot\cos\alpha-b}x-\frac{ab\cdot\sin\alpha}{a\cdot\cos\alpha-b} \tag{8}$$

直线 CD 的方程为

$$y=\frac{b\cdot\sin\alpha}{b\cdot\cos\alpha-a}x-\frac{ab\cdot\sin\alpha\cdot\cos\alpha}{b\cdot\cos\alpha-a} \tag{9}$$

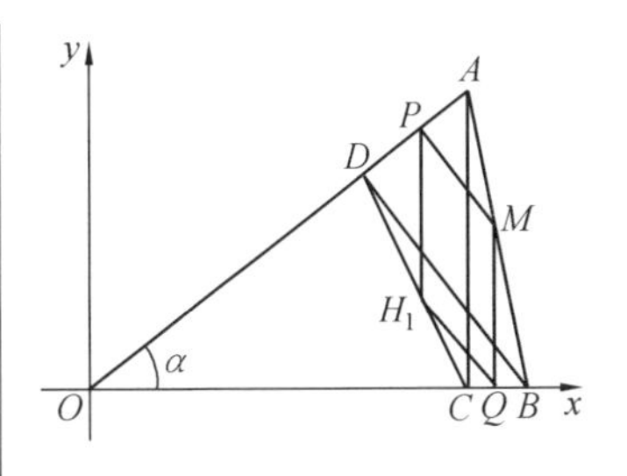

图 7.10

ⅰ 当点 M 在 AB 上运动时,H 的轨迹为 CD.

事实上,设点 M 的坐标为 (x_0,y_0),则点 Q 的坐标为 $(x_0,0)$.直线 MP 的方程为

$$y-y_0=-(x-x_0)\cot\alpha \tag{10}$$

解 ⑦ 和 ⑩ 联立的方程组,并利用点 M 在 AB 上的条件,即

$$y_0=\frac{a\cdot\sin\alpha}{a\cdot\cos\alpha-b}x_0-\frac{ab\cdot\sin\alpha}{a\cdot\cos\alpha-b}$$

得点 P 的横坐标为

$$\frac{a\cdot\cos\alpha-b\cdot\cos^2\alpha}{a\cdot\cos\alpha-b}x_0-\frac{ab\cdot\sin^2\alpha\cdot\cos\alpha}{a\cdot\cos\alpha-b}$$

所以,直线 PH 的方程为

$$x=\frac{a\cdot\cos\alpha-b\cdot\cos^2\alpha}{a\cdot\cos\alpha-b}x_0-\frac{ab\cdot\sin^2\alpha\cdot\cos\alpha}{a\cdot\cos\alpha-b} \tag{11}$$

直线 QH 的方程为

$$y=-(x-x_0)\cot\alpha \tag{12}$$

解 ⑪ 和 ⑫ 联立的方程组,得

$$y=\frac{b\cdot\sin\alpha}{b\cdot\cos\alpha-a}x-\frac{ab\cdot\sin\alpha\cdot\cos\alpha}{b\cdot\cos\alpha-a}$$

而这正是 CD 的方程,由此可知点 H 在线段 CD 上.

反之,在 CD 上任取一点 $H_1(x_1,y_1)$,如图 7.10 所示,得到点 M,类似上面的方法亦可证得点 M 在线段 AB 上.

ⅱ 首先来证明,当点 M 在 $\angle AOB$ 内运动时,点 H 也在 $\angle AOB$ 内运动.

事实上,由于点 M 在 $\angle AOB$ 内,其坐标 (x_0,y_0) 必满足

$$0\leqslant y_0\leqslant x_0\cdot\tan\alpha \tag{13}$$

容易求得点 P 的横坐标为 $y_0\cdot\sin\alpha\cdot\cos\alpha+x_0\cdot\cos^2\alpha$,所以 PH 的方程为

$$x=y_0\cdot\sin\alpha\cdot\cos\alpha+x_0\cdot\cos^2\alpha \tag{14}$$

解 ⑫ 和 ⑭ 联立的方程组,并利用条件 ⑬,得

$$0\leqslant y\leqslant x\cdot\tan\alpha$$

由此可知点 H 也在 $\angle AOB$ 内运动.

下面再来证明,当点 M 在 $\angle ABO$ 内运动时,点 H 在 $\angle DCO$

内运动.

事实上,点 $M(x_0,y_0)$ 的坐标满足

$$0\leqslant y_0\leqslant \frac{a\cdot \sin\alpha}{a\cdot\cos\alpha-b}x_0-\frac{ab\cdot\sin\alpha}{a\cdot\cos\alpha-b} \quad ⑮$$

解 ⑫ 和 ⑭ 联立的方程组,并利用条件 ⑮,得

$$y<\frac{b\cdot\sin\alpha}{b\cdot\cos\alpha-a}x-\frac{ab\cdot\sin\alpha\cdot\cos\alpha}{b\cdot\cos\alpha-a} \quad ⑯$$

因为 H 是 $\triangle OPQ$ 的垂心,所以它的纵坐标总满足

$$y\geqslant 0 \quad ⑰$$

由 ⑯,⑰ 知点 H 在 $\angle DCO$ 内.

反之,在 $\angle DCO$ 内任取一点 H,类似地可以证明它所对应的点 M 在 $\angle ABO$ 内.

由于 $\angle AOB$ 和 $\angle ABO$ 的公共部分是 $\triangle OAB$,$\angle AOB$ 和 $\angle DCO$ 的公共部分是 $\triangle OCD$. 于是我们就证明了当点 M 在 $\triangle OAB$ 内部运动时,点 H 的几何轨迹是 $\triangle OCD$ 的内部.

6 在平面上给出 $n(n\geqslant 3)$ 个点,其中任意两点的距离不超过 d. 我们把距离为 d 的两点间的线段皆叫作这一点集的直径. 证明:这一点集的直径的数目至多为 n.

波兰命题

证法 1 首先,我们证明对于这 n 个点中的某一点 A,若由 A 出发的直径多于两条,则必有另外一点 B,使得由点 B 出发的直径只有一条.

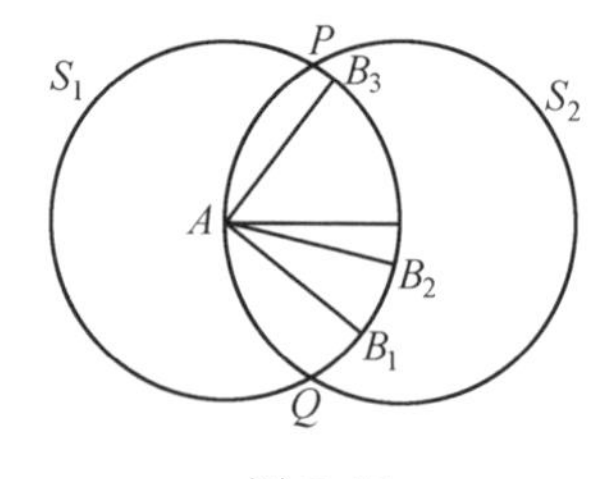

图 7.11

设由点 A 出发的直径有三条(或多于三条). 如图 7.11 所示,以 A 为圆心,d 为半径作圆 S_1,则这三条直径的另一端点 B_1,B_2,B_3 皆在圆周 S_1 上,而且 $\overset{\frown}{B_iB_j}$ 在圆 S_1 中所对的圆心角小于等于 $\pi/3$(因 $B_iB_j\leqslant d$).

设 B_2 是弧上介于 B_1,B_3 之间的点,以 B_2 为圆心,d 为半径作圆 S_2 交 S_1 于 P,Q. 在 S_2 的优弧 $\overset{\frown}{PQ}$ 上,除 P,Q 两点外,所有点和 B_2 的距离皆大于 d. 在 $\overset{\frown}{PA}$ 上(点 A 除外),所有点和 B_1 的距离皆大于 d. 在 $\overset{\frown}{QA}$ 上(点 A 除外),所有点和 B_3 的距离皆大于 d. 所以 B_2A 是由点 B_2 出发的唯一直径.

现在可以用归纳法证明原命题.

当 $n=3$ 时,命题显然成立. 因为过三点的线段不会多于三条,故直径也不会多于三条.

假设当 $n=3,4,\cdots,k$ 时,命题成立.

现若给出一个 $k+1$ 个点组成的点组,记它为 T.

如果 T 中从任一点出发的直径不多于两条,由于每一条直径

有两个端点,故直径的数目不多于

$$\frac{2(k+1)}{2}=k+1$$

所以命题成立.

如果 T 中由某一点 A 出发的直径多于两条,则根据前面结论,在 T 中存在着另一点 B,使得由点 B 出发的直径只有一条.自 T 中除去点 B 剩下一个 k 点组,依假设,这 k 点组至多有 k 条直径,再把点 B 加回去,因为由点 B 出发的直径是唯一的,所以 T 中至多有 $k+1$ 条直径,即当 $n=k+1$ 时,命题也以成立.

所以命题普遍成立.

证法 2　分别以 n 个已知点为圆心,以 d 为半径作 n 个圆,这 n 个圆(指圆盘,即圆周及其内部)的交集(公共部分)记作 Φ.

图形 Φ 有下列明显的性质.

(1) 任一已知点都不可能在图形 Φ 的外部.

因为如果某一已知点在 Φ 的外部,它必定在某一圆外,那么它与此圆圆心的距离就大于 d,与已知 d 是“每两点之间的距离的最大值”矛盾.由此可见,这 n 个已知点或者在图形 Φ 的内部,或者在图形 Φ 的边界上.

(2) 图形 Φ 的内部没有一条所作圆的弧.

因为如果有某一条弧属于 Φ,那么它(这条弧或与其他弧一起)就将图形 Φ 分成两部分,其中一部分就在这条弧所在圆的外部,这与图形 Φ 的意义矛盾.

由于在图形 Φ 内部的点必定在所作出的 n 个圆内部,它与各已知点(圆心)的距离必定小于 d,所以 Φ 内部的任一已知点都不可能是这个点集的直径的端点.也就是说,直径的两端点必定在图形 Φ 的边界上.我们研究直径的条数问题,只要研究 Φ 边界上的那些点就可以了.不妨设 n 个已知点中有 k 个点在 Φ 的边界上,$k\leqslant n$.

由于两个圆至多只有两个交点,所以作出的 n 个圆的交点不多于 $2C_n^2=n(n-1)$ 个,因此图形 Φ 的边界是由有限条弧组成的.

为叙述方便起见,我们把边界上若干条弧的交点叫做图形 Φ 的顶点.在图形 Φ 的边界上的 k 个已知点中,设有 l 个点不是图形 Φ 的顶点 $(l\leqslant k)$,而有 $k-l$ 个点是图形的顶点.

又如果边界上的某一已知点不是顶点,那么以这一点为端点的直径至多只有一条.因为如若不然,即至少有两条以它为端点的直径,从而也就至少要有两条弧通过这一点,这与该点不是顶点矛盾.

由于边界上的已知点有 l 个不是顶点,所以至少有一个端点不是顶点的直径至多只有 l 条.

我们再来证明:两个端点都是顶点的直径不多于 $k-l$ 条. 为此,我们先证明:通过某一顶点,且另一端点亦为顶点的直径不多于两条. 证明如下.

一方面,所有这种直径的另一端点都在同一个圆周上,因为它们与这某一指定的顶点的距离都等于 d;

另一方面,在图形 Φ 的边界上,每一个圆的弧至多只有一段. 事实上,如果有同一圆的两段弧在 Φ 的边界上,那么它们之间就有另一圆的弧,联结这弧的两个端点得一条弦. 如果两个圆的圆心在此弦的同侧,因为两圆的半径相等,所以两圆的圆心必定重合;如果两圆的圆心在此弦的异侧,这时图形 Φ 就在其中一圆的外部,即有一些已知点与此圆圆心的距离大于 d,显然这是不可能的.

由于图形 Φ 边界上每一圆的弧不多于一段,所以如果同一条弧上有三个已知点,那么其中至多只有两个是顶点. 再由上述第一方面的结论,可知通过某一顶点如果它属于已知点集且另一端点也是顶点的直径不多于 2 条. 由于边界上只有 $k-l$ 个已知点是图形的顶点,所以两个端点都是顶点的直径的条数不多于 $2(k-l)\cdot\frac{1}{2}=k-l$(因为每一条直径按其两个端点重复计算了两次).

综上所述,这 n 个已知点的点集的直径至多只有 $l+(k-l)=k$ 条,而 $k\leqslant n$,所以直径不多于 n 条. 命题得证.

应该指出,对于任一 $n\geqslant 3$,确实存在这样的 n 个点. 具有 n 条直径. 我们只要作一个边长为 d 的等边 $\triangle ABC$,再以某一顶点 A 为圆心,d 为半径作圆,在 $\overset{\frown}{BC}$ 上任意取 $n-3$ 个点 $A_1,A_2,\cdots,A_{n-3}$,所得的 n 个点 A,B,C 及 $A_i(i=1,2,\cdots,n-3)$ 的点集就有 n 条直径 AB,BC,CA 及 $AA_i(i=1,2,\cdots,n-3)$. 这就说明,题目所作的估计数 n 是精确的,不可能再加强了.

第 7 届国际数学奥林匹克英文原题

The seventh International Mathematical Olympiad was held from June 30th to July 13th in the cities of Berlin and Bogensee.

1 Find all numbers $x, x \in [0, 2\pi]$, which satisfy the inequalities

$$2\cos x \leqslant |\sqrt{1+\sin 2x} - \sqrt{1-\sin 2x}| \leqslant \sqrt{2}$$

(Yugoslavia)

2 We are given the system of linear equations

$$a_{11}x_1 + a_{12}x_2 + a_{13}x_3 = 0$$
$$a_{21}x_1 + a_{22}x_2 + a_{23}x_3 = 0$$
$$a_{31}x_1 + a_{32}x_2 + a_{33}x_3 = 0$$

(Poland)

whose coefficients are real numbers which satisfy the conditions:

a) a_{11}, a_{22}, a_{33} are positive numbers;

b) all the remaining coefficients are negative;

c) for each equation, the sum of its coefficients is positive.

Show that the system admits only the trivial solution $x_1 = x_2 = x_3 = 0$.

3 Let $ABCD$ be a tetrahedron and let $AB = a$, $CD = b$. The distance between the lines AB and DC is d and their angle is ω. Let π be the plane parallel to AB and DC and such that the ratio between the distance from π to AB and DC is k. The plane π divides the tetrahedron into two geometric solids.

(Czechoslovakia)

Find the ratio between the volumes of these two solids.

4 Find all real numbers x_1, x_2, x_3, x_4 for which the sum between each number and the product of the remaining numbers is 2.

(USSR)

5 Let OAB be a triangle such that $\angle AOB = \alpha, \alpha < 90°$. For any point M of the plane, $M \neq O, P$ and Q are the feet of the perpendiculars from M to OA and OB, respectively. The point H is the orthocenter of the triangle OPQ. Find the locus of the point H in the following cases:

a) M is a variable point on the segment AB;

b) M is a variable point inside the triangle AOB.

(Romania)

6 We are given n points in a plane, $n \geqslant 3$, and let d be the longest distance between two points from this set. Show that at most n couple of points are located at a distance d.

(Poland)

第 7 届国际数学奥林匹克各国成绩表

1965,民主德国

名次	国家或地区	分数		奖牌		参赛队
		(满分 320)	金牌	银牌	铜牌	人数
1.	苏联	281	5	2	—	8
2.	匈牙利	244	3	2	2	8
3.	罗马尼亚	222	—	4	3	8
4.	波兰	178	—	1	3	8
5.	德意志民主共和国	175	—	2	3	8
6.	捷克斯洛伐克	159	—	1	3	8
7.	南斯拉夫	137	—	—	2	8
8.	保加利亚	93	—	—	1	8
9.	蒙古	63	—	—	—	8
10.	芬兰	62	—	—	—	8

第三编

第 8 届国际数学奥林匹克

第 8 届国际数学奥林匹克题解

保加利亚,1966

苏联命题

1 在一次数学竞赛中共出了 A,B,C 三题. 在参加竞赛的所有学生中,至少解出一题者共 25 人. 在不能解出 A 题的学生中,至少解出一题者共 25 人. 在不能解出 A 题的学生中,能解出 B 题的人数是能解出 C 题的人数的二倍. 在能解出 A 题的学生中,只能解出这一题的人数比至少还能解出另一题的人数多一人. 如果只能解出一题的学生中有一半不能解出 A 题,问只能解出 B 题的学生有几人?

解法 1　用[A],[AB],[ABC],… 分别表示只能解出 A 题,能解出 A,B 二题,能解出 A,B,C 三题 … 的人数. 依题意

$$[A]+[B]+[C]+[AB]+[BC]+[CA]+[ABC]=25 \quad ①$$

$$[B]+[BC]=2[C]+2[BC] \quad ②$$

$$[A]=[AB]+[AC]+[ABC]+1 \quad ③$$

$$[A]+[B]+[C]=2[B]+2[C] \quad ④$$

②,④ 可写成

$$[BC]=[B]-2[C] \quad ⑤$$

$$[A]=[B]+[C] \quad ⑥$$

由 ①,③ 得

$$2[A]+[B]+[C]+[BC]=26 \quad ⑦$$

由 ⑤,⑥,⑦ 得

$$4[B]+[C]=26 \quad ⑧$$

由 ⑧ 可知　　$4[B]\leqslant 26$

故

$$[B]\leqslant \frac{26}{4}<7 \quad ⑨$$

又由 ⑤ 可知　　$[B]\geqslant 2[C]$

将上式代入 ⑧ 得

$$4[B]+\frac{1}{2}[B]\geqslant 26$$

故

$$[B]\geqslant \frac{52}{6}>5 \quad ⑩$$

由 ⑨,⑩ 得 $[B]=6$

即只能解出 B 题的学生共 6 人.

解法 2 如图 8.1 所示,设 x 为只解出 A 题的人数,y 为只解出 B 题的人数,z 为只解出 C 题的人数.

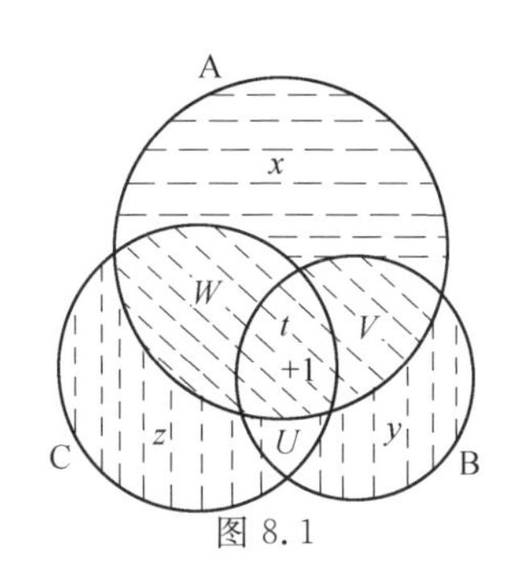

图 8.1

V 为只解出 A,B 两题的人数,W 为只解出 A,C 两题的人数. U 为只解出 B,C 两题的人数,t 为同时解出三题的人数.

依题意,在没有解出 A 题的人中,解出 B 题的人数是解出 C 题的 2 倍. 即

$$y+U=2(U+z)\Rightarrow y=2z+U$$

又

$$x=V+t+W+1$$

$$x=y+z$$

所以图中每种阴影部分都应为

$$y+z=3z+U$$

但

$$(3z+U)\times 3+U=25+1=26 \tag{⑪}$$

即

$$9z+4U=26$$

$$9z\leqslant 26\Rightarrow z\leqslant \frac{26}{9}<\frac{27}{9}=3$$

z 取 0,1,2 三个非负整数值.

当 $z=0$ 时,$4U=26$,不能成立;当 $z=1$ 时,$4U=26-9=17$,$U=\frac{17}{4}$,也不能成立. 所以只能是 $z=2$,此时代入 ⑪,$U=2$,$y=6$,于是 $x=8$,$V+W+t=7$. 代入原题检验符合题意要求,因此,只解出 B 题的学生共 6 人.

匈牙利命题

❷ 设 $\triangle ABC$ 三边的长度为 a,b,c,其所对的角分别为 α,β,γ,且满足条件

$$a+b=\tan\frac{\gamma}{2}(a\cdot\tan\alpha+b\cdot\tan\beta)$$

证明:该三角形是等腰三角形.

证法 1 因 α,β,γ 是三角形的三内角,故

$$\tan\frac{\gamma}{2}=\cot\left(\frac{\alpha+\beta}{2}\right)=\cos\left(\frac{\alpha+\beta}{2}\right)\Big/\sin\left(\frac{\alpha+\beta}{2}\right)$$

代入给定的关系式,并化简得

$$(a\cdot\cos\beta-b\cdot\cos\alpha)\sin\left(\frac{\beta-\alpha}{2}\right)=0$$

若 $\sin\left(\frac{\beta-\alpha}{2}\right)=0$,则

$$\frac{\beta-\alpha}{2}=0\Leftrightarrow\alpha=\beta$$

若
$$a\cdot\cos\beta-b\cdot\cos\alpha=0$$

则
$$\frac{a}{b}=\frac{\cos\alpha}{\cos\beta}$$

但是根据正弦定理知

$$\frac{a}{b}=\frac{\sin\alpha}{\sin\beta}$$

所以

$$\frac{\cos\alpha}{\cos\beta}=\frac{\sin\alpha}{\sin\beta}\Rightarrow\sin\alpha\cdot\cos\beta-\sin\beta\cdot\cos\alpha=\sin(\alpha-\beta)=0$$

$$\Rightarrow\alpha-\beta=0\text{ 或 }\pi-(\alpha-\beta)=0$$

显然，$\pi-(\alpha-\beta)\neq0$（因为 $\alpha<\pi+\beta$），所以 $\alpha-\beta=0$，即 $\alpha=\beta$.

证法 2　**引理**　若 α,β 是锐角，$OP=1$，且 $\alpha\leqslant\beta$，则

$$\tan\left(\frac{\alpha+\beta}{2}\right)\leqslant\frac{1}{2}(\tan\alpha+\tan\beta)$$

引理的证明　如图 8.2 所示，$PQ=\tan\alpha$，$PS=\tan\beta$. 若 OR 平分 $\angle QOS$，则

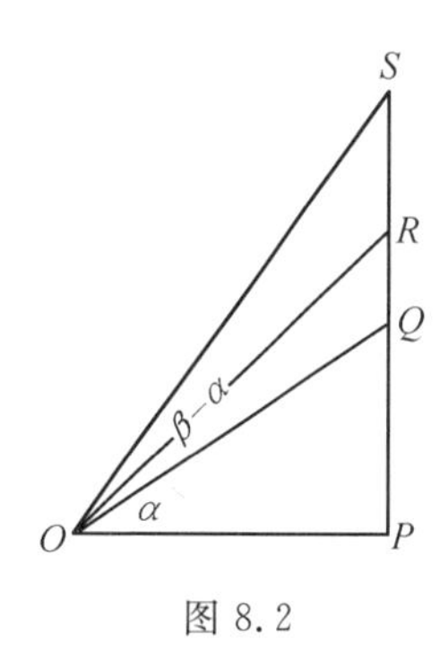

图 8.2

$$PR=\tan\left(\alpha+\frac{\beta-\alpha}{2}\right)=\tan\left(\frac{\alpha+\beta}{2}\right)$$

显然 $RS\geqslant RQ$，故

$$PR-PQ\leqslant PS-PR$$

所以
$$PR\leqslant\frac{1}{2}(PQ+PS)$$

这即所要证的不等式. 这个不等式当且仅当 $\alpha=\beta$ 时等号成立.

引理证毕.

本题所给出的关系式可写成

$$(a+b)\tan\left(\frac{\alpha+\beta}{2}\right)=a\cdot\tan\alpha+b\cdot\tan\beta \qquad ①$$

不妨设 $\alpha\leqslant\beta$. 若 $\beta\geqslant90^\circ$，则 $a<b$. 这时

$$\tan\alpha<\tan(\alpha+\gamma)=\tan(\pi-\beta)=|\tan\beta|$$

代入 ① 的右边得负值，而 ① 的左边却取正值，这是不可能的. 故 $\alpha\leqslant\beta<90^\circ$.

若 $\alpha<\beta$，根据上述引理及 ①，得

$$\frac{1}{2}(a+b)(\tan\alpha+\tan\beta)>a\cdot\tan\alpha+b\cdot\tan\beta\Rightarrow$$

$$\frac{1}{2}(b-a)\tan\alpha>\frac{1}{2}(b-a)\tan\beta\Rightarrow\tan\alpha>\tan\beta$$

因对于锐角 θ，$\tan\theta$ 是增函数，故 $\tan\alpha>\tan\beta\Rightarrow\alpha>\beta$. 这和 $\alpha<\beta$ 的假设矛盾. 所以 $\alpha=\beta$，即 $\triangle ABC$ 是等腰三角形.

证法 3　因 α,β,γ 是 $\triangle ABC$ 的内角，所以

$$\alpha+\beta+\gamma=\pi$$

因此
$$\tan\frac{\gamma}{2}=\cot\frac{\alpha+\beta}{2}=\frac{\cos\frac{\alpha+\beta}{2}}{\sin\frac{\alpha+\beta}{2}}$$

代入 ① 得
$$a+b=\frac{\cos\frac{\alpha+\beta}{2}}{\sin\frac{\alpha+\beta}{2}}\left(a\frac{\sin\alpha}{\cos\alpha}+b\frac{\sin\beta}{\cos\beta}\right)$$

移项、去分母，得

$$a\left(\cos\alpha\cdot\sin\frac{\alpha+\beta}{2}\cdot\cos\beta-\sin\alpha\cdot\cos\beta\cdot\cos\frac{\alpha+\beta}{2}\right)=$$
$$b\left(\sin\beta\cdot\cos\alpha\cdot\cos\frac{\alpha+\beta}{2}-\cos\alpha\cdot\cos\beta\cdot\sin\frac{\alpha+\beta}{2}\right)$$

或
$$a\cdot\cos\beta\cdot\sin\left(\frac{\alpha+\beta}{2}-\alpha\right)=b\cdot\cos\alpha\cdot\sin\left(\beta-\frac{\alpha+\beta}{2}\right)$$

即
$$\sin\frac{\beta-\alpha}{2}(a\cdot\cos\beta-b\cdot\sin\alpha)=0$$

由此知 $\sin\frac{\beta-\alpha}{2}=0$，因而得 $\alpha=\beta$；或者

$$a\cdot\cos\beta-b\cdot\cos\alpha=0$$

即
$$a\cdot\cos\beta=b\cdot\cos\alpha$$

两边平方得
$$a^2\cdot\cos^2\beta=b^2\cdot\cos^2\alpha$$

再由正弦定理知 $a\cdot\sin\beta=b\cdot\sin\alpha$. 将此式两边平方后和上式相加，就得到 $a^2=b^2$，即 $a=b$. 所以 $\triangle ABC$ 是等腰三角形.

3 证明：一个正四面体的外接球中心到四个顶点的距离的和小于空间中其他的任意一点到这四个顶点的距离的和.

保加利亚命题

证法 1　如图 8.3 所示，设 AB，CD 是一对相对的棱，M，N 是它们的中点. 因 CM，DM 分别是正 $\triangle ABC$，$\triangle ABD$ 的中线，可知 $\triangle CMD$ 是等腰三角形. 同理，$\triangle ANB$ 也是等腰三角形. 故 $AB\perp MN$，$CD\perp MN$. MN 的长度 d 即是空间两线段 AB，CD 的距离.

设 P 是空间的任一点，以 h_1，h_2 分别表示 $\triangle APB$，$\triangle CPD$ 中以 P 为顶点的高，则 $h_1+h_2\geqslant d$.

如图 8.4 所示，在同一平面上取一点 P'，作两个等腰 $\triangle A'P'B'$，$\triangle C'P'D'$，使其底边互相平行，即 $A'B'\ /\!/\ C'D'$. 这两

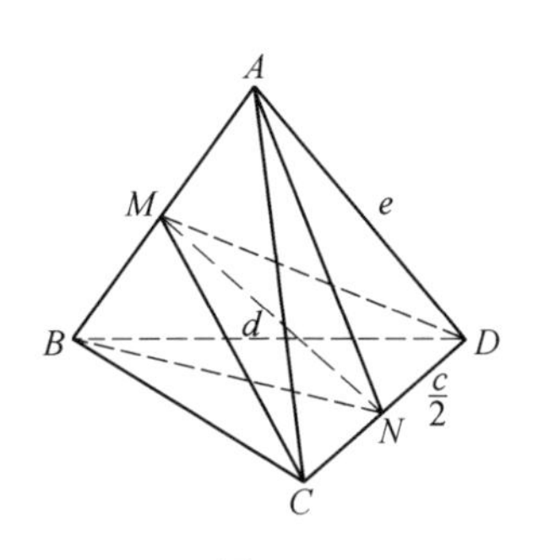

图 8.3

底边的长度等于正四面体任一棱的长度 e，且以 P' 为顶点至 $A'B'$，$C'D'$ 的高分别为 h_1，h_2. 这样所作的 $\triangle A'P'B'$ 和 $\triangle APB$ 等底等高，$\triangle C'P'D'$ 和 $\triangle CPD$ 等底等高.

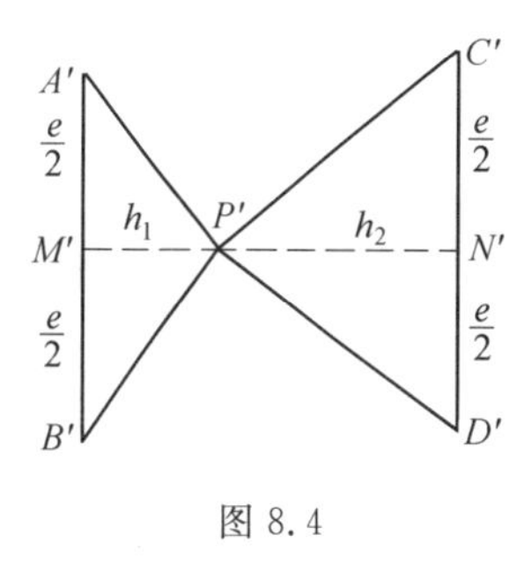

图 8.4

在等底等高的诸三角形中，等腰三角形的周长最小. 令

$$S = PA + PB + PC + PD$$

则
$$S \geqslant P'A' + P'B' + P'C' + P'D' \quad ①$$

又 $A'P' + P'D' \geqslant A'D'$，$B'P' + P'C' \geqslant B'C'$，如图 8.4 所示，故

$$S \geqslant A'D' + B'C' \quad ②$$

$A'D'$ 和 $B'C'$ 是矩形 $A'B'C'D'$ 的对角线. 这个矩形的长和宽分别为 e 及 $h_1 + h_2 \geqslant d$.

若 P 是外接球的球心，则 P 是 MN 的中点，$\triangle APB$ 和 $\triangle CPD$ 是高为 $d/2$ 的等腰三角形. 这时矩形的面积等于 ed，而对角线长度的和 $2\sqrt{e^2 + d^2}$ 恰好等于 S. 若 P 不是外接球的球心，则 P 不是 MN 的中点. 这时 ①，② 中至少有一式不能取等号，故 $S > 2\sqrt{e^2 + d^2}$. 所以当 P 是外接球的球心时，S 取最小值.

现在再给出本题的另一种证法，为此先证明两个引理.

引理 1　设 P 是正四面体 $A'B'C'D'$ 内部的任意一点，则自点 P 到各侧面的垂线长的和等于这个四面体的高 h.

引理 1 的证明　四个四面体 $A'B'C'P$，$A'B'D'P$，$A'C'D'P$ 及 $B'C'D'P$ 的体积和等于四面体 $A'B'C'D'$ 的体积. 由于 $A'B'C'D'$ 是正四面体，故四个小四面体的底面面积彼此相等，用 G 表示. 它们的高恰好是自 P 到四面体 $A'B'C'D'$ 的这些面的垂线，其长度分别用 h_1，h_2，h_3，h_4 表示. 于是由体积公式

$$\frac{1}{3}Gh_1 + \frac{1}{3}Gh_2 + \frac{1}{3}Gh_3 + \frac{1}{3}Gh_4 = \frac{1}{3}Gh$$

推得
$$h_1 + h_2 + h_3 + h_4 = h$$

引理 2　设 P 为四面体 $A'B'C'D'$ 外部一点，则自 P 到四面体 $A'B'C'D'$ 各侧面的垂线长 h_1，h_2，h_3，h_4 与四面体的高 h 之间有如下关系，即

$$h_1 + h_2 + h_3 + h_4 > h$$

引理 2 的证明　四面体 $A'B'C'D'$ 的底面与四面体 $A'B'C'P$，$A'B'D'P$，$A'C'D'P$ 及 $B'C'D'P$ 的底面仍然相等，但现在所取的这四个四面体的体积之和却大于四面体 $A'B'C'D'$ 的体积，所以根据四面体体积公式就可得到

$$h_1 + h_2 + h_3 + h_4 > h$$

现在我们来证明本题的结论.

证法 2　如图 8.5 所示，设给定正四面体的顶点是 A,B,C 和 D，我们对它外接一个四面体 $A'B'C'D'$，使得 $ABCD$ 与 $A'B'C'D'$ 的彼此对应的面互相平行，且点 A,B,C,D 位于 $A'B'C'D'$ 的面上，则这两个四面体是相似的，因而 $A'B'C'D'$ 也是正四面体.

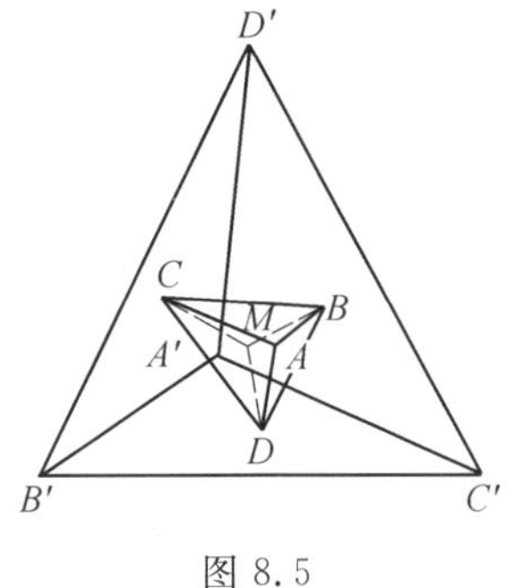

图 8.5

由于四面体 $ABCD$ 的高交于一点，记它为 M，则 M 与外接球球心重合，并且线段 MA,MB,MC 及 MD 恰好是自 M 到四面体 $A'B'C'D'$ 各面的垂线. 根据引理 1，它们的长度之和等于四面体 $A'B'C'D'$ 的高 h. 即

$$MA + MB + MC + MD = h$$

现在，我们考虑在四面体 $A'B'C'D'$ 的内部或其面上的任意一点 P（异于点 M）. 对于此点，线段 PA,PB,PC 与 PD 中至少有三条比由 P 到四面体 $A'B'C'D'$ 的对应面的垂线要长. 因此

$$PA + PB + PC + PD > MA + MB + MC + MD$$

此外，根据引理 2，对于所有位于四面体 $A'B'C'D'$ 外部的点 P，上述不等式显然也成立.

证法 3　设正四面体 $ABCD$，过它的各顶点 A,B,C,D 分别作这个正四面体外接球的切平面，得到一个新的正四面体 $A'B'C'D'$. 正四面体 $A'B'C'D'$ 与已知正四面体 $ABCD$ 相位似，位似系数为 -3. 从正四面体 $A'B'C'D'$ 内部或各面上的任一点，到各面的距离之和是一个常数，它等于 $\frac{V}{S/3}$（V 为正四面体 $A'B'C'D'$ 的体积，S 为一个面的面积），即等于正四面体 $A'B'C'D'$ 的高. 这个常数也就是正四面体 $ABCD$ 的外接球球心到各顶点 A,B,C,D 的距离之和. 根据"点到平面以垂线长为最短"的性质，它必定小于正四面体 $A'B'C'D'$ 内部其他点或面上的任一点到 A,B,C,D 各点的距离之和.

下面再证明正四面体 $ABCD$ 的外接球球心到各顶点的距离之和（即正四面体 $A'B'C'D'$ 的高）小于四面体 $A'B'C'D'$ 外部任一点到 A,B,C,D 各点的距离之和. 设 M 是正四面体 $A'B'C'D'$ 外部的任一点，我们考察以点 M 为公共顶点，正四面体 $A'B'C'D'$ 的各面为底面的四个四面体分别为 $MA'B'C',MA'B'D',MA'C'D',MB'C'D'$. 这四个四面体的全体必定包含四面体 $A'B'C'D'$，即四面体 $A'B'C'D'$ 内的任一点至少属于这四个四面体之一，并且存在着属于这四个四面体之一而不属于四面体 $A'B'C'D'$ 的点. 事实上，设 N 是正四面体 $A'B'C'D'$ 内部的任一点，过 M,N 两点作直线 MN，它至少与正四面体 $A'B'C'D'$ 的两个面相交，设交点分别为 P,Q，且 $MQ > MN > MP$，于是点 N 在线段 MQ 上，它必定在以 M 为顶点，点 Q 所在的面为底面的四面体内；并且在线段 MP 上的任一点，也在这个四面体内，但在正四面体 $A'B'C'D'$ 外. 由此可见，这四个四面体的体积之和 V' 要大于正四面体 $A'B'C'D'$ 的体积 V，所以

$$\frac{V'}{S/3} > \frac{V}{S/3}$$

（S 表示正四面体 $A'B'C'D'$ 一个面的面积）. 即正四面体 $ABCD$ 的外接球球心到它的各顶点的距离之和 $\left(=\frac{V}{S/3}\right)$ 必定小于点 M 到正四面体 $A'B'C'D'$ 各面的距离之和 $\left(=\frac{V'}{S/3}\right)$，它当然更小于 MA，MB，MC，MD 之和（因为点到平面以垂线长为最短）.

综上所述，正四面体外接球球心到各顶点的距离之和小于其他任一点（不论是在正四面体内、外还是各面上）到各顶点的距离之和.

南斯拉夫命题

4 证明：对于任意一个自然数 n 和任意一个实数 $x \neq k\pi/2^t$（$t=0,1,\cdots,n$；k 是任意自然数）有

$$\sum_{t=1}^{n} \frac{1}{\sin 2^t x} = \cot x - \cot 2^n x$$

证明 因 $x \neq k\pi/2^t$，故 $\sin 2^t \pi \neq 0$.

现在用数学归纳法证明.

当 $n=1$ 时

$$\cot x - \cot 2x = \frac{\cos x}{\sin x} - \frac{\cos 2x}{\sin 2x} = \frac{2\cos^2 x}{2\sin x \cdot \cos x} - \frac{\cos^2 x - \sin^2 x}{\sin 2x} = \frac{\cos^2 x + \sin^2 x}{\sin 2x} = \frac{1}{\sin 2x} \quad ①$$

故原式成立.

假设当 $n=m$ 时原式成立，即

$$\sum_{t=1}^{m} \frac{1}{\sin 2^t x} = \cot x - \cot 2^m x$$

两边各加 $\frac{1}{\sin 2^{m+1} x}$，得

$$\sum_{t=1}^{m} \frac{1}{\sin 2^t x} + \frac{1}{\sin 2^{m+1} x} = \cot x - \cot 2^m x + \frac{1}{\sin 2^{m+1} x} \quad ②$$

在 ① 中，以 $2^m x$ 代替 x，得

$$\frac{1}{\sin 2^{m+1} x} = \cot 2^m x - \cot 2^{m+1} x$$

代入 ②，可知原式当 $n=m+1$ 时也成立.

所以，原式对于任一自然数 n 和任一实数 $x \neq k\pi/2^t$ 都能成立.

捷克斯洛伐克命题

5 解方程组

$$\begin{cases}|a_1-a_2|x_2+|a_1-a_3|x_3+|a_1-a_4|x_4=1\\|a_2-a_1|x_1+|a_2-a_3|x_3+|a_2-a_4|x_4=1\\|a_3-a_1|x_1+|a_3-a_2|x_2+|a_3-a_4|x_4=1\\|a_4-a_1|x_1+|a_4-a_2|x_2+|a_4-a_3|x_3=1\end{cases}$$

其中 a_1,a_2,a_3,a_4 是已知的互不相等的实数.

解 如果把 a_i,a_j 的下标调换,原方程组不变.故不妨设 $a_1>a_2>a_3>a_4$,于是得

$$\begin{cases}(a_1-a_2)x_2+(a_1-a_3)x_3+(a_1-a_4)x_4=1 & ①\\(a_1-a_2)x_1+(a_2-a_3)x_3+(a_2-a_4)x_4=1 & ②\\(a_1-a_3)x_1+(a_2-a_3)x_2+(a_3-a_4)x_4=1 & ③\\(a_1-a_4)x_1+(a_2-a_4)x_2+(a_3-a_4)x_3=1 & ④\end{cases}$$

① − ②,② − ③,③ − ④ 得

$$(a_1-a_2)(x_2+x_3+x_4-x_1)=0$$
$$(a_2-a_3)(x_3+x_4-x_1-x_2)=0$$
$$(a_3-a_4)(x_4-x_1-x_2-x_3)=0$$

因 $a_i\neq a_j(i\neq j)$,故有

$$x_2+x_3+x_4=x_1$$
$$-x_2+x_3+x_4=x_1$$
$$-x_2-x_3+x_4=x_1$$

由此得 $x_1=x_4,x_2=x_3=0$

由 ④ 得 $x_1=1/(a_1-a_4)$,故方程组的解是

$$x_1=x_4=\frac{1}{a_1-a_4},x_2=x_3=0$$

在一般情况下,若 $i,j,k,l=1,2,3,4,a_i>a_j>a_k>a_l$,则原方程组的解是

$$x_i=x_l=\frac{1}{a_i-a_l},x_j=x_k=0$$

推广 用同样方法可解 n 个方程

$$\sum|a_i-a_j|x_j=1,i,j=1,2,\cdots$$

的方程组.若 $a_1>a_2>\cdots>a_n$,则其解为

$$x_1=x_n=\frac{1}{a_1-a_n},x_2=x_3=\cdots=x_{n-1}=0$$

6 在$\triangle ABC$的三边BC,CA,AB上分别任取异于端点的点K,L,M. 证明:$\triangle AML,\triangle BKM,\triangle CLK$中至少有一个三角形的面积小于或等于$\triangle ABC$面积的$\frac{1}{4}$.

波兰命题

证法 1 如图 8.6 所示,设A',B',C'分别是BC,CA,AB的中点,各中点的连线把$\triangle ABC$分成四个等积的三角形. 故

$$S_{\triangle A'B'C'}=\frac{1}{4}S_{\triangle ABC}$$

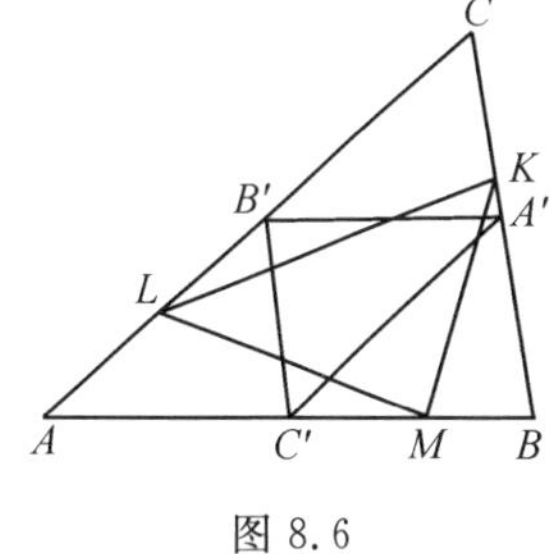

图 8.6

在三边上取异于A,B,C的点K,L,M,若$\triangle KLM$和$\triangle A'B'C'$重合,则它的面积等于$\frac{1}{4}S_{\triangle ABC}$. 否则有如下两种情形.

ⅰ $\triangle KLM$有一边是$\triangle AB'C'$或$\triangle BA'C'$或$\triangle CA'B'$内的线段. 例如,KL是$\triangle CA'B'$内的线段. 在这种情形下,显然

$$S_{\triangle CLK}<S_{\triangle CA'B'}=\frac{1}{4}S_{\triangle ABC}$$

ⅱ KL和$A'B',B'C'$相交,LM和$B'C',C'A'$相交,MK和$C'A',A'B'$相交. 如图 8.6 所示,因$A'B'\parallel AB$,故

$$S_{\triangle A'B'C'}=S_{\triangle A'B'M} \quad ①$$

以$A'M$为底,$\triangle A'B'M$的高小于$\triangle A'LM$的高,故

$$S_{\triangle A'B'M}<S_{\triangle A'LM} \quad ②$$

以ML为底,$\triangle A'LM$的高小于$\triangle KLM$的高,故

$$S_{\triangle A'LM}<S_{\triangle KLM} \quad ③$$

由 ①,②,③,得

$$S_{\triangle KLM}>S_{\triangle A'B'C'}$$

所以$S_{\triangle AML}+S_{\triangle BKM}+S_{\triangle CLK}=S_{\triangle ABC}-S_{\triangle KLM}<$

$$S_{\triangle ABC}-S_{\triangle A'B'C'}=\frac{3}{4}S_{\triangle ABC}$$

故$\triangle AML,\triangle BKM,\triangle CLK$中至少有一个三角形,它的面积小于$\frac{1}{4}S_{\triangle ABC}$.

证法 2 仍用证法 1 的图,并用a,b,c表示$\triangle ABC$三边的长度,用p,q,r表示$C'M,A'K,B'L$的长度,则

$$S_{\triangle AML}=\frac{1}{2}\left(\frac{c}{2}+p\right)\left(\frac{b}{2}-r\right)\sin A$$

$$S_{\triangle BKM}=\frac{1}{2}\left(\frac{a}{2}+q\right)\left(\frac{c}{2}-p\right)\sin B$$

$$S_{\triangle CKL}=\frac{1}{2}\left(\frac{a}{2}-q\right)\left(\frac{b}{2}+r\right)\sin C$$

以上三式相乘得

$$S_{\triangle AML}\cdot S_{\triangle BKM}\cdot S_{\triangle CKL}=\frac{1}{8}\left(\frac{c^2}{4}-p^2\right)\left(\frac{a^2}{4}-q^2\right)\left(\frac{b^2}{4}-r^2\right)\cdot \sin A\cdot \sin B\cdot \sin C \quad ④$$

又因 $S_{\triangle ABC}=\frac{1}{2}bc\cdot \sin A=\frac{1}{2}ca\cdot \sin B=\frac{1}{2}ab\cdot \sin C$

得

$$S_{\triangle ABC}=\frac{1}{8}a^2b^2c^2\cdot \sin A\cdot \sin B\cdot \sin C \quad ⑤$$

因 $0\leqslant p<\frac{c}{2},0\leqslant q<\frac{a}{2},0\leqslant r<\frac{b}{2}$，可知 $\frac{p^2}{c^2},\frac{q^2}{a^2},\frac{r^2}{b^2}$ 皆为小于 $\frac{1}{4}$ 的正数. 故 ④ 的右边适合如下的不等式，即

$$\frac{1}{8}a^2b^2c^2\left(\frac{1}{4}-\frac{p^2}{c^2}\right)\left(\frac{1}{4}-\frac{q^2}{a^2}\right)\left(\frac{1}{4}-\frac{r^2}{b^2}\right)\sin A\cdot \sin B\cdot \sin C\leqslant \frac{1}{8}a^2b^2c^2\left(\frac{1}{4}\right)^3\sin A\cdot \sin B\cdot \sin C \quad ⑥$$

由 ④，⑤，⑥ 得

$$S_{\triangle AML}\cdot S_{\triangle BKM}\cdot S_{\triangle CKL}\leqslant \left(\frac{1}{4}S_{\triangle ABC}\right)^3$$

若 K,L,M 是三边的中点，则 $p=q=r=0$，上式的等号成立，这时每个 $S_{\triangle AML}=\frac{1}{4}S_{\triangle ABC}$，否则必有一个 $S_{\triangle AML}<\frac{1}{4}S_{\triangle ABC}$.

证法 3　应用仿射变换，把 $\triangle ABC$ 映成正 $\triangle A'B'C'$. 如图8.7所示，经变换后面积的比值不变，例如

$$S_{\triangle AML}:S_{\triangle ABC}=S_{\triangle A'M'L'}:S_{\triangle A'B'C'}$$

所以，如果命题经过仿射变换以后是正确的，那么原命题也是正确的.

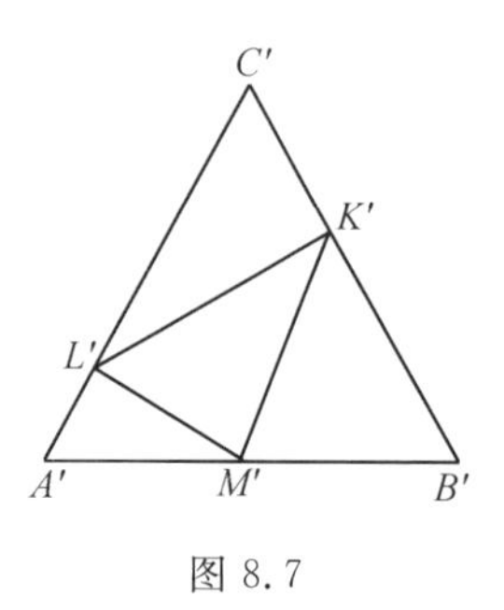

图 8.7

K',L',M' 把正三角形分成六条线段. 不妨设 $A'L'$ 是其中最短的线段. 于是

$$A'L'\leqslant B'M',A'M'\cdot A'L'\leqslant A'M'\cdot M'B'$$

由于几何中项不大于算术中项，所以

$$A'M'\cdot M'B'\leqslant \left(\frac{A'M'+M'B'}{2}\right)^2=\frac{(A'B')^2}{4}$$

因而

$$S_{\triangle A'M'L'}=\frac{1}{2}A'M'\cdot A'L'\cdot \sin 60^\circ\leqslant \frac{1}{8}(A'B')^2\sin 60^\circ=\frac{1}{4}S_{\triangle A'B'C'}$$

所以

$$S_{\triangle AML}\leqslant \frac{1}{4}S_{\triangle ABC}$$

第 8 届国际数学奥林匹克英文原题

The eighth International Mathematical Olympiad was held from July 3rd to July 13th 1966 in the city of Sofia.

1 In a mathematical contest there are three proposed problems, say A, B, C. Twenty-five students solved at least one problem. The number of students solving problem B but not solving problem A is twice the number of students solving problem C. The number of students solving only problem A is one more than the number of remaining solvers of the problem A. Half of the solvers of the only problem B didn't solve the problem A.

How many students solved only problem B?

(USSR)

2 The sides a, b, c and the angles α, β, γ of the triangle ABC satisfy the equality

$$a+b=\tan\frac{\gamma}{2}(a\tan\alpha+b\tan\beta)$$

Prove that ABC is an isosceles triangle.

(Hungary)

3 Show that the sum of distances from the centre of the circumscribed sphere of a regular tetrahedron to the tetrahedron's vertices does not exceed the sum of distances from any other point to the tetrahedron's vertices.

(Bulgaria)

4 Let k, n be integer numbers, $n>0$. Show that for any real number $x, x\neq\frac{k\pi}{2^t}, t=0,1,\cdots,n$, the following equality holds

$$\sum_{t=1}^{n}\frac{1}{\sin 2^t x}=\cot x-\cot 2^n x$$

(Yugoslavia)

5 Solve the system

$$|a_1-a_2|x_2+|a_1-a_3|x_3+|a_1-a_4|x_4=1$$
$$|a_2-a_1|x_1+|a_2-a_3|x_3+|a_2-a_4|x_4=1$$
$$|a_3-a_1|x_1+|a_3-a_2|x_2+|a_3-a_4|x_4=1$$
$$|a_4-a_1|x_1+|a_4-a_2|x_2+|a_4-a_3|x_3=1$$

where a_1, a_2, a_3, a_4 are distinct real numbers.

(Czechoslovakia)

6 Let ABC be a triangle and M, K, L be interior points on the segments AB, BC, CA, respectively. Show that among the triangles MAL, KBM, LCK at least one does not exceed a quarter from the area of the triangle ABC.

(Poland)

第 8 届国际数学奥林匹克各国成绩表

1966,保加利亚

名次	国家或地区	分数		奖牌		参赛队
		（满分 320）	金牌	银牌	铜牌	人数
1.	苏联	293	5	1	1	8
2.	匈牙利	281	3	1	2	8
3.	德意志民主共和国	280	3	3	—	8
4.	波兰	269	1	4	1	8
5.	罗马尼亚	257	1	2	2	8
6.	保加利亚	236	—	1	3	8
7.	南斯拉夫	224	—	2	1	8
8.	捷克斯洛伐克	215	—	1	2	8
9.	蒙古	90	—	—	—	8

第四编
第9届国际数学奥林匹克

第9届国际数学奥林匹克题解

南斯拉夫,1967

1 在 $\square ABCD$ 中,已知 $\triangle ABD$ 是锐角三角形,$AB=a$,$AD=1$,$\angle BAD=\alpha$. 证明:以 A,B,C,D 为圆心,半径为1的圆 K_A,K_B,K_C,K_D 能覆盖 $\square ABCD$ 的充要条件是

$$a\leqslant \cos\alpha+\sqrt{3}\sin\alpha$$

捷克斯洛伐克命题

证法1 如图9.1所示,作 $\triangle ABD$ 的外接圆. 因为 $\triangle ABD$ 是锐角三角形,故圆心 O 在三角形内. 易知 C 是圆外的点.

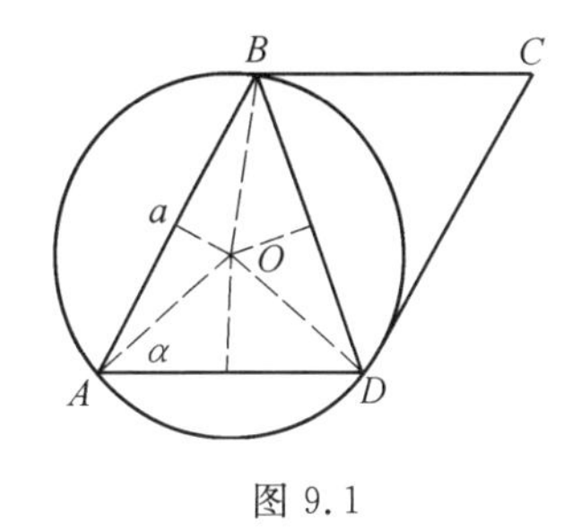

图9.1

设外接圆的半径 $R\leqslant 1$,则联结 AO,BO,DO 的线段和过 O 而垂直于三边的线段把 $\triangle ABD$ 分成六个直角三角形. 于是,$\triangle ABD$ 中的任一点 M 必在某一个直角三角形中,它和相应顶点的距离小于等于 $R\leqslant 1$. 故 $\triangle ABD$ 能被 K_A,K_B,K_D 所覆盖. 利用对称性,$\triangle BCD$ 能被 K_B,K_C,K_D 所覆盖.

反之,若 $R>1$,则 K_A,K_B,K_C 不能盖住点 O. 又因为 $OC>R>1$,K_C 也盖不住点 O. 可知 $R\leqslant 1$ 是 K_A,K_B,K_C,K_D 能覆盖 $\square ABCD$ 的充要条件. 因此我们只要证明

$$R\leqslant 1\Leftrightarrow a\leqslant \cos\alpha+\sqrt{3}\sin\alpha$$

事实上,根据余弦定理,在 $\triangle ABD$ 中有

$$BD=\sqrt{1+a^2-2a\cdot\cos\alpha}$$

因 $BD=2R\cdot\sin\alpha$,代入上式得

$$\sqrt{1+a^2-2a\cdot\cos\alpha}=2R\cdot\sin\alpha$$

所以

$$R\leqslant 1\Leftrightarrow 1+a^2-2a\cdot\cos\alpha\leqslant 4\sin\alpha=$$

$$3\sin^2\alpha+(1-\cos^2\alpha)\Leftrightarrow$$

$$a^2-2a\cdot\cos\alpha+\cos^2\alpha\leqslant 3\sin^2\alpha\Leftrightarrow \quad ①$$

$$(a-\cos\alpha)^2\leqslant 3\sin^2\alpha \quad ②$$

由②解得

$$\cos\alpha-\sqrt{3}\sin\alpha\leqslant a\leqslant \cos\alpha+\sqrt{3}\sin\alpha$$

因为

$$a=AB>AD\cdot\cos\alpha=\cos\alpha$$

故①恒成立. 所以

$$R\leqslant 1\Leftrightarrow a\leqslant \cos\alpha+\sqrt{3}\sin\alpha$$

证法2 作$\triangle ABD$的外接圆,如图 9.2 所示,因为$\triangle ABD$是锐角三角形,所以外接圆圆心O必在$\triangle ABD$内.

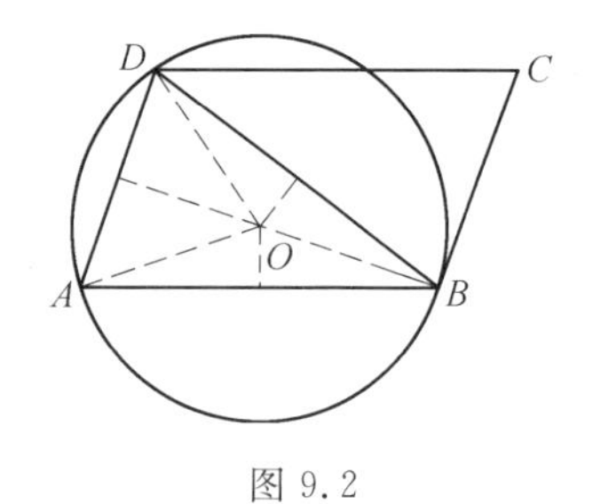

图 9.2

先证明$\square ABCD$的第四个顶点C必在圆O的外部.

用反证法.若点C在圆O上,则因C与A分布在BD的两侧,故

$$\angle BCD=180^\circ-\angle BAD>90^\circ$$

但已知$\angle BCD=\angle BAD<90^\circ$,所以两者矛盾;

若点C在圆O内,则

$$\angle BCD>180^\circ-\angle BAD>90^\circ$$

也与$\angle BCD=\angle BAD<90^\circ$矛盾.因而点$C$不可能在圆$O$上,也不可能在圆$O$内,必定在圆$O$外.

其次,设$\triangle ABD$的外接圆半径为R,我们来证明:$\square ABCD$被四个圆K_A,K_B,K_C,K_D覆盖的充分必要条件为$R\leqslant 1$.

先证必要性.设$\square ABCD$被K_A,K_B,K_C,K_D覆盖,要证明$R\leqslant 1$.用反证法,设$R>1$,即$OA=OB=OD>1$,那么圆K_A,K_B,K_C不可能覆盖点O.又因点C在圆O外,所以$OC>R>1$,圆K_C也不可能覆盖点O.但点O在$\triangle ABD$内,因而在$\square ABCD$内.这就是说,$\square ABCD$内至少有一点O不能被K_A,K_B,K_C,K_D所覆盖,与假设矛盾.因此$R>1$为不可能,即有$R\leqslant 1$.

再证充分性.设$R\leqslant 1$,要证明$\square ABCD$被K_A,K_B,K_C,K_D覆盖.从点O向$\triangle ABD$的三边作垂线,虽然,这些垂线分别将对应的各边平分.这三条垂线与三条半径OA,OB,OD将$\triangle ABD$分成六个直角三角形,并且每个直角三角形的斜边等于半径R.由于直角三角形的任一顶点到该直角三角形的任一点的距离不大于斜边,所以$\triangle ABD$内任一点M,必定与某一个顶点的距离不大于R,于是以对应的这个顶点为圆心,以 1 为半径的圆就覆盖点M.因此,当$R\leqslant 1$时,$\triangle ABD$被K_A,K_B,K_D覆盖.由对称性可得,$\triangle CDB$被K_C,K_D,K_B覆盖.所以,$\square ABCD$被K_A,K_B,K_C,K_D覆盖.

最后,我们来证明$R\leqslant 1$的充分必要条件是

$$a\leqslant\cos\alpha+\sqrt{3}\sin\alpha$$

在$\triangle ABD$中,由$\frac{BD}{\sin\angle BAD}=2R$,可得

$$R=\frac{BD}{2\sin\angle BAD}$$

又已知$AD=1,AB=a,\angle BAD=\alpha$,可得

$$BD=\sqrt{1+a^2-2a\cdot\cos\alpha}$$

从而得
$$R=\frac{\sqrt{1+a^2-2a\cdot\cos\alpha}}{2\sin\alpha}$$

因此,$R\leqslant 1$的充分必要条件是

$$\frac{\sqrt{1+a^2-2a\cdot\cos\alpha}}{2\sin\alpha}\leqslant 1$$

解这个关于 a 的不等式,得

$$\cos\alpha-\sqrt{3}\sin\alpha\leqslant a\leqslant\cos\alpha+\sqrt{3}\sin\alpha$$

因为 $$a=AB>AD\cdot\cos\alpha=\cos\alpha$$

所以 $$\cos\alpha-\sqrt{3}\sin\alpha\leqslant a$$

总是成立的.

这就证明了

$$a\leqslant\cos\alpha+\sqrt{3}\sin\alpha$$

是 $R\leqslant 1$ 的充分必要条件,从而也就是 $\square ABCD$ 被圆 K_A,K_B,K_C,K_D 覆盖的充分必要条件.

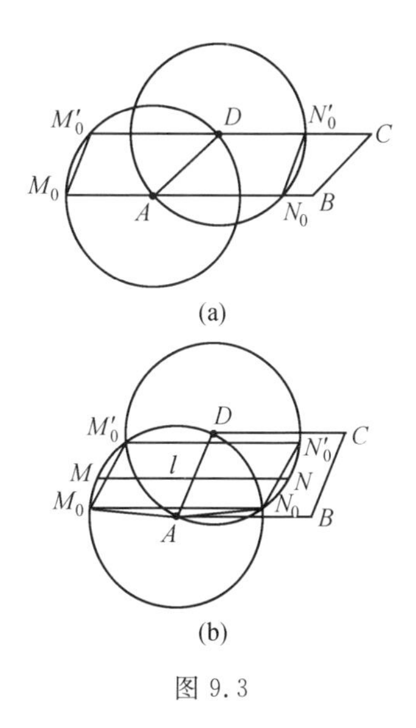

图 9.3

证法 3 圆 K_B,K_C 可以看作是从圆 K_A,K_D 的位置向右平行移动距离 a 得到. 如图 9.3(b) 所示,在 AB 与 DC 之间且平行于它们的直线 l 交 K_A,K_D 的"外缘"于 M,N. 不同的直线 l 截得不同的线段 MN,其中必有最短的,如线段 M_0N_0(或 $M'_0N'_0$). 显然,当且仅当平移的距离 a 不大于 M_0N_0 时,K_A,K_B,K_C,K_D 才能覆盖 $\square ABCD$.

当 $\alpha>60^\circ$ 时,K_A,K_D 的交点在 AB 与 DC 之间. 如图 9.3(a) 所示,$M_0N_0N'_0M'_0$ 是平行四边形,故 M_0N_0(或 $M'_0N'_0$)是 MN 中的最短者. 因为

$$\angle M_0N_0A=\angle N_0AB=\alpha-60^\circ$$

故 $$M_0N_0=2\cos(\alpha-60^\circ)=\cos\alpha+\sqrt{3}\sin\alpha$$

当 $\alpha=60^\circ$ 时,K_A,K_D 的交点在 AB 或 DC 上,同样可知 M_0N_0(或 $M'_0N'_0$)是 MN 中的最短者,这时

$$M_0N_0=2=\cos\alpha+\sqrt{3}\sin\alpha$$

所以,当 $\alpha\geqslant 60^\circ$ 时,当且仅当

$$a\leqslant\cos\alpha+\sqrt{3}\sin\alpha$$

$\square ABCD$ 被圆 K_A,K_B,K_C,K_D 覆盖.

当 $\alpha<60^\circ$ 时,圆 K_A,K_D 的交点在 AB 与 CD 之外,这时 MN 中最短者为延长 BA,CD 在 K_A,K_D 内所截得的线段 M_0N_0(或 $M'_0N'_0$),因为

$$\angle M'_0DA=\angle N_0AD=\alpha$$

故 $$M_0N_0=1+2\cos\alpha\geqslant 1+2\cos 60^\circ=2$$

而 $$2\geqslant 2\cos(60^\circ-\alpha)=\cos\alpha+\sqrt{3}\sin\alpha$$

所以 $$M_0N_0\geqslant\cos\alpha+\sqrt{3}\sin\alpha$$

因此,当 $a\leqslant\cos\alpha+\sqrt{3}\sin\alpha$ 时,$a\leqslant M_0N_0$,故 $\square ABCD$ 被圆 K_A,

K_B, K_C, K_D 覆盖.

若 $\square ABCD$ 被 K_A, K_B, K_C, K_D 覆盖,根据题设 $\triangle ABD$ 是锐角三角形,所以 $\angle ADB < 90°$,因此 $\angle ABD > 30°$,从而

$$\cot \angle ABD = \frac{a - \cos \alpha}{\sin \alpha} < \sqrt{3}$$

故
$$a < \cos \alpha + \sqrt{3} \sin \alpha$$

于是,问题得证.

❷ 若一个四面体恰有一棱之长大于 1,求这个四面体的体积 $V \leqslant \frac{1}{8}$.

波兰命题

解法 1 如图 9.4 所示. 设 AB 是这个四面体最长的棱,则 $\triangle ACD$,$\triangle BCD$ 的边长不大于 1. $\triangle BCD$ 的高 BE 和 $\triangle ACD$ 的高 AF 不大于$\sqrt{1-\frac{a^2}{4}}$,其中,$a(a<1)$ 表示 CD 的长度.

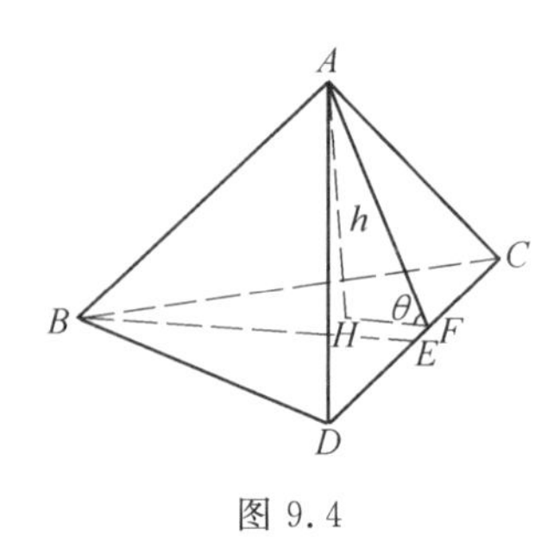

图 9.4

四面体的高

$$h \leqslant AF \leqslant \sqrt{1-\frac{a^2}{4}}$$

所以
$$V = \frac{1}{3} h S_{\triangle BCD} \leqslant \frac{1}{3}\sqrt{1-\frac{a^2}{4}} \cdot \frac{1}{2} a \sqrt{1-\frac{a^2}{4}} = \frac{1}{24} a(4-a^2)$$

当 a 在区间[0,1] 内变动时,有

$$a(4-a^2) = 3-(1-a)-(2+a)(1-a)^2 \leqslant 3$$

当 $a=1$ 时,$a(4-a^2)$ 取最大值 3. 所以

$$V \leqslant \frac{3}{24} = \frac{1}{8}$$

解法 2 如图 9.4 所示,四面体 $ABCD$ 的体积

$$V = \frac{1}{3} AH \cdot S_{\triangle BCD} = \frac{1}{3} AF \cdot \sin \theta \cdot S_{\triangle BCD}$$

i 当 $AF \leqslant \frac{\sqrt{3}}{2}$ 时,由于在每边长不超过 1 的三角形中,以每边长为 1 的等边三角形的面积最大,所以

$$S_{\triangle BCD} = \frac{1}{2} DC \cdot BE \leqslant \frac{\sqrt{3}}{4}$$

故
$$V = \frac{1}{3} AF \cdot \sin \theta \cdot S_{\triangle BCD} \leqslant \frac{1}{3} \times \frac{\sqrt{3}}{2} \times \frac{\sqrt{3}}{4} = \frac{1}{8}$$

ii 当 $AF > \frac{\sqrt{3}}{2}$ 时,注意到 $S_{\triangle ACD} \leqslant \frac{\sqrt{3}}{4}$,而 $AF > \frac{\sqrt{3}}{2}$,所以

$CD < 1$.

又因在每边长不超过 1 的同底三角形中，以腰长为 1 的等腰三角形的面积最大，高也最大，因此只需考虑当

$$CD < 1, AC = AD = BC = BD = 1$$

时，该四面体的体积是否超过 $\frac{1}{8}$.

设 $\angle ACD = \alpha > 60°$，则

$$AF = \sin\alpha, CD = 2\cos\alpha$$

$$S_{\triangle ACD} = S_{\triangle BCD} = \sin\alpha \cdot \cos\alpha$$

所以 $$V = \frac{1}{3}AF \cdot \sin\theta \cdot S_{\triangle BCD} \leqslant \frac{1}{3}\sin^2\alpha \cdot \cos\alpha =$$

$$\frac{1}{6}\sin 2\alpha \cdot \sin\alpha = \frac{1}{12}(\cos\alpha - \cos 3\alpha) <$$

$$\frac{1}{12}(\cos 60° - \cos 180°)(\text{因 } 180° < 3\alpha < 270°) =$$

$$\frac{1}{12}(\frac{1}{2} + 1) = \frac{1}{8}$$

综合上述两种情形的证明即得 $V \leqslant \frac{1}{8}$.

3 设 k, m, n 是正整数，$m + k + 1$ 是大于 $n + 1$ 的素数. 令 $C_s = s(s+1)$. 求证：乘积

$$(C_{m+1} - C_k)(C_{m+2} - C_k)\cdots(C_{m+n} - C_k)$$

能被乘积 $C_1C_2\cdots C_n$ 整除.

英国命题

证法 1 首先由

$$C_r - C_s = r^2 + r - s^2 - s = (r - s)(r + s + 1)$$

可得 $$(C_{m+1} - C_k)(C_{m+2} - C_k)\cdots(C_{m+n} - C_k) =$$

$$[(m - k + 1)(m - k + 2)\cdots(m - k + n)] \cdot$$

$$[(m + k + 2)(m + k + 3)\cdots(m + k + n + 1)] =$$

$$A \cdot B$$

其中，A 表示第一个外括号内的乘积，B 表示第二个外括号内的乘积. 由组合公式可知

$$\frac{A}{n!} = \binom{m - k + n}{n}$$

是整数.

$$\frac{(m + k + 1)B}{(m + 1)!} = \binom{m + k + n + 1}{n + 1}$$

也是整数. 由于 $m + k + 1$ 是大于 $n + 1$ 的素数，故

$$\frac{B}{(n+1)!}$$

也是整数.

所以,$A \cdot B$ 可被 $n!\ (n+1)!\ = C_1 C_2 \cdots C_n$ 整除.

证法 2 (1) 当 $m+1 \leqslant k \leqslant m+n$ 时,必有一正整数 $i(1 \leqslant i \leqslant n)$,使 $m+i=k$,则乘积

$$(C_{m+1}-C_k)(C_{m+2}-C_k)\cdots(C_{m+n}-C_k)$$

中有一个因子为零,即$(C_{m+i}-C_k)=0$,此时结论显然成立.

(2) 当 $m+1>k$ 时,乘积中所有的因子都是正数.由已知条件有

$$C_p - C_q = p(p+1)-q(q+1)=(p-q)(p+q+1)$$

下面我们分别给予证明.

一方面,因为$(m-k+1)(m-k+2)\cdots(m-k+n)$ 是 n 个连续整数的积,所以它必能被 $n!$ 整除*.因此

$$\frac{(m-k+1)(m-k+2)\cdots(m-k+n)}{n!}$$

是整数.

另一方面,因为从$(m+k+n+1)$ 个不同元素中取$(n+1)$ 个不同元素的组合数

$$\mathrm{C}_{m+k+n+1}^{n+1}=\frac{(m+k+1)(m+k+2)(m+k+3)\cdots(m+k+n+1)}{(n+1)!}$$

是整数,而已知 $m+k+1$ 是一个大于 $n+1$ 的素数,所以 $m+k+1$ 不能被分母$(n+1)!$ 中的任一因数整除,因此$(m+k+2)(m+k+3)\cdots(m+k+n+1)$ 能被$(n+1)!$ 整除,即

$$\frac{(m+k+2)(m+k+3)\cdots(m+k+n+1)}{(n+1)!}$$

是整数.

综上所述,即得$(C_{m+1}-C_k)(C_{m+2}-C_k)\cdots(C_{m+n}-C_k)$ 能被 $C_1 C_2 \cdots C_n$ 整除.

* “n 个连续整数的积必能被 $n!$ 整除”这个结论可以证明如下:若 n 个连续整数中有一个为零,则其积为零,显然能被 $n!$ 整除;若 n 个连续整数全为正,设其最大数为 $p(p \geqslant n)$,则从 p 个不同元素中取 n 个不同元素的组合数 $\mathrm{C}_p^n = [p(p-1)(p-2)\cdots(p-n+1)]/n!$ 是整数,即 n 个连续正整数 $p(p-1)(p-2)\cdots(p-n+1)$ 能被 $n!$ 整除;若 n 个连续整数全为负,则将每个因数变号就可转化为上述情况得以证明.

4 给出两个锐角 $\triangle A_0B_0C_0$ 和 $\triangle A'B'C'$,求作 $\triangle ABC$ 使它与 $\triangle A'B'C'$ 相似(A,B,C 依次和 A',B',C' 相对应),且外接于 $\triangle A_0B_0C_0$(这里 AB 过 C_0,BC 过 A_0,CA 过 B_0).再求作这一类三角形中面积最大的一个三角形.

意大利命题

解法 1 以 α,β,γ 表示 $\triangle A'B'C'$ 三内角,在 $\triangle A_0B_0C_0$ 的边 A_0C_0,A_0B_0 上分别向外作圆弧,使其所含的圆周角分别为 β,γ,显然我们只要在 A_0C_0 和 A_0B_0 上作底角分别为 $90°-\beta$ 和 $90°-\gamma$ 的等腰 $\triangle A_0C_0O_1$ 和 $\triangle A_0B_0O_2$,并以 O_1,O_2 为圆心,O_1A_0,O_2A_0 为

半径,即可画出上述的两个圆弧.

如图 9.5 所示,过点 A_0 作直线交两圆弧于 B,C 两点.联结 BC_0,CB_0 并延长使交于点 A.由于 $\angle ABC=\beta,\angle BCA=\gamma$,故 $\angle CAB=\alpha$.所以 $\triangle ABC\backsim\triangle A'B'C'$,而且 $\triangle A_0B_0C_0$ 是 $\triangle ABC$ 的内接三角形,即 $\triangle ABC$ 是适合所给条件的三角形.

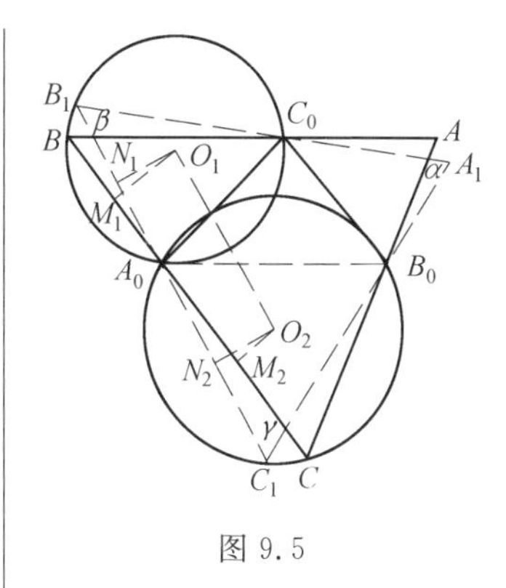

图 9.5

若过点 A_0 所作的诸线段中使 $B_1C_1\parallel O_1O_2$,则

$$B_1C_1=2(N_1A_0+A_0N_2)=2O_1O_2$$

而其他的过点 A_0 的线段

$$BC=2(M_1A_0+A_0M_2)<2O_1O_2$$

由于相似三角形面积的比等于对应边长度平方的比.故

$$S_{\triangle ABC}:S_{\triangle A_1B_1C_1}=(BC)^2:(B_1C_1)^2<1$$

所以,$\triangle A_1B_1C_1$ 是所求作的这类三角形中面积最大的一个.

解法 2

分析 如图 9.6 所示,设 $\triangle ABC$ 外接于 $\triangle A_0B_0C_0$,且 $\triangle ABC\backsim\triangle A_1B_1C_1$,即有 $\angle A=\angle A_1,\angle B=\angle B_1,\angle C=\angle C_1$.所以点 A 必在以 B_0C_0 为弦、圆周角等于 $\angle A_1$ 的弓形弧 $\overset{\frown}{B_0nC_0}$ 上,点 C 必在以 A_0B_0 为弦、圆周角等于 $\angle C_1$ 的弓形弧 $\overset{\frown}{A_0mB_0}$ 上($\overset{\frown}{A_0mB_0}$,$\overset{\frown}{B_0nC_0}$ 都在 $\triangle A_0B_0C_0$ 外).这时,过点 B_0 任意作一条直线,与弓形弧 $\overset{\frown}{B_0nC_0}$,$\overset{\frown}{A_0mB_0}$ 分别相交于点 A,C,再作直线 AC_0 与 CA_0,设它们相交于点 B,所得的 $\triangle ABC$ 便满足题给的前两个条件.

为使作出的 $\triangle ABC$ 是面积最大的一个,关键在于确定 AC 的位置.因为上面作出的任意三角形都是相似的(均相似于 $\triangle A_1B_1C_1$),所以只要使作出的三角形的一条对应边长最大就可以了.设弓形弧 $\overset{\frown}{B_0nC_0}$ 的圆心为 O_1,$\overset{\frown}{A_0mB_0}$ 的圆心为 O_3,作 $O_1H_1\perp AB_0,O_3H_3\perp CB_0$,垂足分别为 H_1,H_3.因为 H_1H_3 是 O_1O_3 在 AC 上的射影,显然有 $H_1H_3\leqslant O_1O_3$,当且仅当 $AC\parallel O_1O_3$ 时,$H_1H_3=O_1O_3$ 为最大.又因

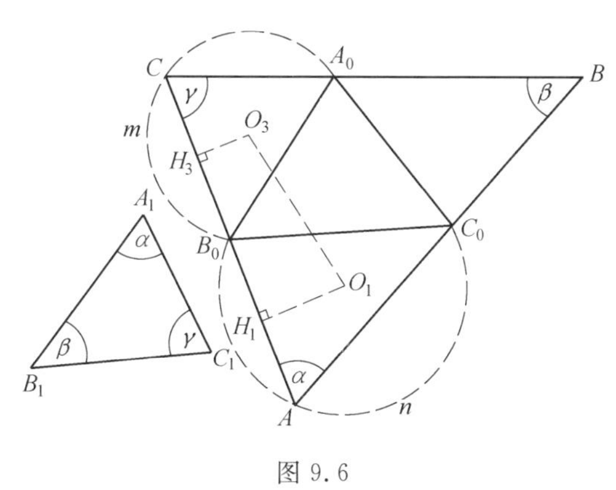

图 9.6

作法(图 9.7)

1) 在 $\triangle A_0B_0C_0$ 外部,在 B_0C_0 上作圆周角为 $\angle A_1$ 的弓形弧 $\overset{\frown}{B_0nC_0}$,设圆心为 O_1;在 A_0B_0 上作圆周角为 $\angle C_1$ 的弓形弧 $\overset{\frown}{A_0mB_0}$,设圆心为 O_3.

2) 过点 B_0 作 $AC\parallel O_1O_3$,与弓形弧 $\overset{\frown}{B_0nC_0}$,$\overset{\frown}{A_0mB_0}$ 分别交于点 A,C;

3) 联结 CA_0,AC_0 并延长相交于点 B.则 $\triangle ABC$ 即为所求作的三角形.

证明 略.

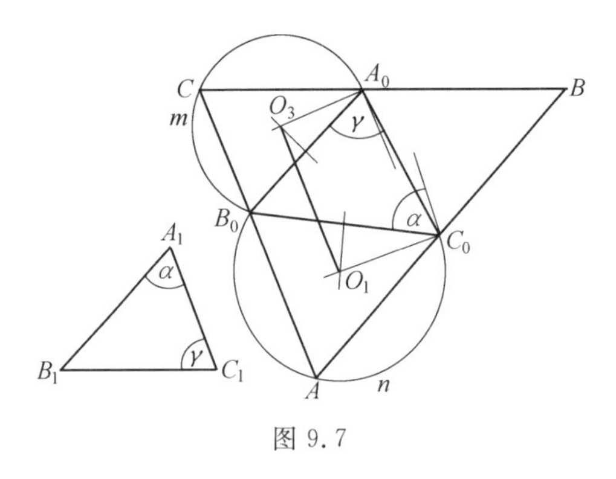

图 9.7

$B_0C=2B_0H_3, AB_0=2H_1B_0$，故 $AC=AB_0+B_0C=2(H_1B_0+B_0H_3)=2H_1H_3$. 所以要使 AC 最大，必须且只需 H_1H_3 最大，也就是必须且只需 $AC\,/\!/\,O_1O_3$. 由此可得作法.

5 设

$$C_1=a_1+a_2+\cdots+a_8$$
$$C_2=a_1^2+a_2^2+\cdots+a_8^2$$
$$\vdots$$
$$C_n=a_1^n+a_2^n+\cdots+a_8^n$$

其中 $a_1,a_2,\cdots,a_8$ 是不全为 0 的实数，如果数列 $C_1,C_2,\cdots$ 中有无限多项 $C_n=0$，试求所有能使 $C_n=0$ 的 n.

苏联命题

解法 1 已知至少有一个 $a_i\neq 0$，故 $C_{2m}=\sum\limits_{i=1}^{8}a_i^{im}>0$，可知 n 只能是奇数.

若 $C_{2m+1}=0$，则在不等于 0 的各项中，有些是正项，有些是负项. 在删去每一对绝对值相同而符号相反的项后，假如还剩下 b_1，$b_2,\cdots,b_r(0<r\leqslant 8)$，则 $\sum\limits_{i=1}^{r}b_i^{2m+1}=0$. 不妨设 b_1 是正数而且是 b_i 中绝对值最大的项，并以 $b'_1,b'_2,\cdots,b'_t(0<t\leqslant r-1)$ 表示所有负项，其中 b'_j 是绝对值最大的. 令 $|b'_j|=M$. 由于 $b_1>M$，必有正整数 N 使

$$(b_1/M)^N>t$$

这时只要取 $N>\log_{b_1/M}t$，就有

$$b_1^N+b_1'^N+\cdots+b_t'^N\geqslant b_1^N-tM^N>0$$

因此当 $n>N$ 时就有

$$b_1^n+b_2^n+\cdots+b_r^n>b_1'^N+b_2'^N+\cdots+b_t'^N>0$$

这和数列 $C_1,C_2,\cdots$ 有无限多项为 0 的原设矛盾. 所以，在 a_1，$a_2,\cdots,a_8$ 中，除 0 项外，余下的都是一对一对的绝对值相等而符号相反的项. 所以

$$C_{2m+1}=0,m=0,1,2,\cdots$$

即所有能使 $C_n=0$ 的 n 是所有正奇数.

推广 若所给的 n 个等式是 $C_k=a_1^k+a_2^k+\cdots+a_t^k$，$t$ 是任意正整数，本题的解仍是所有正奇数，且其解法也是一样.

解法2 因为对于任意正偶数 n 有

$$a_i^n\geqslant 0, i=1,2,\cdots,8$$

等号当且仅当 $a_i=0$ 时成立. 所以对于不全为零的实数 $a_i(i=1,2,\cdots,8)$，必有

$$c_n=\sum_{i=1}^{8}a_i^n>0, n\text{ 为任意正偶数}$$

因此由题给条件可知，能使 $c_n=0$ 的正整数 n 不可能为偶数，而只可能为奇数.

由已知，$\{c_n\}$ 中有无限多项等于零，而对于任意正偶数 n，对应的 $c_n\neq 0$，所以必有无限多个正奇数 n，对应的 $c_n=\sum\limits_{i=1}^{8}a_i^n$ 等于零. 在此基础上，我们可以进一步证明：八个数 $a_1,a_2,\cdots,a_8$ 能分成四对，每一对互为相反数.

用反证法. 假定 $a_1,a_2,\cdots,a_8$ 中存在着不成这种对的某些 a_i，设这些 a_i 中最大的绝对值为 $b(b>0)$，并设有 p 个为 b，q 个为 $-b$，$p\neq q$. 从而 $|p-q|\geqslant 1$. 这时，八个数 $a_1,a_2,\cdots,a_8$ 可以分为三类，第一类是绝对值大于 b 的数（如果存在的话），由假设可知，它们是成对出现的（每一对互为相反数），因而它们的奇次幂之和等于零；第二类是绝对值等于 b 的数，它们的奇次幂之和为 $(p-q)b^n$，其绝对值等于 $|p-q|b^n$；第三类是绝对值小于 b 的数，设其绝对值最大为 d，显然 $b>d>0$，且其个数小于8，它们的奇次幂之和必定大于 $-8d^n$. 所以可得

$$|c_n|=\left|\sum_{i=1}^{8}a_i^n\right|>|p-q|b^n-8d^n$$

对于充分大的奇数 n，必有 $|c_n|>0$. 事实上，若取 $n>\dfrac{\lg 16}{\lg b-\lg d}$，即有

$$n\lg\frac{b}{d}>\lg 16$$

即

$$\left(\frac{b}{d}\right)^n>16$$

由 $|p-q|\geqslant 1$ 可知 $|p-q|-\dfrac{1}{2}\geqslant\dfrac{1}{2}$，即

$$16=\frac{8}{\frac{1}{2}}\geqslant\frac{8}{|p-q|-\frac{1}{2}}$$

$$\left(\frac{b}{d}\right)^n \geqslant \frac{8}{|p-q|-\frac{1}{2}}$$

$$\left(|p-q|-\frac{1}{2}\right)b^n \geqslant 8d^n$$

即 $$|c_n| > |p-q|b^n - 8d^n \geqslant \frac{1}{2}b^n > 0$$

这就是说,从 $n=\left[\frac{\lg 16}{\lg b-\lg d}\right]+1$ 以后的全部奇次幂之和 C_n 均不等于零,与已知矛盾.

这就证明了 $a_1, a_2, \cdots, a_8$ 这八个数可以分成四对,每一对互为相反数. 从而对于任意正奇数 n,对应的 $C_n=\sum_{i=1}^{8} a_i^n$ 都等于零. 由此即得所求的正整数 n 为一切正奇数.

解法 3 (1) 根据题设,不失一般性,我们可以对数 a_i 作如下限制:$a_i=0$ 或 $|a_i|>1, i=1,2,\cdots,8$,且其中至少有一个 $|a_i|>1$.

若 $|a_i| \leqslant 1, i=1,2,\cdots,8$,我们对所有的 a_i 同乘以因子 $\gamma \neq 0$,使得对所有的 $a_i \neq 0$,有 $|\gamma a_i|>1$,然后都相加起来,考查

$$C'_k=\sum_{i=1}^{8}(\gamma a_i)^k=\gamma^k C_k$$

由于 $\gamma \neq 0$,所以 C'_k 当且仅当 $C_k=0$ 时才为零,于是只需考查数列 $\{C'_k\}$ 就可得到同样的结果.

(2) 显然,对于所有的自然数 m,有 $C_{2m}>0$. 因为

$$a_i^{2m} \geqslant 0, i=1,2,\cdots,8$$

且至少有一个 $a_i^{2m}>0$,所以

$$C_{2m}=\sum_{i=1}^{8} a_i^{2m}>0$$

因此,我们将只限于考查其中 n 为奇数的各项.

(3) 由(1),不妨设

$$|a_1| \geqslant |a_2| \geqslant \cdots \geqslant |a_8|, \text{且 } |a_1|>1 \quad ①$$

我们考查

$$\lim_{n\to\infty} C_n=\lim_{n\to\infty} a_1^n\left(1+\lim_{n\to\infty}\left(\frac{a_2}{a_1}\right)^n+\cdots+\lim_{n\to\infty}\left(\frac{a_8}{a_1}\right)^n\right) \quad ②$$

当 $|a_2|<|a_1|$ 时,由于 ① 有 $|a_i|<|a_1|, i=2,3,4,\cdots,8$,因而

$$\lim_{n\to\infty}\left(\frac{a_i}{a_1}\right)^n=0, i=2,3,4,\cdots,8$$

也就是 $\lim\limits_{n\to\infty} C_n=\lim\limits_{n\to\infty} a_1^n=\infty$,因此必有这样的 N 存在,使得对于所有的 $n>N$,有 $C_n \neq 0$. 但这表示不能有无穷多个 $C_n=0$,与题设

矛盾.由此得 $|a_2|=|a_1|$,并且由 ① 可知

$$\lim_{n\to\infty}\left(\frac{a_i}{a_1}\right)^n, i=2,3,\cdots,8$$

可能趋于极限 $+1$,-1 或 0.

(4) 由于数列$\{C_n\}$中存在无穷多个 $C_n=0$,因此在表达式 ② 的外括号中至少有一个极限值为 -1,即在 $a_2,a_3,\cdots,a_8$ 中有一个 a_j,使得 $-a_j=a_1$,这样由于 a_1,a_j 有同次幂,当 n 为奇数时,有

$$a_1^n+a_j^n=0$$

在 $a_i(i=1,2,3,\cdots,8)$ 中并不一定只有一对 a_1 与 $a_j(a_1=-a_j)$.用完全类似的方法,将余下的 a_i 中绝对值最大的当做前面讨论时的 a_1,一定又可以找到另一对 a_x,a_y,使得 $a_x=-a_y$.再继续两次,我们就得到结果:a_i 中有四对,每对中的两个数绝对值相等,符号相反.

因此,当且仅当 n 为奇数时,$C_n=0$.

6 某次运动会相继开了 $n(n>1)$ 天,共发出奖牌 m 枚.第一天发出奖牌一枚又余下的 $m-1$ 枚的 1/7,第二天发出两枚又余下的 1/7,依此类推,最后在第 n 天发出 n 枚而没有剩下奖牌.问这次运动会共开了几天?共发了几枚奖牌?

匈牙利命题

解法1 设 u_k 是第 k 天未发奖牌前所剩下的奖牌数,则在第 k 天所发的奖牌数为

$$k+\frac{1}{7}(u_k-k)$$

于是

$$u_{k+1}=u_k-\left[k+\frac{1}{7}(u_k-k)\right]=\frac{6}{7}(u_k-k)$$

所以

$$u_k-\frac{7}{6}u_{k+1}=k$$

已知 $u_1=m,u_n=n$,故有

$$m-\frac{7}{6}u_2=1$$

$$u_2-\frac{7}{6}u_3=2$$

$$\vdots$$

$$u_{n-1}-\frac{7}{6}n=n-1$$

用 $\left(\frac{7}{6}\right)^{k-1}$ 乘上面第 k 式并相加,得

$$m=1+2\left(\frac{7}{6}\right)+3\left(\frac{7}{6}\right)^2+\cdots+(n-1)\left(\frac{7}{6}\right)^{n-2}+n\left(\frac{7}{6}\right)^{n-1}$$

$$\frac{7}{6}m=\frac{7}{6}+2\left(\frac{7}{6}\right)^{2}+\cdots+(n-1)\left(\frac{7}{6}\right)^{n-1}+n\left(\frac{7}{6}\right)^{n}$$

以上两式相减,得

$$-\frac{1}{6}m=\left(1+\frac{7}{6}+\left(\frac{7}{6}\right)^{2}+\cdots+\left(\frac{7}{6}\right)^{n-1}\right)-n\left(\frac{7}{6}\right)^{n}=$$

$$6\left(\left(\frac{7}{6}\right)^{n}-1\right)-n\left(\frac{7}{6}\right)^{n}$$

所以

$$m=36+(n-6)\frac{7^{n}}{6^{n-1}}$$

当 $n>1$ 时,$|n-6|<6^{n-1}$,而且 7^{n} 和 6^{n-1} 互素.故 $n-6=0$.所以

$$n=6,m=36$$

解法 2 设第 k 天发出的奖牌数为 $V(k)$,则

$$V(1)=1+\frac{1}{7}(m-1)$$

$$V(2)=2+\frac{1}{7}(m-V(1)-2)=\frac{6}{7}(1+V(1))$$

$$\vdots$$

$$V(k)=k+\frac{1}{7}(m-V(k-1)-k)=\frac{6}{7}(1+V(k-1))=$$

$$\left(\frac{6}{7}\right)^{k-1}V(1)+\left(\frac{6}{7}\right)^{k-1}+\left(\frac{6}{7}\right)^{k-2}+\cdots+\frac{6}{7}$$

$$\vdots$$

$$V(n)=\left(\frac{6}{7}\right)^{n-1}V(1)+\left(\frac{6}{7}\right)^{n-1}+\left(\frac{6}{7}\right)^{n-2}+\cdots+\frac{6}{7}$$

将上面 n 个等式相加,得

$$m=\sum_{k=1}^{n}V(k)=\left(\frac{6}{7}+(\frac{6}{7})^{2}+\cdots+(\frac{6}{7})^{n-1}\right)V(1)+$$

$$\left(\frac{6}{7}+(\frac{6}{7})^{2}+\cdots+(\frac{6}{7})^{n-1}\right)+$$

$$\left(\frac{6}{7}+(\frac{6}{7})^{2}+\cdots+(\frac{6}{7})^{n-2}\right)+\cdots+$$

$$\left(\frac{6}{7}+(\frac{6}{7})^{2}\right)+\frac{6}{7}=$$

$$(6+m)\left(1-(\frac{6}{7})^{n}\right)+6\left(1-(\frac{6}{7})^{n-1}\right)+\cdots+6(1-\frac{6}{7})=$$

$$6n-6\left(\frac{6}{7}+(\frac{6}{7})^{2}+\cdots+(\frac{6}{7})^{n}\right)+m-m(\frac{6}{7})^{n}=$$

$$6n-6^{2}\left(1-(\frac{6}{7})^{n}\right)+m-m(\frac{6}{7})^{n}$$

经整理,得

$$m=\frac{7^n(n-6)}{6^{n-1}}+36 \tag{①}$$

对于 $n>1$ 显然有

$$|n-6|<6^{n-1},(7^n,6^{n-1})=1 \tag{②}$$

由 ① 和 ②,再根据 m 和 n 是正整数,就得到 $n=6$,从而得 $m=36$.

因此,运动会共开了 6 天,共发出 36 枚奖牌,在这 6 天中每天都正好发出 6 枚奖牌.

第 9 届国际数学奥林匹克英文原题

The ninth International Mathematical Olympiad was held from July 2nd to July 13th 1967 in the city of Cetinje.

❶ Let $ABCD$ be a parallelogram such that $AB=a, AD=1, \angle BAD=\alpha$ and ABD is an acute triangle. Show that it is possible to cover the parallelogram with unit circles K_A, K_B, K_C, K_D of centres A, B, C, D respectively, if and only if

$$a\leqslant\cos\alpha+\sqrt{3}\sin\alpha$$

(Poland)

❷ We are given a tetrahedron such that only one edge has length greater than 1. Show that the volume of the tetrahedron does not exceed $\frac{1}{8}$.

(Czechoslovakia)

❸ Let k, m, n be positive integers such that $m+k+1$ is a prime number greater than $n+1$. Let us denote $C_s=s(s+1)$. Show that the product

$$(C_{m+1}-C_k)(C_{m+2}-C_k)\cdots(C_{m+n}-C_k)$$

is divisible by $C_1C_2\cdots C_n$.

(United Kingdom)

❹ Let $A_0B_0C_0$ and $A_1B_1C_1$ be acute triangles. Find the triangle ABC, similar to the triangle $A_1B_1C_1$ (in this order), $A_0B_0C_0$ being inscribed in ABC such that $C_0\in AB, A_0\in BC, B_0\in CA$ and ABC has maximum area.

(Italy)

❺ Let $a_1, a_2, \cdots, a_8$ be real numbers, at least one different from zero. The sequence $(c_n)_{n\geqslant 1}$ is defined by $c_n=a_1^n+a_2^n+\cdots+a_8^2$. There are infinitely many terms of the sequence which are 0.

Find all values n for which $c_n=0$.

(USSR)

6 In a sportive competition m medals were awarded during n days. First day one medal and a seventh of the remaining ones were awarded. Second day two medals and a seventh of the remaining ones were awarded. Last day the last n medals were awarded. How many days the competition ran over and how many medals have been awarded?

(Hungary)

第 9 届国际数学奥林匹克各国成绩表

1967,南斯拉夫

名次	国家或地区	分数（满分 336）	奖牌 金牌	银牌	铜牌	参赛队人数
1.	苏联	275	3	3	2	8
2.	德意志民主共和国	257	3	3	1	8
3.	匈牙利	251	2	3	3	8
4.	英国	231	1	2	4	8
5.	罗马尼亚	214	1	1	4	8
6.	保加利亚	159	1	—	1	8
7.	捷克斯洛伐克	159	—	1	3	8
8.	南斯拉夫	136	—	—	3	8
9.	瑞典	135	—	—	2	8
10.	意大利	110	—	1	1	6
11.	波兰	101	—	—	1	8
12.	蒙古	87	—	—	1	8
13.	法国	41	—	—	—	5

第五编
第 10 届国际数学奥林匹克

第 10 届国际数学奥林匹克题解

苏联，1968

罗马尼亚命题

1 证明：只有一个三角形，它三边的长度是连续正整数，而且一个角是另一个角的两倍.

证法 1　设三边的长度为 $b-1,b,b+1$，其对角依次为 α,β,γ，显然 $\alpha<\beta<\gamma$. 由于三角形两边长度的和必大于第三边的长度，故 $b\geqslant 3$.

应用余弦定理，得

$$\cos\alpha=\frac{b^2+(b+1)^2-(b-1)^2}{2b(b+1)}=\frac{b+4}{2(b+1)} \quad ①$$

$$\cos\beta=\frac{(b+1)^2+(b-1)^2-b^2}{2(b+1)(b-1)}=\frac{b^2+2}{2(b^2-1)} \quad ②$$

$$\cos\gamma=\frac{b^2+(b-1)^2-(b+1)^2}{2b(b-1)}=\frac{b-4}{2(b-1)} \quad ③$$

可知 $\cos\alpha,\cos\beta$ 和 $\cos\gamma$ 都是有理数.

若 $b\geqslant 7$，则 $\cos\alpha\leqslant\frac{11}{16}<\frac{\sqrt{2}}{2}$. 在这种情形下，$\beta>\alpha>45^\circ$，故 $\gamma<90^\circ$，不可能有一个角等于另一个角的两倍. 因此 b 的可能值限于 $3,4,5,6$ 四个数.

若 $\beta=2\alpha$，则

$$\cos\alpha=\cos\frac{\beta}{2}=\sqrt{\frac{1+\cos\beta}{2}} \quad ④$$

把 $b=3,4,5,6$ 分别代入 ②，然后把所得的 $\cos\beta$ 的值分别代入 ④，结果都不是有理数. 故 $\beta\neq 2\alpha$.

若 $\gamma=2\alpha$ 或 $\gamma=2\beta$，则

$$\cos\alpha=\sqrt{\frac{1+\cos\gamma}{2}} \text{ 或 } \cos\beta=\sqrt{\frac{1+\cos\gamma}{2}} \quad ⑤$$

把 $b=3,4,5,6$ 分别代入 ③，然后把所得的 $\cos\gamma$ 的值分别代入 ⑤，只有当 $b=5$ 时，结果是有理数 $\frac{3}{4}$.

当 $b=5$ 时，由 ② 得 $\cos\beta=\frac{9}{16}\neq\frac{3}{4}$，故 $\cos\alpha=\frac{3}{4}$，$\gamma=2\alpha$，所以边长为 $4,5,6$ 的三角形是本题的唯一解.

证法 2　仍用 $b-1,b,b+1(b\geqslant 3)$ 表示三边的长度，α,β,γ $(\alpha<\beta<\gamma)$ 表示其对角，由余弦定理得 ①，②，③.

若 $\beta=2\alpha$，则由正弦定理，得

$$\frac{b-1}{\sin\alpha}=\frac{b}{\sin 2\alpha}=\frac{b}{2\sin\alpha\cdot\cos\alpha}\Rightarrow\cos\alpha=\frac{b}{2(b-1)}\Rightarrow$$

$$\frac{b}{b-1}=\frac{b+4}{b+1}(\text{由 ①})\Rightarrow b^2+b=b^2+3b-4\Rightarrow b=2$$

不合题意.

若 $\gamma=2\beta$，则由正弦定理，得

$$\frac{b}{\sin\beta}=\frac{b+1}{\sin 2\beta}=\frac{b+1}{2\sin\beta\cdot\cos\beta}\Rightarrow\cos\beta=\frac{b+1}{2b}\Rightarrow$$

$$\frac{b+1}{b}=\frac{b^2+2}{b^2-1}(\text{由 ②})\Rightarrow b^2-3b-1=0$$

没有有理数解，不合题意.

若 $\gamma=2\alpha$，则由正弦定理，得

$$\frac{b-1}{\sin\alpha}=\frac{b+1}{\sin 2\alpha}=\frac{b+1}{2\sin\alpha\cdot\cos\alpha}\Rightarrow\cos\alpha=\frac{b+1}{2(b-1)}\Rightarrow$$

$$\frac{b+1}{b-1}=\frac{b+4}{b+1}(\text{由 ①})\Rightarrow b=5$$

故边长为 4，5，6 的三角形是具有题述性质的唯一三角形.

证法 3　设 $\triangle ABC$ 满足题设条件，即 $AB=n,AC=n-1$，$BC=n+1$（其中 n 是大于 1 的自然数)，并且 $\triangle ABC$ 的内角分别为 $\alpha,2\alpha$ 和 $\pi-3\alpha\left(0<\alpha<\frac{\pi}{3}\right)$.

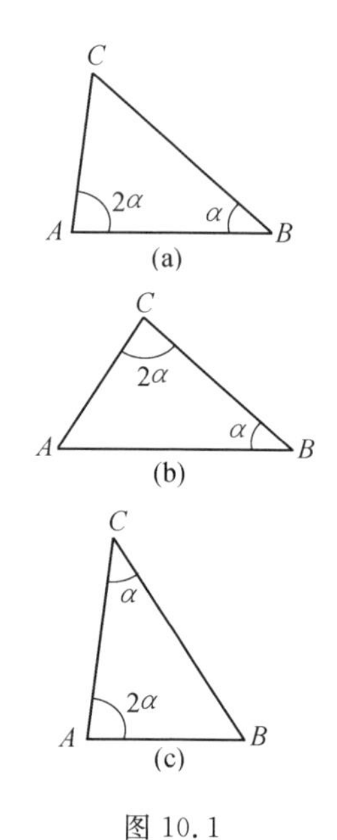

图 10.1

由于在同一三角形中，较大的边所对的角也较大，因此可能出现的情况只有如图 10.1 所示的三种.

因为

$$\frac{\sin(\pi-3\alpha)}{\sin\alpha}=\frac{\sin 3\alpha}{\sin\alpha}=\frac{4\sin\alpha\cdot\cos^2\alpha-\sin\alpha}{\sin\alpha}=$$

$$4\cos^2\alpha-1=\left(\frac{\sin 2\alpha}{\sin\alpha}\right)^2-1$$

所以利用正弦定理可知在情况(a)中有

$$\frac{n}{n-1}=\frac{\sin(\pi-3\alpha)}{\sin\alpha}=\left(\frac{\sin 2\alpha}{\sin\alpha}\right)^2-1=\left(\frac{n+1}{n-1}\right)^2-1$$

从而得到 $n^2-5n=0$，即 $n=5$.

同样，在情况(b)中有

$$\frac{n+1}{n-1}=\left(\frac{n}{n-1}\right)^2-1$$

从而得到 $n^2-2n=0$，即 $n=2$，这是不合要求的，因为长度分别为 1，2，3 的三条线段不能构成三角形.

在情况(c)中有

$$\frac{n-1}{n}=\left(\frac{n+1}{n}\right)^2-1$$

从而得到

$$n^2-3n-1=0$$

但是这个方程没有整数解,因而也不存在满足题设条件的三角形.

综上所述,满足题设条件的三角形的三边长只有 4,5,6 三个自然数.

再来证明这样构成的三角形的三个内角中确有一个内角是另一个内角的两倍.

由余弦定理可得

$$\cos B=\frac{5^2+6^2-4^2}{2\times 5\times 6}=\frac{3}{4},0<\angle B<\frac{\pi}{2}$$

$$\cos A=\frac{4^2+5^2-6^2}{2\times 4\times 5}=\frac{1}{8}=2\times\left(\frac{3}{4}\right)^2-1=$$

$$\cos 2B,0<\angle A<\frac{\pi}{2}$$

所以

$$A=2B$$

2 设 $p(x)$ 是十进制数各位数字的积,试求出所有能使 $p(x)=x^2-10x-22$ 成立的正数 x.

捷克斯洛伐克命题

解法 1 设 x 是一位数,则

$$p(x)=x=x^2-10x-22$$

即

$$x^2-11x-22=0$$

这个二次方程没有整数解.

设 x 是 $n(n>1)$ 位数,则

$$x\geqslant 10^{n-1}a_n>9^{n-1}a_n\geqslant p(x)$$

其中,a_n 是第 n 位数字.所以

$$p(x)=x^2-10x-22<x\Rightarrow x^2-11x-22<0$$

由于 x 是正数,故由上面的不等式得

$$0<x<\frac{11+\sqrt{209}}{2}<13$$

若 $x=10$,则

$$p(x)=0,x^2-10x-22=-22\neq p(x)$$

若 $x=11$,则

$$p(x)=1,x^2-10x-22=-11\neq p(x)$$

若 $x=12$,则

$$p(x)=2,x^2-10x-22=2=p(x)$$

所以,$x=12$ 是本题的唯一解.

解法2 设十进制自然数 x 的数字个数为 n，并且 x 满足题设条件，于是应有

$$p(x)\leqslant 9^n, x\geqslant 10^{n-1}$$

ⅰ 若 $n=1$，则有 $p(x)=x$，即

$$x^2-10x-22=x$$

但是这个二次方程没有整数解，故知 n 不能为 1.

ⅱ 若 $n=2$，则有

$$x^2-10x-22=p(x)\leqslant 81$$

从而

$$x^2-10x+25=p(x)+47\leqslant 128$$

$$|x-5|\leqslant\sqrt{128}<12$$

$$-7<x<17$$

又因为 $x\geqslant 10$，所以

$$10\leqslant x\leqslant 16$$

另一方面，由

$$p(x)+47=(x-5)^2\leqslant 128$$

可知，$p(x)+47$ 是一个整数的平方，并且不大于 128，可以就 $x=10,11,12,13,14,15,16$ 逐一检验如下.

x	10	11	12	13	14	15	16
$p(x)$	0	1	2	3	4	5	6
$p(x)+47$	47	48	49	50	51	52	53

由此可见，只有 $x=12$ 符合要求. 不难验证，这个数满足题意.

ⅲ 若 $n>2$，则因 $x\geqslant 10^{n-1}$，故有

$$0<10^{n-1}-5\leqslant x-5$$

$$(10^{n-1}-5)^2\leqslant(x-5)^2$$

$$p(x)=(x-5)^2-47\geqslant 10^{2n-2}-10^n-22$$

另一方面，由 $n>2$ 可知 $10^n\geqslant 1\ 000$，$10^{n-2}-2\geqslant 8$，因此

$$10^n(10^{n-2}-2)\geqslant 8\ 000$$

从而

$$p(x)\geqslant 10^{2n-2}-10^n-22=10^n(10^{n-2}-2)+10^n-22\geqslant 10^n+8\ 000-22>10^n$$

但是这与 $p(x)\leqslant 9^n$ 矛盾，所以 n 不能大于 2.

综上所述，满足题意的正整数只有 $x=12$.

3 给出关于 $x_1, x_2, \cdots, x_n$ 的方程组

$$\begin{cases} ax_1^2 + bx_1 + c = x_2 \\ ax_2^2 + bx_2 + c = x_3 \\ \vdots \\ ax_{n-1}^2 + bx_{n-1} + c = x_n \\ ax_n^2 + bx_n + c = x_1 \end{cases}$$

其中 a, b, c 是实数，且 $a \neq 0$. 令 $\Delta = (b-1)^2 - 4ac$.

证明：该方程组在实数范围内

(1) 当 $\Delta < 0$ 时，没有解；

(2) 当 $\Delta = 0$ 时，只有一个解；

(3) 当 $\Delta > 0$ 时，多于一个解.

保加利亚命题

证法 1　把原方程组的 n 个方程的两边分别相加得

$$a\sum_{i=1}^{n} x_i^2 + b\sum_{i=1}^{n} x_i + nc = \sum_{i=1}^{n} x_i$$

即

$$a\sum_{i=1}^{n} x_i^2 + (b-1)\sum_{i=1}^{n} x_i + nc = 0 \qquad ①$$

考查二次函数

$$Q(x) = ax^2 + (b-1)x + c \qquad ②$$

它的判别式是 $\Delta = (b-1)^2 - 4ac$，它的图像是抛物线. 若 r 是 $Q(x) = 0$ 的解，则 $ar^2 + br + c = r$，以 r 代入原方程组的 x_1 得

$$ar^2 + br + c = x_2 = r$$

从而得

$$x_3 = x_4 = \cdots = x_n = r$$

故 $x_1 = x_2 = \cdots = x_n = r$ 也是原方程组的解.

(1) 若 $\Delta < 0$，则 $y = Q(x)$ 的图像和 x 轴不相交，即若 $a > 0$ $(a < 0)$，不论 x_i 取何值，$Q(x_i)$ 都是 x 轴上方（或下方）的点. 因此 $\sum Q_i \neq 0$. 在这种情形下，原方程组没有解.

(2) 若 $\Delta = 0$，则 $y = Q(x)$ 的图像和 x 轴相切，$Q(x) = 0$ 有唯一的根 $(1-b)/2a$. 在这种情形下

$$x_1 = x_2 = \cdots = x_n = (1-b)/2a$$

是原方程组的唯一解.

(3) 若 $\Delta > 0$，则 $y = Q(x)$ 的图像和 x 轴相交于两点，即 $Q(x) = 0$ 有两个根 r_1, r_2. 故原方程组至少有两个解，即

$$x_1 = x_2 = \cdots = x_n = r_1, x_1 = x_2 = \cdots = x_n = r_2$$

证法 2 令 $\sum_{i=1}^{n} x_i = x$，则证法 1 的 ① 可写成

$$a\sum_{i=1}^{n} x_i^2 + (b-1)x + nc = 0 \quad ③$$

根据平方平均值定理，有

$$\sqrt{\frac{1}{n}\sum_{i=1}^{n} x_i^2} \geqslant \frac{x}{n}$$

或

$$\sum_{i=1}^{n} x_i^2 \geqslant \frac{1}{n}x^2$$

等号当且仅当 $x_1 = x_2 = \cdots = x_n$ 时成立.

若等号成立，原方程组和方程

$$ay^n + (b-1)y + c = 0$$

并无区别，故依 $\Delta = (b-1)^2 - 4ac < 0, =0, >0$，原方程组无解，或只有一个解，或有两个解.

若等号不成立，令

$$\sum_{i=1}^{n} x_i = \frac{1}{n}x^2 + k, k > 0$$

于是方程 ③ 变为

$$ax^2 + n(b-1)x + n^2c + ank = 0$$

解得

$$x = \frac{n(1-b) \pm \sqrt{\Delta - 4a^2k/n}}{2a}$$

由于 $4a^2k/n > 0$，故当 $\Delta \leqslant 0$ 时，③ 没有实数解，因而原方程组也没有实数解.

4 证明：任一个四面体总有一个顶点，由这个顶点出发的三条棱可以构成一个三角形的三边.

波兰命题

证明 如图 10.2 所示，设 A, B, C, D 是任意一个四面体的顶点，并设 AB 是最长的棱. 如果由任意一个顶点出发的三条棱都不能构成一个三角形，则由 A 出发的三条棱有

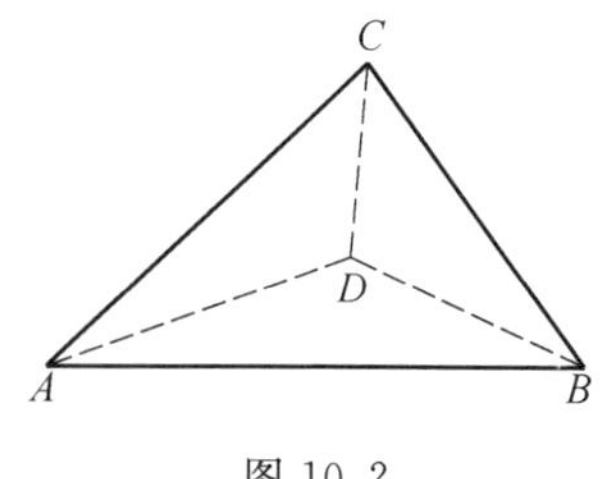

图 10.2

$$AB \geqslant AC + AD$$

又由 B 出发的三条棱有

$$BA \geqslant BC + BD$$

所以

$$2AB \geqslant AC + AD + BC + BD \quad ①$$

但在 $\triangle ABC$ 中，有 $AB < AC + BC$；在 $\triangle ABD$ 中，有 $AB < AD + BD$. 故

$$2AB < AC + BC + AD + BD \quad ②$$

①，② 两不等式互相矛盾，故由 A 或 B 出发的三条棱，必有一

组可以构成一个三角形.

5 设 f 是定义在实数集 $\mathbf{R}$ 上的一个实函数,对于每一个 $x\in\mathbf{R}$,下面的方程皆能成立

$$f(x+a)=\frac{1}{2}+\sqrt{f(x)-(f(x))^2} \qquad ①$$

其中,常数 a 是正实数.

(1) 证明:f 是周期函数(即有这样的一个实数 $b>0$,使得对于每一个 x 都有 $f(x+b)=f(x)$);

(2) 当 $a=1$ 时,给出一个具有这样性质的函数 f,但 f 不是常值函数.

民主德国命题

解 (1) 因对于每一个 $x\in\mathbf{R}$,① 皆能成立,故在 ① 中,x 可用 $x+a$ 替换,于是有

$$f(x+2a)=f((x+a)+a)=\frac{1}{2}+\sqrt{f(x+a)-(f(x+a))^2}$$

上面根号内的式子等于

$$\frac{1}{2}+\sqrt{f(x)-(f(x))^2}-\left(\frac{1}{4}+\sqrt{f(x)-(f(x))^2}+f(x)-(f(x))^2\right)=\frac{1}{4}-f(x)+(f(x))^2=\left(\frac{1}{2}-f(x)\right)^2$$

所以

$$f(x+2a)=\frac{1}{2}+\sqrt{(\frac{1}{2}-f(x))^2}=\frac{1}{2}+\left|\frac{1}{2}-f(x)\right|$$

由于 $f(x+a)\geqslant\frac{1}{2}$,故对于每一个 $x\in\mathbf{R}$,$f(x)\geqslant\frac{1}{2}$. 由此可推出

$$f(x+2a)=\frac{1}{2}+(f(x)-\frac{1}{2})=f(x)$$

即 f 是周期函数,它的周期是 $2a$.

(2) 当 $a=1$ 时,下面是一个具有题述性质的周期函数,即

$$f(x)=\frac{1}{2}\left(1+\left|\sin\frac{\pi x}{2}\right|\right)$$

它的周期为 2.

因为

$$f(x+1)=\frac{1}{2}\left(1+\left|\sin\left(\frac{\pi x}{2}+\frac{\pi}{2}\right)\right|\right)=$$

$$\frac{1}{2}\left(1+\left|\cos\frac{\pi x}{2}\right|\right)=$$

$$\frac{1}{2}+\sqrt{\frac{1+\left|\sin\frac{\pi x}{2}\right|}{2}\cdot\frac{1-\left|\sin\frac{\pi x}{2}\right|}{2}}=$$

$$\frac{1}{2}+\sqrt{f(x)(1-f(x))}=$$

$$\frac{1}{2}+\sqrt{f(x)-(f(x))^2}$$

推广

此推广属于朱恒丕

推广 1 已知 λ,μ 是不相等的常数，$f(x)$ 是 $\mathbf{R}$ 上的函数且满足

$$f(x+\lambda)=\frac{a}{2}\pm\sqrt{b+af(x+\mu)-f^2(x+\mu)}$$

其中，$a\neq 0,a,b\in\mathbf{R}$. 求证：$f(x)$ 是周期函数.

推广 1 的证明 先证 $f(x)$ 满足

$$f(x+\lambda)=\frac{a}{2}+\sqrt{b+af(x+\mu)-f^2(x+\mu)}$$

的周期性.

显然，$f(x)\geqslant\frac{a}{2}$. 因为

$$f(x+\lambda-\mu)=f((x-\mu)+\lambda)=\frac{a}{2}+\sqrt{b+af(x)-f^2(x)}$$

所以

$$\begin{aligned}f(x+2\lambda-2\mu)&=f((x+\lambda-\mu)+\lambda-\mu)=\\&\frac{a}{2}+\sqrt{b+af(x+\lambda-\mu)-f^2(x+\lambda-\mu)}=\frac{a}{2}+\\&(b+a(\frac{a}{2}+\sqrt{b+af(x)-f^2(x)})-\\&(\frac{a}{2}+\sqrt{b+af(x)-f^2(x)})^2)^{\frac{1}{2}}=\\&\frac{a}{2}+\sqrt{\frac{a^2}{4}-af(x)+f^2(x)}=\frac{a}{2}+\left|\frac{a}{2}-f(x)\right|=f(x)\end{aligned}$$

故 $f(x)$ 是周期函数，并且 $2|\lambda-\mu|$ 是它的一个周期.

同理可证，$f(x)$ 满足

$$f(x+\lambda)=\frac{a}{2}-\sqrt{b+af(x+\mu)-f^2(x+\mu)}$$

时，$f(x)$ 也是周期函数且 $2|\lambda-\mu|$ 是它的一个周期.

当 $a=1,b=0,\mu=0$ 时，推广 1 即为原竞赛题.

推广 2 已知 $\{\lambda_n\}$ 是公差不为零的等差数列，$f(x)$ 是 $\mathbf{R}$ 上的函数且满足

$$f(x+\lambda_1)=\frac{a}{2}\pm\sqrt{b+\sum_{i=2}^{n}(af(x+\lambda_i)-f^2(x+\lambda_i))}$$

其中，$a\neq 0,a,b\in\mathbf{R}$. 求证：$f(x)$ 是周期函数.

推广 2 的证明 先证 $f(x)$ 满足

$$f(x+\lambda_1)=\frac{a}{2}+\sqrt{b+\sum_{i=2}^{n}(af(x+\lambda_i)-f^2(x+\lambda_i))}$$

的周期性.

显然,$f(x)\geqslant\frac{a}{2}$.因为

$$(f(x+\lambda_1)-\frac{a}{2})^2=b+\sum_{i=2}^{n}(af(x+\lambda_i)-f^2(x+\lambda_i))$$

$$f^2(x+\lambda_1)-af(x+\lambda_1)+\frac{a^2}{4}=b+\sum_{i=2}^{n-1}(af(x+\lambda_i)-f^2(x+\lambda_i))+af(x+\lambda_n)-f^2(x+\lambda_n)$$

所以 $f^2(x+\lambda_n)-af(x+\lambda_n)+\frac{a^2}{4}=$

$$b+\sum_{i=1}^{n-1}(af(x+\lambda_i)-f^2(x+\lambda_i))(f(x+\lambda_n)-\frac{a}{2})^2=$$

$$b+\sum_{i=1}^{n-1}(af(x+\lambda_i)-f^2(x+\lambda_i))$$

即

$$f(x+\lambda_n)=\frac{a}{2}+\sqrt{b+\sum_{i=1}^{n-1}(af(x+\lambda_i)-f^2(x+\lambda_i))}$$

设等差数列$\{\lambda_n\}$的公差为 d,则

$$f(x+d+\lambda_n)=\frac{a}{2}+\sqrt{b+\sum_{i=2}^{n}(af(x+\lambda_i)-f^2(x+\lambda_i))}$$

于是 $$f(x+\lambda_1)=f(x+d+\lambda_n)$$

即 $$f(x)=f(x+d+\lambda_n-\lambda_1)$$

故 $f(x)$ 是周期函数且

$$|d+\lambda_n-\lambda_1|=|nd|=n|d|$$

是其一个周期.

同理可证,$f(x)$ 满足

$$f(x+\lambda_1)=\frac{a}{2}-\sqrt{b+\sum_{i=2}^{n}(f(x+\lambda_i)-f^2(x+\lambda_i))}$$

时,$f(x)$ 也是周期函数且 $n|d|$ 是其一个周期.

6 设$[x]$表示不超过 x 的最大整数,试求

$$\sum_{k=0}^{\infty}\left[\frac{n+2^k}{2^{k+1}}\right]$$

的值,其中 n 是任意自然数.

英国命题

解法 1 引理 对于任意实数 x,下式皆能成立,即

$$\left[\frac{x+1}{2}\right]=[x]-\left[\frac{x}{2}\right] \quad ①$$

引理的证明

若 $0\leqslant x<1$,则 $\left[\frac{x+1}{2}\right]=[x]=\left[\frac{x}{2}\right]=0$,故 ① 成立;

若 $1\leqslant x<2$,则 $\left[\frac{x+1}{2}\right]=[x]=1,\left[\frac{x}{2}\right]=0$,故 ① 也成立.

若 x 是任意实数,则 $x=2m+y,m$ 是整数,$0\leqslant y<2$. 这时

$$\left[\frac{x+1}{2}\right]=\left[m+\frac{y+1}{2}\right]=m+\left[\frac{y+1}{2}\right]=$$
$$m+[y]-\left[\frac{y}{2}\right]=$$
$$2m+[y]-\left(m+\left[\frac{y}{2}\right]\right)=[x]-\left[\frac{x}{2}\right]$$

引理得证.

下面证明本题.

设 $2^k\leqslant n\leqslant 2^{k+1}$,在 ① 中分别以 $n,n/2,n/2^2,\cdots,n/2^k$ 代替 x,得

$$[n]-\left[\frac{n}{2}\right]=\left[\frac{n+1}{2}\right]$$
$$\left[\frac{n}{2}\right]-\left[\frac{n}{2^2}\right]=\left[\frac{n+2}{2^2}\right]$$
$$\left[\frac{n}{2^2}\right]-\left[\frac{n}{2^3}\right]=\left[\frac{n+2^2}{2^3}\right]$$
$$\vdots$$
$$\left[\frac{n}{2^k}\right]-\left[\frac{n}{2^{k+1}}\right]=\left[\frac{n+2^k}{2^{k+1}}\right]$$

以上各式相加,得

$$[n]-\left[\frac{n}{2^{k+1}}\right]=\left[\frac{n+1}{2}\right]+\left[\frac{n+2}{2^2}\right]+\left[\frac{n+2^2}{2^3}\right]+\cdots+\left[\frac{n+2^k}{2^{k+1}}\right]$$

但是 $[n]=n,\left[\frac{n+2^k}{2^{k+1}}\right]=0,\left[\frac{n+2^{k+j-1}}{2^{k+j}}\right]=0,j=2,3,\cdots$

所以

$$\sum_{k=0}^{\infty}\left[\frac{n+2^k}{2^{k+1}}\right]=n \quad ②$$

解法 2 应用初等集论的语言,本题可解答如下.

设 $N=\{1,2,3,\cdots,n\},2^k\leqslant n<2^{k+1}$. 用 $S(2^j)$ 表示 N 中所有能被 2^j 整除但不能被 2^{j+1} 整除的自然数集. 则 $S(2^j)(0\leqslant j\leqslant k)$ 是 N 的子集. 若 $i\neq j$,则

$$S(2^i)\cap S(2^j)=\varnothing$$

而且
$$N=\bigcup_{0\leqslant j\leqslant k} S(2^j)$$

用 $\overline{\overline{N}}$ 和 $\overline{\overline{S}}(2^j)$ 分别表示 N 中和 $S(2^j)$ 中元素的数目，则由解法 1 中引理得

$$\overline{\overline{S}}(2^j)=\left[\frac{n}{2^j}\right]-\left[\frac{n}{2^{j+1}}\right]=\left[\frac{n+2^j}{2^{j+1}}\right]$$
$$\overline{\overline{N}}=n$$

因 $\overline{\overline{N}}=\sum_{j=0}^{k}\overline{\overline{S}}(2^j)$，$\overline{\overline{S}}(2^j)=0(j>k)$，故 ② 成立.

解法 3　首先，对于任何正整数 n，当 $2^k>n$ 时，必有
$$\frac{n}{2^{k+1}}<\frac{1}{2}$$
即
$$\frac{n+2^k}{2^{k+1}}<1$$
从而当 $2^k>n$ 时
$$\left[\frac{n+2^k}{2^{k+1}}\right]=0$$
由此可知，对于任何正整数 n，总可找到一个非负整数 $l=[\log_2 n]$，使得当 $k>l$ 时
$$\left[\frac{n+2^k}{2^{k+1}}\right]=0$$
当 $k\leqslant l$ 时
$$\left[\frac{n+2^k}{2^{k+1}}\right]\neq 0 \tag{③}$$
因而所求的和为
$$\sum_{k=0}^{\infty}\left[\frac{n+2^k}{2^{k+1}}\right]=\sum_{k=0}^{l}\left[\frac{n+2^k}{2^{k+1}}\right]$$

令 $C_k=\left[\frac{n+2^k}{2^{k+1}}\right](k=0,1,\cdots,l)$，则 C_k 是具有下列性质的正整数 m 中的最大者，即
$$m\leqslant\frac{n+2^k}{2^{k+1}}$$
即
$$2^{k+1}m-2^k\leqslant n \tag{④}$$

考虑下面的数列
$$\{2^{k+1}m-2^k\},k=0,1,\cdots,l;m=1,2,\cdots,C_k \tag{⑤}$$
由于每一个 k 对应数列 ⑤ 的 C_k 项，因而数列 ⑤ 的项数为 $\sum_{k=0}^{l}C_k$，并且，由于
$$2^{k+1}m-2^k=2^k(2m-1)$$
所以，数列 ⑤ 的每一项都是形如 $2^k(2m-1)$ 且不大于 n 的正整

数.

另一方面,每个不大于 n 的正整数 S 都可以唯一地表示成 $S=2^k(2m-1)$ 的形式,并且,在这个表达式中有 $0\leqslant k\leqslant l$,$1\leqslant m\leqslant C_k$(因为由 $S\geqslant 1$ 可知 $m\geqslant 1$,又由于 $m=\frac{S+2^k}{2^{k+1}}\leqslant\frac{n+2^k}{2^{k+1}}$,所以由 ③ 可知 $0\leqslant k\leqslant l$,并且 $m\leqslant\left[\frac{n+2^k}{2^{k+1}}\right]=C_k$). 这就表明,1,2,…,$n$ 中的每个数都出现在数列 ⑤ 中,而且只出现一次,因此,数列 ⑤ 的项数为 n. 于是

$$\sum_{k=0}^{l}C_k=n$$

从而所求的和为

$$\sum_{k=0}^{\infty}\left[\frac{n+2^k}{2^{k+1}}\right]=n$$

第 10 届国际数学奥林匹克英文原题

The tenth International Mathematical Olympiad was held from July 5th to July 18th 1968 in the cities of Moscow and Leningrad (Sant Petersburg).

1 Show that there exists only one triangle whose sides are expressed by three consecutive positive integers and an angle is twice of another angle.

(Romania)

2 Find all positive integers x such that the product of its digits in the decimal representation is $x^2-10x-22$.

(Czechoslovakia)

3 The following system of equations is given

$$ax_1^2+bx_1+c=x_2$$
$$ax_2^2+bx_2+c=x_3$$
$$\cdots\cdots$$
$$ax_{n-1}^2+bx_{n-1}+c=x_n$$
$$ax_n^2+bx_n+c=x_1$$

where a,b,c are real numbers, $a\neq 0$. Prove that:

a) the system has no real solutions in the case

$$(b-1)^2-4ac<0$$

b) the system has a unique real solution in the case

$$(b-1)^2-4ac=0$$

c) the system has many real solutions in the case

$$(b-1)^2-4ac>0$$

(Bulgaria)

4 Show that in any tetrahedron may find a vertex such that the edges arising from it are the sides of a triangle.

(Poland)

5 Let a be a real number and $f:\mathbf{R}\to\mathbf{R}$ be a function such that for any real number x

$$f(x+a)=\frac{1}{2}+\sqrt{f(x)-(f(x))^2}$$

a) Show that f is a periodic function;

b) In the case $a=1$, find such a nonconstant function f.

(East Germany)

6 Let n be a positive integer. Find with proof a closed formula for the sum

$$\left[\frac{n+1}{2}\right]+\left[\frac{n+2}{2^2}\right]+\cdots+\left[\frac{n+2^k}{2^{k+1}}\right]+\cdots$$

(United Kingdom)

第 10 届国际数学奥林匹克各国成绩表

1968,苏联

名次	国家或地区	分数（满分 320）	奖牌 金牌	银牌	铜牌	参赛队人数
1.	德意志民主共和国	304	5	3	—	8
2.	苏联	298	5	1	2	8
3.	匈牙利	291	3	3	2	8
4.	英国	263	3	2	2	8
5.	波兰	262	2	3	2	8
6.	瑞典	256	1	2	5	8
7.	捷克斯洛伐克	248	2	4	—	8
8.	罗马尼亚	208	1	1	2	8
9.	保加利亚	204	—	3	1	8
10.	南斯拉夫	177	—	—	3	8
11.	意大利	132	—	—	1	8
12.	蒙古	74	—	—	—	8

第六编
第 1～10 届国际数学奥林匹克预选题

第 1～8 届国际数学奥林匹克一些预选题

1 在平面上给出 $n(n>3)$ 个点，其中任何三个点都不共线. 是否一定存在一个至少通过其中三个点的圆，使得其内部不包含任何其他给定的点？

2 n 个正实数 $a_1, a_2, \cdots, a_n$，满足等式 $a_1 a_2 \cdots a_n = 1$，证明

$$(1+a_1)(1+a_2)\cdots(1+a_n) \geqslant 2^n$$

3 一个正三棱柱的高为 h，底边长为 a. 在两个底面的中心处都有一个小孔. 而三个垂直的面的内面都是镜面. 光线从顶面的小孔进入，在每个垂直面上反射一次最后从底面的小孔出去. 求出光线入射的角度和在棱柱内部通过的长度.

4 在平面上给了 5 个点，其中任何三点都不共线. 证明：其中必有四个点构成凸四边形.

5 对任意满足关系 $0 \leqslant x \leqslant \frac{\pi}{2}$ 和 $\frac{\pi}{6} < y < \frac{\pi}{3}$ 的变量，证明不等式

$$\tan \frac{\pi \sin x}{4 \sin \alpha} + \tan \frac{\pi \cos x}{4 \cos \alpha} > 1$$

6 一个凸的平面多边形 M 的周长为 l，面积为 S. 设 $M(R)$ 是空间中距离 M 中的点至多为 R 的所有点的集合. 证明这个集合的体积 $V(R)$ 满足

$$V(R) = \frac{4}{3}\pi R^3 + \frac{\pi}{2} l R^2 + 2SR$$

7 如何放置两个无限的圆柱才能使它们的交位于一个平面上？

8 给了一袋糖，一架双盘的天平和一个 1 克的砝码. 怎样用最少的次数称出 1 千克的糖？

9 求出使得

$$\frac{\sin 3x \cos(60^\circ - 4x) + 1}{\sin(60^\circ - 7x) - \cos(30^\circ + x) + m} = 0$$

成立的 x 的值，其中 m 是一个给定的实数.

10 方程 $x=1\ 964\sin x-189$ 有多少个实数解?

11 是否存在整数 z 使得它可以用两种不同的方式写成 $z=x!+y!$ 的形式,其中 x,y 是满足 $x\leqslant y$ 的自然数?

12 求出数字 x,y,z 使得等式

$$\sqrt{\underbrace{xx\cdots x}_{2n}-\underbrace{yy\cdots y}_{n}}=\underbrace{zz\cdots z}_{n}$$

至少对两个 $n\in\mathbf{Z}^+$ 的值成立,并求出所有使等式成立的 n.

13 设 $a_1,a_2,\cdots,a_n$ 是正实数. 证明不等式

$$\binom{n}{2}\sum_{i<j}\frac{1}{a_ia_j}\geqslant 4\left(\sum_{i<j}\frac{1}{a_i+a_j}\right)^2$$

并求出使等号成立的条件.

14 计算通过在一个圆周上有 n 个点的圆上做两点之间连线的方法所得出的最多可能的区域的数目.

15 点 A,B,C,D 位于一个圆周上,使得 AB 是直径而 CD 不是. 如果过 C 和 D 的切线相交于点 P,而 AC 和 BD 相交于点 Q. 证明:PQ 和 AB 互相垂直.

16 给定一个圆心在 S,半径为 1 的圆 K 和一个中心在 M,边长为 2 的正方形 Q. 设 XY 是等腰直角$\triangle XYZ$ 的斜边. 描述当 X 沿着 K 的边界而 Y 沿着 Q 的边界运动时点 Z 的轨迹.

17 设 $ABCD$ 和 $A'B'C'D'$ 是空间中两个任意的平行四边形,又设 M,N,P,Q 分别以相同的比值划分线段 AA',BB',CC',DD'.

(1)证明:$MNPQ$ 是平行四边形;

(2)求当 M 沿着 AA' 运动时,$MNPQ$ 的轨迹.

18 解方程 $\frac{1}{\sin x}+\frac{1}{\cos x}=\frac{1}{p}$,其中 p 是一个实参数. 讨论对于 p 的哪些值,方程至少有一个实数解并对给定的 p,确定 $[0,2\pi)$ 中解的数目.

19 给定三角形的三个旁切圆半径,求作三角形.

20 在三个互相垂直的平面内给定三个中心相同的全等矩形,它们的长边也是互相垂直的. 考虑以这些矩形的顶点为顶点的多面体.

(1)求出这个多面体的体积;

(2)这个多面体是否可能是正多面体,如果可能,要满足什么条件?

21 一个正圆锥的体积 V 及侧面积 S 满足的不等式

$$\left(\frac{6V}{\pi}\right)^2\leqslant\left(\frac{2S}{\pi\sqrt{3}}\right)^3$$

中等号何时成立?

22 设两个面积相等的平行四边形 P,P' 的边长分别为 a,b 和 $a',b',a'\leqslant a\leqslant b\leqslant b'$,且线段 b' 可被放入任一平行四边形中. 证明:P 和 P' 可以被分割成四个两两全等的部分.

23 四面体的三个面都是直角三角形而第四个面不是钝角三角形.

(1)证明:第四个面是一个直角三角形的充分必要条件是在某个顶点处恰有两个角是直角;

(2)证明:如果所有的面都是直角三角形,那么四面体的体积就等于不属于同一个面的三个最短边的乘积的六分之一.

24 在房间里有 $n(n\geqslant 2)$ 个人. 证明:在他们中间有两个人的朋友数相等(友谊总是相互的).

25 证明:$\tan 7°30'=\sqrt{6}+\sqrt{2}-\sqrt{3}-2$.

26 (1)证明:$(a_1+a_2+\cdots+a_k)^2\leqslant k(a_1^2+a_2^2+\cdots+a_k^2)$,其中 $k\geqslant 1$ 是一个自然数,而 $a_1,a_2,\cdots,a_k$ 是任意实数.

(2)如果实数 $a_1,a_2,\cdots,a_n$ 满足

$$a_1+a_2+\cdots+a_n\geqslant\sqrt{(n-1)(a_1^2+a_2^2+\cdots+a_n^2)}$$

证明它们都是非负的.

27 给定圆 K 和直线 g 上一点 P. 做一个通过点 P 且与给定的圆和直线相切的圆.

28 设在平面上给了一个中心在 S,半径为 1 的圆,且设 $\triangle ABC$ 是任意以此圆为外接圆的三角形,使得 $SA\leqslant SB\leqslant SC$. 求顶点 A,B,C 的轨迹.

29 (1)求把 500 表示成相继整数之和的方式的数目.

(2)求出表达式 $N=2^\alpha 3^\beta 5^\gamma$ 的数目,其中 $\alpha,\beta,\gamma\in\mathbf{N}$. 其中哪些表达式是自然数?

(3)对任意自然数 N,求出那种表达式的数目.

注 以上两问(2),(3)似乎条件不全或含义不清.

30 如果 n 是自然数,证明:

(1)$\lg(n+1)>\frac{3}{10n}+\lg n$;

(2)$\lg n! > \frac{3n}{10}\left(\frac{1}{2}+\frac{1}{3}+\cdots+\frac{1}{n}-1\right)$.

31 将 m 看成参数,解方程 $|x^2-1|+|x^2-4|=mx$. 哪一对整数(x,m)满足这个方程?

32 $\triangle ABC$ 的边长 a,b,c 构成等差数列,另一个 $\triangle A_1B_1C_1$ 的边长也构成等差数列. 设 $\angle A=\angle A_1$,证明 $\triangle ABC$ 和 $\triangle A_1B_1C_1$ 相似.

33 一个圆内切于另一个圆,大圆内有一个内接的等边三角形. 从三角形的顶点引线段和小圆相切. 证明这些线段之一等于圆外两线段之和.

34 确定所有满足方程 $2^x=3^y+5$ 的正整数对(x,y).

35 如果 a,b,c,d 是使 ad 为奇数而 bc 为偶数的整数. 证明多项式 ax^3+bx^2+cx+d 的根中至少有一个是无理数.

36 设 $ABCD$ 是圆内接四边形. 证明:$\triangle ABC$,$\triangle CDA$,$\triangle BCD$,$\triangle DAB$ 的重心共圆.

37 证明:从圆内接四边形每条边的中点向对边所引的垂线共点.

38 两个同心圆的半径分别为 R 和 r. 确定和这两个圆都相切且互相不相交的圆的最大可能数目. 证明:这个数介于 $\frac{3}{2}\cdot\frac{\sqrt{R}+\sqrt{r}}{\sqrt{R}-\sqrt{r}}-1$ 和 $\frac{63}{20}\cdot\frac{R+r}{R-r}$ 之间.

39 在平面上给定了一个圆心在 O,半径为 R 的圆和两个点 A,B.

(1)在圆内作一条平行于 AB 的弦 CD 使得 AC 和 BD 相交于圆上一点 P;

(2)证明:P 有两个可能的位置,比如说 P_1 和 P_2. 如果 $OA=a$,$OB=b$,$AB=d$,求 P_1 和 P_2 间的距离.

40 对正实数 p,求出方程

$$\sqrt{x^2+2px-p^2}-\sqrt{x^2-2px-p^2}=1$$

的所有正实数解.

41 如果 $A_1A_2\cdots A_n$ 是一个正 n 边形$(n\geqslant 3)$,有多少个不同的钝角$\triangle A_iA_jA_k$?

42 设 $a_1,a_2,\cdots,a_n(n\geqslant 2)$ 是整数序列，证明：存在子序列 $a_{k_1},a_{k_2},\cdots,a_{k_m}$，其中 $1\leqslant k_1<k_2<\cdots<k_m\leqslant n$ 使得 $a_{k_1}^2+a_{k_2}^2+\cdots+a_{k_m}^2$ 可被 n 整除.

43 在平面上给定 5 个点，其中无三点共线. 在每两个点之间连一条线段，并将其染成红色或蓝色，因此没有一个三边都同色的三角形.

(1)证明：①每个点都恰属于两条红色线段和两条蓝色线段；②红色线段构成一条通过每个点的封闭路线；

(2)给出一种染色的例子.

44 在一个 $10\times 10\times 1$ 的长方体盒子中，最多可以放进多少个半径为 $\frac{1}{2}$ 的球？

45 一个字母表由 n 个字母组成，一个单词最大长度(即这个单词中所包含的字母的个数)是多少？如果

(1)单词中两个相邻的字母总是不同的；

(2)从所给的单词中无论怎样删除字母都不可能得到单词 $abab(a\neq b)$.

46 设

$$f(a,b,c)=\left|\frac{|b-a|}{|ab|}+\frac{b+a}{ab}-\frac{2}{c}\right|+\frac{|b-a|}{|ab|}+\frac{b+a}{ab}+\frac{2}{c}$$

证明
$$f(a,b,c)=4\max\left\{\frac{1}{a},\frac{1}{b},\frac{1}{c}\right\}$$

47 设直线把三角形分成面积相等的两部分，并且该直线在三角形内部的长度最小，求出具有这种性质的直线的条数. 设三角形的边长为 a,b,c，计算这种直线在三角形内所截的最小长度是多少.

48 求出所有使方程 $x^2+px+3p=0$ 有整数根的正数 p.

49 两个镶有镜子的墙构成一个大小为 α 的角，墙角有一根蜡烛. 问可以看到多少个蜡烛的像.

50 四边形的边长为 a,b,c,d，面积为 S. 证明

$$S\leqslant\frac{a+c}{2}\cdot\frac{b+d}{2}$$

51 学校中，编号为 $1,2,\cdots,n$ 的孩子开始时按照 $1,2,\cdots,n$ 的顺序坐好. 发出命令后，每个孩子可以和其他任意一个孩子交换位置或者不动. 经过两次命令后，他们是否可排成 $n,1,2,\cdots,n-1$ 的顺序？

52 从一张纸的一边剪掉一个面积为 1 的区域，并将其分成 10 个部分，每部分染成 10 种颜色之一. 然后再将这一区域放回纸的另一边并再将其分成 10 部分(不必用同样的方式). 证明：可将起初的区域染成 10 种颜色使得纸两边相同颜色的部分的总面积至少是 0.1.

53 证明：在每个面积为 S 的凸六边形中都可以画一条对角线，使得沿此对角线剪掉的三角形的面积不超过 $\frac{1}{6}S$.

54 求出 100 个相继整数的 8 次方之和的最后两位数.

55 给定 $\triangle ABC$ 的顶点 A 和重心 M，求三角形各角在区间 $[40^\circ, 70^\circ]$ 中变动时，点 B 的轨迹.

56 设 $ABCD$ 是使 $AB\perp CD$，$AC\perp BD$，$AD\perp BC$ 的四面体. 证明：此四面体各边的中点位于一个球面上.

57 是否可能在一个立方体的边界上选一个由 100(或 200)个点组成的集合，使得此集合在立方体的每个等距变换下是不变的. 验证你的答案.

第 9 届国际数学奥林匹克预选题及解答

1 证明数列

$$\frac{107\ 811}{3},\frac{110\ 778\ 111}{3},\frac{111\ 077\ 781\ 111}{3},\cdots$$

中所有的数都是完全立方数.

证明 用 a_n 表示所给数列的第 n 项，则

$$a_n=\frac{1}{3}\left(\frac{10^{3n+3}-10^{2n+3}}{9}+7\times\frac{10^{2n+2}-10^{n+1}}{9}+\frac{10^{n+2}-1}{9}\right)=$$

$$\frac{1}{27}(10^{3n+3}-3\times 10^{2n+2}+3\times 10^{n+1}-1)=\left(\frac{10^{n+1}-1}{3}\right)^3$$

2 证明：$\frac{1}{3}n^2+\frac{1}{2}n+\frac{1}{6}\geqslant(n!)^{\frac{2}{n}}$（$n$ 是一个正整数），且等号只可能在 $n=1$ 时成立.

证明

$$(n!)^{\frac{2}{n}}=((1\times 2\times\cdots\times n)^{\frac{1}{n}})^2\leqslant$$

$$\left(\frac{1+2+\cdots+n}{n}\right)^2=$$

$$\left(\frac{n+1}{2}\right)^2\leqslant\frac{1}{3}n^2+\frac{1}{2}n+\frac{1}{6}$$

假设存在 $n=a$ 且 $a\neq 1$，也能使原不等式等号成立，则应有

$$(a!)^{\frac{2}{a}}=\frac{1}{3}a^2+\frac{1}{2}a+\frac{1}{6}$$

从而

$$\left(\frac{a-1}{2}\right)^2=\frac{1}{3}a^2+\frac{1}{2}a+\frac{1}{6}$$

于是 $a=1$.

与假设矛盾.所以只有当 $n=1$ 时，等号成立.

3 证明三角不等式 $\cos x<1-\frac{x^2}{2}+\frac{x^4}{16}$，其中 $x\in\left(0,\frac{\pi}{2}\right)$.

证明 考虑定义在 $\left[0,\frac{\pi}{2}\right]$ 上的函数

$$f(x)=1-\frac{x^2}{2}+\frac{x^4}{16}-\cos x$$

容易算出 $f'(0)=f''(0)=f'''(0)=0$ 以及 $f^{(4)}(x)=\frac{3}{2}-\cos x$. 由于 $f^{(4)}(x)>0$,故 $f'''(x)$ 递增,联合 $f'''(0)=0$,这说明当 $x>0$ 时,$f'''(x)>0$,因此 $f''(x)$ 递增,以此类推,连续运用这种推理即可得出 $f(x)>0$.

4 假设三角形的中线 m_a 和 m_b 互相垂直,证明:

(1) 此三角形的中线对应于一个直角三角形的三条边;

(2) 不等式 $5(a^2+b^2-c^2)\geqslant 8ab$ 成立,其中 a,b,c 是所给三角形的边长.

证明 (1) 设此三角形为 $\triangle ABC$,以 $\triangle ABC$ 为基础,做平行四边形 $ABCD$. 设 K,L 分别是线段 BC 和 CD 的中点,则 $\triangle AKL$ 的边平行且等于 $\triangle ABC$ 的中线. 由此即可得出(1) 的结论.

(2) 利用公式 $4m_a^2=2b^2+2c^2-a^2$ 等易于证明 $m_a^2+m_b^2=m_c^2$ 等价于 $a^2+b^2=5c^2$,因而

$$5(a^2+b^2-c^2)=4(a^2+b^2)\geqslant 8ab$$

5 解方程组

$$\begin{cases}x^2+x-1=y\\ y^2+y-1=z\\ z^2+z-1=x\end{cases}$$

解 如果 x,y,z 之一等于 1 或 -1,那么我们得到解 $(-1,-1,-1)$ 和 $(1,1,1)$. 我们断言这就是方程组仅有的解.

设 $f(t)=t^2+t-1$. 如果 x,y,z 中有大于 1 的,比如说 $x>1$,我们就有

$$x<f(x)=y<f(y)=z<f(z)=x$$

矛盾. 由此得出 $x,y,z\leqslant 1$.

现在设如果 x,y,z 中有小于 -1 的,比如说 $x<-1$. 由于 $\min_t f(t)=-\frac{5}{4}$,我们有 $x=f(z)\in\left[-\frac{5}{4},-1\right)$. 而由于 $f\left(\left[-\frac{5}{4},-1\right)\right)=\left(-1,-\frac{11}{16}\right)\subset(-1,0)$,而 $f((-1,0))=\left[-\frac{5}{4},-1\right)$. 这就得出 $y=f(x)\in(-1,0)$,$z=f(y)\in\left[-\frac{5}{4},-1\right)$,以及 $x=f(z)\in(-1,0)$,矛盾. 因此 $-1\leqslant x,y,$

$z \leqslant 1$.

如果 $-1 < x, y, z < 1$，那么 $x > f(x) = y > f(y) = z > f(z) = x$，矛盾. 这就证明了断言.

6 解方程组

$$\begin{cases} |x+y|+|1-x|=6 \\ |x+y+1|+|1-y|=4 \end{cases}$$

解　所给的方程组有两个解：$(-2,-1)$ 和 $\left(-\frac{14}{3},\frac{13}{3}\right)$.

7 求出方程组

$$\begin{cases} x_1+x_2+\cdots+x_n=a \\ x_1^2+x_2^2+\cdots+x_n^2=a^2 \\ \vdots \\ x_1^n+x_2^n+\cdots+x_n^n=a^n \end{cases}$$

的所有实数解.

解　设 $S_k=x_1^k+x_2^k+\cdots+x_n^k$，并设 σ_k，$k=1,2,\cdots,n$ 表示 $x_1,x_2,\cdots,x_n$ 的第 k 个初等对称多项式，那么所给的方程组可写成$S_k=a^k$，$k=1,2,\cdots,n$. 利用牛顿公式

$$k\sigma_k=S_1\sigma_{k-1}-S_2\sigma_{k-2}+\cdots+(-1)^kS_{k-1}\sigma_1+(-1)^{k-1}S_k,k=1,2,\cdots,n$$

易于从方程组得出 $\sigma_1=a$ 和$\sigma_k=0$，$k=2,\cdots,n$. 由根与系数的关系可知 $x_1,x_2,\cdots,x_n$ 是多项式 x^n-ax^{n-1} 的根，即 $a,0,0,\cdots,0$ 的某个顺序.

注　这一解法不需要利用条件中的 x_j 都是实数的假设.

8 $ABCD$ 是一个平行四边形，$AB=a$，$AD=1$，$\angle DAB=\alpha$，且 $\triangle ABD$ 的三个角都是锐角. 证明：当且仅当 $a \leqslant \cos\alpha+\sqrt{3}\sin\alpha$ 时，四个分别以 A,B,C,D 为圆心，半径为 1 的圆 K_A，K_B，K_C，K_D 才能覆盖此平行四边形.

证明　当且仅当对平行四边形中的每个点 X，线段 XA，XB，XC，XD 中的某条线段的长度不超过 1 时，圆 K_A，K_B，K_C，K_D 才能覆盖平行四边形.

设 O 和 r 是 $\triangle ABD$ 外接圆的圆心和半径. 对 $\triangle ABD$ 内的每个点 X 都有 $XA\leqslant r$ 或 $XB\leqslant r$ 或 $XD\leqslant r$ 成立，类似地，对 $\triangle BCD$ 内的每个点 X 都有 $XB\leqslant r$ 或 $XC\leqslant r$ 或 $XD\leqslant r$ 成立. 因此当且

仅当 $r \leqslant 1$ 时,圆 K_A, K_B, K_C, K_D 能覆盖 $\square ABCD$. 这等价于 $\angle ABD \geqslant 30°$. 最后这个式子又等价于 $a = AB = 2r\sin\angle ADB \leqslant 2\sin(\alpha + 30°) = \sqrt{3}\sin\alpha + \cos\alpha$.

9 给定圆 k 及其直径 AB. 某三角形的一个顶点在 AB 上,另两个顶点在圆 k 上,求此三角形内接圆圆心的轨迹.

解 任何那种三角形的内心都位于圆 k 的内部. 我们将说明圆 k 内部的每个点 S 都是某个那种三角形的内心. 如果 S 位于线段 AB 上,那么它显然是内接于 k 的等腰三角形的内心,因而 AB 是一个对称轴. 现在设 S 不在 AB 上. 设 X 和 Y 分别是 AS 和 BS 与 k 的交点,Z 是从 S 向 AB 所引垂线的垂足. 由于四边形 $BZSX$ 是圆内接四边形,因此我们有 $\angle ZXS = \angle ABS = \angle SXY$,类似的有 $\angle ZYS = \angle SYX$,这蕴含着 S 是 $\triangle XYZ$ 的内心.

10 正方形 $ABCD$ 可以被分解为 n 个(互不重叠)的锐角三角形,求出使此问题有解的最小整数 n 并对这个 n 构造出至少一个解. 是否可对此问题附加一个条件使得所作的三角形中至少有一个的周长可以小于任意给定的正数?

解 设 n 是三角形的数目,b 和 i 分别是正方形边界上和内部的三角形的顶点数.

由于所有的三角形都是锐角三角形,故正方形的每个顶点至少属于两个三角形,此外每个边界上的顶点至少属于3个三角形,而每个内部的顶点至少属于5个三角形. 因此

$$3n \geqslant 8 + 3b + 5i \quad ①$$

由于任何在正方形内部的,边界处的和顶点处的三角形的角的角度之和分别等于 $2\pi, \pi, \frac{\pi}{2}$,而三角形的所有角的角度之和等于 $n\pi$,由此就得出

$$n\pi = 4 \times \frac{\pi}{2} + b\pi + 2i\pi$$

即

$$n = 2 + b + 2i$$

这个式子和式 ① 一起就得出 $i \geqslant 2$. 由于正方形内部的每个顶点至少属于5个三角形,且至多有两个三角形包含两个正方形的顶点. 这就得出 $n \geqslant 8$.

图1表明正方形可以被分解成八个锐角三角形. 显然,其中有一个三角形的周长可以任意小.

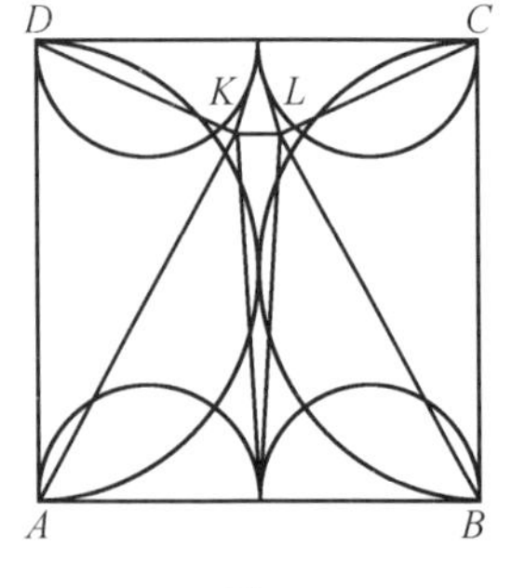

图 1

11 设 n 是一个正整数，求出边长小于或等于 n 的互不全等的三角形的最大数.

解 我们必须求出满足关系 $a \leqslant b \leqslant c \leqslant n$ 和 $a+b>c$ 的正整数 (a,b,c) 的三元组的数目 p_n. 我们用 $p_n(k)$ 表示使 $c=k$，$k=1,2,\cdots,n$ 的那种三元组的个数. 对偶数 k

$$p_n(k)=k+(k-2)+(k-4)+\cdots+2=\frac{k^2+2k}{4}$$

而对奇数 k，$p_n(k)=\frac{k^2+2k+1}{4}$. 因此

$$p_n=p_n(1)+p_n(2)+\cdots+p_n(n)=\begin{cases}\dfrac{n(n+2)(2n+5)}{24}, & 2\mid n\\ \dfrac{(n+1)(n+3)(2n+1)}{24}, & 2\nmid n\end{cases}$$

12 给了一个长度为1的线段 AB，用以下方式定义一个集合 M，M 包含 A，B 两点和所有按下述法则递推而得的点：对集合 M 中的任意一对点 X，Y，M 也包含线段 XY 上使 $YZ=3XZ$ 的点.

(1) 证明：集合 M 由线段 AB 上所有那种点 X 组成，X 到 A 的距离是

$$AX=\frac{3k}{4^n} \text{ 或 } AX=\frac{3k-2}{4^n}$$

其中 n，k 是非负整数；

(2) 证明：使 $AX_0=\frac{1}{2}X_0B$ 的点 X_0 不属于集合 M.

证明 用 M_n 表示线段 AB 上从 A 和 B 通过不多于 n 次的迭代所得的点集. 可以用归纳法证明

$$M_n=\left\{X\in AB \mid AX=\frac{3k}{4^n} \text{ 或 } \frac{3k-2}{4^n}, k\in \mathbf{N}\right\}$$

因而立即可以从 $M=\bigcup M_n$ 得出(1). 从上式也可得出如果 $a,b\in \mathbf{N}$ 并且 $\frac{a}{b}\in M$，则 $3\mid a(b-a)$，因而得出(2)，即 $\frac{1}{2}\notin M$.

13 是否在所有内部有一个内接的半径为 r 的半圆的四边形中存在面积最大者，如果有，确定其形状和面积。

解 最大面积为 $\frac{3\sqrt{3}r^2}{4}$(其中 r 是半圆的半径). 实现这一情

况的四边形是一个梯形，其两个顶点是半圆的直径的端点，另两个顶点把半圆分成三段相等的弧.

14 在所有形如$\frac{p}{q}$的分数中，哪个分数最接近$\sqrt{2}$？其中 p，q 都是小于 100 的正整数. 求出这个分数化为小数后小数点后所有与$\sqrt{2}$的小数表示中重合的数字（不得使用任何数表，计算机，计算器）.

解法 1 由于 $|p^2-2q^2|>1$ 我们有

$$\left|\frac{p}{q}-\sqrt{2}\right|=\frac{|p-q\sqrt{2}|}{q}=\frac{|p^2-2q^2|}{q(p+q\sqrt{2})}\geqslant\frac{1}{q(p+q\sqrt{2})} \quad ①$$

使得 $p,q\leqslant 100$ 的方程 $|p^2-2q^2|=1$ 的最大解是 $(p,q)=(99,70)$. 利用式 ① 容易验证当 $p,q\leqslant 100$ 时，$\frac{99}{70}$ 是 $\frac{p}{q}$ 中最接近$\sqrt{2}$的分数.

解法 2 利用法雷分数的基本性质我们可以求出 $\frac{41}{29}<\frac{p}{q}<\frac{99}{70}$ 蕴含 $p\geqslant 41+99>100$. 由于 $99\times 29-41\times 70=1$，因此后者更接近$\sqrt{2}$.

15 设 $\tan\alpha=\frac{p}{q}$，其中 p，q 都是整数且 $q\neq 0$. 证明：当且仅当 p^2+q^2 是一个整数的平方时，满足 $\tan 2\beta=\tan 3\alpha$ 的 β 才能使 $\tan\beta$ 是一个有理数.

证明 给定 $\tan\alpha\in\mathbf{Q}$，我们有当且仅当 $\tan\gamma\in\mathbf{Q}$ 时，$\tan\beta$ 是有理数，其中 $\gamma=\beta-\alpha$ 且 $2\gamma=\alpha$. 设 $t=\tan\gamma$，我们得出 $\frac{p}{q}=\tan 2\gamma=\frac{2t}{1-t^2}$，这引出二次方程 $pt^2+2qt-p=0$，当且仅当 $4(p^2+q^2)$ 是完全平方数时，此方程有有理数解，这就证明了所要的结果.

16 证明以下命题：如果 r_1 和 r_2 是相除时商是无理数的实数，那么任意实数 x 可以被形如 $z_{k_1,k_2}=k_1r_1+k_2r_2$ 的数逼近到任意程度，其中 k_1，k_2 是整数，这就是说，对任意实数 x 和任意正实数 p 都可以求出两个整数 k_1，k_2，使得 $|x-(k_1r_1+k_2r_2)|<p$.

证明 首先我们注意由于$\frac{r_1}{r_2}$是无理数,故所有的数$z_{m_1,m_2}=m_1r_1+m_2r_2,m_1,m_2\in\mathbf{Z}$都是不同的.那样,对任意$n\in\mathbf{N}$,区间$[-n(|r_1|+|r_2|),n(|r_1|+|r_2|)]$包含$(2n+1)^2$个数$z_{m_1,m_2}$,其中$|m_1|,|m_2|\leqslant n$.因此这$(2n+1)^2$个数中的某两个数,比如说$z_{m_1,m_2},z_{n_1,n_2}$的差的绝对值至多为$\frac{2n(|r_1|+|r_2|)}{(2n+1)^2-1}=\frac{|r_1|+|r_2|}{2(n+1)}$.取$n$足够大,可使

$$z_{q_1,q_2}=|z_{m_1,m_2}-z_{n_1,n_2}|\leqslant p$$

现在,如果k是使得$kz_{q_1,q_2}\leqslant x\leqslant(k+1)z_{q_1,q_2}$的整数,那么$kz_{q_1,q_2}$和$x$的偏差至多是$p$,这就是所需要证明的.

17 设k,m和n都是正整数,它们使$m+k+1$是一个大于$n+1$的素数.用c_s表示$s(s+1)$.证明:乘积$(c_{m+1}-c_k)(c_{m+2}-c_k)\cdots(c_{m+n}-c_k)$可被乘积$c_1c_2\cdots c_n$整除.

证明 利用$c_r-c_s=(r-s)(r+s+1)$我们易于得出

$$\frac{(c_{m+1}-c_k)\cdots(c_{m+n}-c_k)}{c_1c_2\cdots c_n}=$$
$$\frac{(m-k+n)!}{(m-k)!\ n!}\cdot\frac{(m+k+n+1)!}{(m+k+1)!\ (n+1)!}$$

第一个因子$\frac{(m-k+n)!}{(m-k)!\ n!}=\binom{m-k+n}{n}$显然是一个整数.由假设可知,$m+k+1$和$(m+k)!\ (n+1)!$互素,而$(m+k+n+1)!$可被这两个数整除,因此也可被它们之积整除,因此第二个因子也是整数.这就证明了结论.

18 如果x是一个正有理数.

(1)证明:x可唯一地表示成

$$x=a_1+\frac{a_2}{2}+\frac{a_3}{3}+\cdots$$

的形式,其中$a_1,a_2,\cdots$都是当$n>1$时使得$0\leqslant a_n\leqslant n-1$的非负整数,且此级数的和是有限的.

(2)证明:x可以表示成不同整数的倒数之和,其中每个整数都大于10^6.

证明 (1)只需证明每个形如$\frac{m}{n!},m,n\in\mathbf{N}$的有理数都可唯一地写成所需的形式即可.我们对$n$应用数学归纳法以证明这一论断.

对 $n=1$,命题是显然的. 现在假设命题对 $n-1$ 成立,并设给了有理数$\frac{m}{n!}$. 我们取 $a_n \in \{0,\cdots,n-1\}$ 使得对某个 $m_1 \in \mathbf{N}$,$m-a_n=nm_1$. 由归纳法假设,有唯一的 $a_1 \in \mathbf{N}$,$a_i \in \{0,\cdots,i-1\}$,$\{i=1,\cdots,n-1\}$ 使得$\frac{m_1}{(n-1)!}=\sum_{i=1}^{n-1}\frac{a_i}{i!}$,因此

$$\frac{m}{n!}=\frac{m_1}{(n-1)!}+\frac{a_n}{n!}=\sum_{i=1}^{n}\frac{a_i}{i!}$$

如果$\frac{m}{n!}=\sum_{i=1}^{n}\frac{a_i}{i!}$,用 $n!$ 去乘,我们看出 $m-a_n$ 必须是 n 的倍数,因此 a_n 的选法是唯一的,因而表达式本身也是唯一的. 这就完成了归纳法的证明.

特别,由于 $a_i \mid i!$ 以及$\frac{i!}{a_i}>(i-1)! \geqslant \frac{(i-1)!}{a_{i-1}}$,我们就得出,每个有理数 q,$0<q<1$ 都可写成不同的整数的倒数之和的形式.

(2) 设 $x>0$ 是一个有理数. 对任意整数 $m>10^6$,设 $n>m$ 是使 $y=x-\frac{1}{m}-\frac{1}{m+1}-\cdots-\frac{1}{n}$ 的最大整数,那么 y 可以写成不同的正整数的倒数之和的形式. 这些整数必大于 n,由此立即可以得出结论.

19 n 个点 $P_1,P_2,\cdots,P_n$ 位于半径为 1 的圆内或圆周上,使得这些点中任意两点距离的最小值 d_n 是一个尽可能大的正数 D_n. 对 $n=2$ 至 7 计算 D_n,并验证你的结论.

解 假设 $n \leqslant 6$. 我们用半径把圆盘分解成 n 个全等的区域,因此 P_j 之一将位于这些区域中的某两个的边界上. 那么这些区域之一将包含 n 个给定点中的两个点. 由于这些区域的直径是 $2\sin\frac{\pi}{n}$,因此我们有 $d_n \leqslant 2\sin\frac{\pi}{n}$. 当 P_i 是圆的内接正 n 边形的顶点时,这个值可以达到. 因此 $D_n \leqslant 2\sin\frac{\pi}{n}$.

对 $n=7$,我们有 $D_7 \leqslant D_6=1$,当其中 6 个点是圆内接正六边形的顶点,而第 7 个点位于圆心时,这个值可以达到. 因此 $D_7=1$.

20 在空间中给出了 $n(n\geqslant 3)$ 个点，其中每一对点确定了某个距离. 假设所有的距离都不同. 把每个点都与距离它最近的点联结起来. 证明用此方法不可能得出一个多边形.

解 命题的叙述是错误的. 在多边形是封闭的附加假设下，命题将显然成立. 然而，从所提供的不确切的解答看来，问题提出者并未意识到这点.

21 不使用任何数表，求出以下乘积的精确值

$$P=\cos\frac{\pi}{15}\cos\frac{2\pi}{15}\cos\frac{3\pi}{15}\cos\frac{4\pi}{15}\cos\frac{5\pi}{15}\cos\frac{6\pi}{15}\cos\frac{7\pi}{15}$$

解 用简单的数学归纳法可证公式

$$\cos x\cos 2x\cos 4x\cdots\cos 2^{n-1}x=\frac{\sin 2^n x}{2^n\sin x}$$

利用此公式得出

$$\cos\frac{\pi}{15}\cos\frac{2\pi}{15}\cos\frac{4\pi}{15}\cos\frac{7\pi}{15}=-\cos\frac{\pi}{15}\cos\frac{2\pi}{15}\cos\frac{4\pi}{15}\cos\frac{8\pi}{15}=\frac{1}{16}$$

$$\cos\frac{3\pi}{15}\cos\frac{6\pi}{15}=\frac{1}{4},\cos\frac{5\pi}{15}=\frac{1}{2}$$

将以上各式相乘即得所求的乘积 $P=\frac{1}{128}$.

22 两个半径为 r 的圆 k_1 和 k_2 的圆心之间的距离为 r. 两个点 A 和 B 在圆 k_1 上处于关于圆心对称的位置. 点 P 是圆 k_2 上任意一点. 求不等式

$$PA^2+PB^2\geqslant 2r^2$$

等号何时成立?

解 设 O_1 和 O_2 是圆 k_1 和 k_2 的圆心，C 是 AB 的中点. 利用熟知的三角形中各元素之间的关系得出

$$PA^2+PB^2=2PC^2+2CA^2\geqslant 2O_1C^2+2CA^2=2O_1A^2=2r^2$$

等号在点 P 与 O_1 重合或点 A 和 B 都与 O_2 重合时成立.

23 对平面上任意两个向量 $\boldsymbol{f}$ 和 $\boldsymbol{g}$，证明：当且仅当 $a\geqslant 0$，$c\geqslant 0,4ac\geqslant b^2$ 时，不等式

$$a\boldsymbol{f}^2+b\boldsymbol{f}\cdot\boldsymbol{g}+c\boldsymbol{g}^2\geqslant 0$$

成立.

证明 设 $a\geqslant 0,c\geqslant 0,4ac\geqslant b^2$. 如果 $a=0$，那么 $b=0$，而不

等式归结为显然的 $c\boldsymbol{g}^2 \geqslant 0$. 如果 $a > 0$,那么

$$a\boldsymbol{f}^2 + b\boldsymbol{f}\cdot\boldsymbol{g} + c\boldsymbol{g}^2 = a\left(\boldsymbol{f} + \frac{b}{2a}\boldsymbol{g}\right)^2 + \frac{4ac - b^2}{4a}\boldsymbol{g}^2 \geqslant 0$$

现在设对任意向量 $\boldsymbol{f},\boldsymbol{g}$ 成立 $a\boldsymbol{f}^2 + b\boldsymbol{f}\cdot\boldsymbol{g} + c\boldsymbol{g}^2 \geqslant 0$. 用 $t\boldsymbol{g}(t \in \mathbf{R})$ 代替 $\boldsymbol{f}$ 我们得出对任意实数 t 成立 $(at^2 + bt + c)\boldsymbol{g}^2 \geqslant 0$,因此 $a \geqslant 0, c \geqslant 0, 4ac \geqslant b^2$.

24 父亲留给他的孩子们一些金币. 根据他的遗嘱,最大的孩子得到一个金币以及余下金币的七分之一,第二个孩子得到两个金币以及余下金币的七分之一,第三个孩子得到三个金币以及余下金币的七分之一,以此类推,直到最小的孩子. 如果每个孩子都继承了整数个金币,求出孩子的数目和金币的数目.

在竞赛时,本题的叙述改为如下形式:

某次运动会相继开了 $n(n > 1)$ 天,共发出奖牌 m 枚. 第一天发出奖牌一枚又余下 $m-1$ 枚的 $\frac{1}{7}$,第二天发出两枚又余下的 $\frac{1}{7}$,依此类推,最后在第 n 天发出 n 枚而没有剩下奖牌. 问这次运动会共开了几天? 共发了几枚奖牌?

解 设第 k 个孩子得到 x_k 个金币,根据问题的条件可知,在他得到金币后,还剩余 $6(x_k - k)$ 个金币,这就给出递推关系

$$x_{k+1} = k + 1 + \frac{6(x_k - k) - k - 1}{7} = \frac{6}{7}x_k + \frac{6}{7}$$

上式与 $x_1 = 1 + \frac{m-1}{7}$ 一起就得出

$$x_k = \frac{6^{k-1}}{7^k}(m - 36) + 6, 1 \leqslant k \leqslant n$$

由于我们已知 $x_n = n$,于是就得出 $6^{n-1}(m-36) = 7^n(n-6)$,由此可知 $6^{n-1} \mid (n-6)$,这只可能对 $n=6$ 成立,因此 $n=6, m=36$.

25 三个直径为 d 的圆都与它们中心的一个球相切,此外,每个圆与其他两个圆相切. 如何选择中心处球的半径 R 才能使整个图形的对称轴和联结球心与圆上距离此轴最远的点之间的连线构成一个60°的角(整个图形的对称轴具有把图形旋转 120° 后和最初的图形重合的性质. 三个圆都位于通过球心和垂直于图形对称轴的平面的一侧).

解 答案是 $R = \frac{(4+\sqrt{3})d}{6}$.

26 设 $ABCD$ 是一个正四面体. 对一条棱,例如棱 CD 上的任意一点 M,定义一个点 $P = P(M)$ 与它对应,点 P 是从点 A 所引的垂直于 BM 的直线和从点 B 所引的垂直于 AM 的直线的交点. 当点 M 变动时,点 P 的轨迹是什么?

解 设 L 是棱 AB 的中点，由于点 P 在 $\triangle ABM$ 上且 ML 是这个三角形的高，因此 P 在 ML 上，因而属于不规则区域 LCD. 此外，由于 $\triangle ALP$ 和 $\triangle MLB$ 相似，因此我们有 $LP \cdot LM = LA \cdot LB = \frac{a^2}{4}$，其中 a 是正四面体 $ABCD$ 的边长. 这就易于得出点 P 的轨迹是在平面 LCD 上线段 CD 在关于圆心为 L，半径为 $\frac{a}{2}$ 的圆的反演下的像. 而这个像是中心在 L 而端点在 $\triangle ABC$ 和 $\triangle ABD$ 的垂心处的圆弧.

27 用一个平面去截一个立方体，可以得到(以及如何得到)什么样的正多边形？

解 如图 2 所示，用一个平面去截一个立方体可以得到边数为 3，4 和 6 的正多边形. 由于一个立方体只有 6 个面，因此用这种方法不可能得到边数多于 6 的多边形. 同时，如果用一个平面去截一个立方体得到的是一个五边形，那么它的位于相对面上的边是平行的，因此不可能是正五边形.

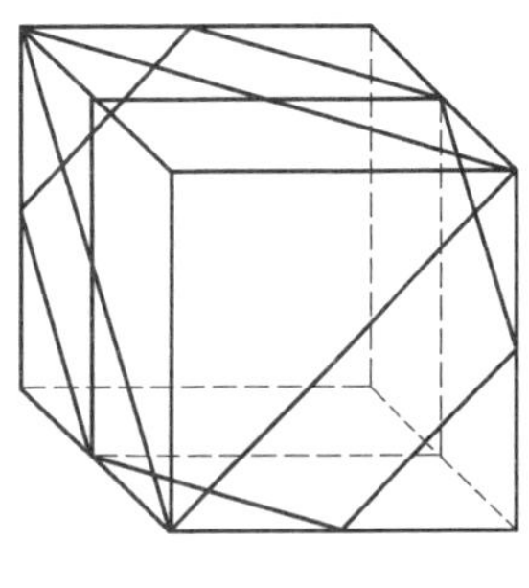

图 2

28 求出使表达式

$$y=\frac{\tan(x-u)+\tan x+\tan(x+u)}{\tan(x-u)\tan x\tan(x+u)}$$

不依赖于 x 的参数 u.

解 所给的表达式可以变换为

$$y=\frac{4\cos 2u+2}{\cos 2u-\cos 2x}-3$$

它当且仅当 $\cos 2u=-\frac{1}{2}$，即对某个 $k \in \mathbf{Z}$，$u=\pm\frac{\pi}{3}+k\pi$ 时不依赖于 x.

29 $\triangle A_0B_0C_0$ 和 $\triangle A'B'C'$ 都是锐角三角形. 描述如何作一个相似于 $\triangle A'B'C'$ 并外接于 $\triangle A_0B_0C_0$ 的 $\triangle ABC$(点 A，B，C 对应于点 A'，B'，C'，并且边 AB 通过点 C_0，BC 通过点 A_0，而边 CA 通过点 B_0). 描述并证明如何使得 $\triangle ABC$ 的面积最大.

解 设弧 l_a 是在 B_0C_0 的与 A_0 相反的一侧使得 $\angle B_0AC_0=\angle A'$ 的点 A 的轨迹. k_a 是包含 l_a 的圆，S_a 是 k_a 的圆心. 类似的，定义 l_b，l_c，k_b，k_c，S_b，S_c. 容易证明圆 k_a，k_b，k_c 在 $\triangle ABC$ 内有公共点 S(设 k_a 与 k_b 交于 S(由于这两个圆都过点 B_0，且圆心分别在 B_0C_0 和 A_0B_0 的外侧，因此它们在 $\triangle A_0B_0C_0$ 内必有交点)，由于 S，B_0，

C_0,A_1 四点共圆,S,A_0,B_0,C_1 四点共圆,所以 $\angle B_0SC_0=180^\circ-\angle A'$,$\angle B_0SA_0=180^\circ-\angle C'$,因此

$$\angle A_0SC_0=360^\circ-(180^\circ-\angle A')-(180^\circ-\angle C')=\angle A'+\angle C'=180^\circ-\angle B'$$

这说明 S,A_0,C_0,B_1 四点共圆,即点 S 在圆 k_c 上,这就证明了 S 是圆 k_a,k_b,k_c 的公共点). 再设 A_1,B_1,C_1 分别是 S 在弧 l_a,l_b,l_c 上关于 S_a,S_b,S_c 的对应点. 那么由于 $\angle B_1A_0S=\angle C_1A_0S=90^\circ$,故 $A_0\in B_1C_1$,类似的,$B_0\in A_1C_1$,$C_0\in A_1B_1$. 因此 $\triangle A_1B_1C_1$ 是 $\triangle A_0B_0C_0$ 外接三角形并且相似于 $\triangle A'B'C'$.

此外,我们断言 $\triangle A_1B_1C_1$ 就是使得边 BC 最大的三角形,因此面积最大的是 $\triangle ABC$. 实际上如果 $\triangle ABC$ 是具有此性质的任何其他三角形,而 S'_b,S'_c 是 S_b,S_c 在 BC 上的投影,则有

$$BC=2S'_bS'_c\leqslant 2S_bS_c=B_1C_1$$

这证明了 B_1C_1 的最大性.

30 给出 $m+n$ 个数 $a_i(i=1,2,\cdots,m)$,$b_j(j=1,2,\cdots,n)$,确定使 $|i-j|\geqslant k$ 的数对 (a_i,b_j) 的对数,其中 k 是一个非负整数.

解 不失一般性,可设 $m\leqslant n$. 设 r 和 s 分别是使 $i-j\geqslant k$ 和 $j-i\geqslant k$ 的数对的数目,那么所求的数就是 $r+s$. 我们易求出

$$r=\begin{cases}\dfrac{(m-k)(m-k+1)}{2}, & k<m\\ 0, & k\geqslant m\end{cases}$$

$$s=\begin{cases}\dfrac{m(2n-2k-m+1)}{2}, & k<n-m\\ \dfrac{(n-k)(n-k+1)}{2}, & n-m\leqslant k<n\\ 0, & k\geqslant n\end{cases}$$

31 一个盒子里装有 k 个颜色不同的球. 设有 n_i 个球具有第 i 种颜色. 从盒子里每次拿一个,随机地往外取球. 取出的球不再放回. 问为了抽到 m 个相同颜色的球,最少需要取多少次?

解 假设 $n_1\leqslant n_2\leqslant\cdots\leqslant n_k$. 如果 $n_k<m$,那么问题无解. 在相反的情况下,解为 $1+(m-1)(k-s+1)+\sum\limits_{i<s}n_i$,其中 s 是使 $m\leqslant n_i$ 的最小的 i.

32 确定用一个顶点在球心的三个二面角分别为α,β,γ的三面角去截一个半径为 R 的球所得的立体的体积.

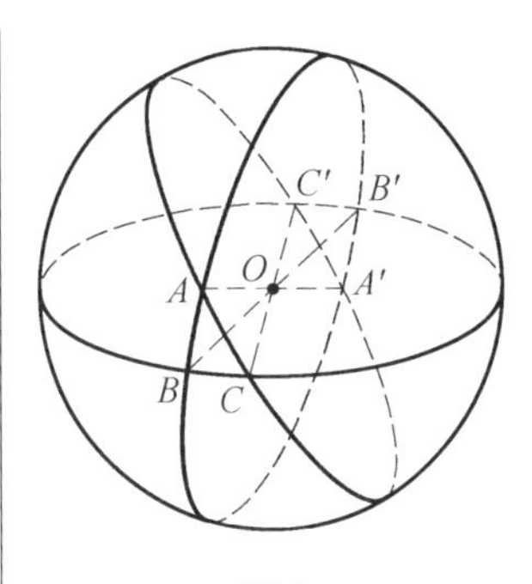

图 3

解 如图 3,用 V 表示所说的立体的体积,并用 V_a,V_b,V_c 表示所给的球在所给的二面角内的体积. 那么 $V_a=\frac{2R^3\alpha}{3}$,$V_b=\frac{2R^3\beta}{3}$,$V_c=\frac{2R^3\gamma}{3}$,容易看出 $2(V_a+V_b+V_c)=4V+\frac{4\pi R^3}{3}$,由此得出

$$V=\frac{1}{3}R^3(\alpha+\beta+\gamma-\pi)$$

33 在什么情况下,方程组

$$\begin{cases}x+y+mz=a\\x+my+z=b\\mx+y+z=c\end{cases}$$

有解? 求出上述方程组有唯一的构成一个等差数列的解的条件.

解 如果 $m\notin\{-2,1\}$,方程组有唯一的解

$$x=\frac{b+a-(1+m)c}{(2+m)(1-m)},y=\frac{a+c-(1+m)b}{(2+m)(1-m)},z=\frac{b+c-(1+m)a}{(2+m)(1-m)}$$

当且仅当 a,b,c 构成等差数列时,数 x,y,z 也构成等差数列.

对 $m=1$,方程组当且仅当 $a=b=c$ 时有解,而对 $m=-2$,方程组当且仅当 $a+b+c=0$ 时有解,在这两种情况下,方程组都有无限多组解.

34 凸多面体的表面由六个正方形和八个等边三角形组成. 它的每条棱是一个三角形和一个正方形的公共边. 所有的由三角形和正方形构成的二面角都相等. 证明这个多面体可以有一个外接球并计算多面体的体积和外接球的体积的比的平方.

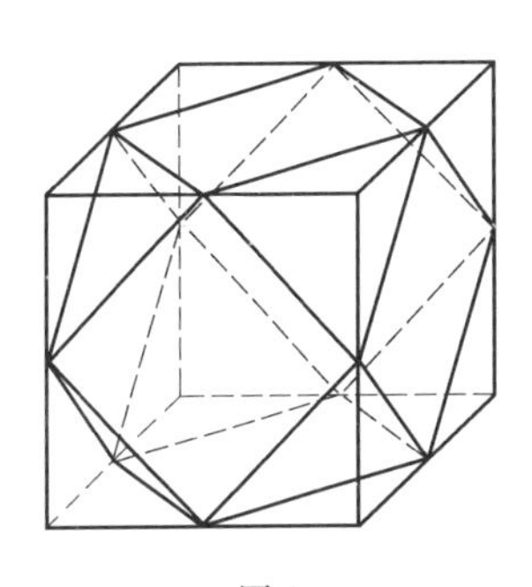
图 4

证明 多面体的每个顶点恰是两个正方形和两个三角形的顶点(不可能多于两个,否则在此顶点处的角度之和将超过360°). 利用三面角都相等的条件易看出该多面体由它的边长唯一确定.

如图 4 所示,把立方体的顶点"砍掉"后所得的多面体满足所给的条件.

现在,易于算出多面体的体积和其外接球体积的比的平方等

于$\frac{25}{8\pi^2}$.

35 证明恒等式

$$\sum_{k=0}^{n}\binom{n}{k}\left(\tan\frac{x}{2}\right)^{2k}\left[1+2^k\frac{1}{\left(1-\tan^2\left(\frac{x}{2}\right)\right)^k}\right]=\sec^{2n}\frac{x}{2}+\sec^n x$$

证明 原等式左边的和式可以重新写成

$$\sum_{k=0}^{n}\binom{n}{k}\left(\tan^2\frac{x}{2}\right)^k+\sum_{k=0}^{n}\binom{n}{k}\left[\frac{2\tan^2\frac{x}{2}}{1-\tan^2\frac{x}{2}}\right]^k$$

由于$\frac{2\tan^2\frac{x}{2}}{1-\tan^2\frac{x}{2}}=\frac{1-\cos x}{\cos x}$,因此上面的和式可以利用二项展开公式化成

$$\left(1+\tan^2\frac{x}{2}\right)^n+\left(1+\frac{1-\cos x}{\cos x}\right)=\sec^{2n}\frac{x}{2}+\sec^n x$$

36 证明:当且仅当 $AB=CD$,$AC=BD$ 和 $AD=BC$ 时,四面体 $ABCD$ 的外接球心和内切球心重合.

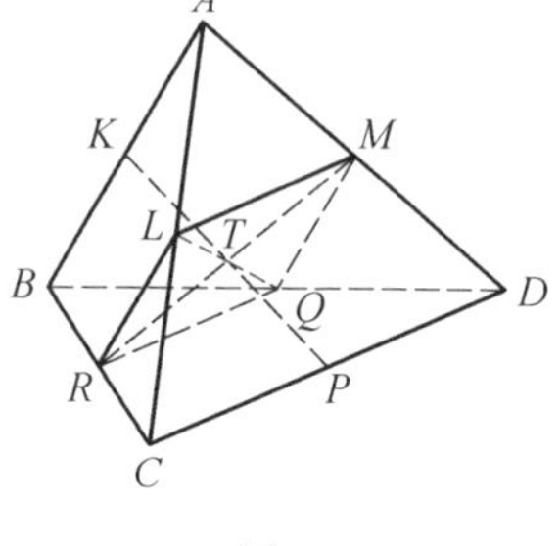

图 5

证明 如图 5,设四面体 $ABCD$ 的斜棱都相等. 设 K,L,M,P,Q,R 分别是棱 AB,AC,AD,CD,DB,BC 的中点. 线段 KP,LQ,MR 有公共点 T. 我们断言 KP,LQ,MR 都是四面体 $ABCD$ 的对称轴. 从 $LM\ /\!/\ CD\ /\!/\ RQ$,$LR\ /\!/\ MQ$ 以及 $LM=\frac{1}{2}CD=\frac{1}{2}AB=LR$,得出 $LMRQ$ 是一个菱形,因而 $LQ\perp MR$. 类似可证 KP 垂直于 LQ 和 MR,因而 KP 垂直于平面 $LMQR$. 由于 AB 和 CD 都平行于平面 $LMQR$,因此它们都垂直于 KP. 因此点 A,C 和 B,D 分别对称于直线 KP,这说明 KP 是四面体 $ABCD$ 的对称轴. 类似可证,LQ 和 MR 也是四面体 $ABCD$ 的对称轴.

由于四面体 $ABCD$ 的外接球心和内切球心都必须位于对称轴上,因此这两个球心都与点 T 重合.

反过来,设四面体 $ABCD$ 的外接球心和内切球心重合于某个点 T,那么 T 在面 ABC 和 ABD 上的正投影分别是这两个三角形的外接圆心 O_1 和 O_2,此外由于 $TO_1=TO_2$,因此由勾股定理可知 $AO_1=AO_2$,由正弦定理即得 $\angle ACB=\angle ADB$. 现在易于得出四面体的一个顶点处角度之和等于$180°$. 设 D',D'' 和 D''' 是平面

ABC 上在 $\triangle ABC$ 外使得 $\triangle D'BC \cong \triangle DBC$，$\triangle D''CA \cong \triangle DCA$，$\triangle D'''AB \cong \triangle DAB$ 的点，那么 $\angle D''AD'''$ 是平角，因此 A,B,C 分别是线段 $D''D'''$，$D'''D'$，$D'D''$ 的中点. 因此 $AD=\frac{D''D'''}{2}=BC$，类似的，$AB=CD$，$AC=BD$.

37 证明：对任意正数，以下不等式成立

$$\frac{1}{a}+\frac{1}{b}+\frac{1}{c}\leqslant\frac{a^8+b^8+c^8}{a^3b^3c^3}$$

证明 利用算数－几何平均不等式得（不是对右边的三项直接用，而是先将右边拆成几个单项后再用）

$$8a^2b^3c^3\leqslant 2a^8+3b^8+3c^8$$
$$8a^3b^2c^3\leqslant 3a^8+2b^8+3c^8$$
$$8a^3b^3c^2\leqslant 3a^8+3b^8+2c^8$$

把以上不等式相加，并两边除以 $a^3b^3c^3$ 即得所要证明的不等式.

38 是否存在整数，其立方等于 $3n^2+3n+7$？其中 n 是一个整数.

解 假设存在整数 n 和 m 使得 $m^3=3n^2+3n+7$. 那么由 $m^3\equiv 1 \pmod 3$ 得出对某个 $k\in\mathbf{Z}$，$m=3k+1$. 把此式代入原来的等式，得 $3k(3k^2+3k+1)=n^2+n+2$. 容易验证 n^2+n+2 不可能被 3 整除. 矛盾. 所以所给的方程不可能有整数解，即不存在这样的整数.

39 证明：如果 $\triangle ABC$ 的三个内角 A,B,C 满足等式

$$\frac{\sin^2A+\sin^2B+\sin^2C}{\cos^2A+\cos^2B+\cos^2C}=2$$

则它必是一个直角三角形.

证明 由于 $\sin^2A+\sin^2B+\sin^2C+\cos^2A+\cos^2B+\cos^2C=3$，因此所给的等式等价于 $\cos^2A+\cos^2B+\cos^2C=1$，此式乘以 2 后可以变换为

$$\begin{aligned}0=&\cos 2A+\cos 2B+2\cos^2C=\\&2\cos(A+B)\cos(A-B)+2\cos^2C=\\&2\cos C(\cos(A-B)-\cos C)\end{aligned}$$

由此得出或者 $\cos C=0$ 或者 $\cos(A-B)=\cos C$ 在这两种情况下，该三角形都是直角三角形.

40 四面体恰有一条棱的长度大于1,证明其体积必小于或等于$\frac{1}{8}$.

证明 假设CD是四面体$ABCD$中最长的棱,$AB=a$,CK和DL分别是$\triangle ABC$和$\triangle ABD$的高,DM是四面体$ABCD$的高.由于CK是直角三角形的直角边,这个直角三角形($\triangle AKC$或$\triangle BKC$)的另一条直角边不小于$\frac{a}{2}$,而其斜边不大于1,故$CK^2\leqslant 1-\frac{a^2}{4}$.类似地,我们可以证明$DL^2\leqslant 1-\frac{a^2}{4}$.由于$DM\leqslant DL$,因此$DM^2\leqslant 1-\frac{a^2}{4}$.这就得出

$$V=\frac{1}{3}\left(\frac{a}{2}CK\right)DM\leqslant\frac{1}{6}a\left(1-\frac{a^2}{4}\right)=\frac{1}{24}a(2-a)(2+a)=$$
$$\frac{1}{24}[1-(a-1)^2](2+a)\leqslant\frac{1}{24}\times 1\times 3=\frac{1}{8}$$

41 通过锐角$\triangle ABC$的垂心H任意画一条直线l.证明:l关于边BC,CA,AB的对称像l_a,l_b,l_c必交于一点,且这个点位于$\triangle ABC$的外接圆上.

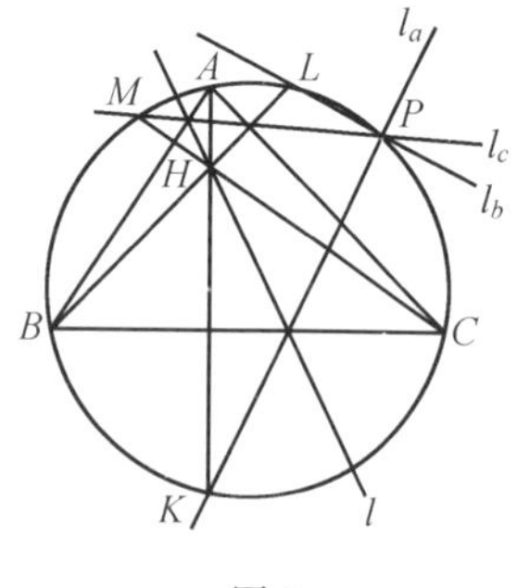

图 6

证明 如图6,众所周知点H关于BC,CA,AB的对称点K,L,M位于$\triangle ABC$的外接圆k上.对点K,这可以从对$\triangle HBC$的角度的初等计算以及$\angle KBC=\angle HBC=\angle KAC$得出.对其他两点,证明是类似的.由于直线$l_a$,$l_b$分别通过点$K$和$L$,且$l_b$是由$l_a$围绕点$C$旋转角度$2\gamma=\angle LCK$而得,由此得出点$P$和$l_a$与$l_b$的交点均在$\triangle KLC$的外接圆上,即$k$上.类似的,$l_b$和$l_c$也相交于$k$上一点.因此,它们都必须通过一个相同的点$P$.

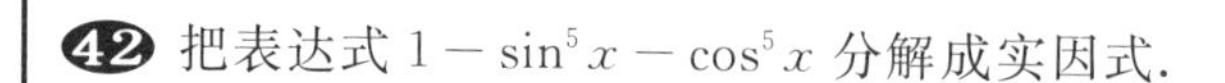
42 把表达式$1-\sin^5 x-\cos^5 x$分解成实因式.

解 设原表达式$1-\sin^5 x-\cos^5 x=E$,则

$$E=(1-\sin x)(1-\cos x)[3+2(\sin x+\cos x)+$$
$$2\sin x\cos x+\sin x\cos x(\sin x+\cos x)]$$

43 给定方程

$$x^5+5\lambda x^4-x^3+(\lambda\alpha-4)x^2-(8\lambda+3)x+\lambda\alpha-2=0$$

(1) 确定α使得所给的方程恰有一个不依赖于λ的根;

(2) 确定α使得所给的方程恰有两个不依赖于λ的根.

解　我们可以把所给的方程写成

$$x^5 - x^3 - 4x^2 - 3x - 2 + \lambda(5x^4 + \alpha x^2 - 8x + \alpha) = 0$$

这个方程有一个不依赖于 λ 的根的充要条件是这个根是方程

$$x^5 - x^3 - 4x^2 - 3x - 2 = 0 \text{ 和 } 5x^4 + \alpha x^2 - 8x + \alpha = 0$$

的公共根.

上面第一个方程等价于 $(x-2)(x^2+x+1)^2=0$，他有三个根 $x_1=2, x_2=x_3=\dfrac{-1\pm \mathrm{i}\sqrt{3}}{2}$.

(1) 对 $\alpha = -\dfrac{64}{5}$，$x_1=2$ 是唯一不依赖于 λ 的根；

(2) 对 $\alpha=-3$，有两个不依赖于 λ 的根：$x_1=\omega$ 和 $x_2=\omega^2$.

44 设 p 和 q 是两个不同的正整数，而 x 是一个实数. 构成乘积 $(x+p)(x+q)$.

(1) 求和 $S(x,n)=\sum(x+p)(x+q)$，其中 p 和 q 从 1 到 n 取值；

(2) 是否存在整数值 x，使 $S(x,n)=0$?

解　(1) $S(x,n)=n(n-1)\left[x^2+(n+1)x+\dfrac{(n+1)(3n+2)}{12}\right]$；

(2) 易看出方程 $S(x,n)=0$ 有两个根，$x_1=x_2=\dfrac{-(n+1)\pm\sqrt{\dfrac{n+1}{3}}}{2}$，当且仅当对某个 $k\in\mathbf{N}$，$n=3k^2-1$ 时，这两个根才是整数.

45 (1) 解方程

$$\sin^3 x+\sin^3\left(\frac{2\pi}{3}+x\right)+\sin^3\left(\frac{4\pi}{3}+x\right)+\frac{3}{4}\cos 2x=0$$

(2) 设解以三角圆的弧 AB 的形式给出(其中 A 是三角圆的弧的起点) 而 P 是一个内接于三角圆的一个顶点 A 处的正多边形.

① 求出以在正十二边形顶点处为端点 B 的弧的子集.

② 证明：端点 B 不可能在 P 的顶点处，如果 $2,3\nmid n$ 或 n 是一个素数.

解　(1) 利用公式 $4\sin^3 x=3\sin x-\sin 3x$ 易于把所给的方程化为 $\sin 3x=\cos 2x$，它的解由 $x=\dfrac{(4k+1)\pi}{10}$，$k\in\mathbf{Z}$ 给出.

(2)① 对应于解 $x=\frac{(4k+1)\pi}{10}$ 的点 B 是一个正十二边形的顶点的充分必要条件是 $\frac{(4k+1)\pi}{10}=\frac{2m\pi}{12}$，即对某个 $m\in\mathbf{Z}$，$3(4k+1)=5m$，这只有当 $5\mid 4k+1$ 即 $k\equiv 1\pmod 5$ 时才可能.

② 类似于 ①，如果对应于解 $x=\frac{(4k+1)\pi}{10}$ 的点 B 是一个多边形 P 的顶点. 那么对某个 $m\in\mathbf{Z}$，$(4k+1)n=20m$，这蕴含 $4\mid n$.

46 如果 x,y,z 是满足关系

$$x+y+z=1 \text{ 和 } \arctan x+\arctan y+\arctan z=\frac{\pi}{4}$$

的实数. 证明：对所有的正整数 n

$$x^{2n+1}+y^{2n+1}+z^{2n+1}=1$$

证明 设 $\arctan x=a$，$\arctan y=b$，$\arctan z=c$，那么 $\tan(a+b)=\frac{x+y}{1-xy}$，而

$$\tan(a+b+c)=\frac{x+y+z-xyz}{1-yz-zx-xy}=1$$

这蕴含

$$(x-1)(y-1)(z-1)=$$
$$xyz-xy-yz-zx+x+y+z-1=0$$

由此得出 x,y,z 之一等于 1，比如说 $z=1$，因此 $x+y=0$，所以

$$x^{2n+1}+y^{2n+1}+z^{2n+1}=x^{2n+1}+(-x)^{2n+1}+1^{2n+1}=1$$

47 证明不等式

$$x_1x_2\cdots x_k(x_1^{n-1}+x_2^{n-1}+\cdots+x_k^{n-1})\leqslant$$
$$x_1^{n+k-1}+x_2^{n+k-1}+\cdots+x_k^{n+k-1}$$

其中 $x_i>0(i=1,2,\cdots,k)$，$k\in\mathbf{N}$，$n\in\mathbf{N}$.

证明 利用算数—几何平均不等式，得出

$$(n+k-1)x_1^n x_2\cdots x_k\leqslant nx_1^{n+k-1}+x_2^{n+k-1}+\cdots+x_k^{n+k-1}$$
$$(n+k-1)x_1x_2^n\cdots x_k\leqslant nx_1^{n+k-1}+nx_2^{n+k-1}+\cdots+x_k^{n+k-1}$$
$$\vdots$$
$$(n+k-1)x_1x_2\cdots x_k^n\leqslant x_1^{n+k-1}+x_2^{n+k-1}+\cdots+nx_k^{n+k-1}$$

把这些不等式相加并除以 $n+k-1$ 即得到所要的不等式.

注 这个不等式也可从 Muirhead 不等式立即得出(关于 Muirhead 不等式可参看 G. H. Hardy, J. E. Littlewood, G. Pólya 著的《不等式》一书，有越民义先生翻译的中译本).

48 确定方程 $x^2=\frac{1}{\sqrt{2}}$ 的所有正根.

解 令 $f(x)=x\ln x$，那么所给的方程等价于 $f(x)=f\left(\frac{1}{2}\right)$，它有解 $x_1=\frac{1}{2}$ 和 $x_2=\frac{1}{4}$. 由于函数 f 在 $\left(0,\frac{1}{e}\right)$ 上是递减的而在 $\left(\frac{1}{e},+\infty\right)$ 上是递增的，因此这个方程没有其他的解.

49 设 n 和 k 是使 $1\leqslant n\leqslant N+1$，$1\leqslant k\leqslant N+1$ 的正整数. 证明

$$\min_{n\neq k}|\sin n-\sin k|<\frac{2}{N}$$

证明 由于 $\sin 1,\sin 2,\cdots,\sin(N+1)\in(-1,1)$，因此这 $N+1$ 个数中必有两个数之间的距离小于 $\frac{2}{N}$，因此对某个整数 $1\leqslant k,n\leqslant N+1,n\neq k$，$|\sin n-\sin k|<\frac{2}{N}$.

50 函数 $\varphi(x,y,z)$ 对所有的实数三元组 (x,y,z) 有定义，又存在两个对所有实数有定义的二元函数 f 和 g 使得对所有的实数 x,y,z 成立

$$\varphi(x,y,z)=f(x+y,z)=g(x,y+z)$$

证明：存在一个一元的实函数 h 使得对所有的实数 x,y,z 成立

$$\varphi(x,y,z)=h(x+y+z)$$

证明 由于 $\varphi(x,y,z)=f(x+y,z)=\varphi(0,x+y,z)=g(0,x+y+z)$，因此只要令 $h(t)=g(0,t)$ 即可.

51 整数 $0,\cdots,99$ 的一个子集 S 称为具有性质 A，如果它不可能填入一个 2 行 2 列的填字游戏（0 被写成 00，1 被写成 01 等等）. 确定具有性质 A 的子集中元素的最大数.

解 如果存在两个数 $\overline{ab}$，$\overline{bc}\in S$，那么我们即可填形如 $\begin{pmatrix}a&b\\b&c\end{pmatrix}$ 的字谜. 逆命题是显然的. 因此，当且仅当 S 中的数的第一个数字的集合和第二个数字的集合不相交时具有性质 A. 因而 S 的元素的最大数目是 25.

52 在平面上给出了一个点 O 和点的序列 $P_1,P_2,P_3,\cdots$ 用 $r_1,r_2,r_3,\cdots$ 表示距离 $OP_1,OP_2,OP_3,\cdots$，它们满足 $r_1\leqslant r_2\leqslant r_3\leqslant\cdots$. 设 $0<\alpha<1$，假设对每个 n，从点 P_n 到序列中其他任意一点的距离都要大于或等于 r_n^{α}，确定尽可能大的指数 β，使得对某个不依赖于 n 的常数 C，对每个 n，成立不等式

$$r_n\geqslant Cn^{\beta},n=1,2,\cdots$$

注 此问题不是初等的，问题提出者所提供的解是不清楚和不完整的. 仅仅说明了如果那种 β 存在，则 $\beta\geqslant\frac{1}{2(1-\alpha)}$.

53 在欧几里得的几何作图问题中，仅允许使用直尺（是无刻度的直尺）和圆规. 在本题中不允许使用圆规，但允许使用宽度固定的两边平行的直尺做出与一条直线有固定距离的平行直线. 用一把直尺，考虑以下作图问题：

（1）作出一个给定角的角平分线；

（2）作出给定直线段的中点；

（3）作出通过三个不共线的点的圆的圆心；

（4）通过一个给定点作出一条给定直线的平行线.

解 （1）我们可以相等的距离作两条与角两边平行的直线，这两条线的交点位于角平分线上.

（2）如果线段 AB 的长度超过尺子的宽度，我们可以用两种不同的方式通过点 A 和 B 作平行线，所得的菱形的对角线就垂直平分线段 AB.

如果线段 AB 太短，我们可以先作一条平行于 AB 的直线 l，并选择一个充分接近此线段的点 C，使得可从点 C 把 AB 中心投影到 l 上，那样可得到一个任意长的线段 $A'B'\mathbin{/\!/}AB$. 那么我们可像上面那样作出 $A'B'$ 的中点 D'. 直线 $D'C$ 和线段 AB 的交点就是它的中点 D. 通过作平行于 DC 的直线，线段 AB 可以被对称地延长，然后即可像上面那样作出它的垂直平分线.

（3）可从（2）立即得出.

（4）设给定了一个点 P 和直线 l. 我们先通过点 P 作一条任意的直线，它交 l 于点 A. 然后在 AP 的两边作两条与 AP 距离相等的与 AP 平行的直线 l_1 与 l_2. 设直线 l_1 与 l 相交于点 B. 我们可以作 AP 的中点 C. 如果 BC 交 l_2 于点 D，那么 PD 平行于 l.

54 是否可能把 100(或 200) 个点放进一个木质的立方体内,使得在立方体的每个旋转下,这些点都变为它们自身,验证你的答案.

解 设 S 是立方体中一个给定的点集,用 x,y,z 分别表示 S 中位于顶点处,棱的中点处以及面的中点处的点的数目,u 表示 S 中所有其他点的数目. S 中或者没有立方体的顶点,或者每个顶点都在 S 中. 因此 x 等于 0 或 8. 类似的 y 等于 0 或 12,z 等于 0 或 6. 因此 u 可被 24 整除. 由于 $n=x+y+z+u$ 并且 $6\mid y,z,u$,这就得出 $6\mid n$ 或 $6\mid(n-8)$. 即 $n\equiv 0$ 或 $2\pmod 6$. 因此 n 可能等于 200,但不可能等于 100,由于 $100\equiv 4\pmod 6$.

55 求出所有的 x,使得对所有的 n 成立

$$\sin x+\sin 2x+\sin 3x+\cdots+\sin nx\leqslant\frac{\sqrt{3}}{2}$$

解 只需从 $(0,2\pi]$ 中找出对所有的 n 使得不等式成立的 x 即可.

假设 $0<x<\frac{2\pi}{3}$,设 n 是使 $nx\leqslant\frac{2\pi}{3}$ 的最大整数,则我们有 $\frac{\pi}{3}<nx\leqslant\frac{2\pi}{3}$, 因此 $\sin nx\geqslant\frac{\sqrt{3}}{2}$, 这样就有 $\sin x+\sin 2x+\cdots+\sin nx>\frac{\sqrt{3}}{2}$.

现在设 $\frac{2\pi}{3}\leqslant x\leqslant 2\pi$,这时我们有

$$\sin x+\cdots+\sin nx=\frac{\cos\frac{x}{2}-\cos\frac{2n+1}{2}x}{2\sin\frac{x}{2}}\leqslant$$

$$\frac{\cos\frac{x}{2}+1}{2\sin\frac{x}{2}}=\frac{\cot\frac{x}{4}}{2}\leqslant\frac{\sqrt{3}}{2}$$

对 $x=2\pi$,所给的不等式显然对所有的 n 都成立. 因此当且仅当对某个整数 k

$$\frac{2\pi}{3}+2k\pi\leqslant x\leqslant 2\pi+2k\pi$$

时,所给不等式对所有的 n 成立.

56 在一组翻译中，每个人都会说一种或几种外语．其中 24 人会说日语，24 人会说马来语，24 人会说波斯语．证明：可以在这组翻译中选出一个小组，使得其中恰有 12 人只会说日语，12 人只会说马来语，12 人只会说波斯语．

证明 我们将对 n 做归纳法以证明如下命题：如果一个恰有 $n(n \geqslant 2)$ 个人的翻译组中的每个人都会讲三种语言之中的某种语言，则可从其中选出一个小组，使得在此小组中每种语言都只恰有两人会说．

问题中的命题易于由此命题得出：只需选六个那种小组即可．

$n=2$ 的情况是显然的．现在假设 $n \geqslant 2$，设 $N_j, N_m, N_f, N_{jm}, N_{jf}, N_{mf}, N_{jmf}$ 分别表示只会说日语，马来语，波斯语，会说日语和马来语，会说日语和波斯语，会说马来语和波斯语，以及三种语言都会说的翻译的集合．用 $n_j, n_m, n_f, n_{jm}, n_{jf}, n_{mf}, n_{jmf}$ 分别表示这些集合的人数．那么由条件可知

$$n_j + n_{jm} + n_{jf} + n_{jmf} = n_m + n_{jm} + n_{mf} + n_{jmf} = n_f + n_{jf} + n_{mf} + n_{jmf} = 24$$

因此 $$n_j - n_{mf} = n_m - n_{jf} = n_f - n_{jm} = c$$

如果 $c < 0$，那么 $n_{jm}, n_{jf}, n_{mf} > 0$，因此只需从集合 N_{jm}, N_{jf}, N_{mf} 中各选一人即可．

如果 $c > 0$，那么 $n_j, n_m, n_f > 0$，因此只需从集合 N_j, N_m, N_f 中各选一人，再应用归纳法假设即可．

如果 $c=0$，那么不失一般性，可设 $n_j = n_{mf} > 0$，那么可从 N_j, N_{mf} 中各选一人，再应用归纳法假设即可．

这就完成了归纳法的证明．

57 考虑如下序列 c_n

$$c_1 = a_1 + a_2 + \cdots + a_8$$
$$c_2 = a_1^2 + a_2^2 + \cdots + a_8^2$$
$$\vdots$$
$$c_n = a_1^n + a_2^n + \cdots + a_8^n$$
$$\vdots$$

其中 $a_1, a_2, \cdots, a_8$ 都是不同时等于 0 的实数．在序列 c_n 中有无限多个数等于 0，确定所有使 $c_n = 0$ 的 n．

解 显然对所有偶数 $n, c_n > 0$，因此只可能对奇数 n 成立

$c_n=0$. 设 $a_1\leqslant a_2\leqslant\cdots\leqslant a_8$，特别 $a_1\leqslant 0\leqslant a_8$.

如果 $|a_1|<|a_8|$，那么必存在 n_0 使得对每个奇数 $n>n_0$，$7|a_1|^n<a_8^n$，由此得出 $a_1^n+\cdots+a_7^n+a_8^n>7a_1^n+a_8^n>0$ 与条件有无限多个 n 使得 $c_n=0$ 矛盾. 类似可证也不可能有 $|a_1|>|a_8|$，因此必有 $a_1=-a_8$.

依此类推，我们可以证明 $a_2=-a_7,a_3=-a_6$ 及 $a_4=-a_5$，因此对所有的奇数 $n,c_n=0$.

58 一个线性二项式 $l(z)=Az+B$，其中 A 和 B 都是复系数. 已知 $|l(z)|$ 在实线段 $-1\leqslant x\leqslant 1(y=0)$ 上的最大值等于 $M(z=x+\mathrm{i}y$ 属于复平面). 证明：对每个 z

$$|l(z)|\leqslant M\rho$$

其中 ρ 是点从 $P=z$ 到点 $Q_1:z=1$ 和 $Q_2:z=1$ 的距离之和.

证明 以下各式使我们得出比所要证的结论更强的估计.

$$|l(z)|=|Az+B|=\frac{1}{2}|(z+1)(A+B)+(z-1)(A-B)|=$$

$$\frac{1}{2}|(z+1)f(1)+(z-1)f(-1)|\leqslant$$

$$\frac{1}{2}(|z+1|\cdot|f(1)|+|z-1|\cdot|f(-1)|)\leqslant$$

$$\frac{1}{2}(|z+1|+|z-1|)M=\frac{1}{2}\rho M$$

59 在圆心为 O，半径为 1 的圆上，点 A_0 是固定的，而点 A_1，$A_2,\cdots,A_{999},A_{1\,000}$ 使得 $\angle A_0OA_k=k$（以弧度为单位）. 在点 $A_0,A_1,\cdots,A_{1\,000}$ 处把圆剪断，问可以得到多少种不同长度的弧？

解 当我们说 $\overset{\frown}{AB}$ 时，我们总是指正的 $\overset{\frown}{AB}$. 我们用 $|AB|$ 表示 $\overset{\frown}{AB}$ 的长度. 一个基本弧是指点 $A_0,A_1,\cdots,A_n$（其中 $n\in\mathbf{N}$）把整个圆分成的 $n+1$ 段弧中的一段弧. 现在设 $\overset{\frown}{A_pA_0}$ 和 $\overset{\frown}{A_0A_q}$ 是端点在 A_0 的基本弧，而 x_n,y_n 分别是它们的长度. 我们对 n 作归纳法以证明对每个 n，基本弧的长度是 x_n,y_n 或 x_n+y_n.

对 $n=1$，命题是显然的. 假设命题对 n 成立，且设 $\overset{\frown}{A_iA_{n+1}}$，$\overset{\frown}{A_{n+1}A_j}$ 是基本弧. 我们将证明这两条弧的长度是 x_n,y_n 或 x_n+y_n. 如果 i,j 都是严格正的，那么由归纳假设可知 $|A_iA_{n+1}|=|A_{i-1}A_n|$ 与 $|A_{n+1}A_j|=|A_nA_{j-1}|$ 的长度等于 x_n,y_n 或 x_n+y_n.

现在设 $i=0$，即$\overset{\frown}{A_pA_{n+1}}$和$\overset{\frown}{A_{n+1}A_0}$是基本弧. 那么$|A_pA_{n+1}|=|A_0A_{n+1-p}|\geqslant|A_0A_q|=y_n$，类似的$|A_{n+1}A_q|\geqslant x_n$，但是$|A_pA_q|=x_n+y_n$，由此得出$|A_pA_{n+1}|=|A_0A_q|=y_n$，因此$n+1=p+q$. 同样$x_{n+1}=|A_{n+1}A_0|=y_n-x_n$以及$y_{n+1}=x_n$. 现在，所有的基本弧的长度为$y_n-x_n$，$x_n$，$y_n$$x_n+y_n$，出现长度为$x_n+y_n$的基本弧将破坏归纳法的进行. 然而，由于 2π 是无理数，因此如果有任何基本弧$\overset{\frown}{A_kA_l}$的长度为x_n+y_n，则必须有$l-q=k-p$，因而$\overset{\frown}{A_kA_l}$或者包含点A_{k-p}（如果$k\geqslant p$）或者包含点A_{k+q}（如果$k<p$），这是不可能的. 这就完成了对$i=0$的证明. 对$j=0$的证明是类似的. 这就完成了归纳法.

从以上证明还可以看出当且仅当$n=p+q-1$时，基本弧只能取两种不同的长度. 如果我们用n_k表示满足此关系的n的序列，并用p_k，q_k表示对应的p，q的序列，则我们有$p_1=q_1=1$以及

$$(p_{k+1},q_{k+1})=\begin{cases}(p_k+q_k,q_k), & \left\{\dfrac{p_k}{2\pi}\right\}+\left\{\dfrac{q_k}{2\pi}\right\}>1\\(p_k,p_k+q_k), & \left\{\dfrac{p_k}{2\pi}\right\}+\left\{\dfrac{q_k}{2\pi}\right\}<1\end{cases}$$

现在“容易”算出$p_{19}=p_{20}=333$，$q_{19}=377$，$q_{20}=710$，那样$n_{19}=709<1\ 000<1\ 042=n_{20}$. 由此就得出对$n=1\ 000$，基本弧恰取三种不同的长度.

第 10 届国际数学奥林匹克预选题及解答

1 两艘轮船在海上以固定的速度和方向航行．已知在 9:00 时，两船之间的距离为 20 海里，在 9:35 时是 15 海里，在 9:55 时是 13 海里．问在什么时刻两船间的距离最小，并求此最小距离．

解　设 A 是第一艘船上固定的一点．B_1,B_2,B_3 和 B 分别是第二艘船航线上在时刻 9:00，9:35，9:55 和两船最接近时刻的位置．那么我们有

$$AB_1=20,AB_2=15,AB_3=13$$

$$B_1B_2:B_2B_3=7:4$$

$$AB_3^2=AB^2+BB_3^2$$

由于 $BB_1>BB_2>BB_3$，这就得出 B_1,B_2,B_3 和 B 之间的顺序是 B_3,B,B_2,B_1 或 B,B_3,B_2,B_1．我们得到未知量为 AB,BB_3 和 B_3B_2 的三个二次方程的方程组（在顺序为 B_3,B,B_2,B_1 时，BB_3 是负的，其他是正的）．这可以通过消去 AB 和 BB_3 解出．最后得出的唯一解是

$$AB=12,BB_3=5,B_3B_2=4$$

因此，两船在 10:20 时最接近，那时的距离是 12 海里．

2 证明存在唯一的三角形，使其边长为相继的自然数，且有一个角是另一个的两倍．

证明　角度满足 $\angle ABC=2\angle BAC$ 的 $\triangle ABC$ 的三边 a,b,c 满足关系 $b^2=a(a+c)$．再加上 a,b,c 是使得 $a<b$ 的相继自然数这一条件，我们得出三种情况：

(1)$a=n,b=n+1,c=n+2$，这时得到方程 $(n+1)^2=n(2n+2)$，由此得出 $(a,b,c)=(1,2,3)$，这个解不能构成一个三角形．

(2)$a=n,b=n+2,c=n+1$，这时得到方程 $(n+2)^2=n(2n+1)\Rightarrow(n-4)(n+1)=0$，由此得出 $(a,b,c)=(4,6,5)$．

(3)$a=n+1,b=n+2,c=n$，这时得到方程 $(n+2)^2=(n+1)(2n+1)\Rightarrow n^2-n-3=0$，这个方程没有正整数解．

因此，问题的唯一解就是边长为 4，5 和 6 的三角形．

3 证明在任意四面体中都存在一个顶点，使得通过这个顶点的三条棱可构成一个三角形.

证明 由于三条线段可构成一个三角形的充要条件是其中任意一条线段的长度小于其余两条线段长度之和，所以当且仅当三条线段的长度之一大于或等于其余两条之和时，这些线段才不能构成一个三角形. 现在设从四面体 $ABCD$ 的任一个顶点发出的三条棱都不能构成一个三角形. 不失一般性，可设 AB 是最长的棱. 那么

$$AB \geqslant AC + AD, BA \geqslant BC + BD$$

由此得出

$$2AB \geqslant AC + AD + BC + BD.$$

这蕴含

$$AB \geqslant AC + BC \text{ 或 } AB \geqslant AD + BD$$

而这都和三角不等式矛盾(分别看 $\triangle ABC$ 和 $\triangle ABD$). 因此，从顶点 A 或 B 发出的三条棱必可构成一个三角形.

注 这一证明可以推广到所有的面都由三角形构成的多面体上去.

4 设 a,b,c 都是实数，$a \neq 0$. 证明：当且仅当 $(b-1)^2 - 4ac = 0$ 时，方程组

$$\begin{cases} ax_1^2 + bx_1 + c = x_2 \\ ax_2^2 + bx_2 + c = x_3 \\ \vdots \\ ax_{n-1}^2 + bx_{n-1} + c = x_n \\ ax_n^2 + bx_n + c = x_1 \end{cases}$$

有唯一的实数解.

证明 充分性. 设 $(x_1, \cdots, x_n)$ 是方程组的唯一解. 由于 $(x_n, x_1, \cdots, x_{n-1})$ 也是解，这就得出 $x_1 = x_2 = \cdots = x_n = x$，因此所给的方程组可以归结为一个单个的方程 $ax^2 + (b-1)x + c = 0$. 由于解 x 是唯一的，故此二次方程的判别式 $(b-1)^2 - 4ac$ 必等于 0.

必要性. 现在设 $(b-1)^2 - 4ac = 0$，把方程组中所有的方程相加，我们得出

$$\sum_{i=1}^{n} f(x_i) = 0, \text{其中 } f(x) = ax^2 + (b-1)x + c$$

但是，由所给的条件可知 $f(x) = a\left(x + \frac{b-1}{2a}\right)^2$，因此必须对

所有的 i 都有 $f(x_i)=0$，因而有唯一的解 $x_i=-\dfrac{b-1}{2a}, i=1,2,\cdots,n$，这确实是原方程组的解.

5 设 h_n 是一个内接于半径为 r 的圆内的正 $n(n\geqslant 3)$ 边形的边心距（从中心到其中一边的距离）. 证明不等式

$$(n+1)h_{n+1}-nh_n>r$$

并证明对所有的 $n\geqslant 3$，如果把右边的 r 换成一个更大的数，不等式将不再成立.

证明 对所有的 $k\in\mathbf{N}$，我们有 $h_k=r\cos\left(\dfrac{\pi}{k}\right)$. 对所有的 $0<x<\dfrac{\pi}{2}$ 利用 $\cos x=1-2\sin^2\left(\dfrac{x}{2}\right)$，$\cos x=\dfrac{2}{1+\tan^2\dfrac{x}{2}}-1$ 以及 $\tan x>x>\sin x$，只需证明以下式子即可

$$(n+1)\left(1-2\frac{\pi^2}{4(n+1)^2}\right)-n\left(\frac{2}{1+\frac{\pi^2}{4n^2}}-1\right)>1$$

$$\Leftrightarrow 1+2n\left(1-\frac{1}{1+\frac{\pi^2}{4n^2}}\right)-\frac{\pi^2}{2(n+1)}>1$$

$$\Leftrightarrow 1+\frac{\pi^2}{2}\left(\frac{1}{n+\frac{\pi^2}{4n}}-\frac{1}{n+1}\right)>1$$

最后一个不等式成立是由于 $\pi^2<4n$. 同样当 n 趋于无穷时，括号中的式子趋于 0，因此不可能有更强的界. 这就完成了证明.

6 设 $a_i(i=1,2,\cdots,n)$ 是不同的非零实数，证明方程

$$\frac{a_1}{a_1-x}+\frac{a_2}{a_2-x}+\cdots+\frac{a_n}{a_n-x}=n$$

至少有 $n-1$ 个实根.

证明 定义一个函数 $f(x)=\dfrac{a_1}{a_1-x}+\dfrac{a_2}{a_2-x}+\cdots+\dfrac{a_n}{a_n-x}$，不失一般性，设 $a_1<a_2<\cdots<a_n$. 注意对所有的 $1\leqslant i<n$ 函数 f 在区间 (a_i,a_{i+1}) 中连续且满足 $\lim\limits_{x\to a_i}f(x)\to-\infty$ 和 $\lim\limits_{x\to a_{i+1}}f(x)\to+\infty$，因此方程 $f(x)=n$ 在每个区间 (a_i,a_{i+1}) 中有一个实数解.

注 事实上，由于 $x=0$ 显然是一个解，所以这个方程恰有 n 个解，因此它们都是实数. 此外，如果 a_i 的符号都相同，这些解都是不同的.

7 证明：一个给定的三角形的三个旁切圆半径的积不超过其边长的积的$\frac{3\sqrt{3}}{8}$倍.

证明 设r_a, r_b, r_c分别表示对应于边a, b, c的旁切圆半径，而R, p和S分别表示所给三角形的外接圆半径，半周长和面积. 那么，众所周知

$$r_a(p-a)=r_b(p-b)=r_c(p-c)=S=\sqrt{p(p-a)(p-b)(p-c)}=\frac{abc}{4R} \quad ①$$

因此所需的不等式$r_ar_br_c\leqslant\frac{3\sqrt{3}}{8}abc$可归结为$p\leqslant\frac{3\sqrt{3}}{2}R$*.

而由正弦定理，它又等价于

$$\sin\alpha+\sin\beta+\sin\gamma\leqslant\frac{3\sqrt{3}}{2}$$

由于正弦函数在区间$[0,\pi]$上是上凸的，这个不等式可立即由 Jensen(琴生)不等式得出. 当且仅当三角形是等边三角形的情况下，等号成立.

* 由式①可知
$r_a(p-a)\cdot r_b(p-b)\cdot r_c(p-c)=p(p-a)(p-b)(p-c)\sqrt{p(p-a)(p-b)(p-c)}$
因此
$r_a\cdot r_b\cdot r_c=p\sqrt{p(p-a)(p-b)(p-c)}=p\cdot\frac{abc}{4R}$

于是，为证所要证的不等式，只需证明

$$p\cdot\frac{abc}{4R}\leqslant\frac{3\sqrt{3}}{8}abc$$

或 $$p\leqslant\frac{3\sqrt{3}}{2}R$$

8 给出一条有向直线Δ和其上固定的一点A. 考虑所有那种梯形$ABCD$，其底AB位于Δ的正方向上. 设E, F分别是AB和CD的中点. 求梯形的顶点B, C, D在满足以下条件时的轨迹：

(1) $|AB|\leqslant a$(a固定)；

(2) $|EF|=l$,(l固定)；

(3) 梯形的不平行边的平方和是常数；

假定以上常数都使梯形存在.

解 设G是使四边形$BCDG$是一个平行四边形的点，H是AG的中点. 显然四边形$HEFD$也是平行四边形，因而$DH=EF=l$. 如果$AD^2+BC^2=m^2$是固定的，则由 Stewart 定理有

$$DH^2=\frac{2DA^2+2DG^2-AG^2}{4}=\frac{2m^2-AG^2}{4}$$

这个值是固定的.

那么，G和H是固定点，由此可知点D的轨迹是以点H为圆心，l为半径的圆. B的轨迹是线段GI，其中$I\in\Delta$是沿正方向上使$AI=a$的点. 最后点C的轨迹是平面中由圆心分别在H和H'，半径为l的半圆和处于这两个半圆之间的矩形组成的区域，其中H'

是使 $IH'=GH$ 的点.

9 设 $\triangle ABC$ 是任意三角形. M 是它内部的一点. 设 d_a, d_b, d_c 分别是从 M 到边 BC,边 CA,边 AB 的距离. a,b,c 分别是三角形的边长,而 S 是三角形的面积. 证明不等式

$$abd_ad_b+bcd_bd_c+cad_cd_a\leqslant\frac{4}{3}S^2$$

当 M 与 $\triangle ABC$ 的重心重合时,上式左边达到其最大值.

证明 注意 $S_a=\frac{ad_a}{2}, S_b=\frac{bd_b}{2}$ 和 $S_c=\frac{cd_c}{2}$ 分别是 $\triangle MBC$, $\triangle MCA$ 和 $\triangle MAB$ 的面积. 因而所需证明的不等式可从

$$S_aS_b+S_bS_c+S_cS_a\leqslant\frac{1}{3}(S_a+S_b+S_c)^2=\frac{S^2}{3}$$

得出. 当且仅当 $S_a=S_b=S_c$ 时等号成立,这等价于 M 是 $\triangle ABC$ 的重心.

10 考虑两条长度为 $a,b(a>b)$ 的线段和一条长度为 $c=\sqrt{ab}$ 的线段.

(1) 当 $\frac{a}{b}$ 为何值时,这些线段可构成一个三角形?

(2) 当 $\frac{a}{b}$ 为何值时,这些线段可构成一个直角三角形,钝角三角形或锐角三角形?

解 (1) 设 $k=\frac{a}{b}>1$,那么 $a=kb, c=\sqrt{k}b$ 且 $a>c>b$. 当且仅当 $k<\sqrt{k}+1$ 时,线段 a,b,c 可构成三角形. 这等价于 $1<k<\frac{3+\sqrt{5}}{2}$.

(2) 当且仅当 $a^2=b^2+c^2$ 时,线段 a,b,c 构成的三角形是直角三角形,这等价于 $k^2=k+1\Leftrightarrow k=\frac{1+\sqrt{5}}{2}$. 同理由这三条线段所构成的三角形是锐角三角形等价于 $k^2<k+1\Leftrightarrow 1<k<\frac{1+\sqrt{5}}{2}$. 由这三条线段所构成的三角形是钝角三角形等价于 $\frac{1+\sqrt{5}}{2}<k<\frac{3+\sqrt{5}}{2}$.

11 求出方程

$$1+\frac{1}{x_1}+\frac{x_1+1}{x_1x_2}+\frac{(x_1+1)(x_2+1)}{x_1x_2x_3}+\cdots+\frac{(x_1+1)\cdots(x_{n-1}+1)}{x_1x_2\cdots x_n}=0$$

的所有解$(x_1,x_2,\cdots,x_n)$.

解 引入$y_i=\frac{1}{x_i}$,所给的方程可变为

$$0=1+y_1+(1+y_1)y_2+\cdots+(1+y_1)\cdots(1+y_{n-1})y_n=(1+y_1)(1+y_2)\cdots(1+y_n)$$

此方程的解是所有的n元组$(y_1,\cdots,y_n)$,其中对所有的$i,y_i\neq 0$,且至少对一个$j,y_j=-1$. 回到x_i,我们得出解是所有的n元组$(x_1,\cdots,x_n)$,其中对所有的$i,x_i\neq 0$,且至少对一个$j,x_j=-1$.

12 设a,b是任意正实数,而m是整数,证明

$$\left(1+\frac{a}{b}\right)^m+\left(1+\frac{b}{a}\right)^m\geqslant 2^{m+1}$$

证明 原不等式等价于

$$\frac{(a+b)^m}{b^m}+\frac{(a+b)^m}{a^m}\geqslant 2^{m+1}$$

它可以写成

$$\frac{1}{2}\left(\frac{1}{a^m}+\frac{1}{b^m}\right)\geqslant\left(\frac{2}{a+b}\right)^m$$

由于对每个$m\in\mathbf{Z},f(x)=\frac{1}{x^m}$是凸函数,因此上面的不等式立即可从Jensen(琴生)不等式$\frac{f(a)+f(b)}{2}\geqslant f\left(\frac{a+b}{2}\right)$得出.

13 给了两个全等的三角形,$\triangle A_1A_2A_3$和$\triangle B_1B_2B_3$ $(A_iA_k=B_iB_k)$. 证明存在一个平面使这两个三角形在此平面上的正交投影是全等的和相同定向的.

证明 首先把三角形平移,使得(不失一般性,可设)B_1与A_1重合,同时设$B_2\neq A_2,B_3\neq A_3$,否则结果是显然的.

存在一个通过A_1并平行于A_2B_2和A_3B_3的平面π. 设A'_2, A'_3,B'_2,B'_3分别表示A_2,A_3,B_2,B_3在π上的正交投影,并分别用h_2,h_3表示从A_2,B_2和A_3,B_3到π的距离. 由勾股定理可知$A_2A'^2_3=A_2A_3^2-(h_2+h_3)^2=B_2B_3^2-(h_2+h_3)^2=B'_2B'^2_3$,因此,

$A'_2A'_3=B'_2B'_3$，类似地有 $A_1A'_2=A_1B'_2$ 和 $A_1A'_3=A_1B'_3$. 因此 $\triangle A_1A'_2A'_3$ 和 $\triangle A_1B'_2B'_3$ 全等. 如果这两个三角形是同定向的，那么结论已经成立. 否则，它们将对某个通过点 A_1 的直线 a 对称，并且 $\triangle A_1A_2A_3$ 和 $\triangle B_1B_2B_3$ 在通过 a 并垂直于 π 的平面上的投影重合.

14 $\triangle ABC$ 所在的平面上的一条直线分别和边 AB 与边 AC 交于点 X,Y，使 $BX=CY$. 求 $\triangle XAY$ 的外接圆圆心的轨迹.

解 设 O,D,E 分别是 $\triangle ABC$ 的外接圆圆心和 AB,AC 的中点. 并且设给定了任意的 $X\in AB$ 和 $Y\in AC$ 使得 $BX=CY$. 又设 O_1,D_1,E_1 分别是 $\triangle AXY$ 的外接圆圆心和 AX,AY 的中点. 由于 $AD=\frac{AB}{2}$，$AD_1=\frac{AX}{2}$，故 $DD_1=\frac{BX}{2}$，类似地有 $EE_1=\frac{CY}{2}$. 因此 O_1 到 OD 和 OE 有相同的距离 $\frac{BX}{2}=\frac{CY}{2}$，并位于 $\angle DOE$ 的平分线 l 上.

如果我们让点 X,Y 沿着线段 AB 和 AC 变动，就得出点 O_1 的轨迹是线段 OP，其中 $P\in l$ 是距 OD 和 OE 的距离等于 $\frac{\min(AB,AC)}{2}$ 的点.

15 设 $[x]$ 表示 x 的整数部分，即不超过 x 的最大整数，n 是一个整数. 把以下和式表示成一个 n 的简单函数

$$\left[\frac{n+1}{2}\right]+\left[\frac{n+2}{4}\right]+\cdots+\left[\frac{n+2^i}{2^{i+1}}\right]+\cdots$$

解法 1 设 $f(n)=\left[\frac{n+1}{2}\right]+\left[\frac{n+1}{4}\right]+\cdots+\left[\frac{n+2^i}{2^{i+1}}\right]+\cdots$. 我们用归纳法证明 $f(n)=n$. 对 $n=1$，结论显然成立. 假设 $f(n-1)=n-1$，定义

$$g(i,n)=\left[\frac{n+2^i}{2^{i+1}}\right]-\left[\frac{n-1+2^i}{2^{i+1}}\right]$$

那么我们有 $f(n)-f(n+1)=\sum\limits_{i=0}^{\infty}g(i,n)$. 我们也注意当且仅当 $2^{i+1}\mid(n+2^i)$ 时，$g(i,n)=1$，否则对给定的 n，$g(i,n)=0$. $2^{i+1}\mid(n+2^i)$ 等价于 $2^i\mid n$ 以及 $2^{i+1}\nmid n$，这恰对某一个 $i\in N_0$ 成立. 那么，从 $f(n)-f(n-1)=1$ 就推出 $f(n)=n$. 这就完成了归纳法的证明.

解法 2 易于证明对任意 $x\in\mathbf{R}$，有 $\left[x+\frac{1}{2}\right]=[2x]-[x]$，

因此

$$f(x)=\left([x]-\left[\frac{x}{2}\right]\right)+\left(\left[\frac{x}{2}\right]-\left[\frac{x}{4}\right]\right)+\cdots=[x]$$

因此对所有的 $n\in\mathbf{N}$ 有 $f(n)=n$.

16 称整系数多项式 $p(x)=a_0x^k+a_1x^{k-1}+\cdots+a_k$ 可被整数 m 整除,如果对所有 x 的整数值,$p(x)$ 都可被 m 整除.证明如果 $p(x)$ 都可被 m 整除,那么 $k!\ a_0$ 也可被 m 整除.还证明如果 a_0,k,m 是使得 $k!\ a_0$ 可被 m 整除的非负整数,那么必存在可被 m 整除的多项式 $p(x)=a_0x^k+a_1x^{k-1}+\cdots+a_k$.

证明 我们将对 k 应用归纳法来证明所需的结果.对 $k=0$,结果是显然的.现在设结果对 $k-1$ 成立,并设 $p(x)$ 是一个 k 次多项式.设 $p_1(x)=p(x+1)-p(x)$,那么 $p_1(x)$ 是一个首项系数为 ka_0 的 $k-1$ 次多项式.对所有的 $x\in\mathbf{Z}$ 有 $m\in p_1(x)$,因此由归纳假设可知,$m\mid(k-1)!\cdot ka_0=k!\ a_0$,这就完成了归纳法.

另对任意 a_0,k 和 $m\mid k!\ a_0$,$p(x)=k!\ a_0\binom{x}{k}$ 就是一个首项系数为 a_0 并可被 m 整除的多项式.

17 给了一个点 O 和长度 x,y,z.证明:当且仅当 $x+y\geqslant z$,$y+z\geqslant x$,$z+x\geqslant y$ 时,存在等边 $\triangle ABC$ 使得 $OA=x$,$OB=y$,$OC=z$(点 O,A,B,C 是共面的).

证明 设存在等边 $\triangle ABC$ 和点 O 使 $OA=x$,$OB=y$,$OC=z$.设 X 是平面上使 $\triangle CXB$ 和 $\triangle COA$ 全等的并定向相同的点,那么 $BX=x$,且 $\triangle XOC$ 是等边的.这蕴含 $OX=z$.这样,我们就得出 $\triangle OBX$ 使得 $BX=x$,$BO=y$ 以及 $OX=z$.

反之,给了 $\triangle OBX$ 使得 $BX=x$,$BO=y$ 以及 $OX=z$.那么易作出 $\triangle ABC$.

18 给定锐角 $\triangle ABC$,在空间中作一个等边 $\triangle A'B'C'$ 使得直线 AA',BB',CC' 通过一个给定的点.

解 所求的作法是不可行的.事实上,考虑一种特殊的情况:$\angle BOC=135^\circ$,$\angle AOC=120^\circ$,$\angle AOB=90^\circ$,其中 $AA'\cap BB'\cap CC'=\{O\}$,用 a,b,c 分别表示 OA',OB',OC',那么我们得出方程组 $a^2+b^2=a^2+c^2+ac=b^2+c^2+\sqrt{2}\,bc$.不失一般性,设 $c=1$,则易于得出 $a^3-a^2-a-1=0$,这是一个不可约的三次方程,由尺

规作图的理论可知,a 不可能用圆规和直尺作出.

19 在一个半径为 1 的圆上给出了一个固定的点.从这点开始,沿着圆的正向走了曲线距离 0,1,2,….那么我们得到一些下标为 0,1,2,… 的点.需要取多少个点才能保证它们中间有两个点间的距离小于$\frac{1}{5}$.

解 用 d_n 表示沿正方向从初始点到第 n 个点之间的最短距离.序列 d_n 的前 20 项为 0,1,2,3,4,5,6,0.72,1.72,…,5.72,0.43,1.43,…,5.43,$0.15=d_{19}$.因此所需的点数为 20.

20 在空间中给了 $n(n\geqslant 3)$ 个点,其中每三个点构成一个其中有一个角大于或等于120°的三角形.证明:可以把这些点记成 $A_1,A_2,\cdots,A_n$ 使得对每个 $i,j,k,1\leqslant i<j<k\leqslant n$,$\angle A_iA_jA_k$ 大于或等于120°.

证明 设用那种方法表示点 $A_1,A_2,\cdots,A_n$,使得 A_1A_n 是所给点集的直径,且 $A_1A_2\leqslant A_1A_3\leqslant\cdots\leqslant A_1A_n$.由于对每个 $1<i<n$,$A_1A_i<A_1A_n$ 成立.我们有 $\angle A_iA_1A_n<120^\circ$ 而因此 $\angle A_iA_1A_n<60^\circ$(否则 $\triangle A_1A_iA_n$ 中所有的角都要小于120°).这就得出对所有的 $1<i<j\leqslant n$,$\angle A_iA_1A_j<120^\circ$.所以 $\triangle A_1A_iA_j$ 中小于120° 的角必须是 $\angle A_1A_iA_j$.此外,对任意 $1<i<j<k\leqslant n$,$\angle A_iA_jA_k\geqslant\angle A_1A_jA_k-\angle A_1A_jA_i>120^\circ-60^\circ=60^\circ$ 成立(由于 $\angle A_1A_jA_i<60^\circ$),因此 $\angle A_iA_jA_k\geqslant 120^\circ$.这就证明了以上的表示法是正确的.

注 易于证明直径是唯一的,因此这种表示法也是唯一的.

21 设 $a_0,a_1,\cdots,a_k(k\geqslant 1)$ 是正整数,求出所有使

$$a_0\mid y;(a_0+a_1)\mid(y+a_1);\cdots;(a_0+a_n)\mid(y+a_n)$$

的整数 y.

解 所给的条件等价于 $y-a_0$ 可被 $a_0,a_0+a_1,a_0+a_2,\cdots,a_0+a_n$ 整除,即

$$y=k[a_0,a_0+a_1,\cdots,a_0+a_n]+a_0,k\in\mathbf{N}_+$$

22 求出所有使 $p(x)=x^2-10x-22$ 的正整数 x，其中 $p(x)$ 表示 x 的各位数字的乘积.

解 对 x 的位数做归纳法可以证明对所有的 $x \in \mathbf{N}$，有 $p(x) \leqslant x$. 由此得出 $x^2-10x-22 \leqslant x$，这蕴含 $x \leqslant 12$. 从 $0 < x^2-10x-22=(x-12)(x+2)+2$ 又易于得出 $x \geqslant 12$. 现在可以直接验证 $x=12$ 确实是一个解，并且是唯一的解.

23 求出所有的复数 m，使得多项式

$$x^3+y^3+z^3+mxyz$$

可以被表示成三个线性三项式的乘积.

解 不失一般性，在所有的因式中，z 的系数都是 1. 设 $z+ax+by$ 是 $p(x,y,z)=x^3+y^3+z^3+mxyz$ 的一个线性因子. 那么 $p(z)$ 在每个 $z=-ax-by$ 处都是 0，因此

$$x^3+y^3+(-ax-by)^3+mxy(-ax-by)=$$
$$(1-a^3)x^3-(3ab+m)(ax+by)xy+(1-b^3)y^3 \equiv 0$$

这显然等价于 $a^3=b^3=1$ 和 $m=-3ab$，由此可以得出 $m \in \{-3,-3\omega,-3\omega^2\}$，其中 $\omega=\dfrac{1+\mathrm{i}\sqrt{3}}{2}$. 因此对 m 的每个可能值，恰有三个可能的 (a,b)，故 $-3,-3\omega,-3\omega^2$ 就是所求的值.

24 求出所有的 n 位数，使得在第 $i(1<i<n)$ 位是某个固定的数字，而后 j 位数是不同的.

解 当第 i 个数字是 0 时，如果 $i>k-j$，那么结果为 $\dfrac{9^{k-j}9!}{(10-j)!}$，否则为 $\dfrac{9^{k-j-1}9!}{(9-j)!}$. 当第 i 个数字不是 0 时，需把上面的结果都乘以 8.

25 给出 k 条平行线，每条线上又给了几个点. 求出能以这些给定点为顶点的三角形的数目*.

解 答案是 $\sum\limits_{1\leqslant p<q<r\leqslant k} n_p n_q n_r + \sum\limits_{1\leqslant p<q\leqslant k}\left[n_p\binom{n_q}{2}+n_q\binom{n_p}{2}\right]$.

* 此问题的含义不清，正确的叙述应为

给出 k 条平行线 $l_1,\cdots,l_k$ 和 n_i 个位于直线 l_i，$i=1,2,\cdots,k$ 上的点，求出最多可以这些点为顶点构成多少三角形?

26 设 $a>0$ 是一个实数，$f(x)$ 是一个在全数轴 $\mathbf{R}$ 上有定义的实数，对所有的 $x\in\mathbf{R}$ 有

$$f(x+a)=\frac{1}{2}+\sqrt{f(x)-f^2(x)}$$

(1) 证明函数 f 是周期函数，即存在一个 $b>0$，使得对所有的 x，$f(x+b)=f(x)$；

(2) 对 $a=1$，给出一个不是常数的那种函数的例子.

解 (1) 证明：我们将证明 f 的周期是 $2a$. 由 $\left(f(x+a)-\frac{1}{2}\right)^2=f(x)-f^2(x)$，我们得出

$$(f(x)-f^2(x))+(f(x+a)-f^2(x+a))=\frac{1}{4}$$

把上式中的 x 换成 $x+a$，我们得出

$$f(x)-f^2(x)=f(x+2a)-f^2(x+2a)$$

这蕴含

$$\left(f(x)-\frac{1}{2}\right)^2=\left(f(x+2a)-\frac{1}{2}\right)^2$$

由条件可知，对所有的 x，$f(x)\geqslant\frac{1}{2}$ 成立，由此即可推出 $f(x+2a)=f(x)$.

(2) 通过直接验证可知以下函数满足条件

$$f(x)=\begin{cases}\frac{1}{2},\ 2n\leqslant x<2n+1\\1,\ 2n+1\leqslant x<2n+2\end{cases}$$

其中 $n=0,1,2,\cdots$.

附　录
IMO 背景介绍

第1章 引 言

第1节 国际数学奥林匹克

国际数学奥林匹克(IMO)是高中学生最重要和最有威望的数学竞赛.它在全面提高高中学生的数学兴趣和发现他们之中的数学尖子方面起着重要作用.

在开始时,IMO是(范围和规模)要比今天小得多的竞赛.在1959年,只有7个国家参加第一届IMO,它们是:保加利亚,捷克斯洛伐克,民主德国,匈牙利,波兰,罗马尼亚和苏联.从此之后,这一竞赛就每年举行一次.渐渐的,东方国家,西欧国家,直至各大洲的世界各地许多国家都加入进来(唯一的一次未能举办竞赛的年份是1980年,那一年由于财政原因,没有一个国家有意主持这一竞赛.今天这已不算一个问题,而且主办国要提前好几年排队).到第45届在雅典举办IMO时,已有不少于85个国家参加.

竞赛的形式很快就稳定下来并且以后就不变了.每个国家可派出6个参赛队员,每个队员都单独参赛(即没有任何队友协助或合作).每个国家也派出一位领队,他参加试题筛选并和其队员隔离直到竞赛结束,而副领队则负责照看队员.

IMO的竞赛共持续两天.每天学生们用四个半小时解题,两天总共要做6道题.通常每天的第一道题是最容易的而最后一道题是最难的,虽然有许多著名的例外(IMO1996—5是奥林匹克竞赛题中最难的问题之一,在700个学生中,仅有6人做出来了这道题!).每题7分,最高分是42分.

每个参赛者的每道题的得分是激烈争论的结果,并且,最终,判卷人所达成的协议由主办国签名,而各国的领队和副领队则捍卫本国队员的得分公平和利益不受损失.这一评分体系保证得出的成绩是相对客观的,分数的误差极少超过2或3点.

各国自然地比较彼此的比分,只设个人奖,即奖牌和荣誉奖,在IMO中仅有少于$\frac{1}{12}$的参赛者被授予金牌,少于$\frac{1}{4}$的参赛者被授予金牌或银牌以及少于$\frac{1}{2}$的参赛者被授予金牌,银牌或者铜牌.在没被授予奖牌的学生之中,对至少有一个问题得满分的那些人授予荣誉奖.这一确定得奖的系统运行的相当完好.一方面它保证有严格的标准并且对参赛者分出适当的层次使得每个参赛者有某种可以尽力争取的目标.另一方面,它也保证竞赛有不依赖于竞赛题的难易差别的很大程度的宽容度.

根据统计,最难的奥林匹克竞赛是1971年,然后依次是1996年,1993年和1999年.得分最低的是1977年,然后依次是1960年和1999年.

竞赛题的筛选分几步进行.首先参赛国向IMO的主办国提交他们提出的供选择用的候选题,这些问题必须是以前未使用过的,且不是众所周知的新鲜问题.主办国不提出备选问题.命题委员会从所收到的问题(称为长问题单,即第一轮预选题)中选出一些问题(称为短问题单)提交由各国领队组成的 IMO 裁判团,裁判团再从第二轮预选题中选出 6 道题作为 IMO 的竞赛题.

除了数学竞赛外,IMO 也是一次非常大型的社交活动.在竞赛之后,学生们有三天时间享受主办国组织的游览活动以及与世界各地的 IMO 参加者们互动和交往.所有这些都确实是令人难忘的体验.

第 2 节　IMO 竞赛

已出版了很多 IMO 竞赛题的书[65].然而除此之外的第一轮预选题和第二轮预选题尚未被系统加以收集整理和出版,因此这一领域中的专家们对其中很多问题尚不知道.在参考文献中可以找到部分预选题,不过收集的通常是单独某年的预选题.参考文献[1],[30],[41],[60]包括了一些多年的问题.大体上,这些书包括了本书的大约 50%的问题.

本书的目的是把我们全面收集的 IMO 预选题收在一本书中.它由所有的预选题组成,包括从第 10 届以及第 12 届到第 44 届的第二轮预选题和第 19 届竞赛中的第一轮预选题.我们没有第 9 届和第 11 届的第二轮预选题,并且我们也未能发现那两届 IMO 竞赛题是否是从第一轮预选题选出的或是否存在未被保存的第二轮预选题.由于 IMO 的组织者通常不向参赛国的代表提供第一轮预选题,因此我们收集的题目是不全的.在 1989 年题目的末尾收集了许多分散的第一轮预选题,以后有效的第一轮预选题的收集活动就结束了.前八届的问题选取自参考文献[60].

本书的结构如下:如果可能的话,在每一年的问题中,和第一轮预选题或第二轮预选题一起,都单独列出了 IMO 竞赛题.对所有的第二轮预选题都给出了解答.IMO 竞赛题的解答被包括在第二轮预选题的解答中.除了在南斯拉夫举行的两届 IMO(由于爱国原因)之外,对第一轮预选题未给出解答,由于那将使得本书的篇幅不合理的加长.由所收集的问题所决定,本书对奥林匹克训练营的教授和辅导教练是有益的和适用的.通过在题号上附加 LL,SL,IMO 我们指出了题目的年号,是属于第一轮预选题,第二轮预选题还是竞赛题,例如(SL89—15)表示这道题是 1989 年第二轮预选题的第 15 题.

我们也给出了一个在我们的证明中没有明显地引用和导出的所有公式和定理一个概略的列表.由于我们主要关注仅用于本书证明中的定理,我们相信这个列表中所收入的都是解决 IMO 问题时最有用的定理.

在一本书中收集如此之多的问题需要大量的编辑工作,我们对原来叙述不够确切和清楚的问题作了重新叙述,对原来不是用英语表达的问题做了翻译.某些解答是来自作者和其他资源,而另一些解是本书作者所做.

许多非原始的解答显然在收入本书之前已被编辑.我们不能保证本书的问题完全地对应于实际的第一轮预选题或第二轮预选题的名单.然而我们相信本书的编辑已尽可能接近于原来的名单.

第2章 基本概念和事实

下面是本书中经常用到的概念和定理的一个列表.我们推荐读者在(也许)进一步阅读其他文献前首先阅读这一列表并熟悉它们.

第1节 代 数

2.1.1 多项式

定理 2.1 二次方程 $ax^2+bx+c=0(a,b,c\in\mathbf{R},a\neq 0)$ 有解

$$x_{1,2}=\frac{-b\pm\sqrt{b^2-4ac}}{2}$$

二次方程的判别式 D 定义为 $D^2=b^2-4ac$,当 $D<0$ 时,解是复数,并且是共轭的,当 $D=0$ 时,解退化成一个实数解,当 $D>0$ 时,方程有两个不同的实数解.

定义 2.2 二项式系数 $\binom{n}{k}$,$n,k\in\mathbf{N}_0$,$k\leqslant n$ 定义为

$$\binom{n}{k}=\frac{n!}{i!\ (n-i)!}$$

对 $i>0$,它们满足

$$\binom{n}{i}+\binom{n}{i-1}=\binom{n+1}{i}$$

以及

$$\binom{n}{0}+\binom{n}{1}+\cdots+\binom{n}{n}=2^n$$

$$\binom{n}{0}-\binom{n}{1}+\cdots+(-1)^n\binom{n}{n}=0$$

$$\binom{n+m}{k}=\sum_{i=0}^{k}\binom{n}{i}\binom{m}{k-i}$$

定理 2.3 ((Newton) 二项式公式) 对 $x,y\in\mathbf{C}$ 和 $n\in\mathbf{N}$

$$(x+y)^n=\sum_{i=0}^{n}\binom{n}{i}x^{n-i}y^i$$

定理 2.4 (Bezout(裴蜀) 定理) 多项式 $P(x)$ 可被二项式 $x-a(a\in\mathbf{C})$ 整除的充分必要条件是 $P(a)=0$.

定理 2.5 (有理根定理) 如果 $x=\dfrac{p}{q}$ 是整系数多项式 $P(x)=a_nx^n+\cdots+a_0$ 的根,且 $(p,q)=1$,则 $p\mid a_0$,$q\mid a_n$.

定理 2.6 (代数基本定理) 每个非常数的复系数多项式有一个复根.

定理 2.7 (Eisenstein(爱森斯坦)判据) 设 $P(x)=a_nx^n+\cdots+a_1x+a_0$ 是一个整系数多项式,如果存在一个素数 p 和一个整数 $k\in\{0,1,\cdots,n-1\}$,使得 $p\mid a_0,a_1,\cdots,a_k,p\mid a_{k+1}$ 以及 $p^2\nmid a_0$,那么存在 $P(x)$ 的不可约因子 $Q(x)$,其次数至少是 k. 特别,如果 $k=n-1$,则 $P(x)$ 是不可约的.

定义 2.8 $x_1,\cdots,x_n$ 的对称多项式是一个在 $x_1,\cdots,x_n$ 的任意排列下不变的多项式,初等对称多项式是 $\sigma_k(x_1,\cdots,x_k)=\sum x_{i_1,\cdots,i_n}$(分别对 $\{1,2,\cdots,n\}$ 的 k - 元素子集 $\{i_1,i_2,\cdots,i_k\}$ 求和).

定理 2.9 (对称多项式定理) 每个 $x_1,\cdots,x_n$ 的对称多项式都可用初等对称多项式 $\sigma_1,\cdots,\sigma_n$ 表出.

定理 2.10 (Vieta(韦达)公式) 设 $\alpha_1,\cdots,\alpha_n$ 和 $c_1,\cdots,c_n$ 都是复数,使得

$$(x-\alpha_1)(x-\alpha_2)\cdots(x-\alpha_n)=x^n+c_1x^{n-1}+c_2x^{n-2}+\cdots+c_n$$

那么对 $k=1,2,\cdots,n$

$$c_k=(-1)^k\sigma_k(\alpha_1,\cdots,\alpha_n)$$

定理 2.11 (Newton 对称多项式公式) 设 $\sigma_k=\sigma_k(x_1,\cdots,x_k)$ 以及 $s_k=x_1^k+x_2^k+\cdots+x_n^k$,其中 $x_1,\cdots,x_n$ 是复数,那么

$$k\sigma_k=s_1\sigma_{k-1}+s_2\sigma_{k-2}+\cdots+(-1)^ks_{k-1}\sigma_1+(-1)^ks_k$$

2.1.2 递推关系

定义 2.12 一个递推关系是指一个由序列 $x_n,n\in\mathbf{N}$ 的前面的元素的函数确定的如下的关系

$$x_n+a_1x_{n-1}+\cdots+a_kx_{n-k}=0\ (n\geqslant k)$$

如果其中的系数 $a_1,\cdots,a_k$ 都是不依赖于 n 的常数,则上述关系称为 k 阶的线性齐次递推关系. 定义此关系的特征多项式为 $P(x)=x^k+a_1x^{k-1}+\cdots+a_k$.

定理 2.13 利用上述定义中的记号,设 $P(x)$ 的标准因子分解式为

$$P(x)=(x-\alpha_1)^{k_1}(x-\alpha_2)^{k_2}\cdots(x-\alpha_r)^{k_r}$$

其中 $\alpha_1,\cdots,\alpha_r$ 是不同的复数,而 $k_1,\cdots,k_r$ 是正整数,那么这个递推关系的一般解由公式

$$x_n=p_1(n)\alpha_1^n+p_2(n)\alpha_2^n+\cdots+p_r(n)\alpha_r^n$$

给出,其中 p_i 是次数为 k_i 的多项式. 特别,如果 $P(x)$ 有 k 个不同的根,那么所有的 p_i 都是常数.

如果 $x_0,\cdots,x_{k-1}$ 已被设定,那么多项式的系数是唯一确定的.

2.1.3 不等式

定理 2.14 平方函数总是正的,即 $x^2\geqslant 0(\forall x\in\mathbf{R})$. 把 x 换成不同的表达式,可以得出以下的不等式.

定理 2.15 (Bernoulli(伯努利)不等式)

1. 如果 $n\geqslant 1$ 是一个整数,$x>-1$ 是实数,那么 $(1+x)^n\geqslant 1+nx$;
2. 如果 $\alpha>1$ 或 $\alpha<0$,那么对 $x>-1$ 成立不等式:$(1+x)^\alpha\geqslant 1+\alpha x$;
3. 如果 $\alpha\in(0,1)$,那么对 $x>-1$ 成立不等式:$(1+x)^\alpha\leqslant 1+\alpha x$.

定理 2.16 （平均不等式）对正实数 $x_1,\cdots,x_n$，成立 $QM \geqslant AM \geqslant GM \geqslant HM$，其中

$$QM=\sqrt{\frac{x_1^2+\cdots+x_n^2}{n}},\quad AM=\frac{x_1+\cdots+x_n}{n}$$

$$GM=\sqrt[n]{x_1\cdots x_n},\quad HM=\frac{n}{\frac{1}{x_1}+\cdots+\frac{1}{x_n}}$$

所有不等式的等号都当且仅当 $x_1=x_2=\cdots=x_n$，数 QM,AM,GM 和 HM 分别被称为平方平均，算术平均，几何平均以及调和平均.

定理 2.17 （一般的平均不等式）设 $x_1,\cdots,x_n$ 是正实数，对 $p\in\mathbf{R}$，定义 $x_1,\cdots,x_n$ 的 p 阶平均为

$$M_p=\left(\frac{x_1^p+\cdots+x_n^p}{n}\right)^{\frac{1}{p}},\quad 如果\ p\neq 0$$

以及

$$M_q=\lim_{p\to q}M_p,\quad 如果\ q\in\{\pm\infty,0\}$$

特别，$\max x_i,QM,AM,GM,HM$ 和 $\min x_i$ 分别是 $M_\infty,M_2,M_1,M_0,M_{-1}$ 和 $M_{-\infty}$，那么

$$M_p\leqslant M_q,\quad 只要\ p\leqslant q$$

定理 2.18 （Cauchy-Schwarz(柯西－许瓦兹) 不等式）设 $a_i,b_i,i=1,2,\cdots,n$ 是实数，则

$$\left(\sum_{i=1}^n a_ib_i\right)^2\leqslant\left(\sum_{i=1}^n a_i^2\right)\left(\sum_{i=1}^n b_i^2\right)$$

当且仅当存在 $c\in\mathbf{R}$ 使得 $b_i=ca_i,i=1,\cdots,n$ 时，等号成立.

定理 2.19 （Hölder(和尔窦) 不等式）设 $a_i,b_i,i=1,2,\cdots,n$ 是非负实数，p,q 是使得 $\frac{1}{p}+\frac{1}{q}=1$ 的正实数，则

$$\sum_{i=1}^n a_ib_i\leqslant\left(\sum_{i=1}^n a_i^p\right)^{\frac{1}{p}}\left(\sum_{i=1}^n b_i^q\right)^{\frac{1}{q}}$$

当且仅当存在 $c\in\mathbf{R}$ 使得 $b_i=ca_i,i=1,\cdots,n$ 时，等号成立. Cauchy-Schwarz(柯西－许瓦兹) 不等式是 Hölder(和尔窦) 不等式在 $p=q=2$ 时的特殊情况.

定理 2.20 （Minkovski(闵科夫斯基) 不等式）设 $a_i,b_i,i=1,2,\cdots,n$ 是非负实数，p 是任意不小于 1 的实数，则

$$\left(\sum_{i=1}^n (a_i+b_i)^p\right)^{\frac{1}{p}}\leqslant\left(\sum_{i=1}^n a_i^p\right)^{\frac{1}{p}}+\left(\sum_{i=1}^n b_i^p\right)^{\frac{1}{p}}$$

当 $p>1$ 时，当且仅当存在 $c\in\mathbf{R}$ 使得 $b_i=ca_i,i=1,\cdots,n$ 时，等号成立，当 $p=1$ 时，等号总是成立.

定理 2.21 （Chebyshev(切比雪夫) 不等式）设 $a_1\geqslant a_2\geqslant\cdots\geqslant a_n$ 以及 $b_1\geqslant b_2\geqslant\cdots\geqslant b_n$ 是实数，则

$$n\sum_{i=1}^n a_ib_i\geqslant\left(\sum_{i=1}^n a_i\right)\left(\sum_{i=1}^n b_i\right)\geqslant n\sum_{i=1}^n a_ib_{n+1-i}$$

当 $a_1=a_2=\cdots=a_n$ 或 $b_1=b_2=\cdots=b_n$ 时，上面的两个不等式的等号同时成立.

定义 2.22 定义在区间 I 上的实函数 f 称为是凸的，如果对所有的 $x,y\in I$ 和所有使得 $\alpha+\beta=1$ 的 $\alpha,\beta>0$，都有 $f(\alpha x+\beta y)\leqslant\alpha f(x)+\beta f(y)$，函数 f 称为是凹的，如果成立

相反的不等式，即如果 $-f$ 是凸的.

定理 2.23 如果 f 在区间 I 上连续，那么 f 在区间 I 是凸函数的充分必要条件是对所有 $x,y\in I$，成立

$$f\left(\frac{x+y}{2}\right)\leqslant\frac{f(x)+f(y)}{2}$$

定理 2.24 如果 f 是可微的，那么 f 是凸函数的充分必要条件是它的导函数 f' 是不减的. 类似的，可微函数 f 是凹函数的充分必要条件是它的导函数 f' 是不增的.

定理 2.25 (Jensen(琴生)不等式) 如果 $f:I\to R$ 是凸函数，那么对所有的 $\alpha_i\geqslant 0$，$\alpha_1+\cdots+\alpha_n=1$ 和所有的 $x_i\in I$ 成立不等式

$$f(\alpha_1x_1+\cdots+\alpha_nx_n)\leqslant\alpha_1f(x_1)+\cdots+\alpha_nf(x_n)$$

对于凹函数，成立相反的不等式.

定理 2.26 (Muirhead(穆黑)不等式) 设 $x_1,x_2,\cdots,x_n\in\mathbf{R}^+$，对正实数的 n 元组 $a=(a_1,a_2,\cdots,a_n)$，定义

$$T_a(x_1,\cdots,x_n)=\sum y_1^{a_1}\cdots y_n^{a_n}$$

是对 $x_1,x_2,\cdots,x_n$ 的所有排列 $y_1,y_2,\cdots,y_n$ 求和. 称 n 元组 a 是优超 n 元组 b 的，如果

$$a_1+a_2+\cdots+a_n=b_1+b_2+\cdots+b_n$$

并且对 $k=1,\cdots,n-1$

$$a_1+\cdots+a_k\geqslant b_1+\cdots+b_k$$

如果不增的 n 元组 a 优超不增的 n 元组 b，那么成立以下不等式

$$T_a(x_1,\cdots,x_n)\geqslant T_b(x_1,\cdots,x_n)$$

等号当且仅当 $x_1=x_2=\cdots=x_n$ 时成立.

定理 2.27 (Schur(舒尔)不等式) 利用对 Muirhead(穆黑)不等式使用的记号

$$T_{\lambda+2\mu,0,0}(x_1,x_2,x_3)+T_{\lambda,\mu,\mu}(x_1,x_2,x_3)\geqslant 2T_{\lambda+\mu,\mu,0}(x_1,x_2,x_3)$$

其中 $\lambda,\mu\in\mathbf{R}^+$，等号当且仅当 $x_1=x_2=x_3$ 或 $x_1=x_2,x_3=0$(以及类似情况)时成立.

2.1.4 群和域

定义 2.28 群是一个具有满足以下条件的运算 $*$ 的非空集合 G：

(1) 对所有的 $a,b,c\in G$，$a*(b*c)=(a*b)*c$；

(2) 存在一个唯一的加法元 $e\in G$ 使得对所有的 $a\in G$ 有 $e*a=a*e=a$；

(3) 对每一个 $a\in G$，存在一个唯一的逆元 $a^{-1}=b\in G$ 使得 $a*b=b*a=e$.

如果 $n\in\mathbf{Z}$，则当 $n\geqslant 0$ 时，定义 a^n 为 $a*a*\cdots*a$(n 次)，否则定义为$(a^{-1})^{-n}$.

定义 2.29 群 $\Gamma=(G,*)$ 称为是交换的或阿贝尔群，如果对任意 $a,b\in G$，$a*b=b*a$.

定义 2.30 集合 A 生成群$(G,*)$，如果 G 的每个元用 A 的元素的幂和运算 $*$ 得出. 换句话说，如果 A 是群 G 的生成子，那么每个元素 $g\in G$ 就可被写成 $a_1^{i_1}*\cdots*a_n^{i_n}$，其中对 $j=1,2,\cdots,n$ $a_j\in A$ 而 $i_j\in\mathbf{Z}$.

定义 2.31 当存在使得 $a^n=e$ 的 n 时，$a\in G$ 的阶是使得 $a^n=e$ 成立的最小的 $n\in\mathbf{N}$. 一个群的阶是指其元素的个数，如果群的每个元素的阶都是有限的，则称其为有限阶的.

定义 2.32 (Lagrange(拉格朗日)定理) 在有限群中，元素的阶必整除群的阶.

定义 2.33　一个环是一个具有两种运算＋和・的非空集合 R 使得 $(R,+)$ 是阿贝尔群，并且对任意 $a,b,c\in R$，有

(1) $(a\cdot b)\cdot c=a\cdot(b\cdot c)$；

(2) $(a+b)\cdot c=a\cdot c+b\cdot c$ 以及 $c\cdot(a+b)=c\cdot a+c\cdot b$.

一个环称为是交换的，如果对任意 $a,b\in R$，$a\cdot b=b\cdot a$，并且具有乘法单位元 $i\in R$，使得对所有的 $a\in R$，$i\cdot a=a\cdot i$.

定义 2.34　一个域是一个具有单位元的交换环，在这种环中，每个不是加法单位元的元素 a 有乘法逆 a^{-1}，使得 $a\cdot a^{-1}=a^{-1}\cdot a=i$.

定理 2.35　下面是一些群，环和域的通常的例子：

群：$(\mathbf{Z}_n,+)$，$(\mathbf{Z}_p\setminus\{0\},\cdot)$，$(\mathbf{Q},+)$，$(\mathbf{R},+)$，$(\mathbf{R}\setminus\{0\},\cdot)$；

环：$(\mathbf{Z}_n,+,\cdot)$，$(\mathbf{Z},+,\cdot)$，$(\mathbf{Z}[x],+,\cdot)$，$(\mathbf{R}[x],+,\cdot)$；

域：$(\mathbf{Z}_p,+,\cdot)$，$(Q,+,\cdot)$，$(Q(\sqrt{2}),+,\cdot)$，$(\mathbf{R},+,\cdot)$，$(\mathbf{C},+,\cdot)$.

第2节　分　析

定义 2.36　说序列 $\{a_n\}_{n=1}^{\infty}$ 有极限 $a=\lim\limits_{n\to\infty}a_n$（也记为 $a_n\to a$），如果对任意 $\varepsilon>0$，都存在 $n_\varepsilon\in\mathbf{N}$，使得当 $n\geqslant n_\varepsilon$ 时，成立 $|a_n-a|<\varepsilon$.

说函数 $f:(a,b)\to\mathbf{R}$ 有极限 $y=\lim\limits_{x\to c}f(x)$，如果对任意 $\varepsilon>0$，都存在 $\delta>0$，使得对任意 $x\in(a,b)$，$0<|x-c|<\delta$，都有 $|f(x)-y|<\varepsilon$.

定义 2.37　称序列 x_n 收敛到 $x\in\mathbf{R}$，如果 $\lim\limits_{n\to\infty}x_n=x$，级数 $\sum\limits_{n=1}^{\infty}x_n$ 收敛到 $s\in\mathbf{R}$ 的含义为 $\lim\limits_{m\to\infty}\sum\limits_{n=1}^{m}x_n=s$. 一个不收敛的序列或级数称为是发散的.

定理 2.38　如果序列 a_n 单调并且有界，则它必是收敛的.

定义 2.39　称函数 f 在区间 $[a,b]$ 上是连续的，如果对每个 $x_0\in[a,b]$，$\lim\limits_{x\to x_0}f(x)=f(x_0)$.

定义 2.40　称函数 $f:(a,b)\to\mathbf{R}$ 在点 $x_0\in(a,b)$ 是可微的，如果以下极限存在

$$f'(x_0)=\lim_{x\to x_0}\frac{f(x)-f(x_0)}{x-x_0}$$

称函数在 (a,b) 上是可微的，如果它在每一点 $x_0\in(a,b)$ 都是可微的. 函数 f' 称为是函数 f 的导数，类似的，可定义 f' 的导数 f''，它称为函数 f 的二阶导数，等等.

定理 2.41　可微函数是连续的. 如果 f 和 g 都是可微的，那么 fg，$\alpha f+\beta g(\alpha,\beta\in\mathbf{R})$，$f\circ g$，$\frac{1}{f}$（如果 $f\neq 0$），f^{-1}（如果它可被有意义的定义）都是可微的. 并且成立

$$(\alpha f+\beta g)'=\alpha f'+\beta g'$$
$$(fg)'=f'g+fg'$$
$$(f\circ g)'=(f'\circ g)\cdot g'$$
$$\left(\frac{1}{f}\right)'=-\frac{f'}{f^2}$$

$$\left(\frac{f}{g}\right)' = \frac{f'g - fg'}{g^2}$$

$$(f^{-1})' = \frac{1}{(f' \circ f^{-1})}$$

定理 2.42　以下是一些初等函数的导数(a 表示实常数)

$$(x^a)' = ax^{a-1}$$

$$(\ln x)' = \frac{1}{x}$$

$$(a^x)' = a^x \ln a$$

$$(\sin x)' = \cos x$$

$$(\cos x)' = -\sin x$$

定理 2.43　(Fermat(费马)定理)设 $f:[a,b]\to \mathbf{R}$ 是可微函数,且函数 f 在此区间内达到其极大值或极小值. 如果 $x_0 \in (a,b)$ 是一个极值点(即函数在此点达到极大值或极小值),那么 $f'(x_0)=0$.

定理 2.44　(Roll(罗尔)定理)设 $f(x)$ 是定义在$[a,b]$上的连续可微函数,且 $f(a)=f(b)=0$,则存在 $c\in(a,b)$,使得 $f'(c)=0$.

定义 2.45　定义在 $\mathbf{R}^n$ 的开子集D上的可微函数 $f_1,f_2,\cdots,f_k$ 称为是相关的,如果存在非零的可微函数 $F:\mathbf{R}^k\to\mathbf{R}$ 使得 $F(f_1,\cdots,f_k)$ 在 D 的某个开子集上恒同于 0.

定义 2.46　函数 $f_1,\cdots,f_k:D\to\mathbf{R}$ 是独立的充分必要条件为 $k\times n$ 矩阵 $\left[\frac{\partial f_i}{\partial x_j}\right]_{i,j}$ 的秩为 k,即在某个点,它有 k 行是线性无关的.

定理 2.47　(Lagrange(拉格朗日)乘数)设 D 是 $\mathbf{R}^n$ 的开子集,且 $f,f_1,\cdots,f_k:D\to\mathbf{R}$ 是独立无关的可微函数. 设点 a 是函数 f 在 D 内的一个极值点,使得 $f_1=f_2=\cdots=f_n=0$,则存在实数 $\lambda_1,\cdots,\lambda_k$(所谓的拉格朗日乘数)使得 a 是函数 $F=f+\lambda_1 f_1+\cdots+\lambda_k f_k$ 的平衡点,即在点 a 使得 F 的偏导数为 0 的点.

定义 2.48　设 f 是定义在$[a,b]$上的实函数,且设 $a=x_0\leqslant x_1\leqslant\cdots\leqslant x_n=b$ 以及 $\xi_k\in[x_{k-1},x_k]$,和 $S=\sum_{k=1}^{n}(x_k-x_{k-1})f(\xi_k)$ 称为 Darboux(达布)和,如果 $I=\lim_{\delta\to 0}S$ 存在(其中 $\delta=\max_k(x_k-x_{k-1})$),则称 f 是可积的,并称 I 是它的积分. 每个连续函数在有限区间上都是可积的.

第3节　几　何

2.3.1　三角形的几何

定义 2.49　三角形的垂心是其高线的交点.

定义 2.50　三角形的外心是其外接圆的圆心,它是三角形各边的垂直平分线的交点.

定义 2.51　三角形的内心是其内切圆的圆心,它是其各角的角平分线的交点.

定义 2.52　三角形的重心是其各边中线的交点.

定理 2.53　对每个非退化的三角形,垂心,外心,内心,重心都是良定义的.

定理 2.54　(Euler(欧拉)线)任意三角形的垂心 H,重心 G 和外心 O 位于一条直线上(欧拉线),且满足 $\overrightarrow{HG}=2\overrightarrow{GO}$.

定理 2.55　(9点圆)三角形从顶点 A,B,C 向对边所引的垂足,AB,BC,CA,AH,BH,CH 各线段的中点位于一个圆上(9点圆).

定理 2.56　(Feuerbach(费尔巴哈)定理)三角形的9点圆和其内切圆和三个外切圆相切.

定理 2.57　给了 $\triangle ABC$,设 $\triangle ABC'$,$\triangle AB'C$ 和 $\triangle A'BC$ 是向外的等边三角形,则 AA',BB',CC' 交于一点,称为 Torricelli(托里拆利)点.

定义 2.58　设 ABC 是一个三角形,P 是一点,而 X,Y,Z 分别是从 P 向 BC,AC,AB 所引垂线的垂足,则 $\triangle XYZ$ 称为 $\triangle ABC$ 的对应于点 P 的 Pedal(佩多)三角形.

定理 2.59　(Simson(西姆松)线)当且仅当点 P 位于 ABC 的外接圆上时,Pedal(佩多)三角形是退化的,即 X,Y,Z 共线,点 X,Y,Z 共线时,它们所在的直线称为 Simson(西姆松)线.

定理 2.60　(Carnot(卡农)定理)从 X,Y,Z 分别向 BC,CA,AB 所作的垂线共点的充分必要条件是

$$BX^2-XC^2+CY^2-YA^2+AZ^2-ZB^2=0$$

定理 2.61　(Desargue(戴沙格)定理)设 $A_1B_1C_1$ 和 $A_2B_2C_2$ 是两个三角形.直线 A_1A_2,B_1B_2,C_1C_2 共点或互相平行的充分必要条件是 $A=B_1C_2\cap B_2C_1$,$B=C_1A_2\cap A_1C_2$,$C=A_1B_2\cap A_2B_1$ 共线.

2.3.2　向量几何

定义 2.62　对任意两个空间中的向量 $\boldsymbol{a},\boldsymbol{b}$,定义其数量积(又称点积)为 $\boldsymbol{a}\cdot\boldsymbol{b}=|\boldsymbol{a}||\boldsymbol{b}|\cdot\cos\varphi$,而其向量积为 $\boldsymbol{a}\times\boldsymbol{b}=\boldsymbol{p}$,其中 $\varphi=\angle(\boldsymbol{a},\boldsymbol{b})$,而 $\boldsymbol{p}$ 是一个长度为 $|\boldsymbol{p}|=|\boldsymbol{a}||\boldsymbol{b}|\cdot|\sin\varphi|$ 的向量,它垂直于由 $\boldsymbol{a}$ 和 $\boldsymbol{b}$ 所确定的平面,并使得有顺序的三个向量 $\boldsymbol{a},\boldsymbol{b},\boldsymbol{p}$ 是正定向的(注意如果 $\boldsymbol{a}$ 和 $\boldsymbol{b}$ 共线,则 $\boldsymbol{a}\times\boldsymbol{b}=\boldsymbol{0}$).这些积关于两个向量都是线性的.数量积是交换的,而向量积是反交换的,即 $\boldsymbol{a}\times\boldsymbol{b}=-\boldsymbol{b}\times\boldsymbol{a}$.我们也定义三个向量 $\boldsymbol{a},\boldsymbol{b},\boldsymbol{c}$ 的混合积为 $[\boldsymbol{a},\boldsymbol{b},\boldsymbol{c}]=(\boldsymbol{a}\times\boldsymbol{b})\cdot\boldsymbol{c}$.

原书注:向量 $\boldsymbol{a}$ 和 $\boldsymbol{b}$ 的数量积有时也表示成 $\langle\boldsymbol{a},\boldsymbol{b}\rangle$.

定理 2.63　(Thale(泰勒斯)定理)设直线 AA' 和 BB' 交于点 O,$A'\neq O\neq B'$.那么 $AB /\!/ A'B'\Leftrightarrow\dfrac{\overrightarrow{OA}}{\overrightarrow{OA'}}=\dfrac{\overrightarrow{OB}}{\overrightarrow{OB'}}$,(其中 $\dfrac{\boldsymbol{a}}{\boldsymbol{b}}$ 表示两个非零的共线向量的比例).

定理 2.64　(Ceva(塞瓦)定理)设 ABC 是一个三角形,而 X,Y,Z 分别是直线 BC,CA,AB 上不同于 A,B,C 的点,那么直线 AX,BY,CZ 共点的充分必要条件是

$$\frac{\overrightarrow{BX}}{\overrightarrow{XC}}\cdot\frac{\overrightarrow{CY}}{\overrightarrow{YA}}\cdot\frac{\overrightarrow{AZ}}{\overrightarrow{ZB}}=1$$

或等价的

$$\frac{\sin\angle BAX}{\sin\angle XAC}\cdot\frac{\sin\angle CBY}{\sin\angle YBA}\cdot\frac{\sin\angle ACZ}{\sin\angle ZCB}=1$$

(最后的表达式称为三角形式的 Ceva(塞瓦)定理).

定理 2.65 (Menelaus(梅尼劳斯)定理)利用Ceva(塞瓦)定理中的记号,点 X,Y,Z 共线的充分必要条件是

$$\frac{\overrightarrow{BX}}{\overrightarrow{XC}}\cdot\frac{\overrightarrow{CY}}{\overrightarrow{YA}}\cdot\frac{\overrightarrow{AZ}}{\overrightarrow{ZB}}=-1$$

定理 2.66 (Stewart(斯特瓦尔特)定理)设 D 是直线 BC 上任意一点,则

$$AD^2=\frac{\overrightarrow{DC}}{\overrightarrow{BC}}BD^2+\frac{\overrightarrow{BD}}{\overrightarrow{BC}}CD^2-\overrightarrow{BD}\cdot\overrightarrow{DC}$$

特别,如果 D 是 BC 的中点,则

$$4AD^2=2AB^2+2AC^2-BC^2$$

2.3.3 重心

定义 2.67 一个质点(A,m)是指一个具有质量 $m>0$ 的点 A.

定义 2.68 质点系(A_i,m_i),$i=1,2,\cdots,n$的质心(重心)是指一个使得 $\sum_i m_i\overrightarrow{TA_i}=0$ 的点.

定理 2.69 (Leibniz(莱布尼兹)定理)设 T 是总质量为 $m=m_1+\cdots+m_n$ 的质点系 $\{(A_i,m_i)\mid i=1,2,\cdots,n\}$ 的质心,并设 X 是任意一个点,那么

$$\sum_{i=1}^{n}m_iXA_i{}^2=\sum_{i=1}^{n}m_iTA_i{}^2+mXT^2$$

特别,如果 T 是 $\triangle ABC$ 的重心,而 X 是任意一个点,那么

$$AX^2+BX^2+CX^2=AT^2+BT^2+CT^2+3XT^2$$

2.3.4 四边形

定理 2.70 四边形 $ABCD$ 是共圆的(即 $ABCD$ 存在一个外接圆)的充分必要条件是

$$\angle ACB=\angle ADB$$

或

$$\angle ADC+\angle ABC=180^\circ$$

定理 2.71 (Ptolemy(托勒玫)定理)凸四边形 $ABCD$ 共圆的充分必要条件是

$$AC\cdot BD=AB\cdot CD+AD\cdot BC$$

对任意四边形 $ABCD$ 则成立 Ptolemy(托勒玫)不等式(见 2.3.7 几何不等式).

定理 2.72 (Casey(开世)定理)设四个圆 k_1,k_2,k_3,k_4 都和圆 k 相切.如果圆 k_i 和 k_j 都和圆 k 内切或外切,那么设 t_{ij} 表示由圆 k_i 和 $k_j(i,j\in\{1,2,3,4\})$ 所确定的外公切线的长度,否则设 t_{ij} 表示内公切线的长度.那么乘积 $t_{12}t_{34}$,$t_{13}t_{24}$ 以及 $t_{14}t_{23}$ 之一是其余二者之和.

圆 k_1,k_2,k_3,k_4 中的某些圆可能退化成一个点,特别设 A,B,C 是圆 k 上的三个点,圆 k 和圆 k' 在一个不包含点 B 的 AC 弧上相切,那么我们有 $AC\cdot b=AB\cdot c+BC\cdot a$,其中 a,b 和 c 分别是从点 A,B 和 C 向 AC 所作的切线的长度.Ptolemy(托勒玫)定理是 Casey(开世)定理在四个圆都退化时的特殊情况.

定理 2.73 凸四边形 $ABCD$ 相切(即 $ABCD$ 存在一个内切圆)的充分必要条件是

$$AB+CD=BC+DA$$

定理 2.74 对空间中任意四点 A,B,C,D,$AC\perp BD$ 的充分必要条件是

$$AB^2 + CD^2 = BC^2 + DA^2$$

定理 2.75 (Newton(牛顿) 定理) 设 $ABCD$ 是四边形,$AD \cap BC = E$,$AB \cap DC = F$(那种点 A,B,C,D,E,F 构成一个完全四边形). 那么 AC,BD 和 EF 的中点是共线的. 如果 $ABCD$ 相切,那么其内心也在这条直线上.

定理 2.76 (Brocard(布罗卡) 定理) 设 $ABCD$ 是圆心为 O 的圆内接四边形,并设 $P = AB \cap CD$,$Q = AD \cap BC$,$R = AC \cap BD$,那么 O 是 $\triangle PQR$ 的垂心.

2.3.5 圆的几何

定理 2.77 (Pascal(帕斯卡) 定理) 如果 A_1,A_2,A_3,B_1,B_2,B_3 是圆 γ 上不同的点,那么点 $X_1 = A_2B_3 \cap A_3B_2$,$X_2 = A_1B_3 \cap A_3B_1$ 和 $X_3 = A_1B_2 \cap A_2B_1$ 是共线的. 在 γ 是两条直线的特殊情况下,这一结果称为 Pappus(帕普斯) 定理.

定理 2.78 (Brianchon(布里安桑) 定理) 设 $ABCDEF$ 是任意圆内接凸六边形,那么 AD,BE 和 CF 交于一点.

定理 2.79 (蝴蝶定理) 设 AB 是圆 k 上的一条线段,C 是它的中点. 设 p 和 q 是通过 C 的两条不同的直线,分别与圆 k 在 AB 的一侧交于 P 和 Q,而在另一侧交于 P' 和 Q',设 E 和 F 分别是 PQ' 和 $P'Q$ 与 AB 的交点,那么 $CE = CF$.

定义 2.80 点 X 关于圆 $k(O,r)$ 的幂定义为 $P(X) = OX^2 - r^2$. 设 l 是任一条通过 X 并交圆 k 于 A 和 B 的线(当 l 是切线时,$A = B$),有 $P(X) = \overrightarrow{XA} \cdot \overrightarrow{XB}$.

定义 2.81 两个圆的根轴是关于这两个圆的幂相同的点的轨迹. 圆 $k_1(O_1,r_1)$ 和 $k_2(O_2,r_2)$ 的根轴垂直于 O_1O_2. 三个不同的圆的根轴是共点的或互相平行的. 如果根轴是共点的,则它们的交点称为根心.

定义 2.82 一条不通过点 O 的直线 l 关于圆 $k(O,r)$ 的极点是一个位于 l 的与 O 相反一侧的使得 $OA \perp l$,且 $d(O,l) \cdot OA = r^2$ 的点 A. 特别,如果 l 和 k 交于两点,则它的极点就是过这两个点的切线的交点.

定义 2.83 用上面的定义中的记号,称点 A 的极线是 l,特别,如果 A 是 k 外面的一点,而 AM,AN 是 k 的切线($M,N \in k$),那么 MN 就是 A 的极线.

可以对一般的圆锥曲线类似的定义极点和极线的概念.

定理 2.84 如果点 A 属于点 B 的极线,则点 B 也属于点 A 的极线.

2.3.6 反演

定义 2.85 一个平面 π 围绕圆 $k(O,r)$(圆属于 π) 的反演是一个从集合 $\pi \backslash \{O\}$ 到自身的变换,它把每个点 P 变为一个在 $\pi \backslash \{O\}$ 上使得 $OP \cdot OP' = r^2$ 的点. 在下面的叙述中,我们将默认排除点 O.

定理 2.86 在反演下,圆 k 上的点不动,圆内的点变为圆外的点,反之亦然.

定理 2.87 如果 A,B 两点在反演下变为 A',B' 两点,那么 $\angle OAB = \angle OB'A'$,$ABB'A'$ 共圆且此圆垂直于 k. 一个垂直于 k 的圆变为自身,反演保持连续曲线(包括直线和圆) 之间的角度不变.

定理 2.88 反演把一条不包含 O 的直线变为一个包含 O 的圆,包含 O 的直线变成自身. 不包含 O 的圆变为不包含 O 的圆,包含 O 的圆变为不包含 O 的直线.

2.3.7 几何不等式

定理 2.89 (三角不等式)对平面上的任意三个点 A,B,C

$$AB+BC\geqslant AC$$

当等号成立时 A,B,C 共线,且按照这一次序从左到右排列时,等号成立.

定理 2.90 (Ptolemy(托勒玫)不等式)对任意四个点 A,B,C,D 成立

$$AC\cdot BD\leqslant AB\cdot CD+AD\cdot BC$$

定理 2.91 (平行四边形不等式)对任意四个点 A,B,C,D 成立

$$AB^2+BC^2+CD^2+DA^2\geqslant AC^2+BD^2$$

当且仅当 $ABCD$ 是一个平行四边形时等号成立.

定理 2.92 如果 $\triangle ABC$ 的所有的角都小于或等于120°时,那么当 X 是 Torricelli(托里拆利)点时,$AX+BX+CX$ 最小,在相反的情况下,X 是钝角的顶点.使得 $AX^2+BX^2+CX^2$ 最小的点 X_2 是重心(见 Leibniz(莱布尼兹)定理).

定理 2.93 (Erdös-Mordell(爱尔多斯-摩德尔)不等式).设 P 是 $\triangle ABC$ 内一点,而 P 在 BC,AC,AB 上的投影分别是 X,Y,Z,那么

$$PA+PB+PC\geqslant 2(PX+PY+PZ)$$

当且仅当 $\triangle ABC$ 是等边三角形以及 P 是其中心时等号成立.

2.3.8 三角

定义 2.94 三角圆是圆心在坐标平面的原点的单位圆.设 A 是点$(1,0)$而 $P(x,y)$ 是三角圆上使得 $\angle AOP=\alpha$ 的点.那么我们定义

$$\sin\alpha=y,\cos\alpha=x,\tan\alpha=\frac{y}{x},\cot\alpha=\frac{x}{y}$$

定理 2.95 函数 sin 和 cos 是周期为 2π 的周期函数,函数 tan 和 cot 是周期为 π 的周期函数,成立以下简单公式

$$\sin^2x+\cos^2x=1,\sin 0=\sin\pi=0$$

$$\sin(-x)=-\sin x,\cos(-x)=\cos x$$

$$\sin\left(\frac{\pi}{2}\right)=1,\sin\left(\frac{\pi}{4}\right)=\frac{\sqrt{2}}{2},\sin\left(\frac{\pi}{6}\right)=\frac{1}{2}$$

$$\cos x=\sin\left(\frac{\pi}{2}-x\right)$$

从这些公式易于导出其他的公式.

定理 2.96 对三角函数成立以下加法公式

$$\sin(\alpha\pm\beta)=\sin\alpha\cos\beta\pm\cos\alpha\sin\beta$$

$$\cos(\alpha\pm\beta)=\cos\alpha\cos\beta\mp\sin\alpha\sin\beta$$

$$\tan(\alpha\pm\beta)=\frac{\tan\alpha\pm\tan\beta}{1\mp\tan\alpha\tan\beta}$$

$$\cot(\alpha\pm\beta)=\frac{\cot\alpha\cot\beta\mp 1}{\cot\alpha\pm\cot\beta}$$

定理 2.97 对三角函数成立以下倍角公式

$$\sin 2x = 2\sin x\cos x, \sin 3x = 3\sin x - 4\sin^3 x$$
$$\cos 2x = 2\cos^2 x - 1, \cos 3x = 4\cos^3 x - 3\cos x$$
$$\tan 2x = \frac{2\tan x}{1-\tan^2 x}, \tan 3x = \frac{3\tan x - \tan^3 x}{1 - 3\tan^2 x}$$

定理 2.98　对任意 $x \in \mathbf{R}$，$\sin x = \frac{2t}{1+t^2}$，$\cos x = \frac{1-t^2}{1+t^2}$，其中 $t = \tan\frac{x}{2}$.

定理 2.99　积化和差公式

$$2\cos\alpha\cos\beta = \cos(\alpha+\beta) + \cos(\alpha-\beta)$$
$$2\sin\alpha\cos\beta = \sin(\alpha+\beta) + \sin(\alpha-\beta)$$
$$2\sin\alpha\sin\beta = \cos(\alpha-\beta) - \cos(\alpha-\beta)$$

定理 2.100　三角形的角 α,β,γ 满足

$$\cos^2\alpha + \cos^2\beta + \cos^2\gamma + 2\cos\alpha\cos\beta\cos\gamma = 1$$
$$\tan\alpha + \tan\beta + \tan\gamma = \tan\alpha\tan\beta\tan\gamma$$

定理 2.101　(De Moivre(棣(译者注:音立)模佛公式)

$$(\cos x + \mathrm{i}\sin x)^n = \cos nx + \mathrm{i}\sin nx$$

其中 $\mathrm{i}^2 = -1$.

2.3.9　几何公式

定理 2.102　(Heron(海伦)公式)设三角形的边长为 a,b,c，半周长为 s，则它的面积可用这些量表成

$$S = \sqrt{s(s-a)(s-b)(s-c)} = \frac{1}{4}\sqrt{2a^2b^2 + 2a^2c^2 + 2b^2c^2 - a^4 - b^4 - c^4}$$

定理 2.103　(正弦定理)三角形的边 a,b,c 和角 α,β,γ 满足

$$\frac{a}{\sin\alpha} = \frac{b}{\sin\beta} = \frac{c}{\sin\gamma} = 2R$$

其中 R 是 $\triangle ABC$ 的外接圆半径.

定理 2.104　(余弦定理)三角形的边和角满足

$$c^2 = a^2 + b^2 - 2ab\cos\gamma$$

定理 2.105　$\triangle ABC$ 的外接圆半径 R 和内切圆半径 r 满足

$$R = \frac{abc}{4S}$$

和

$$r = \frac{2S}{a+b+c} = R(\cos\alpha + \cos\beta + \cos\gamma - 1)$$

如果 x,y,z 表示一个锐角三角形的外心到各边的距离，则

$$x + y + z = R + r$$

定理 2.106　(Euler(欧拉)公式)设 O 和 I 分别是 $\triangle ABC$ 的外心和内心，则

$$OI^2 = R(R-2r)$$

其中 R 和 r 分别是 $\triangle ABC$ 的外接圆半径和内切圆半径，因此 $R \geqslant 2r$.

定理 2.107　设四边形的边长为 a,b,c,d，半周长为 p，在顶点 A,C 处的内角分别为 α，γ，则其面积为

$$S=\sqrt{(p-a)(p-b)(p-c)(p-d)-abcd\cos^2\frac{\alpha+\gamma}{2}}$$

如果 $ABCD$ 是共圆的,则上述公式成为

$$S=\sqrt{(p-a)(p-b)(p-c)(p-d)}$$

定理 2.108 (pedal(匹多)三角形的 Euler(欧拉)定理)设 X,Y,Z 是从点 P 向 $\triangle ABC$ 的各边所引的垂足.又设 O 是 $\triangle ABC$ 的外接圆的圆心,R 是其半径,则

$$S_{\triangle XYZ}=\frac{1}{4}\left|1-\frac{OP^2}{R^2}\right|S_{\triangle ABC}$$

此外,当且仅当 P 位于 $\triangle ABC$ 的外接圆(见 Simson(西姆松)线)上时,$S_{\triangle XYZ}=0$.

定理 2.109 设 $\boldsymbol{a}=(a_1,a_2,a_3)$,$\boldsymbol{b}=(b_1,b_2,b_3)$,$\boldsymbol{c}=(c_1,c_2,c_3)$ 是坐标空间中的三个向量,那么

$$\boldsymbol{a}\cdot\boldsymbol{b}=a_1b_1+a_2b_2+a_3b_3$$

$$\boldsymbol{a}\times\boldsymbol{b}=(a_1b_2-a_2b_1,a_2b_3-a_3b_2,a_3b_1-a_1b_3)$$

$$[\boldsymbol{a},\boldsymbol{b},\boldsymbol{c}]=\left\|\begin{matrix}a_1 & a_2 & a_3\\ b_1 & b_2 & b_3\\ c_1 & c_2 & c_3\end{matrix}\right\|$$

定理 2.110 $\triangle ABC$ 的面积和四面体 $ABCD$ 的体积分别等于

$$|\overrightarrow{AB}\times\overrightarrow{AC}|$$

和

$$|[\overrightarrow{AB},\overrightarrow{AC},\overrightarrow{AD}]|$$

定理 2.111 (Cavalieri(卡瓦列里)原理)如果两个立体被同一个平面所截的截面的面积总是相等的,则这两个立体的体积相等.

第4节 数 论

2.4.1 可除性和同余

定义 2.112 $a,b\in\mathbf{N}$ 的最大公因数 $(a,b)=\gcd(a,b)$ 是可以整除 a 和 b 的最大整数.如果 $(a,b)=1$,则称正整数 a 和 b 是互素的.$a,b\in\mathbf{N}$ 的最小公倍数 $[a,b]=\mathrm{lcm}(a,b)$ 是可以被 a 和 b 整除的最小整数.成立

$$[a,b](a,b)=ab$$

上面的概念容易推广到两个数以上的情况,即我们也可以定义 $(a_1,a_2,\cdots,a_n)$ 和 $[a_1,a_2,\cdots,a_n]$.

定理 2.113 (Euclid(欧几里得)算法)由于 $(a,b)=(|a-b|,a)=(|a-b|,b)$,由此通过每次把 a 和 b 换成 $|a-b|$ 和 $\min\{a,b\}$ 而得出一条从正整数 a 和 b 获得 (a,b) 的链,直到最后两个数成为相等的数.这一算法可被推广到两个数以上的情况.

定理 2.114 (Euclid(欧几里得)算法的推论)对每对 $a,b\in\mathbf{N}$,存在 $x,y\in\mathbf{Z}$ 使得 $ax+by=(a,b)$,(a,b) 是使得这个式子成立的最小正整数.

定理 2.115 (Euclid(欧几里得)算法的第二个推论)设 $a,m,n\in\mathbf{N}$,$a>1$,则成立

$$(a^m-1,a^n-1)=a^{(m,n)}-1$$

定理 2.116 (算数基本定理) 每个正整数当不计素数的次序时都可以用唯一的方式被表成素数的乘积.

定理 2.117 算数基本定理对某些其他的数环也成立,例如 $\mathbf{Z}[i]=\{a+bi \mid a,b\in\mathbf{Z}\}$, $\mathbf{Z}[\sqrt{2}]$,$\mathbf{Z}[\sqrt{-2}]$,$\mathbf{Z}[\omega]$(其中 ω 是 1 的 3 次复根). 在这些情况下,因数分解当不计次序和 1 的因子时是唯一的.

定义 2.118 称整数 a,b 在模 n 下同余,如果 $n\mid a-b$,我们把这一事实记为 $a\equiv b\pmod n$.

定理 2.119 (中国剩余定理) 如果 $m_1,m_2,\cdots,m_k$ 是两两互素的正整数,而 $a_1,a_2,\cdots,a_k$ 和 $c_1,c_2,\cdots,c_k$ 是使得 $(a_i,m_i)=1(i=1,2,\cdots,k)$ 的整数,那么同余式组

$$a_ix\equiv c_i\pmod{m_i},i=1,2,\cdots,k$$

在模 $m_1m_2\cdots m_k$ 下有唯一解.

2.4.2 指数同余

定理 2.120 (Wilson(威尔逊) 定理) 如果 p 是素数,则 $p\mid(p-1)!+1$.

定理 2.121 (Fermat(费尔马) 小定理) 设 p 是一个素数,而 a 是一个使得 $(a,p)=1$ 的整数,则

$$a^{p-1}\equiv 1\pmod p$$

这个定理是 Euler(欧拉) 定理的特殊情况.

定义 2.122 对 $n\in\mathbf{N}$,定义 Euler(欧拉) 函数是在所有小于 n 的整数中与 n 互素的整数的个数. 成立以下公式

$$\varphi(n)=n\left(1-\frac{1}{p_1}\right)\cdots\left(1-\frac{1}{p_k}\right)$$

其中 $n=p_1^{\alpha_1}\cdots p_k^{\alpha_k}$ 是 n 的素因子分解式.

定理 2.113 (Euler(欧拉) 定理) 设 n 是自然数,而 a 是一个使得 $(a,n)=1$ 的整数,那么

$$a^{\varphi(n)}\equiv 1\pmod n$$

定理 2.114 (元根的存在性) 设 p 是一个素数,则存在一个 $g\in\{1,2,\cdots p-1\}$(称为模 p 的元根) 使得在模 p 下,集合 $\{1,g,g^2,\cdots,g^{p-2}\}$ 与集合 $\{1,2,\cdots p-1\}$ 重合.

定义 2.115 设 p 是一个素数,而 α 是一个非负整数,称 p^α 是 p 的可整除 a 的恰好的幂(而 α 是一个恰好的指数),如果 $p^\alpha\mid a$,而 $p^{\alpha+1}\mid a$.

定理 2.16 设 a,n 是正整数,而 p 是一个奇素数,如果 $p^\alpha(\alpha\in\mathbf{N})$ 是 p 的可整除 $a-1$ 的恰好的幂,那么对任意整数 $\beta\geqslant 0$,当且仅当 $p^\beta\mid n$ 时,$p^{\alpha+\beta}\mid a^n-1$(见 SL1997—14).

对 $p=2$ 成立类似的命题. 如果 $2^\alpha(\alpha\in\mathbf{N})$ 是 p 的可整除 a^2-1 的恰好的幂,那么对任意整数 $\beta\geqslant 0$,当且仅当 $2^{\beta+1}\mid n$ 时,$2^{\alpha+\beta}\mid a^n-1$(见 SL1989—27).

2.4.2 二次 Diophantine(丢番图) 方程

定理 2.127 $a^2+b^2=c^2$ 的整数解由 $a=t(m^2-n^2)$,$b=2tmn$,$c=t(m^2+n^2)$ 给出(假设 b 是偶数),其中 $t,m,n\in\mathbf{Z}$. 三元组 (a,b,c) 称为毕达哥拉斯数(译者注:在我国称为勾股数)(如果 $(a,b,c)=1$,则称为本原的毕达哥拉斯数(勾股数)).

定义 2.128　设 $D\in\mathbf{N}$ 是一个非完全平方数,则称不定方程

$$x^2-Dy^2=1$$

是 Pell(贝尔)方程,其中 $x,y\in\mathbf{Z}$.

定理 2.129　如果(x_0,y_0)是 Pell(贝尔)方程 $x^2-Dy^2=1$ 在 $\mathbf{N}$ 中的最小解,则其所有的整数解(x,y)由 $x+y\sqrt{D}=\pm(x_0+y_0\sqrt{D})^n,n\in\mathbf{Z}$ 给出.

定义 2.130　整数 a 称为是模 p 的平方剩余,如果存在 $x\in\mathbf{Z}$,使得 $x^2\equiv a\pmod p$,否则称为模 p 的非平方剩余.

定义 2.131　对整数 a 和素数 p 定义 Legendre(勒让德)符号为

$$\left(\frac{a}{p}\right)=\begin{cases}1,\text{ 如果 } a \text{ 是模 } p \text{ 的二次剩余,且 } p\nmid a\\ 0,\text{ 如果 } p\mid a\\ -1,\text{ 其他情况}\end{cases}$$

显然如果 $p\nmid a$ 则

$$\left(\frac{a}{p}\right)=\left(\frac{a+p}{p}\right),\left(\frac{a^2}{p}\right)=1$$

Legendre(勒让德)符号是积性的,即

$$\left(\frac{a}{p}\right)\left(\frac{b}{p}\right)=\left(\frac{ab}{p}\right)$$

定理 2.132　(Euler(欧拉)判据)对奇素数 p 和不能被 p 整除的整数 a

$$\left(\frac{a}{p}\right)\equiv a^{\frac{p-1}{2}}\pmod p$$

定理 2.133　对素数 $p>3$,$\left(\frac{-1}{p}\right)$,$\left(\frac{2}{p}\right)$和$\left(\frac{-3}{p}\right)$等于 1 的充分必要条件分别为 $p\equiv 1\pmod 4$,$p\equiv\pm 1\pmod 8$ 和 $p\equiv 1\pmod 6$.

定理 2.134　(Gauss(高斯)互反律)对任意两个不同的奇素数 p 和 q,成立

$$\left(\frac{p}{q}\right)\left(\frac{q}{p}\right)=(-1)^{\frac{p-1}{2}\cdot\frac{q-1}{2}}$$

定义 2.135　对整数 a 和奇的正整数 b,定义 Jacobi(雅可比)符号如下

$$\left(\frac{a}{b}\right)=\left(\frac{a}{p_1}\right)^{\alpha_1}\cdots\left(\frac{a}{p_k}\right)^{\alpha_k}$$

其中 $b=p_1^{\alpha_1}\cdots p_k^{\alpha_k}$ 是 b 的素因子分解式.

定理 2.136　如果$\left(\frac{a}{b}\right)=-1$,那么 a 是模 b 的非二次剩余,但是逆命题不成立.对 Jacobi(雅可比)符号来说,除了 Euler(欧拉)判据之外,Legendre(勒让德)符号的所有其余性质都保留成立.

2.4.4　Farey(法雷)序列

定义 2.137　设 n 是任意正整数,Farey(法雷)序列 F_n 是由满足 $0\leqslant a\leqslant b\leqslant n$,$(a,b)=1$ 的所有从小到大排列的有理数$\frac{a}{b}$所形成的序列.例如 $F_3=\left\{\frac{0}{1},\frac{1}{3},\frac{1}{2},\frac{2}{3},\frac{1}{1}\right\}$.

定理 2.138　如果$\frac{p_1}{q_1}$,$\frac{p_2}{q_2}$和$\frac{p_3}{q_3}$是 Farey(法雷)序列中三个相继的项,则

$$p_2q_1 - p_1q_2 = 1$$

$$\frac{p_1 + p_3}{q_1 + q_3} = \frac{p_2}{q_2}$$

第5节　组　合

2.5.1　对象的计数

许多组合问题涉及对满足某种性质的集合中的对象计数，这些性质可以归结为以下概念的应用.

定义 2.139　k 个元素的阶为 n 的选排列是一个从 $\{1,2,\cdots,k\}$ 到 $\{1,2,\cdots,n\}$ 的映射. 对给定的 n 和 k，不同的选排列的数目是 $V_n^k = \frac{n!}{(n-k)!}$.

定义 2.140　k 个元素的阶为 n 的可重复的选排列是一个从 $\{1,2,\cdots,k\}$ 到 $\{1,2,\cdots,n\}$ 的任意的映射. 对给定的 n 和 k，不同的可重复的选排列的数目是 $\overline{V}_n^k = k^n$.

定义 2.141　阶为 n 的全排列是 $\{1,2,\cdots,n\}$ 到自身的一个一对一映射(即当 $k=n$ 时的选排列的特殊情况)，对给定的 n，不同的全排列的数目是 $P_n = n!$.

定义 2.142　k 个元素的阶为 n 的组合是 $\{1,2,\cdots,n\}$ 的一个 k 元素的子集，对给定的 n 和 k，不同的组合数是 $C_n^k = \binom{n}{k}$.

定义 2.143　一个阶为 n 可重复的全排列是一个 $\{1,2,\cdots,n\}$ 到 n 个元素的积集的一个一对一映射. 一个积集是一个其中的某些元素被允许是不可区分的集合，例如，$\{1,1,2,3\}$.

如果 $\{1,2,\cdots,s\}$ 表示积集中不同的元素组成的集合，并且在积集中元素 i 出现 α_i 次，那么不同的可重复的全排列的数目是

$$P_{n,\alpha_1,\cdots,\alpha_s} = \frac{n!}{\alpha_1!\ \alpha_2!\ \cdots\alpha_s!}$$

组合是积集有两个不同元素的可重复的全排列的特殊情况.

定理 2.144　(鸽笼原理)如果把元素数目为 $kn+1$ 的集合分成 n 个互不相交的子集，则其中至少有一个子集至少要包含 $k+1$ 个元素.

定理 2.145　(容斥原理)设 $S_1,S_2,\cdots,S_n$ 是集合 S 的一族子集，那么 S 中那些不属于所给子集族的元素的数目由以下公式给出

$$|S\backslash(S_1\cup\cdots\cup S_n)| = |S| - \sum_{k=1}^{n}\sum_{1\leqslant i_1<\cdots<i_k\leqslant n}(-1)^k|S_{i_1}\cap\cdots\cap S_{i_k}|$$

2.5.2　图论

定义 2.146　一个图 $G=(V,E)$ 是一个顶点 V 和 V 中某些元素对，即边的积集 E 所组成的集合. 对 $x,y\in V$，当 $(x,y)\in E$ 时，称顶点 x 和 y 被一条边所连接，或称这一对顶点是这条边的端点.

一个积集为 E 的图可归结为一个真集合(即其顶点至多被一条边所连接)，一个其中没

有一个定点是被自身所连接的图称为是一个真图.

有限图是一个$|E|$和$|V|$都有限的图.

定义 2.147 一个有向图是一个 E 中的有方向的图.

定义 2.148 一个包含了 n 个顶点并且每个顶点都有边与其连接的真图称为是一个完全图.

定义 2.149 k 分图(当 $k=2$ 时,称为 2－分图)$K_{i_1,i_2,\cdots,i_k}$ 是那样一个图,其顶点 V 可分成k个非空的互不相交的,元素个数分别为 $i_1,i_2,\cdots,i_k$ 的子集,使得V的子集W中的每个顶点 x 仅和不在 W 中的顶点相连接.

定义 2.150 顶点 x 的阶 $d(x)$ 是 x 作为一条边的端点的次数(那样,自连接的边中就要数两次).孤立的顶点是阶为 0 的顶点.

定理 2.151 对图 $G=(V,E)$,成立等式

$$\sum_{x\in V}d(x)=2\mid E\mid$$

作为一个推论,有奇数阶的顶点的个数是偶数.

定义 2.152 图的一条路径是一个顶点的有限序列,使得其中每一个顶点都与其前一个顶点相连.路径的长度是它通过的边的数目.一条回路是一条终点与起点重合的路径.一个环是一条在其中没有一个顶点出现两次(除了起点 / 终点之外)的回路.

定义 2.153 图 $G=(V,E)$ 的子图 $G'=(V',E')$ 是那样一个图,在其中 $V'\subset V$ 而E'仅包含 E 的连接 V' 中的点的边.图的一个连通分支是一个连通的子图,其中没有一个顶点与此分之外的顶点相连.

定义 2.154 一个树是一个在其中没有环的连通图.

定理 2.155 一个有 n 个顶点的树恰有 $n-1$ 条边且至少有两个阶为 2 的顶点.

定义 2.156 Euler(欧拉)路是其中每条边恰出现一次的路径.与此类似,Euler(欧拉)环是环形的 Euler(欧拉)路.

定理 2.157 有限连通图 G 有一条 Euler(欧拉)路的充分必要条件是:

(1) 如果每个顶点的阶数是偶数,那么 G 包含一条 Euler(欧拉)环;

(2) 如果除了两个顶点之外,所有顶点的阶数都是偶数,那么 G 包含一条不是环路的 Euler(欧拉)路(其起点和终点就是那两个奇数阶的顶点).

定义 2.158 Hamilton(哈密尔顿)环是一个图 G 的每个顶点恰被包含一次的回路(一个平凡的事实是,这个回路也是一个环).

目前还没有发现判定一个图是否是 Hamilton(哈密尔顿)环的简单法则.

定理 2.159 设G是一个有n个顶点的图,如果G的任何两个不相邻顶点的阶数之和都大于 n,则 G 有一个 Hamilton(哈密尔顿)回路.

定理 2.160 (Ramsey(雷姆塞)定理)设 $r\geqslant 1$ 而 $q_1,q_2,\cdots,q_s\geqslant r$.如果 K_n 的所有子图 K_r 都分成了 s 个不同的集合,记为 $A_1,A_2,\cdots,A_s$,那么存在一个最小的正整数 $N(q_1,q_2,\cdots,q_s;r)$ 使得当 $n>N$ 时,对某个 i,存在一个 K_{q_i} 的完全子图,它的子图 K_r 都属于 A_i.对 $r=2$,这对应于把 K_n 的边用s种不同的颜色染色,并寻求子图 K_{q_i} 的第i种颜色的单色子图[73].

定理 2.161 利用上面定理的记号,有

$$N(p,q;r) \leqslant N(N(p-1,q;r),N(p,q-1;r);r-1)+1$$

特别

$$N(p,q,2) \leqslant N(p-1,q;2)+N(p,q-1;2)$$

已知 N 的以下值

$$N(p,q;1)=p+q-1$$

$$N(2,p;2)=p$$

$$N(3,3;2)=6,N(3,4;2)=9,N(3,5;2)=14,N(3,6;2)=18$$

$$N(3,7;2)=23,N(3,8;2)=28,N(3,9;2)=36$$

$$N(4,4;2)=18,N(4,5;2)=25$$[73]

定理 2.162 (Turan(图灵)定理)如果一个有 $n=t(p-1)+r$ 个顶点的简单图的边多于 $f(n,p)$ 条,其中 $f(n,p)=\dfrac{(p-1)n^2-r(p-1-r)}{2(p-1)}$,那么它包含子图 K_p. 有 $f(n,p)$ 个顶点而不含 K_p 的图是一个完全的多重图,它有 r 个元素个数为 $t+1$ 的子集和 $p-1-r$ 个元素个数为 t 的子集[73].

定义 2.163 平面图是一个可被嵌入一个平面的图,使得它的顶点可用平面上的点表示,而边可用平面上连接顶点的线(不一定是直的)来表示,而各边互不相交.

定理 2.164 一个有 n 个顶点的平面图至多有 $3n-6$ 条边.

定理 2.165 (Kuratowski(库拉托夫斯基)定理)K_5 和 $K_{3,3}$ 都不是平面图. 每个非平面图都包含一个和这两个图之一同胚的子图.

定理 2.166 (Euler(欧拉公式))设 E 是凸多面体的边数,F 是它的面数,而 V 是它的顶点数,则

$$E+2=F+V$$

对平面图成立同样的公式(这时 F 代表平面图中的区域数).

参 考 文 献

[1] 洛桑斯基 E，鲁索 C. 制胜数学奥林匹克[M]. 候文华，张连芳，译. 刘嘉焜，校. 北京：科学出版社，2003.

[2] 王向东，苏化明，王方汉. 不等式·理论·方法[M]. 郑州：河南教育出版社，1994.

[3] 中国科协青少年工作部，中国数学会. 1978～1986 年国际奥林匹克数学竞赛题及解答[M]. 北京：科学普及出版社，1989.

[4] 单墫，等. 数学奥林匹克竞赛题解精编[M]. 南京：南京大学出版社；上海：学林出版社，2001.

[5] 顾可敬. 1979～1980 中学国际数学竞赛题解[M]. 长沙：湖南科学技术出版社，1981.

[6] 顾可敬. 1981 年国内外数学竞赛题解选集[M]. 长沙：湖南科学技术出版社，1982.

[7] 石华，卫成. 80 年代国际中学生数学竞赛试题详解[M]. 长沙：湖南教育出版社，1990.

[8] 梅向明. 国际数学奥林匹克 30 年[M]. 北京：中国计量出版社，1989.

[9] 单墫，葛军. 国际数学竞赛解题方法[M]. 北京：中国少年儿童出版社，1990.

[10] 丁石孙. 乘电梯·翻硬币·游迷宫·下象棋[M]. 北京：北京大学出版社，1993.

[11] 丁石孙. 登山·赝币·红绿灯[M]. 北京：北京大学出版社，1997.

[12] 黄宣国. 数学奥林匹克大集[M]. 上海：上海教育出版社，1997.

[13] 常庚哲. 国际数学奥林匹克三十年[M]. 北京：中国展望出版社，1989.

[14] 丁石孙. 归纳·递推·无字证明·坐标·复数[M]. 北京：北京大学出版社，1995.

[15] 裘宗沪. 数学奥林匹克试题集锦[M]. 上海：华东师范大学出版社，2005.

[16] 裘宗沪. 数学奥林匹克试题集锦[M]. 上海：华东师范大学出版社，2004.

[17] 数学奥林匹克工作室. 最新竞赛试题选编及解析(高中数学卷)[M]. 北京：首都师范大学出版社，2001.

[18] 第 31 届 IMO 选题委员会. 第 31 届国际数学奥林匹克试题、备选题及解答[M]. 济南：山东教育出版社，1990.

[19] 常庚哲. 数学竞赛(2)[M]. 长沙：湖南教育出版社，1989.

[20] 常庚哲. 数学竞赛(20)[M]. 长沙：湖南教育出版社，1994.

[21] 杨森茂，陈圣德. 第一届至第二十二届国际中学生数学竞赛题解[M]. 福州：福建科学技术出版社，1983.

[22] 江苏师范学院数学系. 国际数学奥林匹克[M]. 南京：江苏科学技术出版社，1980.

[23] 恩格尔 A. 解决问题的策略[M]. 舒五昌，冯志刚，译. 上海：上海教育出版社，2005.

[24] 王连笑. 解数学竞赛题的常用策略[M]. 上海：上海教育出版社，2005.

[25] 江仁俊，应成琭，蔡训武. 国际数学竞赛试题讲解[M]. 武汉：湖北人民出版社，1980.

[26] 单墫. 第二十五届国际数学竞赛[J]. 数学通讯，1985(3).

[27] 付玉章. 第二十九届 IMO 试题及解答[J]. 中学数学，1988(10).

[28] 苏亚贵.正则组合包含连续自然数的个数[J].数学通报,1982(8).
[29] 王根章.一道 IMO 试题的嵌入证法[J].中学数学教学.1999(5).
[30] 舒五昌.第 37 届 IMO 试题解答[J].中等数学,1996(5).
[31] 杨卫平,王卫华.第 42 届 IMO 第 2 题的再探究[J].中学数学研究,2005(5).
[32] 陈永高.第 45 届 IMO 试题解答[J].中等数学,2004(5).
[33] 周金峰,谷焕春.IMO 42－2的进一步推广[J].数学通讯,2004(9).
[34] 魏维.第 42 届国际数学奥林匹克试题解答集锦[J].中学数学,2002(2).
[35] 程华.42 届 IMO 两道几何题另解[J].福建中学数学,2001(6).
[36] 张国清.第 39 届 IMO 试题第一题充分性的证明[J].中等数学,1999(2).
[37] 傅善林.第 42 届 IMO 第五题的推广[J].中等数学,2003(6).
[38] 龚浩生,宋庆.IMO 42－2的推广[J].中学数学,2002(1).
[39] 厉倩.一道 IMO 试题的推广[J].中学数学研究,2002(10).
[40] 邹明.第 40 届 IMO 一赛题的简解[J].中等数学,2001(3).
[41] 许以超.第 39 届国际数学奥林匹克试题及解答[J].数学通报,1999(3).
[42] 余茂迪,宫宋家.用解析法巧解一道 IMO 试题[J].中学数学教学,1997(4).
[43] 宋庆.IMO5－5 的推广[J].中学数学教学,1997(5).
[44] 余世平.从 IMO 试题谈公式 $C_{2n}^{n}=\sum_{i=0}^{n}(C_{n}^{i})^{2}$ 之应用[J].数学通讯,1997(12).
[45] 徐彦明.第 42 届 IMO 第 2 题的另一种推广[J].中学教研(数学),2002(10).
[46] 张伟军.第 41 届 IMO 两赛题的证明与评注[J].中学数学月刊,2000(11).
[47] 许静,孔令恩.第 41 届 IMO 第 6 题的解析证法[J].数学通讯,2001(7).
[48] 魏亚清.一道 IMO 赛题的九种证法[J].中学教研(数学),2002(6).
[49] 陈四川.IMO－38 试题 2 的纯几何解法[J].福建中学数学,1997(6).
[50] 常庚哲,单墫,程龙.第二十二届国际数学竞赛试题及解答[J].数学通报,1981(9).
[51] 李长明.一道 IMO 试题的背景及证法讨论[J].中学数学教学,2000(1).
[52] 王凤春.一道 IMO 试题的简证[J].中学数学研究,1998(10).
[53] 罗增儒.IMO 42－2的探索过程[J].中学数学教学参考,2002(7).
[54] 嵇仲韶.第 39 届 IMO 一道预选题的推广[J].中学数学杂志(高中),1999(6).
[55] 王杰.第 40 届 IMO 试题解答[J].中等数学,1999(5).
[56] 舒五昌.第三十七届 IMO 试题及解答(上)[J].数学通报,1997(2).
[57] 舒五昌.第三十七届 IMO 试题及解答(下)[J].数学通报,1997(3).
[58] 黄志全.一道 IMO 试题的纯平几证法研究[J].数学教学通讯,2000(5).
[59] 段智毅,秦永.IMO－41 第 2 题另证[J].中学数学教学参考,2000(11).
[60] 杨仁宽.一道 IMO 试题的简证[J].数学教学通讯,1998(3).
[61] 相生亚,裘良.第 42 届 IMO 试题第 2 题的推广、证明及其它[J].中学数学研究,2002(2).
[62] 熊斌.第 46 届 IMO 试题解答[J].中等数学,2005(9).
[63] 谢峰,谢宏华.第 34 届 IMO 第 2 题的解答与推广[J].中等数学,1994(1).
[64] 熊斌,冯志刚.第 39 届国际数学奥林匹克[J].数学通讯,1998(12).

[65] 朱恒杰.一道 IMO 试题的推广[J].中学数学杂志,1996(4).
[66] 肖果能,袁平之.第 39 届 IMO 一道试题的研究(I)[J].湖南数学通讯,1998(5).
[67] 肖果能,袁平之.第 39 届 IMO 一道试题的研究(Ⅱ)[J].湖南数学通讯,1998(6).
[68] 杨克昌.一个数列不等式——IMO23－3 的推广[J].湖南数学通讯,1998(3).
[69] 吴长明,胡根宝.一道第 40 届 IMO 试题的探究[J].中学数学研究,2000(6).
[70] 仲翔.第二十六届国际数学奥林匹克(续)[J].数学通讯,1985(11).
[71] 程善明.一道 IMO 赛题的纯几何证法与推广[J].中学数学教学,1998(4).
[72] 刘元树.一道 IMO 试题解法的再探讨[J].中学数学研究,1998(12).
[73] 刘连顺,仝瑞平.一道 IMO 试题解法新探[J].中学数学研究,1998(8).
[74] 王凤春.一道 IMO 试题的简证[J].中学数学研究,1998(10).
[75] 李长明.一道 IMO 试题的背景及证法讨论[J].中学数学教学,2000(1).
[76] 方廷刚.综合法简证一道 IMO 预选题[J].中学生数学,1999(2).
[77] 吴伟朝.对函数方程 $f(x^l\cdot f^{[m]}(y)+x^n)=x^l\cdot y+f^n(x)$的研究[M]//湖南教育出版社编.数学竞赛(22).长沙:湖南教育出版社,1994.
[78] 湘普.第 31 届国际数学奥林匹克试题解答[M]//湖南教育出版社编.数学竞赛(6～9).长沙:湖南教育出版社,1991.
[79] 陈永高.第 45 届 IMO 试题解答[J].中等数学,2004(5).
[80] 程俊.一道 IMO 试题的推广及简证[J].中等数学,2004(5).
[81] 蒋茂森.$2k$ 阶银矩阵的存在性和构造法[J].中等数学,1998(3).
[82] 单墫.散步问题与银矩阵[J].中等数学,1999(3).
[83] 张必胜. 初等数论在 IMO 中应用研究[D].西安:西北大学研究生院,2010.
[84] 刘宝成,刘卫利. 国际奥林匹克数学竞赛题与费马小定理[J] .河北北方学院学报;自然科学版, 2008,24(1):13-15,20.
[85] 卓成海. 抓住“关键” 把握“异同”——对一道国际奥赛题的再探究[J].中学数学(高中版),2013(11):77-78.
[86] 李耀文. 均值代换在解竞赛题中的应用[J]. 中等数学,2010(8) :2-5.
[87] 吴军. 妙用广义权方和不等式证明 IMO 试题[J]. 数理化解体研究(高中版),2014(8).16.
[88] 王庆金. 一道 IMO 平面几何题溯源[J]. 中学数学研究,2014(1):50.
[89] 秦建华. 一道 IMO 试题的另解与探究[J]. 中学教学参考,2014(8):40.
[90] 张上伟,陈华梅,吴康. 一道取整函数 IMO 试题的推广[J]. 中学数学研究(华南师范大学版),2013(23) :42-43
[91] 尹广金. 一道美国数学奥林匹克试题的引伸[J].中学数学研究,2013(11) :50.
[92] 熊斌,李秋生. 第 54 届 IMO 试题解答[J].中等数学,2013(9) :20-27.
[93] 杨同伟. 一道 IMO 试题的向量解法及推广[J]. 中学生数学,2012(23) :30.
[94] 李凤清,徐志军. 第 42 届 IMO 第二题的证明与加强[J] 四川职业技术学院学报,2012(5) :153-154.
[95] 熊斌. 第 52 届 IMO 试题解答[J].中等数学,2011(9) :16-20.
[96] 董志明. 多元变量 局部调整——一道 IMO 试题的新解与推广[J].中等数学,

2011(9):96-98.
[97] 李建潮.一道 IMO 试题的再加强与猜想的加强[J]. 河北理科教学研究,2011(1):43-44.
[98] 边欣. 一道 IMO 试题的加强[J]. 数学通讯,2012(22):59-60.
[99] 郑日锋.一个优美不等式与一道 IMO 试题同出一辙[J] 中等数学,2011(3):18-19.
[100] 李建潮. 一道 IMO 试题的再加强与猜想的加强[J] 河北理科教学研究,2011(1):43-44.
[101] 李长朴. 一道国际数学奥林匹克试题的拓展[J]. 数学学习与研究,2010(23):95.
[102] 李歆. 对一道 IMO 试题的探究[J]. 数学教学,2010(11):47-48.
[103] 王淼生. 对一道 IMO 试题猜想的再加强及证明[J]. 福建中学数学,2010(10):48.
[104] 郝志刚.一道国际数学竞赛题的探究[J]. 数学通讯,2010(Z2):117-118.
[105] 王业和. 一道 IMO 试题的证明与推广[J]. 中学教研(数学),2010(10):46-47.
[106] 张蕾. 一道 IMO 试题的商榷与猜想[J]. 青春岁月,2010(18):121.
[107] 张俊. 一道 IMO 试题的又一漂亮推广[J]. 中学数学月刊,2010(8):43.
[108] 秦庆雄,范花妹. 一道第 42 届 IMO 试题加强的另一简证[J]. 数学通讯,2010(14):59.
[109] 李建潮. 一道 IMO 试题的引申与瓦西列夫不等式[J] 河北理科教学研究,2010(3):1-3.
[110] 边欣. 一道第 46 届 IMO 试题的加强[J]. 数学教学,2010(5):41-43.
[111] 杨万芳. 对一道 IMO 试题的探究[J] 福建中学数学,2010(4):49.
[112] 熊睿. 对一道 IMO 试题的探究[J]. 中等数学,2010(4):23.
[113] 徐国辉,舒红霞. 一道第 42 届 IMO 试题的再加强[J]. 数学通讯,2010(8):61.
[114] 周峻民,郑慧娟. 一道 IMO 试题的证明及其推广[J]. 中学教研(数学),2011(12):41-43.
[115] 陈鸿斌. 一道 IMO 试题的加强与推广[J]. 中学数学研究,2011(11):49-50.
[116] 袁安全. 一道 IMO 试题的巧证[J]. 中学生数学,2010(8):35.
[117] 边欣. 一道第 50 届 IMO 试题的探究[J]. 数学教学,2010(3):10-12.
[118] 陈智国. 关于 IMO25-1 的推广[J]. 人力资源管理,2010(2):112-113.
[119] 薛相林. 一道 IMO 试题的类比拓广及简解[J]. 中学数学研究,2010(1):49.
[120] 王增强. 一道第 42 届 IMO 试题加强的简证[J]. 数学通讯,2010(2):61.
[121] 邵广钱.一道 IMO 试题的另解[J]. 中学数学月刊,2009(10):43-44.
[122] 侯典峰.一道 IMO 试题的加强与推广[J] 中学数学,2009(23):22-23.
[123] 朱华伟,付云皓. 第 50 届 IMO 试题解答[J]. 中等数学,2009(9):18-21.
[124] 边欣.一道 IMO 试题的推广及简证[J]. 数学教学,2009(9):27,29.
[125] 朱华伟.第 50 届 IMO 试题[J]. 中等数学,2009(8):50.
[126] 刘凯峰,龚浩生.一道 IMO 试题的隔离与推广[J]. 中等数学,2009(7):19-20.
[127] 宋庆.一道第 42 届 IMO 试题的加强[J]. 数学通讯,2009(10):43.
[128] 李建潮.偶得一道 IMO 试题的指数推广[J]. 数学通讯,2009(10):44.
[129] 吴立宝,李长会. 一道 IMO 竞赛试题的证明[J]. 数学教学通讯,2009(12):64.

[130] 徐章韬. 一道 30 届 IMO 试题的别解[J]. 中学数学杂志,2009(3):45.
[131] 张俊. 一道 IMO 试题引发的探索[J]. 数学通讯,2009(4):31.
[132] 曹程锦. 一道第 49 届 IMO 试题的解题分析[J]. 数学通讯,2008(23):41.
[133] 刘松华,孙明辉,刘凯年. "化蝶"——一道 IMO 试题证明的探索[J]. 中学数学杂志, 2008(12):54-55.
[134] 安振平. 两道数学竞赛试题的链接[J]. 中小学数学(高中版),2008(10):45.
[135] 李建潮. 一道 IMO 试题引发的思索[J]. 中小学数学(高中版),2008(9);44-45.
[136] 熊斌,冯志刚. 第 49 届 IMO 试题解答[J] 中等数学,2008(9):封底.
[137] 边欣. 一道 IMO 试题结果的加强及应用[J]. 中学数学月刊,2008(9):29-30.
[138] 熊斌,冯志刚. 第 49 届 IMO 试题[J] 中等数学,2008(8):封底.
[139] 沈毅. 一道 IMO 试题的推广[J]. 中学数学月刊,2008(8):49.
[140] 令标. 一道 48 届 IMO 试题引申的别证[J]. 中学数学杂志,2008(8):44-45.
[141] 吕建恒. 第 48 届 IMO 试题 4 的简证[J]. 中学数学月刊,2008(7):40.
[142] 熊光汉. 对一道 IMO 试题的探究[J]. 中学数学杂志,2008(6):56.
[143] 沈毅,罗元建. 对一道 IMO 赛题的探析[J]. 中学教研(数学),2008(5):42-43
[144] 厉倩. 两道 IMO 试题探秘[J] 数理天地(高中版), 2008(4):21-22.
[145] 徐章韬. 从方差的角度解析一道 IMO 试题[J]. 中学数学杂志,2008(3):29.
[146] 令标. 一道 IMO 试题的别证[J]. 中学数学教学,2008(2):63-64.
[147] 李耀文. 一道 IMO 试题的别证[J]. 中学数学月刊,2008(2):52.
[148] 张伟新. 一道 IMO 试题的两种纯几何解法[J]. 中学数学月刊,2007(11):48.
[149] 朱华伟. 第 48 届 IMO 试题解答[J]. 中等数学,2007(9):20-22.
[150] 朱华伟. 第 48 届 IMO 试题 [J]. 中等数学,2007(8):封底.
[151] 边欣. 一道 IMO 试题结果的加强[J]. 数学教学,2007(3):49.
[152] 丁兴春. 一道 IMO 试题的推广[J]. 中学数学研究,2006(10):49-50.
[153] 李胜宏. 第 47 届 IMO 试题解答[J]. 中等数学,2006(9):22-24.
[154] 李胜宏. 第 47 届 IMO 试题 [J]. 中等数学,2006(8):封底.
[155] 傅启铭. 一道美国 IMO 试题变形后的推广[J]. 遵义师范学院学报,2006(1):74-75.
[156] 熊斌. 第 46 届 IMO 试题[J] 中等数学,2005(8):50.
[157] 文开庭. 一道 IMO 赛题的新隔离推广及其应用[J]. 毕节师范高等专科学校学报(综合版), 2005(2):59-62.
[158] 熊斌,李建泉. 第 53 届 IMO 预选题(四)[J]. 中等数学,2013(12):21-25.
[159] 熊斌,李建泉. 第 53 届 IMO 预选题(三)[J]. 中等数学,2013(11):22-27.
[160] 熊斌,李建泉. 第 53 届 IMO 预选题(二)[J]. 中等数学,2013(10):18-23
[161] 熊斌,李建泉. 第 53 届 IMO 预选题(一)[J]. 中等数学,2013(9):28-32.
[162] 王建荣,王旭. 简证一道 IMO 预选题[J]. 中等数学,2012(2):16-17.
[163] 熊斌,李建泉. 第 52 届 IMO 预选题(四) [J]. 中等数学,2012(12):18-22.
[164] 熊斌,李建泉. 第 52 届 IMO 预选题(三) [J]. 中等数学,2012(11):18-22.
[165] 李建泉. 第 51 届 IMO 预选题(四) [J]. 中等数学,2011(11):17-20.
[166] 李建泉. 第 51 届 IMO 预选题(三) [J]. 中等数学,2011(10):16-19.

[167] 李建泉. 第 51 届 IMO 预选题(二) [J]. 中等数学,2011(9):20-27.
[168] 李建泉. 第 51 届 IMO 预选题(一) [J]. 中等数学,2011(8):17-20.
[169] 高凯. 浅析一道 IMO 预选题[J]. 中等数学,2011(3):16-18.
[170] 娄姗姗. 利用等价形式证明一道 IMO 预选题[J]. 中等数学,2011(1):13,封底.
[171] 李奋平. 从最小数入手证明一道 IMO 预选题[J]. 中等数学,2011(1):14.
[172] 李赛. 一道 IMO 预选题的另证[J]. 中等数学,2011(1):15.
[173] 李建泉. 第 50 届 IMO 预选题(四) [J]. 中等数学,2010(11):19-22.
[174] 李建泉. 第 50 届 IMO 预选题(三) [J]. 中等数学,2010(10):19-22.
[175] 李建泉. 第 50 届 IMO 预选题(二) [J]. 中等数学,2010(9):21-27.
[176] 李建泉. 第 50 届 IMO 预选题(一) [J]. 中等数学,2010(8):19-22.
[177] 沈毅. 一道 49 届 IMO 预选题的推广[J]. 中学数学月刊,2010(04):45.
[178] 宋强. 一道第 47 届 IMO 预选题的简证[J]. 中等数学,2009(11):12.
[179] 李建泉. 第 49 届 IMO 预选题(四) [J]. 中等数学,2009(11):19-23.
[180] 李建泉. 第 49 届 IMO 预选题(三) [J]. 中等数学,2009(10):19-23.
[181] 李建泉. 第 49 届 IMO 预选题(二) [J]. 中等数学,2009(9):22-25.
[182] 李建泉. 第 49 届 IMO 预选题(一) [J]. 中等数学,2009(8):18-22.
[183] 李慧,郭璋. 一道 IMO 预选题的证明与推广[J]. 数学通讯,2009(22):45-47.
[184] 杨学枝. 一道 IMO 预选题的拓展与推广[J]. 中等数学,2009(7):18-19.
[185] 吴光耀,李世杰. 一道 IMO 预选题的推广[J]. 上海中学数学,2009(05):48.
[186] 李建泉. 第 48 届 IMO 预选题(四) [J]. 中等数学,2008(11):18-24.
[187] 李建泉. 第 48 届 IMO 预选题(三) [J]. 中等数学,2008(10):18-23.
[188] 李建泉. 第 48 届 IMO 预选题(二) [J]. 中等数学,2008(9):21-24.
[189] 李建泉. 第 48 届 IMO 预选题(一) [J]. 中等数学,2008(8):22-26.
[190] 苏化明. 一道 IMO 预选题的探讨[J]. 中等数学,2007(9):46-48.
[191] 李建泉. 第 47 届 IMO 预选题(下) [J]. 中等数学,2007(11):17-22.
[192] 李建泉. 第 47 届 IMO 预选题(中) [J]. 中等数学,2007(10):18-23.
[193] 李建泉. 第 47 届 IMO 预选题(上) [J]. 中等数学,2007(9):24-27.
[194] 沈毅. 一道 IMO 预选题的再探索[J]. 中学数学教学,2008(1):58-60.
[195] 刘才华. 一道 IMO 预选题的简证[J]. 中等数学,2007(8):24.
[196] 苏化明. 一道 IMO 预选题的探讨[J]. 中等数学,2007(9):19-20.
[197] 李建泉. 第 46 届 IMO 预选题(下) [J]. 中等数学,2006(11):19-24.
[198] 李建泉. 第 46 届 IMO 预选题(中) [J]. 中等数学,2006(10):22-25.
[199] 李建泉. 第 46 届 IMO 预选题(上) [J]. 中等数学,2006(9):25-28.
[200] 贯福春. 吴娃双舞醉芙蓉——一道 IMO 预选题赏析[J]. 中学生数学,2006(18):21, 18.
[201] 杨学枝. 一道 IMO 预选题的推广[J]. 中等数学,2006(5):17.
[202] 邹宇,沈文选. 一道 IMO 预选题的再推广[J]. 中学数学研究,2006(4):49-50.
[203] 苏炜杰. 一道 IMO 预选题的简证[J]. 中等数学,2006(2):21.
[204] 李建泉. 第 45 届 IMO 预选题(下) [J]. 中等数学,2005(11):28-30.

[205] 李建泉. 第45届IMO预选题(中)[J]. 中等数学,2005(10):32-36.
[206] 李建泉. 第45届IMO预选题(上)[J]. 中等数学,2005(9):23-29.
[207] 苏化明. 一道IMO预选题的探索[J]. 中等数学,2005(9):9-10.
[208] 谷焕春,周金峰. 一道IMO预选题的推广[J]. 中等数学,2005(2):20.
[209] 李建泉. 第44届IMO预选题(下)[J]. 中等数学,2004(6):25-30.
[210] 李建泉. 第44届IMO预选题(上)[J]. 中等数学,2004(5):27-32.
[211] 方廷刚. 复数法简证一道IMO预选题[J]. 中学数学月刊,2004(11):42.
[212] 李建泉. 第43届IMO预选题(下)[J]. 中等数学,2003(6):28-30.
[213] 李建泉. 第43届IMO预选题(上)[J]. 中等数学,2003(5):25-31.
[214] 孙毅. 一道IMO预选题的简解[J]. 中等数学,2003(5):19.
[215] 宿晓阳. 一道IMO预选题的推广[J]. 中学数学月刊,2002(12):40.
[216] 李建泉. 第42届IMO预选题(下)[J]. 中等数学,2002(6):32-36.
[217] 李建泉. 第42届IMO预选题(上)[J]. 中等数学,2002(5):24-29.
[218] 宋庆,黄伟民. 一道IMO预选题的推广[J]. 中等数学,2002(6):43.
[219] 李建泉. 第41届IMO预选题(下)[J]. 中等数学,2002(1):33-39.
[220] 李建泉. 第41届IMO预选题(中)[J]. 中等数学,2001(6):34-37.
[221] 李建泉. 第41届IMO预选题(上)[J]. 中等数学,2001(5):32-36.
[222] 方廷刚. 一道IMO预选题再解[J]. 中学数学月刊,2002(05):43.
[223] 蒋太煌. 第39届IMO预选题8的简证[J]. 中等数学,2001(5):22-23.
[224] 张赟. 一道IMO预选题的推广[J]. 中等数学,2001(2):26.
[225] 林运成. 第39届IMO预选题8别证[J]. 中等数学,2001(1):22.
[226] 李建泉. 第40届IMO预选题(上)[J]. 中等数学,2000(5):33-36.
[227] 李建泉. 第40届IMO预选题(中)[J]. 中等数学,2000(6):35-37.
[228] 李建泉. 第41届IMO预选题(下)[J]. 中等数学,2001(1):35-39.
[229] 李来敏. 一道IMO预选题的三种初等证法及推广[J]. 中学数学教学,2000(3):38-39.
[230] 李来敏. 一道IMO预选题的两种证法[J]. 中学数学月刊,2000(3):48.
[231] 张善立. 一道IMO预选题的指数推广[J]. 中等数学,1999(5):24.
[232] 云保奇. 一道IMO预选题的另一个结论[J]. 中等数学,1999(4):21.
[233] 辛慧. 第38届IMO预选题解答(上)[J]. 中等数学,1998(5):28-31.
[234] 李直. 第38届IMO预选题解答(中)[J]. 中等数学,1998(6):31-35.
[235] 冼声. 第38届IMO预选题解答(中)[J]. 中等数学,1999(1):32-38.
[236] 石卫国. 一道IMO预选题的推广[J]. 陕西教育学院学报,1998(4):72-73.
[237] 张赟. 一道IMO预选题的引申[J]. 中等数学,1998(3):22-23.
[238] 安金鹏,李宝毅. 第37届IMO预选题及解答(上)[J]. 中等数学,1997(6):33-37.
[239] 安金鹏,李宝毅. 第37届IMO预选题及解答(下)[J]. 中等数学,1998(1):34-40.
[240] 刘江枫,李学武. 第37届IMO预选题[J]. 中等数学,1997(5):30-32.
[241] 党庆寿. 一道IMO预选题的简解[J]. 中学数学月刊,1997(8):43-44.
[242] 黄汉生. 一道IMO预选题的加强[J]. 中等数学,1997(3):17.

[243] 贝嘉禄.一道国际竞赛预选题的加强[J].中学数学月刊,1997(6):26-27.
[244] 王富英.一道 IMO 预选题的推广及其应用[J].中学数学教学参,1997(8～9):74-75.
[245] 孙哲.一道 IMO 预选题的简证与加强[J].中等数学,1996(3):18.
[246] 李学武.第 36 届 IMO 预选题及解答(下)[J].中等数学,1996(6):26-29,37.
[247] 张善立.一道 IMO 预选题的简证[J].中等数学,1996(10):36.
[248] 李建泉.利用根轴的性质解一道 IMO 预选题[J].中等数学,1996(4):14.
[249] 黄虎.一道 IMO 预选题妙解及推广[J].中等数学,1996(4):15.
[250] 严鹏.一道 IMO 预选题探讨[J].中等数学,1996(2):16.
[251] 杨桂芝.第 34 届 IMO 预选题解答(上)[J].中等数学,1995(6):28-31.
[252] 杨桂芝.第 34 届 IMO 预选题解答(中)[J].中等数学,1996(1):29-31.
[253] 杨桂芝.第 34 届 IMO 预选题解答(下)[J].中等数学,1996(2):21-23.
[254] 舒金银.一道 IMO 预选题简证[J].中等数学,1995(1):16-17.
[255] 黄宣国,夏兴国.第 35 届 IMO 预选题[J].中等数学,1994(5):19-20.
[256] 苏淳,严镇军.第 33 届 IMO 预选题[J].中等数学,1993(2):19-20.
[257] 耿立顺.一道 IMO 预选题的简单解法[J].中学教研,1992(05):26.
[258] 苏化明.谈一道 IMO 预选题[J].中学教研,1992(05):28-30.
[259] 黄玉民.第 32 届 IMO 预选题及解答[J].中等数学,1992(1):22-34.
[260] 朱华伟.一道 IMO 预选题的溯源及推广[J].中学数学,1991(03):45-46.
[261] 蔡玉书.一道 IMO 预选题的推广[J].中等数学,1990(6):9.
[262] 第 31 届 IMO 选题委员会.第 31 届 IMO 预选题解答[J].中等数学,1990(5):7-22,封底.
[263] 单墫,刘亚强.第 30 届 IMO 预选题解答[J].中等数学,1989(5):6-17.
[264] 苏化明.一道 IMO 预选题的推广及应用[J].中等数学,1989(4):16-19.

后记 | Postscript

行为的背后是动机，编一部洋洋80万言的书一定要有很强的动机才行，借后记不妨和盘托出.

首先，这是一本源于"匮乏"的书. 1976年编者初中一年级，时值"文化大革命"刚刚结束，物质产品与精神产品极度匮乏，学校里薄薄的数学教科书只有几个极简单的习题，根本满足不了学习的需要. 当时全国书荒，偌大的书店无书可寻，学生无题可做，在这种情况下，笔者的班主任郭清泉老师便组织学生自编习题集. 如果说忠诚党的教育事业不仅仅是一个口号的话，那么郭老师确实做到了. 在其个人生活极为困顿的岁月里，他拿出多年珍藏的数学课外书领着一批初中学生开始选题、刻钢板、推油辊. 很快一本本散发着油墨清香的习题集便发到了每个同学的手中，喜悦之情难以名状，正如高尔基所说："像饥饿的人扑到了面包上."当时电力紧张经常停电，晚上写作业时常点蜡烛，冬夜，烛光如豆，寒气逼人，伏案演算着自己编的数学题，沉醉其中，物我两忘. 30年后同样的冬夜，灯光如昼，温暖如夏，坐拥书城，竟茫然不知所措，此时方觉匮乏原来也是一种美（想想西南联大当时在山洞里、在防空洞中，学数学学成了多少大师级人物. 日本战后恢复期产生了三位物理学诺贝尔奖获得者，如汤川秀树等，以及高木贞治、小平邦彦、广中平佑的成长都证明了这一点），可惜现在的学生永远也体验不到那种意境了（中国人也许是世界上最讲究意境的，所谓"雪夜闭门读禁书"，也是一种意境），所以编此书颇有怀旧之感. 有趣的是后来这次经历竟在笔者身上产生了"异化”,抄习题的乐趣多于做习题,比为买椟还珠不以为过,四处收集含有习题的数学著作,从吉米多维奇到菲赫金哥尔茨,从斯米尔诺夫到维诺格拉朵夫,从笹部贞市郎到哈尔莫斯,乐此不疲.凡 30 年几近偏执,朋友戏称:“这是一种不需治疗的精神病.”虽然如此,毕竟染此“病症”后容易忽视生活中那些原本的乐趣.这有些像葛朗台用金币碰撞的叮当声取代了花金币的真实快感一样.匮乏带给人的除了美感之外,更多的是恐惧.中国科学院数学研究所数论室主任徐广善先生来哈尔滨工业大学讲课,课余时曾透露过陈景润先生生前的一个小秘密(曹珍富教授转述,编者未加核实).陈先生的一只抽屉中存有多只快生锈的上海牌手表.这个不可思议的现象源于当年陈先生所经历过的可怕的匮乏.大学刚毕业,分到北京四中,后被迫离开,衣食无着,生活窘迫,后虽好转,但那次经历给陈先生留下了深刻记忆,为防止以后再次陷于匮乏,就买了当时陈先生认为在中国最能保值增值的上海牌手表,以备不测.像经历过饥饿的田鼠会疯狂地往洞里搬运食物一样,经历过如饥似渴却无题可做的编者在潜意识中总是觉得题少,只有手中有大量习题集,心里才觉安稳.所以很多时候表面看是一种热爱,但更深层次却是恐惧,是缺少富足感的体现.

其次,这是一本源于“传承”的书.哈尔滨作为全国解放最早的城市,开展数学竞赛活动也是很早的,早期哈尔滨工业大学的吴从炘教授、黑龙江大学的颜秉海教授、船舶工程学院(现哈尔滨工程大学)的戴遗山教授、哈尔滨师范大学的吕庆祝教授作为先行者为哈尔滨的数学竞赛活动打下了基础,定下了格调.中期哈尔滨市教育学院王翠满教授、王万祥教授、时承权教授,哈尔滨师专的冯宝琦教授、陆子采教授,哈尔滨师范大学的贾广聚教授,黑龙江大学的王路群教授、曹重光教授,哈三中的周建成老师,哈一中的尚杰老师,哈师大附中的沙洪泽校长,哈六中的董乃培老师,为此作出了长期的努力.上世纪 80 年代中期开始,一批中青年数学工作者开始加入,主要有哈尔滨工业大学的曹珍富教授、哈师大附中的李修福老师及笔者.90 年代中期,哈尔滨的数学奥林匹克活动渐入佳境,又有像哈师大附中刘利益等老师加入进来,但在高等学校中由于搞数学竞赛研究既不算科研又不计入工作量,所以再坚持难免会被边缘化,于是研究人员逐渐以中学教师为主,在高校中近乎绝迹.2008 年 CMO 在哈尔滨举行,大型专业杂志《数学奥林匹克与数学文化》创刊,好戏连台,让哈尔滨的数学竞赛事业再度辉煌.

第三,这是一本源于“氛围”的书.很难想像速滑运动员产生于非洲,也无法相信深山古刹之外会有高僧.环境与氛围至关重要.在整个社会日益功利化、世俗化、利益化、平面化的大背景下,编者师友们所营造的小的氛围影响着其中每个人的道路选择,以学有专长为荣,不学无术为耻的价值观点互相感染、共同坚守,用韩波博士的话讲,这已是我们这台计算机上的硬件.赖于此,本书的出炉便在情理之中,所以理应致以敬意,借此向王忠玉博士、张本祥博士、郭梦书博士、吕书臣博士、康大臣博士、刘孝廷博士、刘晓燕博士、王延青博士、钟德寿博士、薛小平博士、韩波博士、李龙锁博士、刘绍武博士对笔者多年的关心与鼓励致以诚挚的谢意,特别是尚琥教授在编者即将放弃之际给予的坚定的支持.

第四,这是一个“蝴蝶效应”的产物.如果说人的成长过程具有一点动力系统迭代的特征的话,那么其方程一定是非线性的,即对初始条件具有敏感依赖的,俗称“蝴蝶效应”.简单说就是一个微小的“扰动”会改变人生的轨迹,如著名拓扑学家,纽结大师王诗宬1977年时还是一个喜欢中国文学史的插队知青,一次他到北京去游玩,坐332路车去颐和园,看见“北京大学”四个字,就跳下车进入校门,当时他的脑子中正在想一个简单的数学问题(大多数时候他都是在推敲几句诗),就是六个人的聚会上总有三个人认识或三个人不认识(用数学术语说就是6阶2色完全图中必有单色3阶子图存在),然后碰到一个老师,就问他,他说你去问姜伯驹老师(我国著名数学家姜亮夫之子),姜伯驹老师的办公室就在我办公室对面.而当他找到姜伯驹教授时,姜伯驹说为什么不来试试学数学,于是一句话,一辈子,有了今天北京大学数学所的王诗宬副所长(《世纪大讲堂》,第2辑,辽宁人民出版社,2003:128—149).可以设想假如他遇到的是季羡林或俞平伯,今天该会是怎样.同样可以设想,如果编者初中的班主任老师是一位体育老师,足球健将的话,那么今天可能会多一位超级球迷“罗西”,少一位执着的业余数学爱好者,也绝不会有本书的出现.

第五,这也是一本源于“尴尬”的书.编者高中就读于一所具有数学竞赛传统的学校,班主任是学校主抓数学竞赛的沙洪泽老师.当时成立数学兴趣小组时,同学们非常踊跃,但名额有限,可能是沙老师早已发现编者并无数学天分所以不被选中,再次申请并请姐姐(在同校高二年级)去求情均未果.遂产生逆反心理,后来坚持以数学谋生,果真由于天资不足,屡战屡败,虽自我鼓励,屡败再屡战,但其结果仍如寒山子诗所说:“用力磨碌砖,那堪将作镜.”直至而立之年,幡然悔悟,但

"贼船"既上,回头已晚,彻底告别又心有不甘,于是以业余身份尴尬地游走于业界近 15 年,才有今天此书问世.

看来如果当初沙老师增加一个名额让编者尝试一下,后再知难而退,结果可能会皆大欢喜.但有趣的是当年竞赛小组的人竟无一人学数学专业,也无一人从事数学工作.看来教育是很值得研究的,"欲擒故纵"也不失为一种好方法.沙老师后来也放弃了数学教学工作,从事领导工作,转而研究教育,颇有所得,还出版了专著《教育——为了人的幸福》(教育科学出版社,2005),对此进行了深入研究.

最后,这也是一本源于"信心"的书.近几年,一些媒体为了吸引眼球,不惜把中国在国际上处于领先地位的数学奥林匹克妖魔化且多方打压,此时编写这本题集是有一定经济风险的.但编者坚信中国人对数学是热爱的.利玛窦、金尼阁指出:"多少世纪以来,上帝表现了不只用一种方法把人们吸引到他身边.垂钓人类的渔人以自己特殊的方法吸引人们的灵魂落入他的网中,也就不足为奇了.任何可能认为伦理学、物理学和数学在教会工作中并不重要的人,都是不知道中国人的口味的,他们缓慢地服用有益的精神药物,除非它有知识的佐料增添味道."(利玛窦,金尼阁,著.《利玛窦中国札记》.何高济,王遵仲,李申,译.何兆武,校.中华书局,1983,P347).中国的广大中学生对数学竞赛活动是热爱的,是能够被数学所吸引的,对此我们有充分的信心.而且,奥林匹克之于中国就像围棋之于日本,足球之于巴西,瑜伽之于印度一样,在世界上有品牌优势.2001 年笔者去新西兰探亲,在奥克兰的一份中文报纸上看到一则广告,赫然写着中国内地教练专教奥数,打电话过去询问,对方声音甜美,颇富乐感,原来是毕业于沈阳音乐学院的女学生,在新西兰找工作四处碰壁后,想起在大学念书期间勤工俭学时曾辅导过小学生奥数,所以,便想一试身手,果真有家长把小孩送来,她便也以教练自居,可见数学奥林匹克已经成为一种类似于中国制造的品牌.出版这样的书,担心何来呢!

数学无国界,它是人类最共性的语言.数学超理性多呈冰冷状,所以一个个性化的,充满个体真情实感的后记是需要的,虽然难免有自恋之嫌,但毕竟带来一丝人气.

刘培杰

2014 年 9 月

哈尔滨工业大学出版社刘培杰数学工作室已出版(即将出版)图书目录

书　　名	出版时间	定　价	编号
新编中学数学解题方法全书(高中版)上卷	2007—09	38.00	7
新编中学数学解题方法全书(高中版)中卷	2007—09	48.00	8
新编中学数学解题方法全书(高中版)下卷(一)	2007—09	42.00	17
新编中学数学解题方法全书(高中版)下卷(二)	2007—09	38.00	18
新编中学数学解题方法全书(高中版)下卷(三)	2010—06	58.00	73
新编中学数学解题方法全书(初中版)上卷	2008—01	28.00	29
新编中学数学解题方法全书(初中版)中卷	2010—07	38.00	75
新编中学数学解题方法全书(高考复习卷)	2010—01	48.00	67
新编中学数学解题方法全书(高考真题卷)	2010—01	38.00	62
新编中学数学解题方法全书(高考精华卷)	2011—03	68.00	118
新编平面解析几何解题方法全书(专题讲座卷)	2010—01	18.00	61
新编中学数学解题方法全书(自主招生卷)	2013—08	88.00	261
数学眼光透视	2008—01	38.00	24
数学思想领悟	2008—01	38.00	25
数学应用展观	2008—01	38.00	26
数学建模导引	2008—01	28.00	23
数学方法溯源	2008—01	38.00	27
数学史话览胜	2017—01	48.00	741
数学思维技术	2013—09	38.00	260
从毕达哥拉斯到怀尔斯	2007—10	48.00	9
从迪利克雷到维斯卡尔迪	2008—01	48.00	21
从哥德巴赫到陈景润	2008—05	98.00	35
从庞加莱到佩雷尔曼	2011—08	138.00	136
数学奥林匹克与数学文化(第一辑)	2006—05	48.00	4
数学奥林匹克与数学文化(第二辑)(竞赛卷)	2008—01	48.00	19
数学奥林匹克与数学文化(第二辑)(文化卷)	2008—07	58.00	36′
数学奥林匹克与数学文化(第三辑)(竞赛卷)	2010—01	48.00	59
数学奥林匹克与数学文化(第四辑)(竞赛卷)	2011—08	58.00	87
数学奥林匹克与数学文化(第五辑)	2015—06	98.00	370

哈尔滨工业大学出版社刘培杰数学工作室已出版(即将出版)图书目录

书　　名	出版时间	定　价	编号
世界著名平面几何经典著作钩沉——几何作图专题卷(上)	2009—06	48.00	49
世界著名平面几何经典著作钩沉——几何作图专题卷(下)	2011—01	88.00	80
世界著名平面几何经典著作钩沉(民国平面几何老课本)	2011—03	38.00	113
世界著名平面几何经典著作钩沉(建国初期平面三角老课本)	2015—08	38.00	507
世界著名解析几何经典著作钩沉——平面解析几何卷	2014—01	38.00	264
世界著名数论经典著作钩沉(算术卷)	2012—01	28.00	125
世界著名数学经典著作钩沉——立体几何卷	2011—02	28.00	88
世界著名三角学经典著作钩沉(平面三角卷Ⅰ)	2010—06	28.00	69
世界著名三角学经典著作钩沉(平面三角卷Ⅱ)	2011—01	38.00	78
世界著名初等数论经典著作钩沉(理论和实用算术卷)	2011—07	38.00	126

书　　名	出版时间	定　价	编号
发展空间想象力	2010—01	38.00	57
走向国际数学奥林匹克的平面几何试题诠释(上、下)(第1版)	2007—01	68.00	11,12
走向国际数学奥林匹克的平面几何试题诠释(上、下)(第2版)	2010—02	98.00	63,64
平面几何证明方法全书	2007—08	35.00	1
平面几何证明方法全书习题解答(第1版)	2005—10	18.00	2
平面几何证明方法全书习题解答(第2版)	2006—12	18.00	10
平面几何天天练上卷·基础篇(直线型)	2013—01	58.00	208
平面几何天天练中卷·基础篇(涉及圆)	2013—01	28.00	234
平面几何天天练下卷·提高篇	2013—01	58.00	237
平面几何专题研究	2013—07	98.00	258
最新世界各国数学奥林匹克中的平面几何试题	2007—09	38.00	14
数学竞赛平面几何典型题及新颖解	2010—07	48.00	74
初等数学复习及研究(平面几何)	2008—09	58.00	38
初等数学复习及研究(立体几何)	2010—06	38.00	71
初等数学复习及研究(平面几何)习题解答	2009—01	48.00	42
几何学教程(平面几何卷)	2011—03	68.00	90
几何学教程(立体几何卷)	2011—07	68.00	130
几何变换与几何证题	2010—06	88.00	70
计算方法与几何证题	2011—06	28.00	129
立体几何技巧与方法	2014—04	88.00	293
几何瑰宝——平面几何500名题暨1000条定理(上、下)	2010—07	138.00	76,77
三角形的解法与应用	2012—07	18.00	183
近代的三角形几何学	2012—07	48.00	184
一般折线几何学	2015—08	48.00	503
三角形的五心	2009—06	28.00	51
三角形的六心及其应用	2015—10	68.00	542
三角形趣谈	2012—08	28.00	212
解三角形	2014—01	28.00	265
三角学专门教程	2014—09	28.00	387
距离几何分析导引	2015—02	68.00	446
图天下几何新题试卷.初中	2017—01	58.00	714

哈尔滨工业大学出版社刘培杰数学工作室 已出版(即将出版)图书目录

书　　名	出版时间	定　价	编号
圆锥曲线习题集(上册)	2013－06	68.00	255
圆锥曲线习题集(中册)	2015－01	78.00	434
圆锥曲线习题集(下册·第1卷)	2016－10	78.00	683
论九点圆	2015－05	88.00	645
近代欧氏几何学	2012－03	48.00	162
罗巴切夫斯基几何学及几何基础概要	2012－07	28.00	188
罗巴切夫斯基几何学初步	2015－06	28.00	474
用三角、解析几何、复数、向量计算解数学竞赛几何题	2015－03	48.00	455
美国中学几何教程	2015－04	88.00	458
三线坐标与三角形特征点	2015－04	98.00	460
平面解析几何方法与研究(第1卷)	2015－05	18.00	471
平面解析几何方法与研究(第2卷)	2015－06	18.00	472
平面解析几何方法与研究(第3卷)	2015－07	18.00	473
解析几何研究	2015－01	38.00	425
解析几何学教程.上	2016－01	38.00	574
解析几何学教程.下	2016－01	38.00	575
几何学基础	2016－01	58.00	581
初等几何研究	2015－02	58.00	444
大学几何学	2017－01	78.00	688
关于曲面的一般研究	2016－11	48.00	690
十九和二十世纪欧氏几何学中的片段	2017－01	58.00	696
近世纯粹几何学初论	2017－01	58.00	711
拓扑学与几何学基础讲义	2017－04	58.00	756
俄罗斯平面几何问题集	2009－08	88.00	55
俄罗斯立体几何问题集	2014－03	58.00	283
俄罗斯几何大师——沙雷金论数学及其他	2014－01	48.00	271
来自俄罗斯的5000道几何习题及解答	2011－03	58.00	89
俄罗斯初等数学问题集	2012－05	38.00	177
俄罗斯函数问题集	2011－03	38.00	103
俄罗斯组合分析问题集	2011－01	48.00	79
俄罗斯初等数学万题选——三角卷	2012－11	38.00	222
俄罗斯初等数学万题选——代数卷	2013－08	68.00	225
俄罗斯初等数学万题选——几何卷	2014－01	68.00	226
463个俄罗斯几何老问题	2012－01	28.00	152
超越吉米多维奇.数列的极限	2009－11	48.00	58
超越普里瓦洛夫.留数卷	2015－01	28.00	437
超越普里瓦洛夫.无穷乘积与它对解析函数的应用卷	2015－05	28.00	477
超越普里瓦洛夫.积分卷	2015－06	18.00	481
超越普里瓦洛夫.基础知识卷	2015－06	28.00	482
超越普里瓦洛夫.数项级数卷	2015－07	38.00	489
初等数论难题集(第一卷)	2009－05	68.00	44
初等数论难题集(第二卷)(上、下)	2011－02	128.00	82,83
数论概貌	2011－03	18.00	93
代数数论(第二版)	2013－08	58.00	94
代数多项式	2014－06	38.00	289
初等数论的知识与问题	2011－02	28.00	95
超越数论基础	2011－03	28.00	96
数论初等教程	2011－03	28.00	97
数论基础	2011－03	18.00	98
数论基础与维诺格拉多夫	2014－03	18.00	292

哈尔滨工业大学出版社刘培杰数学工作室已出版(即将出版)图书目录

书　　名	出版时间	定　价	编号
解析数论基础	2012－08	28.00	216
解析数论基础(第二版)	2014－01	48.00	287
解析数论问题集(第二版)(原版引进)	2014－05	88.00	343
解析数论问题集(第二版)(中译本)	2016－04	88.00	607
解析数论基础(潘承洞,潘承彪著)	2016－07	98.00	673
解析数论导引	2016－07	58.00	674
数论入门	2011－03	38.00	99
代数数论入门	2015－03	38.00	448
数论开篇	2012－07	28.00	194
解析数论引论	2011－03	48.00	100
Barban Davenport Halberstam 均值和	2009－01	40.00	33
基础数论	2011－03	28.00	101
初等数论 100 例	2011－05	18.00	122
初等数论经典例题	2012－07	18.00	204
最新世界各国数学奥林匹克中的初等数论试题(上、下)	2012－01	138.00	144,145
初等数论(Ⅰ)	2012－01	18.00	156
初等数论(Ⅱ)	2012－01	18.00	157
初等数论(Ⅲ)	2012－01	28.00	158
平面几何与数论中未解决的新老问题	2013－01	68.00	229
代数数论简史	2014－11	28.00	408
代数数论	2015－09	88.00	532
代数、数论及分析习题集	2016－11	98.00	695
数论导引提要及习题解答	2016－01	48.00	559
素数定理的初等证明.第 2 版	2016－09	48.00	686
谈谈素数	2011－03	18.00	91
平方和	2011－03	18.00	92
复变函数引论	2013－10	68.00	269
伸缩变换与抛物旋转	2015－01	38.00	449
无穷分析引论(上)	2013－04	88.00	247
无穷分析引论(下)	2013－04	98.00	245
数学分析	2014－04	28.00	338
数学分析中的一个新方法及其应用	2013－01	38.00	231
数学分析例选:通过范例学技巧	2013－01	88.00	243
高等代数例选:通过范例学技巧	2015－06	88.00	475
三角级数论(上册)(陈建功)	2013－01	38.00	232
三角级数论(下册)(陈建功)	2013－01	48.00	233
三角级数论(哈代)	2013－06	48.00	254
三角级数	2015－07	28.00	263
超越数	2011－03	18.00	109
三角和方法	2011－03	18.00	112
整数论	2011－05	38.00	120
从整数谈起	2015－10	28.00	538
随机过程(Ⅰ)	2014－01	78.00	224
随机过程(Ⅱ)	2014－01	68.00	235
算术探索	2011－12	158.00	148
组合数学	2012－04	28.00	178
组合数学浅谈	2012－03	28.00	159
丢番图方程引论	2012－03	48.00	172
拉普拉斯变换及其应用	2015－02	38.00	447
高等代数.上	2016－01	38.00	548
高等代数.下	2016－01	38.00	549

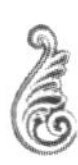

哈尔滨工业大学出版社刘培杰数学工作室已出版(即将出版)图书目录

书　　名	出版时间	定　价	编号
高等代数教程	2016－01	58.00	579
数学解析教程.上卷.1	2016－01	58.00	546
数学解析教程.上卷.2	2016－01	38.00	553
函数构造论.上	2016－01	38.00	554
函数构造论.中	即将出版		555
函数构造论.下	2016－09	48.00	680
数与多项式	2016－01	38.00	558
概周期函数	2016－01	48.00	572
变叙的项的极限分布律	2016－01	18.00	573
整函数	2012－08	18.00	161
近代拓扑学研究	2013－04	38.00	239
多项式和无理数	2008－01	68.00	22
模糊数据统计学	2008－03	48.00	31
模糊分析学与特殊泛函空间	2013－01	68.00	241
谈谈不定方程	2011－05	28.00	119
常微分方程	2016－01	58.00	586
平稳随机函数导论	2016－03	48.00	587
量子力学原理·上	2016－01	38.00	588
图与矩阵	2014－08	40.00	644
钢丝绳原理:第二版	2017－01	78.00	745

书　　名	出版时间	定　价	编号
受控理论与解析不等式	2012－05	78.00	165
解析不等式新论	2009－06	68.00	48
建立不等式的方法	2011－03	98.00	104
数学奥林匹克不等式研究	2009－08	68.00	56
不等式研究(第二辑)	2012－02	68.00	153
不等式的秘密(第一卷)	2012－02	28.00	154
不等式的秘密(第一卷)(第2版)	2014－02	38.00	286
不等式的秘密(第二卷)	2014－01	38.00	268
初等不等式的证明方法	2010－06	38.00	123
初等不等式的证明方法(第二版)	2014－11	38.00	407
不等式·理论·方法(基础卷)	2015－07	38.00	496
不等式·理论·方法(经典不等式卷)	2015－07	38.00	497
不等式·理论·方法(特殊类型不等式卷)	2015－07	48.00	498
不等式的分拆降维降幂方法与可读证明	2016－01	68.00	591
不等式探究	2016－03	38.00	582
不等式探密	2017－01	58.00	689
四面体不等式	2017－01	68.00	715

书　　名	出版时间	定　价	编号
同余理论	2012－05	38.00	163
[x]与{x}	2015－04	48.00	476
极值与最值.上卷	2015－06	28.00	486
极值与最值.中卷	2015－06	38.00	487
极值与最值.下卷	2015－06	28.00	488
整数的性质	2012－11	38.00	192
完全平方数及其应用	2015－08	78.00	506
多项式理论	2015－10	88.00	541

书　　名	出版时间	定　价	编号
历届美国中学生数学竞赛试题及解答(第一卷)1950－1954	2014－07	18.00	277
历届美国中学生数学竞赛试题及解答(第二卷)1955－1959	2014－04	18.00	278
历届美国中学生数学竞赛试题及解答(第三卷)1960－1964	2014－06	18.00	279
历届美国中学生数学竞赛试题及解答(第四卷)1965－1969	2014－04	28.00	280
历届美国中学生数学竞赛试题及解答(第五卷)1970－1972	2014－06	18.00	281
历届美国中学生数学竞赛试题及解答(第七卷)1981－1986	2015－01	18.00	424

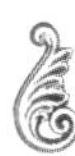

哈尔滨工业大学出版社刘培杰数学工作室已出版(即将出版)图书目录

书　　名	出版时间	定　价	编号
历届 IMO 试题集(1959—2005)	2006-05	58.00	5
历届 CMO 试题集	2008-09	28.00	40
历届中国数学奥林匹克试题集(第 2 版)	2017-03	38.00	757
历届加拿大数学奥林匹克试题集	2012-08	38.00	215
历届美国数学奥林匹克试题集:多解推广加强	2012-08	38.00	209
历届美国数学奥林匹克试题集:多解推广加强(第 2 版)	2016-03	48.00	592
历届波兰数学竞赛试题集.第 1 卷,1949～1963	2015-03	18.00	453
历届波兰数学竞赛试题集.第 2 卷,1964～1976	2015-03	18.00	454
历届巴尔干数学奥林匹克试题集	2015-05	38.00	466
保加利亚数学奥林匹克	2014-10	38.00	393
圣彼得堡数学奥林匹克试题集	2015-01	38.00	429
匈牙利奥林匹克数学竞赛题解.第 1 卷	2016-05	28.00	593
匈牙利奥林匹克数学竞赛题解.第 2 卷	2016-05	28.00	594
历届国际大学生数学竞赛试题集(1994-2010)	2012-01	28.00	143
全国大学生数学夏令营数学竞赛试题及解答	2007-03	28.00	15
全国大学生数学竞赛辅导教程	2012-07	28.00	189
全国大学生数学竞赛复习全书	2014-04	48.00	340
历届美国大学生数学竞赛试题集	2009-03	88.00	43
前苏联大学生数学奥林匹克竞赛题解(上编)	2012-04	28.00	169
前苏联大学生数学奥林匹克竞赛题解(下编)	2012-04	38.00	170
历届美国数学邀请赛试题集	2014-01	48.00	270
全国高中数学竞赛试题及解答.第 1 卷	2014-07	38.00	331
大学生数学竞赛讲义	2014-09	28.00	371
普林斯顿大学数学竞赛	2016-06	38.00	669
亚太地区数学奥林匹克竞赛题	2015-07	18.00	492
日本历届(初级)广中杯数学竞赛试题及解答.第 1 卷(2000～2007)	2016-05	28.00	641
日本历届(初级)广中杯数学竞赛试题及解答.第 2 卷(2008～2015)	2016-05	38.00	642
360 个数学竞赛问题	2016-08	58.00	677
哈尔滨市早期中学数学竞赛试题汇编	2016-07	28.00	672
全国高中数学联赛试题及解答:1981—2015	2016-08	98.00	676
高考数学临门一脚(含密押三套卷)(理科版)	2017-01	45.00	743
高考数学临门一脚(含密押三套卷)(文科版)	2017-01	45.00	744
新课标高考数学题型全归纳(文科版)	2015-05	72.00	467
新课标高考数学题型全归纳(理科版)	2015-05	82.00	468
洞穿高考数学解答题核心考点(理科版)	2015-11	49.80	550
洞穿高考数学解答题核心考点(文科版)	2015-11	46.80	551
高考数学题型全归纳:文科版.上	2016-05	53.00	663
高考数学题型全归纳:文科版.下	2016-05	53.00	664
高考数学题型全归纳:理科版.上	2016-05	58.00	665
高考数学题型全归纳:理科版.下	2016-05	58.00	666
王连笑教你怎样学数学:高考选择题解题策略与客观题实用训练	2014-01	48.00	262
王连笑教你怎样学数学:高考数学高层次讲座	2015-02	48.00	432
高考数学的理论与实践	2009-08	38.00	53
高考数学核心题型解题方法与技巧	2010-01	28.00	86
高考思维新平台	2014-03	38.00	259
30 分钟拿下高考数学选择题、填空题(理科版)	2016-10	39.80	720
30 分钟拿下高考数学选择题、填空题(文科版)	2016-10	39.80	721
高考数学压轴题解题诀窍(上)	2012-02	78.00	166
高考数学压轴题解题诀窍(下)	2012-03	28.00	167
北京市五区文科数学三年高考模拟题详解:2013～2015	2015-08	48.00	500
北京市五区理科数学三年高考模拟题详解:2013～2015	2015-09	68.00	505

哈尔滨工业大学出版社刘培杰数学工作室已出版(即将出版)图书目录

书　　名	出版时间	定　价	编号
向量法巧解数学高考题	2009—08	28.00	54
高考数学万能解题法(第2版)	即将出版	38.00	691
高考物理万能解题法(第2版)	即将出版	38.00	692
高考化学万能解题法(第2版)	即将出版	28.00	693
高考生物万能解题法(第2版)	即将出版	28.00	694
高考数学解题金典(第2版)	2017—01	78.00	716
高考物理解题金典(第2版)	即将出版	68.00	717
高考化学解题金典(第2版)	即将出版	58.00	718
我一定要赚分:高中物理	2016—01	38.00	580
数学高考参考	2016—01	78.00	589
2011～2015年全国及各省市高考数学文科精品试题审题要津与解法研究	2015—10	68.00	539
2011～2015年全国及各省市高考数学理科精品试题审题要津与解法研究	2015—10	88.00	540
最新全国及各省市高考数学试卷解法研究及点拨评析	2009—02	38.00	41
2011年全国及各省市高考数学试题审题要津与解法研究	2011—10	48.00	139
2013年全国及各省市高考数学试题解析与点评	2014—01	48.00	282
全国及各省市高考数学试题审题要津与解法研究	2015—02	48.00	450
新课标高考数学——五年试题分章详解(2007～2011)(上、下)	2011—10	78.00	140,141
全国中考数学压轴题审题要津与解法研究	2013—04	78.00	248
新编全国及各省市中考数学压轴题审题要津与解法研究	2014—05	58.00	342
全国及各省市5年中考数学压轴题审题要津与解法研究(2015版)	2015—04	58.00	462
中考数学专题总复习	2007—04	28.00	6
中考数学较难题、难题常考题型解题方法与技巧.上	2016—01	48.00	584
中考数学较难题、难题常考题型解题方法与技巧.下	2016—01	58.00	585
中考数学较难题常考题型解题方法与技巧	2016—09	48.00	681
中考数学难题常考题型解题方法与技巧	2016—09	48.00	682
北京中考数学压轴题解题方法突破(第2版)	2017—03	48.00	753
助你高考成功的数学解题智慧:知识是智慧的基础	2016—01	58.00	596
助你高考成功的数学解题智慧:错误是智慧的试金石	2016—04	58.00	643
助你高考成功的数学解题智慧:方法是智慧的推手	2016—04	68.00	657
高考数学奇思妙解	2016—04	38.00	610
高考数学解题策略	2016—05	48.00	670
数学解题泄天机	2016—06	48.00	668
高考物理压轴题全解	2017—04	48.00	746
2016年高考文科数学真题研究	2017—04	58.00	754
2016年高考理科数学真题研究	2017—04	78.00	755
新编640个世界著名数学智力趣题	2014—01	88.00	242
500个最新世界著名数学智力趣题	2008—06	48.00	3
400个最新世界著名数学最值问题	2008—09	48.00	36
500个世界著名数学征解问题	2009—06	48.00	52
400个中国最佳初等数学征解老问题	2010—01	48.00	60
500个俄罗斯数学经典老题	2011—01	28.00	81
1000个国外中学物理好题	2012—04	48.00	174
300个日本高考数学题	2012—05	38.00	142
700个早期日本高考数学试题	2017—02	88.00	752
500个前苏联早期高考数学试题及解答	2012—05	28.00	185
546个早期俄罗斯大学生数学竞赛题	2014—03	38.00	285
548个来自美苏的数学好问题	2014—11	28.00	396
20所苏联著名大学早期入学试题	2015—02	18.00	452
161道德国工科大学生必做的微分方程习题	2015—05	28.00	469
500个德国工科大学生必做的高数习题	2015—06	28.00	478
360个数学竞赛问题	2016—08	58.00	677
德国讲义日本考题.微积分卷	2015—04	48.00	456
德国讲义日本考题.微分方程卷	2015—04	38.00	457

哈尔滨工业大学出版社刘培杰数学工作室已出版(即将出版)图书目录

书　　名	出版时间	定　价	编号
中国初等数学研究　2009 卷(第 1 辑)	2009—05	20.00	45
中国初等数学研究　2010 卷(第 2 辑)	2010—05	30.00	68
中国初等数学研究　2011 卷(第 3 辑)	2011—07	60.00	127
中国初等数学研究　2012 卷(第 4 辑)	2012—07	48.00	190
中国初等数学研究　2014 卷(第 5 辑)	2014—02	48.00	288
中国初等数学研究　2015 卷(第 6 辑)	2015—06	68.00	493
中国初等数学研究　2016 卷(第 7 辑)	2016—04	68.00	609
中国初等数学研究　2017 卷(第 8 辑)	2017—01	98.00	712
几何变换(Ⅰ)	2014—07	28.00	353
几何变换(Ⅱ)	2015—06	28.00	354
几何变换(Ⅲ)	2015—01	38.00	355
几何变换(Ⅳ)	2015—12	38.00	356
博弈论精粹	2008—03	58.00	30
博弈论精粹.第二版(精装)	2015—01	88.00	461
数学 我爱你	2008—01	28.00	20
精神的圣徒　别样的人生——60 位中国数学家成长的历程	2008—09	48.00	39
数学史概论	2009—06	78.00	50
数学史概论(精装)	2013—03	158.00	272
数学史选讲	2016—01	48.00	544
斐波那契数列	2010—02	28.00	65
数学拼盘和斐波那契魔方	2010—07	38.00	72
斐波那契数列欣赏	2011—01	28.00	160
数学的创造	2011—02	48.00	85
数学美与创造力	2016—01	48.00	595
数海拾贝	2016—01	48.00	590
数学中的美	2011—02	38.00	84
数论中的美学	2014—12	38.00	351
数学王者　科学巨人——高斯	2015—01	28.00	428
振兴祖国数学的圆梦之旅:中国初等数学研究史话	2015—06	98.00	490
二十世纪中国数学史料研究	2015—10	48.00	536
数字谜、数阵图与棋盘覆盖	2016—01	58.00	298
时间的形状	2016—01	38.00	556
数学发现的艺术:数学探索中的合情推理	2016—07	58.00	671
活跃在数学中的参数	2016—07	48.00	675
数学解题——靠数学思想给力(上)	2011—07	38.00	131
数学解题——靠数学思想给力(中)	2011—07	48.00	132
数学解题——靠数学思想给力(下)	2011—07	38.00	133
我怎样解题	2013—01	48.00	227
数学解题中的物理方法	2011—06	28.00	114
数学解题的特殊方法	2011—06	48.00	115
中学数学计算技巧	2012—01	48.00	116
中学数学证明方法	2012—01	58.00	117
数学趣题巧解	2012—03	28.00	128
高中数学教学通鉴	2015—05	58.00	479
和高中生漫谈:数学与哲学的故事	2014—08	28.00	369
自主招生考试中的参数方程问题	2015—01	28.00	435
自主招生考试中的极坐标问题	2015—04	28.00	463
近年全国重点大学自主招生数学试题全解及研究.华约卷	2015—02	38.00	441
近年全国重点大学自主招生数学试题全解及研究.北约卷	2016—05	38.00	619
自主招生数学解证宝典	2015—09	48.00	535

哈尔滨工业大学出版社刘培杰数学工作室已出版(即将出版)图书目录

书　　名	出版时间	定　价	编号
格点和面积	2012－07	18.00	191
射影几何趣谈	2012－04	28.00	175
斯潘纳尔引理——从一道加拿大数学奥林匹克试题谈起	2014－01	28.00	228
李普希兹条件——从几道近年高考数学试题谈起	2012－10	18.00	221
拉格朗日中值定理——从一道北京高考试题的解法谈起	2015－10	18.00	197
闵科夫斯基定理——从一道清华大学自主招生试题谈起	2014－01	28.00	198
哈尔测度——从一道冬令营试题的背景谈起	2012－08	28.00	202
切比雪夫逼近问题——从一道中国台北数学奥林匹克试题谈起	2013－04	38.00	238
伯恩斯坦多项式与贝齐尔曲面——从一道全国高中数学联赛试题谈起	2013－03	38.00	236
卡塔兰猜想——从一道普特南竞赛试题谈起	2013－06	18.00	256
麦卡锡函数和阿克曼函数——从一道前南斯拉夫数学奥林匹克试题谈起	2012－08	18.00	201
贝蒂定理与拉姆贝克莫斯尔定理——从一个拣石子游戏谈起	2012－08	18.00	217
皮亚诺曲线和豪斯道夫分球定理——从无限集谈起	2012－08	18.00	211
平面凸图形与凸多面体	2012－10	28.00	218
斯坦因豪斯问题——从一道二十五省市自治区中学数学竞赛试题谈起	2012－07	18.00	196
纽结理论中的亚历山大多项式与琼斯多项式——从一道北京市高一数学竞赛试题谈起	2012－07	28.00	195
原则与策略——从波利亚“解题表”谈起	2013－04	38.00	244
转化与化归——从三大尺规作图不能问题谈起	2012－08	28.00	214
代数几何中的贝祖定理(第一版)——从一道 IMO 试题的解法谈起	2013－08	18.00	193
成功连贯理论与约当块理论——从一道比利时数学竞赛试题谈起	2012－04	18.00	180
素数判定与大数分解	2014－08	18.00	199
置换多项式及其应用	2012－10	18.00	220
椭圆函数与模函数——从一道美国加州大学洛杉矶分校(UCLA)博士资格考题谈起	2012－10	28.00	219
差分方程的拉格朗日方法——从一道 2011 年全国高考理科试题的解法谈起	2012－08	28.00	200
力学在几何中的一些应用	2013－01	38.00	240
高斯散度定理、斯托克斯定理和平面格林定理——从一道国际大学生数学竞赛试题谈起	即将出版		
康托洛维奇不等式——从一道全国高中联赛试题谈起	2013－03	28.00	337
西格尔引理——从一道第 18 届 IMO 试题的解法谈起	即将出版		
罗斯定理——从一道前苏联数学竞赛试题谈起	即将出版		
拉克斯定理和阿廷定理——从一道 IMO 试题的解法谈起	2014－01	58.00	246
毕卡大定理——从一道美国大学数学竞赛试题谈起	2014－07	18.00	350
贝齐尔曲线——从一道全国高中联赛试题谈起	即将出版		
拉格朗日乘子定理——从一道 2005 年全国高中联赛试题的高等数学解法谈起	2015－05	28.00	480
雅可比定理——从一道日本数学奥林匹克试题谈起	2013－04	48.00	249
李天岩－约克定理——从一道波兰数学竞赛试题谈起	2014－06	28.00	349
整系数多项式因式分解的一般方法——从克朗耐克算法谈起	即将出版		
布劳维不动点定理——从一道前苏联数学奥林匹克试题谈起	2014－01	38.00	273
伯恩赛德定理——从一道英国数学奥林匹克试题谈起	即将出版		
布查特－莫斯特定理——从一道上海市初中竞赛试题谈起	即将出版		

哈尔滨工业大学出版社刘培杰数学工作室已出版(即将出版)图书目录

书　　名	出版时间	定　价	编号
数论中的同余数问题——从一道普特南竞赛试题谈起	即将出版		
范·德蒙行列式——从一道美国数学奥林匹克试题谈起	即将出版		
中国剩余定理:总数法构建中国历史年表	2015—01	28.00	430
牛顿程序与方程求根——从一道全国高考试题解法谈起	即将出版		
库默尔定理——从一道 IMO 预选试题谈起	即将出版		
卢丁定理——从一道冬令营试题的解法谈起	即将出版		
沃斯滕霍姆定理——从一道 IMO 预选试题谈起	即将出版		
卡尔松不等式——从一道莫斯科数学奥林匹克试题谈起	即将出版		
信息论中的香农熵——从一道近年高考压轴题谈起	即将出版		
约当不等式——从一道希望杯竞赛试题谈起	即将出版		
拉比诺维奇定理	即将出版		
刘维尔定理——从一道《美国数学月刊》征解问题的解法谈起	即将出版		
卡塔兰恒等式与级数求和——从一道 IMO 试题的解法谈起	即将出版		
勒让德猜想与素数分布——从一道爱尔兰竞赛试题谈起	即将出版		
天平称重与信息论——从一道基辅市数学奥林匹克试题谈起	即将出版		
哈密尔顿—凯莱定理:从一道高中数学联赛试题的解法谈起	2014—09	18.00	376
艾思特曼定理——从一道 CMO 试题的解法谈起	即将出版		
一个爱尔特希问题——从一道西德数学奥林匹克试题谈起	即将出版		
有限群中的爱丁格尔问题——从一道北京市初中二年级数学竞赛试题谈起	即将出版		
贝克码与编码理论——从一道全国高中联赛试题谈起	即将出版		
帕斯卡三角形	2014—03	18.00	294
蒲丰投针问题——从 2009 年清华大学的一道自主招生试题谈起	2014—01	38.00	295
斯图姆定理——从一道"华约"自主招生试题的解法谈起	2014—01	18.00	296
许瓦兹引理——从一道加利福尼亚大学伯克利分校数学系博士生试题谈起	2014—08	18.00	297
拉姆塞定理——从王诗宬院士的一个问题谈起	2016—04	48.00	299
坐标法	2013—12	28.00	332
数论三角形	2014—04	38.00	341
毕克定理	2014—07	18.00	352
数林掠影	2014—09	48.00	389
我们周围的概率	2014—10	38.00	390
凸函数最值定理:从一道华约自主招生题的解法谈起	2014—10	28.00	391
易学与数学奥林匹克	2014—10	38.00	392
生物数学趣谈	2015—01	18.00	409
反演	2015—01	28.00	420
因式分解与圆锥曲线	2015—01	18.00	426
轨迹	2015—01	28.00	427
面积原理:从常庚哲命的一道 CMO 试题的积分解法谈起	2015—01	48.00	431
形形色色的不动点定理:从一道 28 届 IMO 试题谈起	2015—01	38.00	439
柯西函数方程:从一道上海交大自主招生的试题谈起	2015—02	28.00	440
三角恒等式	2015—02	28.00	442
无理性判定:从一道 2014 年"北约"自主招生试题谈起	2015—01	38.00	443
数学归纳法	2015—03	18.00	451
极端原理与解题	2015—04	28.00	464
法雷级数	2014—08	18.00	367
摆线族	2015—01	38.00	438
函数方程及其解法	2015—05	38.00	470
含参数的方程和不等式	2012—09	28.00	213
希尔伯特第十问题	2016—01	38.00	543
无穷小量的求和	2016—01	28.00	545
切比雪夫多项式:从一道清华大学金秋营试题谈起	2016—01	38.00	583

哈尔滨工业大学出版社刘培杰数学工作室 已出版(即将出版)图书目录

书　名	出版时间	定　价	编号
泽肯多夫定理	2016－03	38.00	599
代数等式证题法	2016－01	28.00	600
三角等式证题法	2016－01	28.00	601
吴大任教授藏书中的一个因式分解公式:从一道美国数学邀请赛试题的解法谈起	2016－06	28.00	656

书　名	出版时间	定　价	编号
中等数学英语阅读文选	2006－12	38.00	13
统计学专业英语	2007－03	28.00	16
统计学专业英语(第二版)	2012－07	48.00	176
统计学专业英语(第三版)	2015－04	68.00	465
幻方和魔方(第一卷)	2012－05	68.00	173
尘封的经典——初等数学经典文献选读(第一卷)	2012－07	48.00	205
尘封的经典——初等数学经典文献选读(第二卷)	2012－07	38.00	206
代换分析:英文	2015－07	38.00	499

书　名	出版时间	定　价	编号
实变函数论	2012－06	78.00	181
复变函数论	2015－08	38.00	504
非光滑优化及其变分分析	2014－01	48.00	230
疏散的马尔科夫链	2014－01	58.00	266
马尔科夫过程论基础	2015－01	28.00	433
初等微分拓扑学	2012－07	18.00	182
方程式论	2011－03	38.00	105
初级方程式论	2011－03	28.00	106
Galois 理论	2011－03	18.00	107
古典数学难题与伽罗瓦理论	2012－11	58.00	223
伽罗华与群论	2014－01	28.00	290
代数方程的根式解及伽罗瓦理论	2011－03	28.00	108
代数方程的根式解及伽罗瓦理论(第二版)	2015－01	28.00	423
线性偏微分方程讲义	2011－03	18.00	110
几类微分方程数值方法的研究	2015－05	38.00	485
N 体问题的周期解	2011－03	28.00	111
代数方程式论	2011－05	18.00	121
线性代数与几何:英文	2016－06	58.00	578
动力系统的不变量与函数方程	2011－07	48.00	137
基于短语评价的翻译知识获取	2012－02	48.00	168
应用随机过程	2012－04	48.00	187
概率论导引	2012－04	18.00	179
矩阵论(上)	2013－06	58.00	250
矩阵论(下)	2013－06	48.00	251
对称锥互补问题的内点法:理论分析与算法实现	2014－08	68.00	368
抽象代数:方法导引	2013－06	38.00	257
集论	2016－01	48.00	576
多项式理论研究综述	2016－01	38.00	577
函数论	2014－11	78.00	395
反问题的计算方法及应用	2011－11	28.00	147
初等数学研究(Ⅰ)	2008－09	68.00	37
初等数学研究(Ⅱ)(上、下)	2009－05	118.00	46,47
数阵及其应用	2012－02	28.00	164
绝对值方程—折边与组合图形的解析研究	2012－07	48.00	186
代数函数论(上)	2015－07	38.00	494
代数函数论(下)	2015－07	38.00	495
偏微分方程论:法文	2015－10	48.00	533
时标动力学方程的指数型二分性与周期解	2016－04	48.00	606
重刚体绕不动点运动方程的积分法	2016－05	68.00	608
水轮机水力稳定性	2016－05	48.00	620
Lévy 噪音驱动的传染病模型的动力学行为	2016－05	48.00	667
铣加工动力学系统稳定性研究的数学方法	2016－11	28.00	710

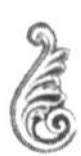

哈尔滨工业大学出版社刘培杰数学工作室 已出版(即将出版)图书目录

书　　名	出版时间	定　价	编号
趣味初等方程妙题集锦	2014－09	48.00	388
趣味初等数论选美与欣赏	2015－02	48.00	445
耕读笔记(上卷):一位农民数学爱好者的初数探索	2015－04	28.00	459
耕读笔记(中卷):一位农民数学爱好者的初数探索	2015－05	28.00	483
耕读笔记(下卷):一位农民数学爱好者的初数探索	2015－05	28.00	484
几何不等式研究与欣赏.上卷	2016－01	88.00	547
几何不等式研究与欣赏.下卷	2016－01	48.00	552
初等数列研究与欣赏・上	2016－01	48.00	570
初等数列研究与欣赏・下	2016－01	48.00	571
趣味初等函数研究与欣赏.上	2016－09	48.00	684
趣味初等函数研究与欣赏.下	即将出版		685

书　　名	出版时间	定　价	编号
火柴游戏	2016－05	38.00	612
异曲同工	即将出版		613
智力解谜	即将出版		614
故事智力	2016－07	48.00	615
名人们喜欢的智力问题	即将出版		616
数学大师的发现、创造与失误	即将出版		617
数学的味道	即将出版		618

书　　名	出版时间	定　价	编号
数贝偶拾——高考数学题研究	2014－04	28.00	274
数贝偶拾——初等数学研究	2014－04	38.00	275
数贝偶拾——奥数题研究	2014－04	48.00	276

书　　名	出版时间	定　价	编号
集合、函数与方程	2014－01	28.00	300
数列与不等式	2014－01	38.00	301
三角与平面向量	2014－01	28.00	302
平面解析几何	2014－01	38.00	303
立体几何与组合	2014－01	28.00	304
极限与导数、数学归纳法	2014－01	38.00	305
趣味数学	2014－03	28.00	306
教材教法	2014－04	68.00	307
自主招生	2014－05	58.00	308
高考压轴题(上)	2015－01	48.00	309
高考压轴题(下)	2014－10	68.00	310

书　　名	出版时间	定　价	编号
从费马到怀尔斯——费马大定理的历史	2013－10	198.00	Ⅰ
从庞加莱到佩雷尔曼——庞加莱猜想的历史	2013－10	298.00	Ⅱ
从切比雪夫到爱尔特希(上)——素数定理的初等证明	2013－07	48.00	Ⅲ
从切比雪夫到爱尔特希(下)——素数定理 100 年	2012－12	98.00	Ⅲ
从高斯到盖尔方特——二次域的高斯猜想	2013－10	198.00	Ⅳ
从库默尔到朗兰兹——朗兰兹猜想的历史	2014－01	98.00	Ⅴ
从比勃巴赫到德布朗斯——比勃巴赫猜想的历史	2014－02	298.00	Ⅵ
从麦比乌斯到陈省身——麦比乌斯变换与麦比乌斯带	2014－02	298.00	Ⅶ
从布尔到豪斯道夫——布尔方程与格论漫谈	2013－10	198.00	Ⅷ
从开普勒到阿诺德——三体问题的历史	2014－05	298.00	Ⅸ
从华林到华罗庚——华林问题的历史	2013－10	298.00	Ⅹ

哈尔滨工业大学出版社刘培杰数学工作室已出版(即将出版)图书目录

书　　名	出版时间	定　价	编号
吴振奎高等数学解题真经(概率统计卷)	2012—01	38.00	149
吴振奎高等数学解题真经(微积分卷)	2012—01	68.00	150
吴振奎高等数学解题真经(线性代数卷)	2012—01	58.00	151
钱昌本教你快乐学数学(上)	2011—12	48.00	155
钱昌本教你快乐学数学(下)	2012—03	58.00	171
高等数学解题全攻略(上卷)	2013—06	58.00	252
高等数学解题全攻略(下卷)	2013—06	58.00	253
高等数学复习纲要	2014—01	18.00	384
三角函数	2014—01	38.00	311
不等式	2014—01	38.00	312
数列	2014—01	38.00	313
方程	2014—01	28.00	314
排列和组合	2014—01	28.00	315
极限与导数	2014—01	28.00	316
向量	2014—09	38.00	317
复数及其应用	2014—08	28.00	318
函数	2014—01	38.00	319
集合	即将出版		320
直线与平面	2014—01	28.00	321
立体几何	2014—04	28.00	322
解三角形	即将出版		323
直线与圆	2014—01	28.00	324
圆锥曲线	2014—01	38.00	325
解题通法(一)	2014—07	38.00	326
解题通法(二)	2014—07	38.00	327
解题通法(三)	2014—05	38.00	328
概率与统计	2014—01	28.00	329
信息迁移与算法	即将出版		330
方程(第2版)	2017—04	38.00	624
三角函数(第2版)	即将出版		626
向量(第2版)	即将出版		627
立体几何(第2版)	2016—04	38.00	629
直线与圆(第2版)	2016—11	38.00	631
圆锥曲线(第2版)	2016—09	48.00	632
极限与导数(第2版)	2016—04	38.00	635
美国高中数学竞赛五十讲. 第1卷(英文)	2014—08	28.00	357
美国高中数学竞赛五十讲. 第2卷(英文)	2014—08	28.00	358
美国高中数学竞赛五十讲. 第3卷(英文)	2014—09	28.00	359
美国高中数学竞赛五十讲. 第4卷(英文)	2014—09	28.00	360
美国高中数学竞赛五十讲. 第5卷(英文)	2014—10	28.00	361
美国高中数学竞赛五十讲. 第6卷(英文)	2014—11	28.00	362
美国高中数学竞赛五十讲. 第7卷(英文)	2014—12	28.00	363
美国高中数学竞赛五十讲. 第8卷(英文)	2015—01	28.00	364
美国高中数学竞赛五十讲. 第9卷(英文)	2015—01	28.00	365
美国高中数学竞赛五十讲. 第10卷(英文)	2015—02	38.00	366

哈尔滨工业大学出版社刘培杰数学工作室已出版(即将出版)图书目录

书　　名	出版时间	定　价	编号
IMO 50 年. 第 1 卷(1959—1963)	2014—11	28.00	377
IMO 50 年. 第 2 卷(1964—1968)	2014—11	28.00	378
IMO 50 年. 第 3 卷(1969—1973)	2014—09	28.00	379
IMO 50 年. 第 4 卷(1974—1978)	2016—04	38.00	380
IMO 50 年. 第 5 卷(1979—1984)	2015—04	38.00	381
IMO 50 年. 第 6 卷(1985—1989)	2015—04	58.00	382
IMO 50 年. 第 7 卷(1990—1994)	2016—01	48.00	383
IMO 50 年. 第 8 卷(1995—1999)	2016—06	38.00	384
IMO 50 年. 第 9 卷(2000—2004)	2015—04	58.00	385
IMO 50 年. 第 10 卷(2005—2009)	2016—01	48.00	386
IMO 50 年. 第 11 卷(2010—2015)	2017—03	48.00	646
历届美国大学生数学竞赛试题集. 第一卷(1938—1949)	2015—01	28.00	397
历届美国大学生数学竞赛试题集. 第二卷(1950—1959)	2015—01	28.00	398
历届美国大学生数学竞赛试题集. 第三卷(1960—1969)	2015—01	28.00	399
历届美国大学生数学竞赛试题集. 第四卷(1970—1979)	2015—01	18.00	400
历届美国大学生数学竞赛试题集. 第五卷(1980—1989)	2015—01	28.00	401
历届美国大学生数学竞赛试题集. 第六卷(1990—1999)	2015—01	28.00	402
历届美国大学生数学竞赛试题集. 第七卷(2000—2009)	2015—08	18.00	403
历届美国大学生数学竞赛试题集. 第八卷(2010—2012)	2015—01	18.00	404
新课标高考数学创新题解题诀窍:总论	2014—09	28.00	372
新课标高考数学创新题解题诀窍:必修 1～5 分册	2014—08	38.00	373
新课标高考数学创新题解题诀窍:选修 2—1,2—2,1—1,1—2分册	2014—09	38.00	374
新课标高考数学创新题解题诀窍:选修 2—3,4—4,4—5 分册	2014—09	18.00	375
全国重点大学自主招生英文数学试题全攻略:词汇卷	2015—07	48.00	410
全国重点大学自主招生英文数学试题全攻略:概念卷	2015—01	28.00	411
全国重点大学自主招生英文数学试题全攻略:文章选读卷(上)	2016—09	38.00	412
全国重点大学自主招生英文数学试题全攻略:文章选读卷(下)	2017—01	58.00	413
全国重点大学自主招生英文数学试题全攻略:试题卷	2015—07	38.00	414
全国重点大学自主招生英文数学试题全攻略:名著欣赏卷	2017—03	48.00	415
数学物理大百科全书. 第 1 卷	2016—01	418.00	508
数学物理大百科全书. 第 2 卷	2016—01	408.00	509
数学物理大百科全书. 第 3 卷	2016—01	396.00	510
数学物理大百科全书. 第 4 卷	2016—01	408.00	511
数学物理大百科全书. 第 5 卷	2016—01	368.00	512
劳埃德数学趣题大全. 题目卷. 1:英文	2016—01	18.00	516
劳埃德数学趣题大全. 题目卷. 2:英文	2016—01	18.00	517
劳埃德数学趣题大全. 题目卷. 3:英文	2016—01	18.00	518
劳埃德数学趣题大全. 题目卷. 4:英文	2016—01	18.00	519
劳埃德数学趣题大全. 题目卷. 5:英文	2016—01	18.00	520
劳埃德数学趣题大全. 答案卷:英文	2016—01	18.00	521

哈尔滨工业大学出版社刘培杰数学工作室已出版(即将出版)图书目录

书　　名	出版时间	定　价	编号
李成章教练奥数笔记.第1卷	2016—01	48.00	522
李成章教练奥数笔记.第2卷	2016—01	48.00	523
李成章教练奥数笔记.第3卷	2016—01	38.00	524
李成章教练奥数笔记.第4卷	2016—01	38.00	525
李成章教练奥数笔记.第5卷	2016—01	38.00	526
李成章教练奥数笔记.第6卷	2016—01	38.00	527
李成章教练奥数笔记.第7卷	2016—01	38.00	528
李成章教练奥数笔记.第8卷	2016—01	48.00	529
李成章教练奥数笔记.第9卷	2016—01	28.00	530
朱德祥代数与几何讲义.第1卷	2017—01	38.00	697
朱德祥代数与几何讲义.第2卷	2017—01	28.00	698
朱德祥代数与几何讲义.第3卷	2017—01	28.00	699
zeta函数,q-zeta函数,相伴级数与积分	2015—08	88.00	513
微分形式:理论与练习	2015—08	58.00	514
离散与微分包含的逼近和优化	2015—08	58.00	515
艾伦·图灵:他的工作与影响	2016—01	98.00	560
测度理论概率导论,第2版	2016—01	88.00	561
带有潜在故障恢复系统的半马尔柯夫模型控制	2016—01	98.00	562
数学分析原理	2016—01	88.00	563
随机偏微分方程的有效动力学	2016—01	88.00	564
图的谱半径	2016—01	58.00	565
量子机器学习中数据挖掘的量子计算方法	2016—01	98.00	566
量子物理的非常规方法	2016—01	118.00	567
运输过程的统一非局部理论:广义波尔兹曼物理动力学,第2版	2016—01	198.00	568
量子力学与经典力学之间的联系在原子、分子及电动力学系统建模中的应用	2016—01	58.00	569
第19～23届"希望杯"全国数学邀请赛试题审题要津详细评注(初一版)	2014—03	28.00	333
第19～23届"希望杯"全国数学邀请赛试题审题要津详细评注(初二、初三版)	2014—03	38.00	334
第19～23届"希望杯"全国数学邀请赛试题审题要津详细评注(高一版)	2014—03	28.00	335
第19～23届"希望杯"全国数学邀请赛试题审题要津详细评注(高二版)	2014—03	38.00	336
第19～25届"希望杯"全国数学邀请赛试题审题要津详细评注(初一版)	2015—01	38.00	416
第19～25届"希望杯"全国数学邀请赛试题审题要津详细评注(初二、初三版)	2015—01	58.00	417
第19～25届"希望杯"全国数学邀请赛试题审题要津详细评注(高一版)	2015—01	48.00	418
第19～25届"希望杯"全国数学邀请赛试题审题要津详细评注(高二版)	2015—01	48.00	419
闵嗣鹤文集	2011—03	98.00	102
吴从炘数学活动三十年(1951～1980)	2010—07	99.00	32
吴从炘数学活动又三十年(1981～2010)	2015—07	98.00	491
物理奥林匹克竞赛大题典——力学卷	2014—11	48.00	405
物理奥林匹克竞赛大题典——热学卷	2014—04	28.00	339
物理奥林匹克竞赛大题典——电磁学卷	2015—07	48.00	406
物理奥林匹克竞赛大题典——光学与近代物理卷	2014—06	28.00	345

哈尔滨工业大学出版社刘培杰数学工作室已出版(即将出版)图书目录

书名	出版时间	定价	编号
历届中国东南地区数学奥林匹克试题集(2004～2012)	2014－06	18.00	346
历届中国西部地区数学奥林匹克试题集(2001～2012)	2014－07	18.00	347
历届中国女子数学奥林匹克试题集(2002～2012)	2014－08	18.00	348
数学奥林匹克在中国	2014－06	98.00	344
数学奥林匹克问题集	2014－01	38.00	267
数学奥林匹克不等式散论	2010－06	38.00	124
数学奥林匹克不等式欣赏	2011－09	38.00	138
数学奥林匹克超级题库(初中卷上)	2010－01	58.00	66
数学奥林匹克不等式证明方法和技巧(上、下)	2011－08	158.00	134,135
他们学什么:原民主德国中学数学课本	2016－09	38.00	658
他们学什么:英国中学数学课本	2016－09	38.00	659
他们学什么:法国中学数学课本.1	2016－09	38.00	660
他们学什么:法国中学数学课本.2	2016－09	28.00	661
他们学什么:法国中学数学课本.3	2016－09	38.00	662
他们学什么:苏联中学数学课本	2016－09	28.00	679
高中数学题典——集合与简易逻辑·函数	2016－07	48.00	647
高中数学题典——导数	2016－07	48.00	648
高中数学题典——三角函数·平面向量	2016－07	48.00	649
高中数学题典——数列	2016－07	58.00	650
高中数学题典——不等式·推理与证明	2016－07	38.00	651
高中数学题典——立体几何	2016－07	48.00	652
高中数学题典——平面解析几何	2016－07	78.00	653
高中数学题典——计数原理·统计·概率·复数	2016－07	48.00	654
高中数学题典——算法·平面几何·初等数论·组合数学·其他	2016－07	68.00	655
台湾地区奥林匹克数学竞赛试题.小学一年级	2017－03	38.00	722
台湾地区奥林匹克数学竞赛试题.小学二年级	2017－03	38.00	723
台湾地区奥林匹克数学竞赛试题.小学三年级	2017－03	38.00	724
台湾地区奥林匹克数学竞赛试题.小学四年级	2017－03	38.00	725
台湾地区奥林匹克数学竞赛试题.小学五年级	2017－03	38.00	726
台湾地区奥林匹克数学竞赛试题.小学六年级	2017－03	38.00	727
台湾地区奥林匹克数学竞赛试题.初中一年级	2017－03	38.00	728
台湾地区奥林匹克数学竞赛试题.初中二年级	2017－03	38.00	729
台湾地区奥林匹克数学竞赛试题.初中三年级	2017－03	28.00	730
不等式证题法	2017－04	28.00	747
平面几何培优教程	即将出版		748
奥数鼎级培优教程.高一分册	即将出版		749
奥数鼎级培优教程.高二分册	即将出版		750
高中数学竞赛冲刺宝典	即将出版		751

联系地址:哈尔滨市南岗区复华四道街10号　哈尔滨工业大学出版社刘培杰数学工作室

网　　址:http://lpj.hit.edu.cn/

邮　　编:150006

联系电话:0451－86281378　　13904613167

E-mail:lpj1378@163.com

序

哈尔滨工业大学出版社策划的《应用型本科院校“十二五”规划教材》即将付梓，诚可贺也。

该系列教材卷帙浩繁，凡百余种，涉及众多学科门类，定位准确，内容新颖，体系完整，实用性强，突出实践能力培养。不仅便于教师教学和学生学习，而且满足就业市场对应用型人才的迫切需求。

应用型本科院校的人才培养目标是面对现代社会生产、建设、管理、服务等一线岗位，培养能直接从事实际工作、解决具体问题、维持工作有效运行的高等应用型人才。应用型本科与研究型本科和高职高专院校在人才培养上有着明显的区别，其培养的人才特征是：①就业导向与社会需求高度吻合；②扎实的理论基础和过硬的实践能力紧密结合；③具备良好的人文素质和科学技术素质；④富于面对职业应用的创新精神。因此，应用型本科院校只有着力培养“进入角色快、业务水平高、动手能力强、综合素质好”的人才，才能在激烈的就业市场竞争中站稳脚跟。

目前国内应用型本科院校所采用的教材往往只是对理论性较强的本科院校教材的简单删减，针对性、应用性不够突出，因材施教的目的难以达到。因此亟须既有一定的理论深度又注重实践能力培养的系列教材，以满足应用型本科院校教学目标、培养方向和办学特色的需要。

哈尔滨工业大学出版社出版的《应用型本科院校“十二五”规划教材》，在选题设计思路上认真贯彻教育部关于培养适应地方、区域经济和社会发展需要的“本科应用型高级专门人才”精神，根据黑龙江省委书记吉炳轩同志提出的关于加强应用型本科院校建设的意见，在应用型本科试点院校成功经验总结的基础上，特邀请黑龙江省9所知名的应用型本科院校的专家、学者联合编写。

本系列教材突出与办学定位、教学目标的一致性和适应性，既严格遵照学科体系的知识构成和教材编写的一般规律，又针对应用型本科人才培养目标及与之相适应的教学特点，精心设计写作体例，科学安排知识内容，围绕应用讲授理论，做到“基础知识够用、实践技能实用、专业理论管用”。同时注意适当融入新理论、新技术、新工艺、新成果，并且制作了与本书配套的PPT多媒体教学课件，形成立体化教材，供教师参考使用。

《应用型本科院校“十二五”规划教材》的编辑出版，是适应“科教兴国”战略对复合型、应用型人才的需求，是推动相对滞后的应用型本科院校教材建设的一种有益尝试，在应用型创新人才培养方面是一件具有开创意义的工作，为应用型人才的培养提供了及时、可靠、坚实的保证。

希望本系列教材在使用过程中，通过编者、作者和读者的共同努力，厚积薄发、推陈出新、细上加细、精益求精，不断丰富、不断完善、不断创新，力争成为同类教材中的精品。

前　言

随着中国在世界经济中的地位越来越重要，参与国际分工越来越深入，中国经济的发展备受世界瞩目。但是，在全球经历了继20世纪30年代大萧条以来最严重的一次经济危机后，国际贸易外部环境日趋复杂，贸易保护越演越烈，在这种形势下我国提出“稳增长、调结构、促平衡”的政策目标。为了适应这一形势的需要，作为培养实用型人才的本科院校，加大加强学生的实际动手能力，完善国际贸易实务课程实训环节，我们组织编写了《国际贸易实务实训教程》这本教材。本书遵循“理论知识够用、实践能力培养为主”的原则，结合实训软件，为学生提供仿真的工作环境，模拟国际贸易操作的各个环节，以便学生尽快适应工作环境，熟练掌握国际贸易的业务操作。

本书有以下特点：

1. 仿真性

本教材配合有关的国际贸易实训软件，仿真模拟成交背景、成交商品、业务流程、相关当事人及有关外贸机构等，同时采用角色扮演、真实单据的实训方式，侧重训练学生国际贸易实务的操作技能，仿真性强。

2. 实用性

本教材实用性强。首先，介绍国际贸易主要成交方式的业务流程；其后，对照每种成交方式给出具体操作步骤和要领；再后，给出进出口业务中涉及的各种单据示例以及填写注释；最后，以教学软件为依托，给出一个完整的成交案例。

3. 互动性

本教材从多个角度、不同角色对学生进行实践训练，主要包括出口商、进口商、厂商、出口地银行、进口地银行等。每种角色与其他角色都要互动，才能完成进出口交易任务。完全做到仿真模拟，互动性强。

本书共四个部分，第一部分由孙艳萍编写；第二部分由徐丽编写；第三部分由王维娜编写；第四部分由姚姝伊编写；黄秀梅、张贺参加编写。本书由徐丽审定大纲及组织编写，由王维娜负责全书统稿和修改工作。

本书参考了大量的文献资料，并且得到实训软件公司的大力支持。在此，我们向参考文献的作者以及给予帮助的各方人员表示诚挚的谢意。

由于当今国际贸易环境日趋复杂，各种新的贸易政策、业务做法不断涌现，加上作者知识、经验不足，书中疏漏、不妥之处在所难免，敬请各位同行和读者批评指正。

编者

2012年2月

目 录

前　言

随着中国在世界经济中的地位越来越重要,参与国际分工越来越深入,中国经济的发展备受世界瞩目。但是,在全球经历了继20世纪30年代大萧条以来最严重的一次经济危机后,国际贸易外部环境日趋复杂,贸易保护越演越烈,在这种形势下我国提出"稳增长、调结构、促平衡"的政策目标。为了适应这一形势的需要,作为培养实用型人才的本科院校,加大加强学生的实际动手能力,完善国际贸易实务课程实训环节,我们组织编写了《国际贸易实务实训教程》这本教材。本书遵循"理论知识够用、实践能力培养为主"的原则,结合实训软件,为学生提供仿真的工作环境,模拟国际贸易操作的各个环节,以便学生尽快适应工作环境,熟练掌握国际贸易的业务操作。

本书有以下特点:

1. 仿真性

本教材配合有关的国际贸易实训软件,仿真模拟成交背景、成交商品、业务流程、相关当事人及有关外贸机构等,同时采用角色扮演、真实单据的实训方式,侧重训练学生国际贸易实务的操作技能,仿真性强。

2. 实用性

本教材实用性强。首先,介绍国际贸易主要成交方式的业务流程;其后,对照每种成交方式给出具体操作步骤和要领;再后,给出进出口业务中涉及的各种单据示例以及填写注释;最后,以教学软件为依托,给出一个完整的成交案例。

3. 互动性

本教材从多个角度、不同角色对学生进行实践训练,主要包括出口商、进口商、厂商、出口地银行、进口地银行等。每种角色与其他角色都要互动,才能完成进出口交易任务。完全做到仿真模拟,互动性强。

本书共四个部分,第一部分由孙艳萍编写;第二部分由徐丽编写;第三部分由王维娜编写;第四部分由姚姝伊编写;黄秀梅、张贺参加编写。本书由徐丽审定大纲及组织编写,由王维娜负责全书统稿和修改工作。

本书参考了大量的文献资料,并且得到实训软件公司的大力支持。在此,我们向参考文献的作者以及给予帮助的各方人员表示诚挚的谢意。

由于当今国际贸易环境日趋复杂,各种新的贸易政策、业务做法不断涌现,加上作者知识、经验不足,书中疏漏、不妥之处在所难免,敬请各位同行和读者批评指正。

编者

2012年2月

一、实训目标

专业课实训教学既是理论课教学的重要补充,又是提高学生实践能力的重要教学环节,通过实训使学生:

1. 熟悉外贸实务的具体操作程序,增强感性认识,进一步了解、巩固已学过的理论、方法,提高发现、分析和解决问题的能力。

2. 利用 SimTrade 和 Internet 提供的各项资源,做好交易前的准备工作,并学会运用网络资源宣传企业及产品。

3. 使用邮件系统进行业务磋商,掌握往来函电的书写技巧。

4. 掌握各种贸易术语的运用。正确核算成本、费用和利润,以争取较好的成交价格。

5. 学会正确使用价格术语和结算方式签订外销合同。

6. 掌握在各种结算方式和贸易术语条件下的履行进出口合同的流程。

7. 根据磋商内容做好备货工作,正确签订购销合同。正确判断市场走向,做好库存管理。

8. 正确填写各种单据(包括出口业务中的报检、报关、议付单据,进口业务中的信用证开证申请)。

9. 熟悉国际贸易的物流、资金流和业务流的运作方式,体会国际贸易中不同当事人的不同地位,面临的具体工作和互动关系。

10. 学会外贸公司利用各种方式控制成本以达到利润最大化的思路,了解供求平衡、竞争等宏观经济现象,并且学会合理地利用。

二、实训要求

1. 遵守相关法律法规，不得在网上发表违法言论。

2. 按实训内容，认真进行准备，积极开展调查活动，并做好实训日记。

3. 每个同学要分别扮演 5 个角色，完成以下任务：

(1)出口商：完成 1 笔以上出口业务。

(2)进口商：完成 1 笔以上进口业务。

(3)供应商：完成 1 笔以上销售合同。

(4)进口地银行：完成信用证申请表的审核及开证、审单。

(5)出口地银行：完成通知、审证、审单、出口结汇等工作。

4. 完成实训报告(包括实训过程概述，实训中遇到的问题及解决方法，实训的收获和体会，对实训的建议，对实训思考题的回答等)。

三、实训主要内容

1. 独立进行业务规划。
2. 掌握利用网络资源来寻找有利信息的基本技巧，利用网络发布广告、搜索信息。
3. 同业务伙伴建立合作关系。
4. 各种贸易术语及结算方式下的成本、费用、利润的核算。
5. 通过询盘、发盘、还盘、接受等环节进行交易磋商。
6. 外销合同的签订。
7. 信用证的申请和开证。
8. 信用证的通知、审证和改证。
9. 购销合同的签订。
10. 租船订舱。
11. 进出口货物保险及索赔。
12. 办理进出口报检事宜。
13. 办理进出口报关事宜。
14. 缮制各种议付单据。
15. 银行处理议付、结汇。
16. 办理出口收汇核销和退税。

四、实训结果及实训考核

1. 计算机会自动考核每人的成绩，由实训老师查阅。

2. 实训完成后，计算机会自动生成出口预算表，并与每人所填写的出口预算表进行比较，算出误差率。

3. 实训成绩根据以下4项综合评定：

(1)计算机评分；

(2)计算机计算出的出口预算表的误差率；

(3)老师对实训过程和单证内容的审查；

(4)根据老师掌握的学生在实训过程中的表现。

第一部分　各种贸易术语和结算方式下的履约流程

一、FOB＋L/C 贸易术语履约流程表

FOB＋L/C 贸易术语履约流程表见表 1.1。

表 1.1　FOB＋L/C 贸易术语履约流程表

步骤	工　厂	出口商	出口地银行	进口地银行	进口商
1		起草外销合同			
2		填写出口预算表			
3		合同送进口商			
4					填写进口预算表
5					签字并确认外销合同
6					银行领取并填写进口付汇核销单
7					填写开证申请书
8					开证申请书送进口地银行
9				根据申请书填写信用证	
10				送进口商确认	
11					对照合同检查信用证
12					同意信用证
13				通知出口地银行	
14			审核信用证		
15			填写信用证通知书		
16			通知出口商		
17		对照合同审核信用证			
18		接受信用证			
19		起草国内购销合同			
20		合同送工厂			指定船公司
21	确认购销合同				

续表 1.1

步骤	工　厂	出口商	出口地银行	进口地银行	进口商
22	组织生产				
23	放货给出口商				
24	国税局缴税				
25		填写货物出运委托书			
26		洽订舱位			
27		填写报检单、商业发票、装箱单			
28		出口报检			
29		填写产地证明申请书			
30		到相关机构申请产地证			
31		外管局申领并填写核销单			
32		海关办理核销单的出口备案			
33		填出口货物报关单			
34		送货到海关			
35		出口报关、货物出运			
36		船公司取提单			
37		填写装船通知			
38		发送装船通知			
39		填写汇票			查看装船通知
40		出口地银行交单押汇			填写投保单
41			审单		保险公司投保
42			送进口地银行		
43		银行办理结汇		审单	
44		填写出口收汇核销单送审登记表		通知进口商取单	
45		外管局办理核销			到银行付款
46		国税局出口退税			取回单据
47					船公司换提货单
48					填写进口货物报检单
49					进口报检
50					填写报关单
51					进口报关

续表 1.1

步骤	工　厂	出口商	出口地银行	进口地银行	进口商
52					缴税
53					提货
54					填写进口付汇到货核销表
55					外管局办理进口付汇核销
56					消费市场销货

二、CIF + L/C 贸易术语履约流程表

CIF + L/C 贸易术语履约流程表见表 1.2。

表 1.2　CIF + L/C 贸易术语履约流程表

步骤	工　厂	出口商	出口地银行	进口地银行	进口商
1		起草外销合同			
2		添加并填写出口预算表			
3		合同送进口商			
4					添加并填写进口预算表
5					签字并确认外销合同
6					到银行领取并填写“进口付汇核销单”
7					添加并填写开证申请书
8					发送开证申请
9				根据申请书填写信用证	
10				送进口商确认	
11					对照合同查看信用证
12					同意信用证
13				通知出口地银行	
14			审核信用证		
15			填写信用证通知书		
16			通知出口商		
17		对照合同审核信用证			
18		接受信用证			

续表 1.2

步骤	工　厂	出口商	出口地银行	进口地银行	进口商
19		起草国内购销合同			
20		合同送工厂			
21	签字并确认购销合同				
22	组织生产				
23	放货给出口商				
24	到国税局缴税				
25		添加并填写“货物出运委托书”			
26		指定船公司			
27		洽订舱位			
28		添加并填写“报检单”、“商业发票”、“装箱单”			
29		出口报检			
30		添加并填写产地证明书			
31		到相关机构申请产地证			
32		添加并填写“投保单”			
33		到保险公司投保			
34		到外管局申领并填写“核销单”			
35		到海关办理核销单的口岸备案			
36		添加并填写“报关单”			
37		送货到海关			
38		出口报关，货物自动出运			
39		到船公司取提单			
40		添加并填写装船通知“Shipping Advice”			
41		发送装船通知			
42		添加并填写“汇票”			
43		向出口地银行交单押汇			

续表 1.2

步骤	工　厂	出口商	出口地银行	进口地银行	进口商
44			审单		
45			发送进口地银行		
46		到银行办理结汇		审单	
47		添加并填写“出口收汇核销单送审登记表”		通知进口商取单	
48		到外管局办理核销			到银行付款
49		到国税局办理出口退税			取回单据
50					到船公司换提货单
51					添加并填写“报检单”
52					进口报检
53					添加并填写“报关单”
54					进口报关
55					缴税
56					提货
57					添加并填写“进口付汇到货核销表”
58					到外管局办理进口付汇核销
59					到消费市场销货

三、CFR + L/C 贸易术语履约流程表

CFR + L/C 贸易术语履约流程表见表 1.3。

表 1.3　CFR + L/C 贸易术语履约流程表

步骤	工　厂	出口商	出口地银行	进口地银行	进口商
1		起草外销合同			
2		填写出口预算表			
3		合同送进口商			
4					填写进口预算表
5					签字并确认外销合同
6					银行领取并填写进口付汇核销单
7					填写开证申请书

续表 1.3

步骤	工　厂	出口商	出口地银行	进口地银行	进口商
8					开证申请书送进口地银行
9				根据申请书填写信用证	
10				送进口商确认	
11					对照合同检查信用证
12					同意信用证
13				通知出口地银行	
14			审核信用证		
15			填写信用证通知书		
16			通知出口商		
17		对照合同审核信用证			
18		接受信用证			
19		起草国内购销合同			
20		合同送工厂			
21	确认购销合同				
22	组织生产				
23	放货给出口商				
24	国税局缴税				
25		填写货物出运委托书			
26		指定船公司			
27		洽订舱位			
28		填写报检单、商业发票、装箱单			
29		出口报检			
30		填写产地证明申请书			
31		到相关机构申请产地证			
32		外管局申领并填写核销单			
33		海关办理核销单的出口备案			
34		填出口货物报关单			
35		送货到海关			

续表 1.3

步骤	工　厂	出口商	出口地银行	进口地银行	进口商
36		出口报关、货物出运			
37		船公司取提单			
38		填写装船通知			
39		发送装船通知			
40		填写汇票			查看装船通知
41		出口地银行交单押汇			填写投保单
42			审单		保险公司投保
43			送进口地银行		
44		银行办理结汇		审单	
45		填写出口收汇核销单送审登记表		通知进口商取单	
46		外管局办理核销			到银行付款
47		国税局出口退税			取回单据
48					船公司换提货单
49					填写进口货物报检单
50					进口报检
51					填写报关单
52					进口报关
53					缴税
54					提货
55					填写进口付汇到货核销表
56					外管局办理进口付汇核销
57					消费市场销货

四、FOB + T/T 贸易术语履约流程表

FOB + T/T 贸易术语履约流程表见表 1.4。

表 1.4　FOB + T/T 贸易术语履约流程表

步骤	工　厂	出口商	出口地银行	进口地银行	进口商
1		起草外销合同			
2		填写出口预算表			
3		合同送进口商			
4					填写进口预算表

续表 1.4

步骤	工　厂	出口商	出口地银行	进口地银行	进口商
5					签字并确认外销合同
6		起草国内购销合同			指定船公司
7		合同送工厂			
8	确认购销合同				
9	组织生产				
10	放货给出口商				
11	国税局缴税				
12		填写货物出运委托书			
13		洽订舱位			
14		填写报检单、商业发票、装箱单			
15		出口报检			
16		填写产地证明申请书			
17		到相关机构申请产地证			
18		外管局申领并填写核销单			
19		海关办理核销单的出口备案			
20		填出口货物报关单			
21		送货到海关			
22		出口报关、货物出运			
23		船公司取提单			
24		填写装船通知			
25		发送装船通知			
26		将货物相关单据送进口商			查看装船通知
27					填写投保单
28					保险公司投保
29					查收单据
30					银行领取并填写进口付汇核销单
31					付款
32		银行办理结汇			船公司换提货单

续表 1.4

步骤	工　厂	出口商	出口地银行	进口地银行	进口商
33		填写出口收汇核销单送审登记表			填写进口货物报检单
34		外管局办理核销			进口报检
35		国税局出口退税			填写报关单
36					进口报关
37					缴税
38					提货
39					填写进口付汇到货核销表
40					外管局办理进口付汇核销
41					消费市场销货

五、CIF + T/T 贸易术语履约流程表

CIF + T/T 贸易术语履约流程表见表 1.5。

表 1.5　CIF + T/T 贸易术语履约流程表

步骤	工　厂	出口商	出口地银行	进口地银行	进口商
1		起草外销合同			
2		填写出口预算表			
3		合同送进口商			
4					填写进口预算表
5					签字并确认外销合同
6		起草国内购销合同			
7		合同送工厂			
8	确认购销合同				
9	组织生产				
10	放货给出口商				
11	到国税局缴税				
12		填写货物出运委托书			
13		指定船公司			
14		洽订舱位			
15		填写报检单、商业发票、装箱单			
16		出口报检			
17		填写产地证明申请书			

续表 1.5

步骤	工　厂	出口商	出口地银行	进口地银行	进口商
18		到相关机构申请产地证			
19		填写投保单			
20		保险公司投保			
21		外管局申领并填写核销单			
22		海关办理核销单的口岸备案			
23		填写报关单			
24		送货到海关			
25		出口报关,货物出运			
26		船公司取提单			
27		填写装船通知			
28		发送装船通知			
29		将货物相关单据送进口商			
30					查收单据
31					银行领取并填写进口付汇核销单
32					付款
33		银行办理结汇			船公司换提货单
34		填写出口收汇核销单送审登记表			填写进口报检单
35		外管局办理核销			进口报检
36		国税局办理出口退税			填写报关单
37					进口报关
38					缴税
39					提货
40					填写进口付汇到货核销表
41					外管局办理进口付汇核销
42					消费市场销货

六、CFR＋T/T 贸易术语履约流程表

CFR＋T/T 贸易术语履约流程表见表 1.6。

表 1.6　CFR＋T/T 贸易术语履约流程表

步骤	工　厂	出口商	出口地银行	进口地银行	进口商
1		起草外销合同			
2		填出口预算表			
3		合同送进口商			
4					填进口预算表
5					签字并确认外销合同
6		起草国内购销合同			
7		合同送工厂			
8	确认购销合同				
9	组织生产				
10	放货给出口商				
11	国税局缴税				
12		填货物出运委托书			
13		指定船公司			
14		洽订舱位			
15		填报检单、商业发票、装箱单			
16		出口报检			
17		填产地证明申请书			
18		到相关机构申请产地证			
19		外管局申领并填写核销单			
20		海关办理核销单的出口备案			
21		填报关单			
22		送货到海关			
23		出口报关、货物出运			
24		船公司取提单			
25		填装船通知			
26		发送装船通知			
27		将货物相关单据送进口商			查看装船通知
28					填投保单

续表 1.6

步骤	工　厂	出口商	出口地银行	进口地银行	进口商
29					保险公司投保
30					查收单据
31					银行领取并填写进口付汇核销单
32					付款
33		银行办理结汇			船公司换提货单
34		填出口收汇核销单送审登记表			填进口报检单
35		外管局办理核销			进口报检
36		国税局出口退税			填报关单
37					进口报关
38					缴税
39					提货
40					填进口付汇到货核销表
41					外管局办理进口付汇核销
42					消费市场销货

七、FOB + D/P 贸易术语履约流程表

FOB + D/P 贸易术语履约流程表见表 1.7。

表 1.7　FOB + D/P 贸易术语履约流程表

步骤	工　厂	出口商	出口地银行	进口地银行	进口商
1		起草外销合同			
2		填写出口预算表			
3		合同送进口商			
4					填写进口预算表
5					签字并确认外销合同
6		起草国内购销合同			指定船公司
7		合同送工厂			
8	确认购销合同				
9	组织生产				
10	放货给出口商				
11	国税局缴税				
12		填写货物出运委托书			
13		洽订舱位			

续表 1.7

步骤	工　厂	出口商	出口地银行	进口地银行	进口商
14		填写报检单、商业发票、装箱单			
15		出口报检			
16		填写产地证明申请书			
17		到相关机构申请产地证			
18		外管局申领并填写核销单			
19		海关办理核销单的出口备案			
20		填出口货物报关单			
21		送货到海关			
22		出口报关、货物出运			
23		船公司取提单			
24		填写装船通知			
25		发送装船通知			
26		填汇票			查看装船通知
27		出口地银行交单托收			填写投保单
28			审单		保险公司投保
29			送进口地银行		
30				审单	
31				通知进口商取单	
32					银行领取并填写进口付汇核销单
33					到银行付款
34		银行办理结汇			取回单据
35		填写出口收汇核销单送审登记表			船公司换提货单
36		外管局办理核销			填写进口货物报检单
37		国税局出口退税			进口报检
38					填写报关单
39					进口报关
40					缴税
41					提货

续表 1.7

步骤	工　厂	出口商	出口地银行	进口地银行	进口商
42					填写进口付汇到货核销表
43					外管局办理进口付汇核销
44					消费市场销货

八、CIF + D/P 贸易术语履约流程表

CIF + D/P 贸易术语履约流程表见表 1.8。

表 1.8　CIF + D/P 贸易术语履约流程表

步骤	工　厂	出口商	出口地银行	进口地银行	进口商
1		起草外销合同			
2		填出口预算表			
3		合同送进口商			
4					填进口预算表
5					签字并确认外销合同
6		起草国内购销合同			
7		合同送工厂			
8	确认购销合同				
9	组织生产				
10	放货给出口商				
11	国税局缴税				
12		填货物出运委托书			
13		指定船公司			
14		洽订舱位			
15		填报检单、商业发票、装箱单			
16		出口报检			
17		填产地证明申请书			
18		到相关机构申请产地证			
19		填写投保单			
20		保险公司投保			
21		外管局申领并填写核销单			
22		海关办理核销单的出口备案			

续表 1.8

步骤	工　厂	出口商	出口地银行	进口地银行	进口商
23		填出口货物报关单			
24		送货到海关			
25		出口报关、货物出运			
26		船公司取提单			
27		填装船通知			
28		发送装船通知			
29		填汇票			
30		出口地银行交单托收			
31			审单		
32			送进口地银行		
33				审单	
34				通知进口商取单	
35					银行领取并填写进口付汇核销单
36					银行付款
37		银行办理结汇			取回单据
38		填出口收汇核销单送审登记表			船公司换提货单
39		外管局办理核销			填进口报检单
40		国税局出口退税			进口报检
41					填报关单
42					进口报关
43					缴税
44					提货
45					填进口付汇到货核销表
46					外管局办理进口付汇核销
47					消费市场销货

九、CFR + D/P 贸易术语履约流程表

CFR + D/P 贸易术语履约流程表见表 1.9。

表 1.9　CFR + D/P 贸易术语履约流程表

步骤	工　厂	出口商	出口地银行	进口地银行	进口商
1		起草外销合同			
2		填出口预算表			

续表 1.9

步骤	工　厂	出口商	出口地银行	进口地银行	进口商
3		合同送进口商			
4					填进口预算表
5					签字并确认外销合同
6		起草国内购销合同			
7		合同送工厂			
8	确认购销合同				
9	组织生产				
10	放货给出口商				
11	国税局缴税				
12		填货物出运委托书			
13		指定船公司			
14		洽订舱位			
15		填报检单、商业发票、装箱单			
16		出口报检			
17		填产地证明申请书			
18		到相关机构申请产地证			
19		外管局申领并填写核销单			
20		海关办理核销单的出口备案			
21		填出口货物报关单			
22		送货到海关			
23		出口报关、货物出运			
24		船公司取提单			
25		填装船通知			
26		发送装船通知			
27		填汇票			查看装船通知
28		向出口地银行交单托收			填写投保单
29			审单		保险公司投保
30			送进口地银行		
31				审单	
32				通知进口商取单	

续表 1.9

步骤	工　厂	出口商	出口地银行	进口地银行	进口商
33					到银行领取并填写进口付汇核销单
34					到银行付款
35		到银行办理结汇			赎单
36		填出口收汇核销单送审登记表			船公司换提货单
37		外管局办理核销			填进口报检单
38		国税局出口退税			进口报检
39					填报关单
40					进口报关
41					缴税
42					提货
43					填进口付汇到货核销表
44					外管局办理进口付汇核销
45					消费市场销货

十、FOB + D/A 贸易术语履约流程表

FOB + D/A 贸易术语履约流程表见表 1.10。

表 1.10　FOB + D/A 贸易术语履约流程表

步骤	工　厂	出口商	出口地银行	进口地银行	进口商
1		起草外销合同			
2		填写出口预算表			
3		合同送进口商			
4					填写进口预算表
5					签字并确认外销合同
6		起草国内购销合同			指定船公司
7		合同送工厂			
8	确认购销合同				
9	组织生产				
10	放货给出口商				
11	国税局缴税				
12		填写货物出运委托书			

续表 1.10

步骤	工　厂	出口商	出口地银行	进口地银行	进口商
13		洽订舱位			
14		填写报检单、商业发票、装箱单			
15		出口报检			
16		填写产地证明申请书			
17		到相关机构申请产地证			
18		外管局申领并填写核销单			
19		海关办理核销单的出口备案			
20		填出口货物报关单			
21		送货到海关			
22		出口报关、货物出运			
23		船公司取提单			
24		填写装船通知			
25		发送装船通知			
26		填汇票			查看装船通知
27		出口地银行交单托收			填写投保单
28			审单		保险公司投保
29			送进口地银行		
30				审单	
31				通知进口商取单	
32					承兑汇票
33					取回单据
34					船公司换提货单
35					填写进口货物报检单
36					进口报检
37					填写报关单
38					进口报关
39					缴税
40					提货
41					消费市场销货

续表 1.10

步骤	工　厂	出口商	出口地银行	进口地银行	进口商
42					银行领取并填写进口付汇核销单
43					汇票到期付款
44					填写进口付汇到货核销表
45					外管局办理进口付汇核销
46		银行办理结汇			
47		填写出口收汇核销单送审登记表			
48		外管局办理核销			
49		国税局出口退税			

十一、CIF + D/A 贸易术语履约流程表

CIF + D/A 贸易术语履约流程表见表 1.11。

表 1.11　CIF + D/A 贸易术语履约流程表

步骤	工　厂	出口商	出口地银行	进口地银行	进口商
1		起草外销合同			
2		填出口预算表			
3		合同送进口商			
4					填进口预算表
5					签字并确认外销合同
6		起草国内购销合同			
7		合同送工厂			
8	确认购销合同				
9	组织生产				
10	放货给出口商				
11	国税局缴税				
12		填货物出运委托书			
13		指定船公司			
14		洽订舱位			
15		填报检单、商业发票、装箱单			
16		出口报检			
17		填产地证明申请书			

续表 1.11

步骤	工　厂	出口商	出口地银行	进口地银行	进口商
18		到相关机构申请产地证			
19		填写投保单			
20		保险公司投保			
21		外管局申领并填写核销单			
22		海关办理核销单的出口备案			
23		填出口货物报关单			
24		送货到海关			
25		出口报关、货物出运			
26		船公司取提单			
27		填装船通知			
28		发送装船通知			
29		填汇票			
30		出口地银行交单托收			
31			审单		
32			送进口地银行		
33				审单	
34				通知进口商取单	
35					承兑汇票
36					取回单据
37					船公司换提货单
38					填进口报检单
39					进口报检
40					填报关单
41					进口报关
42					缴税
43					提货
44					消费市场销货
45					银行领取并填写进口付汇核销单
46					汇票到期付款
47					填进口付汇到货核销表
48					外管局办理进口付汇核销

续表 1.11

步骤	工　厂	出口商	出口地银行	进口地银行	进口商
49		银行办理结汇			
50		填出口收汇核销单送审登记表			
51		外管局办理核销			
52		国税局出口退税			

十二、CFR + D/A 贸易术语履约流程表

CFR + D/A 贸易术语履约流程表见表 1.12。

表 1.12　CFR + D/A 贸易术语履约流程表

步骤	工　厂	出口商	出口地银行	进口地银行	进口商
1		起草外销合同			
2		填出口预算表			
3		合同送进口商			
4					填进口预算表
5					签字并确认外销合同
6		起草国内购销合同			
7		合同送工厂			
8	确认购销合同				
9	组织生产				
10	放货给出口商				
11	国税局缴税				
12		填货物出运委托书			
13		指定船公司			
14		洽订舱位			
15		填报检单、商业发票、装箱单			
16		出口报检			
17		填产地证明申请书			
18		到相关机构申请产地证			
19		外管局申领并填写核销单			
20		海关办理核销单的出口备案			
21		填报关单			
22		送货到海关			

续表 1.12

步骤	工　厂	出口商	出口地银行	进口地银行	进口商
23		出口报关、货物出运			
24		船公司取提单			
25		填装船通知			
26		发送装船通知			
27		填汇票			查看装船通知
28		出口地银行交单托收			填投保单
29			审单		保险公司投保
30			送进口地银行		
31				审单	
32				通知进口商取单	
33					承兑汇票
34					取回单据
35					船公司换提货单
37					进口报检
38					填报关单
39					进口报关
40					缴税
41					提货
42					消费市场销货
43					银行领取并填写进口付汇核销单
44					汇票到期付款
45					填进口付汇到货核销表
46					外管局办理进口付汇核销
47		银行办理结汇			
48		填出口收汇核销单送审登记表			
49		外管局办理核销			
50		国税局出口退税			

第二部分 履约流程步骤参考

一、FOB + L/C 贸易术语履约流程

步骤一:起草外销合同

外销合同(SALES CONFIRMATION)可以由出口商或进口商起草,然后送对方签字确认即可。本处以出口方起草为例。

书面合同主要有两种形式,即正式合同(CONTRACT)和合同确认书(CONFIRMATION)。合同抬头应醒目注明 SALES CONTRACT 或 SALES CONFIRMATION(对销售合同或确认书而言)等字样。

在"业务中心"里点标志为"进口商"的建筑物,在弹出页面中点"起草合同"。输入合同号(可自行设置如00001),输入对应的进口商编号(如 xyz),再输入办理相关业务的出口地银行编号(如0002),并勾选选项"设置为主合同",再点"确定",弹出合同表单,填写说明见表3.1。合同填写完成后点"保存",再在"业务中心"画面中点"检查合同",确认合同填写无误,进入下一步。

步骤二:填"出口预算表"

出口商在将已起草好的合同送进口商之前,应填制"出口预算表",否则不能送出合同。"出口预算表"是就该笔合同中可能发生的费用做出预算,以确保能够从该笔合同中获利;当合同完成后,再比照预算表中实际发生的金额,查看计算错误的部分。

点"添加单据",选中"出口预算表"前的单选钮,点"确定",然后在"查看单据列表"中点"出口预算表"对应的单据编号(以后添加单据都用此方法),弹出表单,填写说明见表3.2。

步骤三:合同送进口商

填好"出口预算表"之后,就可以在出口商的业务栏中点"合同送进口商",请进口商确认。

步骤四:填"进口预算表"

进口商在确认合同之前,须就该笔合同中可能发生的费用支出做进口预算,以确保能够从该笔合同中获利;当合同完成后,再比照预算表中实际发生的金额,查看计算错误的部分。

收取出口商要求确认合同的邮件;退出邮件系统,点"业务中心"里"出口商"的建筑物,在弹出画面的左边首先点"切换",将需要确认的合同设置为主合同;再点"修改合

同”,打开合同页面查看相关条款;然后点“添加单据”,选中“进口预算表”前的单选钮,点“确定”,然后在“查看单据列表”中点“进口预算表”对应的单据编号,弹出表单,填写说明见表3.3,填写完点“保存”。

步骤五:进口商签字并确认外销合同

在“业务中心”画面中,点“修改合同”,在弹出合同的左下方签字,分别在两行空白栏中填入“公司名称”与“法人名称”,点“保存”;回到“业务中心”画面,点“确认合同”,输入合同编号(本例中为00001),再输入本地银行编号(如0003),点“确定”,成功确认合同;进口商确认合同后,出口商收取进口商已确认合同的通知邮件。

步骤六:进口商到银行领取并填写“贸易进口付汇核销单”

“贸易进口付汇核销单(代申报单)”(以下简称进口核销单)系指由国家外汇管理局监制、保管和发放,进口单位和银行填写,银行凭以为进口单位办理贸易进口项下的进口售付汇和核销的凭证。每份进口核销单只能凭其办理一笔售付汇手续,在填写时,应注意各项内容与售付汇情况是否一致。

进口商回到“业务中心”,点“进口地银行”,再点“申领核销单”,即领取“贸易进口付汇核销单”(在L/C方式下,在开证前领单;在其他方式下,在付款前领单),再点“出口商”建筑,进入“单据列表”中进行填写,填写说明见表3.4。

步骤七:填写“信用证申请书”

进口方与出口方签订国际贸易货物进出口合同并确认以信用证为结算方式后,即由进口方向有关银行申请开立信用证。开证申请人(进口方)在向开证行申请开证时必须填制“信用证申请书”。“信用证申请书”是开证申请人对开证行的付款指示,也是开证申请人与开证行之间的一种书面契约,它规定了开证申请人与开证行的责任。在这一契约中,开证行只是开证申请人的付款代理人。“信用证申请书”主要依据贸易合同中的有关主要条款填制,申请人填制后附合同副本一并提交银行,供银行参考、核对。信用证一经开立则独立于合同,因而在填写“信用证申请书”时应审慎查核合同的主要条款,并将其列入申请书中。在一般情况下,“信用证申请书”都由开证银行事先印就,以便申请人直接填制。“信用证申请书”通常为一式两联,申请人除填写正面内容外,还须签具背面的“开证申请人承诺书”。

点标志为“进口地银行”的建筑物,选择“信用证”业务,再点“添加信用证申请书”,添加完成后,点击该申请书编号进行填写,填写说明见表3.5。

步骤八:进口商将“信用证申请书”送进口地银行

“信用证申请书”填写完成后,仍在信用证管理画面中,选中对应“信用证申请书”前的单选钮,点“发送申请书”给进口地银行。

步骤九:进口地银行根据“信用证申请书”填写信用证

以进口地银行身份登录,点“信用证业务”,根据“信用证申请书”填写信用证。填写说明见表3.6。

步骤十:进口地银行将信用证送进口商确认

以进口地银行身份登录,点“信用证业务”,点“送进口商”进行确认。

步骤十一:进口商对照合同查看信用证

进口商收取银行要求确认信用证的通知邮件,然后到“业务中心”点“进口地银行”,再点“信用证业务”,检查对应的信用证内容。

步骤十二:进口商同意信用证

信用证内容检查无误后,再选中对应信用证前的单选钮,点“同意”。

步骤十三:进口地银行通知出口地银行

以进口地银行身份登录,点“信用证业务”,点“通知出口地银行”。

步骤十四:出口地银行审核信用证

以出口地银行身份登录,点“信用证业务”,审核信用证。

步骤十五:出口地银行填“信用证通知书”

以出口地银行身份登录,根据信用证填“信用证通知书”,填写说明见表3.7。

步骤十六:出口地银行通知出口商

以出口地银行身份登录,点“信用证业务”,系统自动发送给出口商信用证已开立的邮件通知。

步骤十七:出口商对照合同审核信用证

收取信用证已开立的通知邮件,然后回到“业务中心”,点“出口地银行”,再点“接受信用证”,进入信用证列表画面,查看信用证内容有无需要更改的地方。

步骤十八:出口商接受信用证

信用证内容审核无误后,点“接受”。

步骤十九:(A)起草国内购销合同(买卖合同);(B)进口商指定船公司

国内买卖合同既可由出口商起草,也可由工厂起草。

在“业务中心”里点标志为“工厂”的建筑物,在弹出页面中点“起草合同”。输入合同号“Order01”,输入对应的工厂编号(如xyz),并勾选选项“设置为主合同”,点“确定”,填写表单,填写说明见表3.8。合同填写完成后点“保存”,再回到业务画面,点“检查合同”,确认合同填写有无失误。

从“业务中心”进入“船公司”,指定船公司。

步骤二十:出口商合同送工厂

出口商确认合同填写无误后,点“合同送工厂”。

步骤二十一:工厂确认购销合同

以工厂身份登录,在“业务中心”中,点出口商建筑物,点“查看合同”,签字并确认购销合同。

步骤二十二:工厂组织生产

以工厂身份登录,在“业务中心”中点市场建筑物,选定具体产品,点“组织生产”,产品自动进入“库存”。

步骤二十三:工厂放货给出口商

以工厂身份登录,在业务中心中点“放货”。

出口商收取工厂已放货的通知邮件后,点“库存”,可看到所订购的货物已在库存列表中,备货完成。

步骤二十四:工厂国税局缴税

以工厂身份登录,在"业务中心"中点国税局建筑物,点"缴税"。

步骤二十五:出口商填"货物出运委托书"

出口托运是从租船订舱或是委托出运开始的。外贸业务人员应根据信用证规定的最迟装运期及货源和船源情况安排委托出运。一般情况应提前5天左右或更长,以便留出机动时间应付意外情况发生。对此应填具"货物出运委托书"或是其他类似单据,办理委托代理租船订舱事宜。如果外贸公司本身开展托运业务,则需填具海运出口托运单、集装箱托运单等。如果外贸公司本身不办理运输业务,则可委托代理订舱,填具"货物出运委托书"。

添加"货物出运委托书"表单,填写说明见表3.9。

步骤二十六:洽订舱位,取得"配舱回单"

指定船公司完成后再点"洽订舱位",选择"20′或40′"的集装箱或"拼箱",填入装船日期,例如,"09/06/07",再点"确定",订舱完成。系统将自动返回"配舱回单",填写说明见表3.10。点标志为"进口商"的建筑物里的"查看单据列表",可查看"配舱回单"的内容。

步骤二十七:填"出口货物报检单"、"商业发票"、"装箱单"

报检单是报检人根据有关法律、行政法规或合同约定申请检验检疫机构对其某种货物实施检验检疫、鉴定意愿的书面凭证,它表明了申请人正式向检验检疫机构申请检验检疫、鉴定,以取得该批货物合法出口的合法凭证。报检单同时也是检验检疫机构对出入境货物实施检验检疫、起动检验检疫程序的依据。

交易商品是否需要出口检验,可凭商品的海关编码进行查询,查询方法在淘金网的"税率查询"页,输入商品的海关编码进行查询,可查到相对应的监管条件,点击代码符号,各代码的意义均在其中列明。若适用规定为必须申请出口检验取得出境货物通关单者,则应依规定办理。

添加"出境货物报检单",填写说明见表3.11,填写完成后点"保存"。

"商业发票"又称发票,是出口贸易结算单据中最重要的单据之一,所有其他单据都应以它为中心来缮制。因此,在制单顺序上,往往首先缮制商业发票。"商业发票"是卖方对装运货物的全面情况(品质、数量、价格,有时还有包装)详细列述的一种货款价目的清单。它常常是卖方陈述、申明、证明和提示某些事宜的书面文件。一般来说,发票无正副本之分,来证要求几份,制单时在此基础之上多制一份供议付行使用,如需正本,加打"ORIGIN"。

添加" 商业发票"表单,填写说明见表3.12,填写完点"保存"。

"装箱单"是发票的补充单据,它列明了信用证(或合同)中买卖双方约定的有关包装事宜的细节,便于国外买方在货物到达目的港时供海关检查和核对货物,通常可以将其有关内容加列在"商业发票"上。

添加"装箱单"表单,填写说明见表3.13,填写完点"保存"。

步骤二十八:去检验机构申请报检

出口商回到"业务中心",点"检验机构",再点"申请报检",选择单据"销货合同"、

"信用证"、"商业发票"、"装箱单"、"出境货物报检单",点"报检"。报检完成后,检验机构给发"出境货物通关单"及出口商申请签发的相应检验证书。

步骤二十九:出口商填写"产地证明书"

产地证明书简称产地证,是证明货物原产地或制造地的证明文件,主要供进口国海关采取不同的国别政策和国别待遇。在不用海关发票或领事发票的国家,要求提供产地证明,以便确定对货物征收的税率。产地证明书包括"原产地证明书"和"普惠制产地证明书",一般由出口地的公证行或工商团体签发,可由中国出入境检验检疫局或贸促会签发。至于产地证由谁出具或者出具何种产地证,应按信用证规定来办理。

以"原产地证明书"为例。添加"原产地证明书"表单,填写说明见表 3. 14,填写完点"保存"。

"普惠制产地证明书"又称 G. S. P 证书或 FORM A 证书。"普惠制产地证明书"是发展中国家向发达国家出口货物,按照联合国贸发会议规定的统一格式而填制的一种证明货物原产地的文件,又是给惠国(进口国)给予优惠关税待遇或免税的凭证。凡享受普惠制规定的关税减免者,必须提供普惠制产地证明书。

FORM A 要向各地检验机构购买,需用时由出口公司缮打,连同一份申请书和商业发票送商检局,经商检局核对签章后即成为有效单据。一套 FORM A 中有一份正本、两份副本,副本仅供寄单参考和留存之用,正本是可以议付的单据。

以"普惠制产地证明书"为例。添加"普惠制产地证明书"表单,填写说明见表 3. 15,填写完点"保存"。

步骤三十:到相关机构申请产地证

回到"业务中心",点"检验机构",再点"申请产地证",选择产地证类型为"原产地证明书"或"普惠制产地证明书",点"确定",完成产地证的申请。

步骤三十一:外管局申领并填写"出口收汇核销单"

"出口收汇核销单"简称核销单,指由国家外汇管理局制发、出口单位和受托行及解付行填写,海关凭以受理报关,外汇管理部门凭以核销收汇的有顺序编号的凭证。出口单位应到当地外汇管理部门申领经外汇管理部门加盖"监督收汇"章的核销单。在货物报关时,出口单位必须向海关出示有关核销单,凭有核销单编号的报关单办理报关手续,否则海关不予受理报关。出口商点"外管局",再点"申领核销单",即从外管局取得"出口收汇核销单",再到单据列表中进行填写,填写说明见表 3. 18,填写完点"保存"。

步骤三十二:凭"出口收汇核销单"到"海关"办理核销单的口岸备案

出口商到"业务中心",点"海关",再点"备案",即凭填好的"出口收汇核销单"办理备案。

步骤三十三:填"出口货物报关单"

"出口货物报关单"是出口商向海关申报出口的重要单据,也是海关直接监督出口行为、核准货物放行及对出口货物汇总统计的原始资料,直接决定了出口外销活动的合法性。"出口货物报关单"由中华人民共和国海关统一印制。

添加"出口货物报关单"表单,填写说明见表 3. 19,填写完点"保存"。

步骤三十四:送货到海关

点“海关”,再点“备案”右边的“送货”,将货物送到海关指定地点。

步骤三十五:出口报关、货物出运

“出口货物报关单”填写完后,点“送货”右边的“报关”,选择单据“商业发票”、“装箱单”、“出境货物通关单”(不需要出口检验的可免附)、“出口收汇核销单”、“出口货物报关单”,点“报关”。完成报关后,同时货物自动装船出运。

步骤三十六:船公司取提单

出口商点“船公司”,再点“取回提单”,将提单取回,填写说明见表3.20。

步骤三十七:出口商填“装船通知”

“装船通知”(SHIPPING ADVICE)是出口商向进口商发出货物已于某月某日或将于某月某日装运某船的通知。“装船通知”的作用在于方便买方购买保险或准备提货手续,其内容通常包括货名、装运数量、船名、装船日期、契约或信用证号码等。

添加“SHIPPING ADVICE”表单,填写说明见表3.21,填写完点“保存”。

步骤三十八:发送“装船通知”

填写完“装船通知”后,点“船公司”,再点“发送装船通知”,将装船通知发送给进口商。

步骤三十九:(A)填“汇票”;(B)进口商查看“装船通知”

“汇票”简称B/E,是出票人签发的,要求受票人在见票时或在指定的日期无条件支付一定金额给其指定的受款人的书面命令。

“汇票”名称一般使用BILL OF EXCHANGE、EXCHANGE、DRAFT,一般已印妥,但英国的票据法没有汇票必须注名称的规定。

“汇票”一般为一式两份,第一联、第二联在法律上无区别,其中一联生效则另一联自动作废。港澳地区一次寄单可只出一联。为防止单据可能在邮寄途中遗失造成的麻烦,一般远洋单据都按两次邮寄。

添加“汇票”表单,填写说明见表3.22,填写完点“保存”。

步骤四十:(A)出口商向出口地银行交单押汇;(B)进口商填“货物运输保险投保单”

出口商回到“业务中心”,点“出口地银行”,再点“押汇”,选中单据“商业发票”、“装箱单”、“普惠制产地证明书”、“货物运输保险单”、“海运提单”、“汇票”前的复选框,点“押汇”,完成押汇手续的办理。凡按FOB和CFR条件成交的进口货物,由进口商在备妥货物并已确定装运日期和运输工具后,按约定的保险险别和保险金额,向保险公司投保。投保时应填制投保单并支付保险费(保险费=保险金额×保险费率),保险公司凭以出具保险单或保险凭证。

投保的日期应不迟于货物装船的日期。投保金额若合同没有明示规定,应按CIF价格加成10%。

添加“货物运输保险投保单”表单,填写说明见表3.16,填写完点“保存”。

步骤四十一:(A)出口地银行审单;(B)进口商到保险公司办理保险,取得“货物运输保险单”

所需单据“商业发票”和“货物运输保险投保单”。办理完成后,保险公司签发“货物运输保险单”，填写说明见表3.17。

步骤四十二：出口地银行将单据送进口地银行

步骤四十三：(A)出口商到银行办理结汇；(B)进口地银行进行审单

出口商收取银行发来的可以结汇的通知邮件，到银行办理结汇，在“业务中心”里点“出口地银行”，再点“结汇”，结收货款，同时银行签发“出口收汇核销专用联”，用以出口核销。

步骤四十四：(A)出口商填“出口收汇核销单送审登记表”；(B)进口地银行通知进口商取单

“出口收汇核销单送审登记表”是退税单位在办理核销手续时填写交外汇局的，一般都是退税单位自制的格式。

添加“出口收汇核销单送审登记表”表单，填写说明见表3.23，填完点“保存”。

步骤四十五：(A)出口商外管局办理核销；(B)进口商到银行付款

出口商在“业务中心”点“外管局”，再点“办理核销”，选中单据“商业发票”、“出口货物报关单”、“出口收汇核销单”、“出口收汇核销专用联”、“出口收汇核销单送审登记表”前的复选框，点“核销”，完成核销手续的办理。同时，外管局盖章后返还出口收汇核销单第三联，用以出口退税。

进口商收取单据到达的通知邮件。回到“业务中心”，点“进口地银行”，再点“付款”，支付货款。

步骤四十六：(A)出口商到国税局出口退税；(B)进口商取回单据

出口商在外管局办理完核销手续后，到国税局办理出口退税，选中单据“商业发票”、“出口货物报关单”、“出口收汇核销单”(第三联)前的复选框，点“退税”，完成退税手续的办理。

进口商点“付款”旁边的“取回单据”，领取相关货运单据。

步骤四十七：进口商到船公司换“提货单”

进口商点“业务中心”里的“船公司”，再点“换提货单”。

步骤四十八：填“入境货物报检单”

“入境货物报检单”所在列各栏必须填写完整、准确、清晰，若填写栏目没有内容，则以斜杠“/”表示，不得留空。

添加“入境货物报检单”表单，填写说明见表3.24，填写完成后点“保存”。

步骤四十九：进口报检

进口商回到“业务中心”，点“检验机构”，再点“申请报检”，选择单据“销货合同”、“商业发票”、“装箱单”、“提货单”、“入境货物报检单”，点“报检”。报检完成后，检验机构签发“入境货物通关单”，凭以报关。

步骤五十：进口商填“进口货物报关单”

“进口货物报关单”是进口单位向海关提供审核是否合法进口货物的凭据，也是海关据以征税的主要凭证，同时还作为国家法定统计资料的重要来源。一般贸易货物进口时，应填写“进口货物报关单”一式两份，并随附一份报关行预录入打印的报关单一份。

添加“进口货物报关单”表单，填写说明见表3.25，填写完成后点“保存”。

步骤五十一：进口商到海关进行进口报关

填写完"进口货物报关单"后，点"业务中心"的"海关"，再点"报关"，选择"销货合同"、"商业发票"、"装箱单"、"提货单"、"入境货物通关单"(不需进口检验的商品可免附)、"进口货物报关单"前的复选框，点"报关"。完成报关后，海关加盖放行章后返还提货单与进口报关单。

步骤五十二：进口商缴税

进口商点"报关"旁的"缴税"，缴纳税款。

步骤五十三：进口商提货

进口商点"缴税"旁的"提货"，领取货物。

步骤五十四：填"贸易进口付汇到货核销表"

根据《进口付汇核销监管暂行办法》规定，进口单位应当在有关货物进口报关后一个月内向外汇局办理核销报审手续。

在办理核销报审时，已到货的进口单位应当如实填写"贸易进口付汇到货核销表"；未到货的填写"贸易进口付汇未到货核销表"。

在办理到货报审手续时，必须提供"贸易进口付汇到货核销表"(一式两份，均为打印件并加盖公司章)。

添加"贸易进口付汇到货核销表"表单，填写说明见表3.26，填写完成后点"保存"。

步骤五十五：外管局办理进口付汇核销

填写完"贸易进口付汇到货核销表"回到"业务中心"，点"外管局"，再点"付汇核销"，选择单据"进口付汇核销单"、"进口货物报关单"、"贸易进口付汇到货核销表"前的复选框，点"付汇核销"。

步骤五十六：消费市场销货

点"业务中心"里的"市场"，再点"销货"，选择编号为××××××的产品，点"确定"即可销售货物。至此，该笔交易完成。

二、CIF + L/C 贸易术语履约流程

步骤一：起草外销合同

外销合同(SALES CONFIRMATION)可以由出口商或进口商起草，然后送对方签字确认即可。本处以出口方起草为例。

书面合同主要有两种形式，即正式合同(CONTRACT)和合同确认书(CONFIRMATION)。合同抬头应醒目注明 SALES CONTRACT 或 SALES CONFIRMATION(对销售合同或确认书而言)等字样。

在"业务中心"里点标志为"进口商"的建筑物，在弹出页面中点"起草合同"。输入合同号(可自行设置如00001)，输入对应的进口商编号(如 xyz)，再输入办理相关业务的出口地银行编号(如0002)，并勾选选项"设置为主合同"，再点"确定"，弹出合同表单，填写说明见表3.1。填写完成后点"保存"，再在"业务中心"画面中点"检查合同"，确认合同填写无误，进入下一步。

步骤二:填“出口预算表”

出口商在将已起草好的合同送进口商之前,应填制“出口预算表”,否则不能送出合同。“出口预算表”是就该笔合同中可能发生的费用做出预算,以确保能够从该笔合同中获利;当合同完成后,再比照预算表中实际发生的金额,查看计算错误的部分。

点“添加单据”,选中“出口预算表”前的单选钮,点“确定”,然后在“查看单据列表”中点“出口预算表”对应的单据编号(以后添加单据都用此方法),弹出表单,填写说明见表3.2。

步骤三:合同送进口商

填好“出口预算表”之后,就可以在出口商的业务栏中点“合同送进口商”,请进口商确认。

步骤四:填“进口预算表”

进口商在确认合同之前,须就该笔合同中可能发生的费用支出做进口预算,以确保能够从该笔合同中获利;当合同完成后,再比照预算表中实际发生的金额,查看计算错误的部分。

收取出口商要求确认合同的邮件;退出邮件系统,点“业务中心”里“出口商”的建筑物,在弹出画面的左边首先点“切换”,将需要确认的合同设置为主合同;再点“修改合同”,打开合同页面查看相关条款;然后点“添加单据”,选中“进口预算表”前的单选钮,点“确定”,然后在“查看单据列表”中点“进口预算表”对应的单据编号,弹出表单,填写说明见表3.3,填写完点“保存”。

步骤五:进口商签字并确认外销合同

在“业务中心”画面中,点“修改合同”,在弹出合同的左下方分别在两行空白栏中填入“公司名称”与“法人名称”,点“保存”;回到“业务中心”画面,点“确认合同”,输入合同编号(本例中为00001),再输入本地银行编号(如0003),点“确定”,成功确认合同;进口商确认合同后,出口商收取进口商已确认合同的通知邮件。

步骤六:进口商到银行领取并填写“贸易进口付汇核销单”

“贸易进口付汇核销单(代申报单)”(以下简称进口核销单)系指由国家外汇管理局监制、保管和发放,进口单位和银行填写,银行凭以为进口单位办理贸易进口项下的进口售付汇和核销的凭证。每份进口核销单只能凭以办理一笔售付汇手续,在填写时,应注意各项内容与售付汇情况是否一致。

进口商回到“业务中心”,点“进口地银行”,再点“申领核销单”,即领取“贸易进口付汇核销单”(在L/C方式下,在开证前领单;在其他方式下,在付款前领单),再点“出口商”建筑,进入“单据列表”中进行填写,填写说明见表3.4。

步骤七:填写“信用证申请书”

进口方与出口方签订国际贸易货物进出口合同并确认以信用证为结算方式后,即由进口方向有关银行申请开立信用证。开证申请人(进口方)在向开证行申请开证时必须填制“信用证申请书”。“信用证申请书”是开证申请人对开证行的付款指示,也是开证申请人与开证行之间的一种书面契约,它规定了开证申请人与开证行的责任。在这一契约中,开证行只是开证申请人的付款代理人。

"信用证申请书"主要依据贸易合同中的主要条款填制,申请人填制后附合同副本一并提交银行,供银行参考、核对。信用证一经开立则独立于合同,因而在填写"信用证申请书"时,应审慎查核合同的主要条款,并将其列入申请书中。

点标志为"进口地银行"的建筑物,选择"信用证"业务,再点"添加信用证申请书",添加完成后,点击该申请书编号进行填写,填写说明见表3.5。

步骤八:进口商将"信用证申请书"送进口地银行

"信用证申请书"填写完成后,仍在信用证管理画面中,选中对应"信用证申请书"前的单选钮,点"发送申请书"给进口地银行。

步骤九:进口地银行根据"信用证申请书"填写信用证

以进口地银行身份登录,点"信用证业务",根据"信用证申请书"填写信用证。填写说明见表3.6。

步骤十:进口地银行送进口商确认

以进口地银行身份登录,点"信用证业务",点"送进口商"进行确认。

步骤十一:进口商对照合同查看信用证

进口商收取银行要求确认信用证的通知邮件,然后到"业务中心"点"进口地银行",再点"信用证业务",检查对应的信用证内容。

步骤十二:进口商同意信用证

信用证内容检查无误后,再选中对应信用证前的单选钮,点"同意"。

步骤十三:进口地银行通知出口地银行

以进口地银行身份登录,点"信用证业务",点"通知出口地银行"。

步骤十四:出口地银行审核信用证

以出口地银行身份登录,点"信用证业务",审核信用证。

步骤十五:出口地银行填"信用证通知书"

以出口地银行身份登录,根据信用证填"信用证通知书",填写说明见表3.7。

步骤十六:出口地银行通知出口商

以出口地银行身份登录,点"信用证业务",系统自动发送给出口商信用证已开立的邮件通知。

步骤十七:出口商对照合同审核信用证

收取信用证已开立的通知邮件,然后回到"业务中心",点"出口地银行",再点"接受信用证",进入信用证列表画面,查看信用证内容有无需要更改的地方。

步骤十八:出口商接受信用证

信用证内容审核无误后,点"接受"。

步骤十九:起草国内购销合同(买卖合同)

国内买卖合同既可由出口商起草,也可由工厂起草。

在"业务中心"里点标志为"工厂"的建筑物,在弹出页面中点"起草合同"。输入合同号"Order01",输入对应的工厂编号(如xyz),并勾选选项"设置为主合同",点"确定",填写表单,填写说明见表3.8。合同填写完成后点"保存",再回到"业务中心"画面,点"检查合同",确认合同填写有无失误。

步骤二十:出口商合同送工厂

出口商确认合同填写无误后,点“合同送工厂”。

步骤二十一:工厂确认购销合同

以工厂身份登录,在“业务中心”中,点出口商建筑物,点“查看合同”,签字并确认购销合同。

步骤二十二:工厂组织生产

以工厂身份登录,在“业务中心”点市场建筑物,选定具体产品,点“组织生产”,产品自动进入“库存”。

步骤二十三:工厂放货给出口商

以工厂身份登录,在“业务中心”点“放货”。

出口商收取工厂已放货的通知邮件后,点“库存”,可看到所订购的货物已在库存列表中,备货完成。

步骤二十四:工厂国税局缴税

以工厂身份登录,在“业务中心”中点国税局建筑物,点“缴税”。

步骤二十五:出口商填“货物出运委托书”

出口托运是从租船订舱或是委托出运开始的。外贸业务人员应根据信用证规定的最迟装运期及货源和船源情况安排委托出运。一般情况应提前5天左右或更长,以便留出机动时间应付意外情况发生。对此应填具“货物出运委托书”或是其他类似单据,办理委托代理租船订舱事宜。如果外贸公司本身开展托运业务,则需填具“海运出口托运单”、“集装箱托运单”等。如果外贸公司本身不办理运输业务,则可委托代理订舱,填具“货物出运委托书”。

添加“货物出运委托书”表单,填写说明见表3.9。

步骤二十六:指定船公司

填写完货物出运委托书后,在“业务中心”里点“船公司”,首先点“指定船公司”,选中“某某国际货运代理有限公司”,点“确定”,指定完成。

步骤二十七:洽订舱位,取得“配舱回单”

指定船公司完成后再点“洽订舱位”,选择“20′或40′”的集装箱或“拼箱”,填入装船日期,如“09/06/07”,再点“确定”,订舱完成。系统将自动返回“配舱回单”,见表3.10。点标志为“进口商”的建筑物里的“查看单据列表”,可查看“配舱回单”的内容。

步骤二十八:填“出口货物报检单”、“商业发票”、“装箱单”

报检单是报检人根据有关法律、行政法规或合同约定申请检验检疫机构对其某种货物实施检验检疫、鉴定意愿的书面凭证,它表明了申请人正式向检验检疫机构申请检验检疫、鉴定,以取得该批货物合法出口的合法凭证。报检单同时也是检验检疫机构对出入境货物实施检验检疫、起动检验检疫程序的依据。

交易商品是否需要出口检验,可凭商品的海关编码进行查询,查询方法在淘金网的“税率查询”页,输入商品的海关编码进行查询,可查到相对应的监管条件,点击代码符号,各代码的意义均在其中列明。若适用规定为必须申请出口检验取得出境货物通关单者,则应依规定办理。

添加“出境货物报检单”,填写说明见表3.11,填写完成后点“保存”。

“商业发票”又称为发票,是出口贸易结算单据中最重要的单据之一,所有其他单据都应以它为中心来缮制。因此,在制单顺序上,往往首先缮制商业发票。“商业发票”是卖方对装运货物的全面情况(品质、数量、价格,有时还有包装)详细列述的一种货款价目的清单。它常常是卖方陈述、申明、证明和提示某些事宜的书面文件。一般来说,发票无正副本之分,来证要求几份,制单时在此基础之上多制一份供议付行使用,如需正本,则加打“ORIGIN”。

添加“ 商业发票”表单,填写说明见表3.12,填写完点“保存”。

“装箱单”是发票的补充单据,它列明了信用证(或合同)中买卖双方约定的有关包装事宜的细节,便于国外买方在货物到达目的港时供海关检查和核对货物,通常可以将其有关内容加列在商业发票上。

添加“装箱单”表单,填写说明见表3.13,填写完点“保存”。

步骤二十九:去检验机构申请报检

出口商回到“业务中心”,点“检验机构”,再点“申请报检”,选择单据“销货合同”、“信用证”、“商业发票”、“装箱单”、“出境货物报检单”,点“报检”。报检完成后,检验机构给发“出境货物通关单”及出口商申请签发的相应检验证书。

步骤三十:出口商填写“产地证明书”

产地证明书简称产地证,是证明货物原产地或制造地的证明文件。主要供进口国海关采取不同的国别政策和国别待遇。在不用海关发票或领事发票的国家,要求提供产地证明,以便确定对货物征收的税率。产地证明书包括“原产地证明书”和“普惠制产地证明书”,一般由出口地的公证行或工商团体签发,可由中国出入境检验检疫局或贸促会签发。至于产地证由谁出具或者出具何种产地证,应按信用证规定来办理。

以“原产地证明书”为例。添加“原产地证明书”表单,填写说明见表3.14,填写完点“保存”。

“普惠制产地证明书”又称G.S.P证书或FORM A证书。“普惠制产地证明书”是发展中国家向发达国家出口货物,按照联合国贸发会议规定的统一格式而填制的一种证明货物原产地的文件,又是给惠国(进口国)给予优惠关税待遇或免税的凭证。凡享受普惠制规定的关税减免者,必须提供普惠制产地证明书。

FORM A要向各地检验机构购买,需用时由出口公司缮打,连同一份申请书和商业发票送商检局,经商检局核对签章后即成为有效单据。一套FORM A中有一份正本、两份副本,副本仅供寄单参考和留存之用,正本是可以议付的单据。

以“普惠制产地证明书”为例。添加“普惠制产地证明书”表单,填写说明见表3.15,填写完点“保存”。

步骤三十一:到相关机构申请产地证

回到“业务中心”,点“检验机构”,再点“申请产地证”,选择产地证类型为“原产地证明书”或“普惠制产地证明书”,点“确定”,完成产地证的申请。

步骤三十二:填“货物运输保险投保单”

凡按CIF条件成交的出口货物,由出口企业向当地保险公司逐笔办理投保手续。应根据出口合同或信用证规定,在备妥货物并已确定装运日期和运输工具后,按约定的保险险别和保险金额,向保险公司投保。投保时应填制投保单并支付保险费(保险费=保险金额×保险费率),保险公司凭以出具保险单或保险凭证。

投保的日期应不迟于货物装船的日期。投保金额若合同没有明示规定,应按CIF价格加成10%。

添加"货物运输保险投保单"表单,填写说明见表3.16,填写完点"保存"。

步骤三十三:保险公司办理保险,取得"货物运输保险单"

出口商回到"业务中心",点"保险公司",再点"办理保险",选择单据"商业发票"、"货物运输保险投保单"、"办理保险",办理完成后,保险公司签发"货物运输保险单",见表3.17。

步骤三十四:外管局申领并填写"出口收汇核销单"

"出口收汇核销单"简称核销单,系指由国家外汇管理局制发、出口单位和受托行及解付行填写,海关凭以受理报关,外汇管理部门凭以核销收汇的有顺序编号的凭证。

出口单位应到当地外汇管理部门申领经外汇管理部门加盖"监督收汇"章的核销单。在货物报关时,出口单位必须向海关出示有关核销单,凭有核销单编号的报关单办理报关手续,否则海关不予受理报关。

出口商点"外管局",再点"申领核销单",即从外管局取得"出口收汇核销单",再到单据列表中进行填写,填写说明见表3.18,填写完点"保存"。

步骤三十五:凭"出口收汇核销单"到"海关"办理核销单的口岸备案

出口商到"业务中心",点"海关",再点"备案",即凭填好的"出口收汇核销单"办理备案。

步骤三十六:填"出口货物报关单"

"出口货物报关单"是出口商向海关申报出口的重要单据,也是海关直接监督出口行为、核准货物放行及对出口货物汇总统计的原始资料,直接决定了出口外销活动的合法性。"出口货物报关单"由中华人民共和国海关统一印制。

添加"出口货物报关单"表单,填写说明见表3.19,填写完点"保存"。

步骤三十七:出口商送货到海关

点"海关",再点"备案"右边的"送货",将货物送到海关指定地点。

步骤三十八:出口报关、货物出运

"出口货物报关单"填完后,点"送货"右边的"报关",选择单据"商业发票"、"装箱单"、"出境货物通关单"(不需要出口检验的商品可免附)、"出口收汇核销单"、"出口货物报关单",点"报关"。完成报关后,货物自动装船出运。

步骤三十九:船公司取提单

出口商点"船公司",再点"取回提单",将提单取回,见表3.20。

步骤四十:出口商填"装船通知"

"装船通知"(SHIPPING ADVICE)是出口商向进口商发出货物已于某月某日或将于某月某日装运某船的通知。"装船通知"的作用在于方便买方购买保险或准备提货手续,其内容通常包括货名、装运数量、船名、装船日期、契约或信用证号码等。

添加“SHIPPING ADVICE”表单，填写说明见表3.21，填写完点“保存”。

步骤四十一：发送“装船通知”

填写完“装船通知”后，点“船公司”，再点“发送装船通知”，将“装船通知”发送给进口商。

步骤四十二：填“汇票”

“汇票”简称B/E，是出票人签发的，要求受票人在见票时或在指定的日期无条件支付一定金额给其指定的受款人的书面命令。

“汇票”名称一般使用BILL OF EXCHANGE、EXCHANGE、DRAFT，一般已印妥，但英国的票据法没有汇票必须注名称的规定。

“汇票”一般为一式两份，第一联、第二联在法律上无区别，其中一联生效则另一联自动作废。港澳地区一次寄单可只出一联，为防止单据可能在邮寄途中遗失造成的麻烦，一般远洋单据都按两次邮寄。

添加“汇票”表单，填写说明见表3.22，填写完点“保存”。

步骤四十三：出口商向出口地银行交单押汇

出口商回到“业务中心”，点“出口地银行”，再点“押汇”，选中单据“商业发票”、“装箱单”、“普惠制产地证明书”、“货物运输保险单”、“海运提单”、“汇票”前的复选框，点“押汇”，完成押汇手续的办理。

步骤四十四：出口地银行审单

步骤四十五：出口地银行送单据给进口地银行

步骤四十六：(A)银行办理结汇；(B)进口地银行进行审单

出口商收取银行发来的可以结汇的通知邮件，到银行办理结汇，在“业务中心”里点“出口地银行”，再点“结汇”，结收货款，同时银行签发“出口收汇核销专用联”，用以出口核销。

步骤四十七：(A)出口商填“出口收汇核销单送审登记表”；(B)进口地银行通知进口商取单

“出口收汇核销单送审登记表”是退税单位在办理核销手续时填写交外汇局的，一般都是退税单位自制的格式。

添加“出口收汇核销单送审登记表”表单，填写说明见表3.23，填完点“保存”。

步骤四十八：(A)出口商外管局办理核销；(B)进口商到银行付款

出口商回到“业务中心”，点“外管局”，再点“办理核销”，选中单据“商业发票”、“出口货物报关单”、“出口收汇核销单”、“出口收汇核销专用联”、“出口收汇核销单送审登记表”前的复选框，点“核销”，完成核销手续的办理。同时，外管局盖章后返还出口收汇核销单第三联，用以出口退税。

进口商收取单据到达的通知邮件。回到“业务中心”，点“进口地银行”，再点“付款”，支付货款。

步骤四十九：(A)出口商到国税局出口退税；(B)进口商取回单据

出口商在外管局办理完核销手续后，到国税局办理出口退税，选中单据“商业发票”、“出口货物报关单”、“出口收汇核销单”(第三联)前的复选框，点“退税”，完成退税手续的办理。

进口商点“付款”旁边的“取回单据”，领取相关货运单据。

步骤五十：进口商到船公司换“提货单”

进口商点“业务中心”里的“船公司”，再点“换提货单”。

步骤五十一：填“入境货物报检单”

“入境货物报检单”所在列各栏必须填写完整、准确、清晰，若填写栏目没有内容，则以斜杠“/”表示，不得留空。

添加“入境货物报检单”表单，填写说明见表3.24。填写完成后点“保存”。

步骤五十二：进口报检

进口商回到“业务中心”，点“检验机构”，再点“申请报检”，选择单据“销货合同”、“商业发票”、“装箱单”、“提货单”、“入境货物报检单”，点“报检”。报检完成后，检验机构签发“入境货物通关单”，凭以报关。

步骤五十三：进口商填“进口货物报关单”

“进口货物报关单”是进口单位向海关提供审核是否合法进口货物的凭据，也是海关据以征税的主要凭证，还作为国家法定统计资料的重要来源。一般贸易货物进口时应填写“进口货物报关单”一式两份，并随附一份报关行预录入打印的报关单一份。

添加“进口货物报关单”表单，填写说明见表3.25，填写完成后点“保存”。

步骤五十四：进口商到海关进行进口报关

填写完“进口货物报关单”后，点“业务中心”的“海关”，再点“报关”，选择“销货合同”、“商业发票”、“装箱单”、“提货单”、“入境货物通关单”（不需进口检验的商品可免附）、“进口货物报关单”前的复选框，点“报关”。完成报关后，海关加盖放行章后返还提货单与进口报关单。

步骤五十五：进口商缴税

进口商点“报关”旁的“缴税”，缴纳税款。

步骤五十六：进口商提货

进口商点“缴税”旁的“提货”，领取货物。

步骤五十七：填“贸易进口付汇到货核销表”

根据《进口付汇核销监管暂行办法》规定，进口单位应当在有关货物进口报关后一个月内向外汇局办理核销报审手续。

在办理核销报审时，已到货的进口单位应当如实填写“贸易进口付汇到货核销表”；未到货的填写“贸易进口付汇未到货核销表”。

在办理到货报审手续时，必须提供“贸易进口付汇到货核销表”（一式两份，均为打印件并加盖公司章）。

添加“贸易进口付汇到货核销表”表单，填写说明见表3.26，填写完成后点“保存”。

步骤五十八：外管局办理进口付汇核销

填写完“进口付汇到货核销表”回到“业务中心”，点“外管局”，再点“付汇核销”，选择单据“进口付汇核销单”、“进口货物报关单”、“进口付汇到货核销表”前的复选框，点“付汇核销”。

步骤五十九:消费市场销货

点“业务中心”里的“市场”,再点“销货”,选择编号为××××××的产品,点“确定”即可销售货物。至此,该笔交易完成。

三、CFR+L/C 贸易术语履约流程

步骤一:起草外销合同

外销合同(SALES CONFIRMATION)可以由出口商或进口商起草,然后送对方签字确认即可。本处以出口方起草为例。

书面合同主要有两种形式,即正式合同(CONTRACT)和合同确认书(CONFIRMATION)。合同抬头应醒目注明 SALES CONTRACT 或 SALES CONFIRMATION(对销售合同或确认书而言)等字样。

在“业务中心”里点标志为“进口商”的建筑物,在弹出页面中点“起草合同”。输入合同号(可自行设置如 00001),输入对应的进口商编号(如 xyz),再输入办理相关业务的出口地银行编号(如 0002),并勾选选项“设置为主合同”,再点“确定”,弹出合同表单,填写说明见表 3.1。填写完成后点“保存”,再在“业务中心”画面中点“检查合同”,确认合同填写无误,进入下一步。

步骤二:填“出口预算表”

出口商在将已起草好的合同送进口商之前,应填制“出口预算表”,否则不能送出合同。“出口预算表”是就该笔合同中可能发生的费用做出预算,以确保能够从该笔合同中获利;当合同完成后,再比照预算表中实际发生的金额,查看计算错误的部分。

点“添加单据”,选中“出口预算表”前的单选钮,点“确定”,然后在“查看单据列表”中点“出口预算表”对应的单据编号(以后添加单据都用此方法),弹出表单,填写说明见表 3.2。

步骤三:合同送进口商

填好“出口预算表”之后,就可以在出口商的业务栏中点“合同送进口商”,请进口商确认。

步骤四:填“进口预算表”

进口商在确认合同之前,需就该笔合同中可能发生的费用支出做进口预算,以确保能够从该笔合同中获利;当合同完成后,再比照预算表中实际发生的金额,查看计算错误的部分。

收取出口商要求确认合同的邮件;退出邮件系统,点“业务中心”里“出口商”的建筑物,在弹出画面的左边首先点“切换”,将需要确认的合同设置为主合同;再点“修改合同”,打开合同页面查看相关条款;然后点“添加单据”,选中“进口预算表”前的单选钮,点“确定”,然后在“查看单据列表”中点“进口预算表”对应的单据编号,弹出表单,填写说明见表 3.3,填写完点“保存”。

步骤五:进口商签字并确认外销合同

在“业务中心”画面中,点“修改合同”,在弹出合同的左下方签字,分别在两行空白栏中填入“公司名称”与“法人名称”,点“保存”;回到“业务中心”画面,点“确认合同”,输入

合同编号(本例中为00001),再输入本地银行编号(如0003),点“确定”,成功确认合同;进口商确认合同后,出口商收取进口商已确认合同的通知邮件。

步骤六:进口商到银行领取并填写“贸易进口付汇核销单”

“贸易进口付汇核销单(代申报单)”(以下简称进口核销单)系指由国家外汇管理局监制、保管和发放,进口单位和银行填写,银行凭以为进口单位办理贸易进口项下的进口售付汇和核销的凭证。每份进口核销单只能凭以办理一笔售付汇手续。在填写时,应注意各项内容与售付汇情况是否一致。

进口商回到“业务中心”,点“进口地银行”,再点“申领核销单”,即领取“贸易进口付汇核销单”(在L/C方式下,在开证前领单;在其他方式下,在付款前领单),再点“出口商”建筑,进入“单据列表”中进行填写,填写说明见表3.4。

步骤七:填写“信用证申请书”

进口方与出口方签订国际贸易货物进出口合同并确认以信用证为结算方式后,即由进口方向有关银行申请开立信用证。开证申请人(进口方)在向开证行申请开证时必须填制“信用证申请书”。“信用证申请书”是开证申请人对开证行的付款指示,也是开证申请人与开证行之间的一种书面契约,它规定了开证申请人与开证行的责任。在这一契约中,开证行只是开证申请人的付款代理人。

“信用证申请书”主要依据贸易合同中的有关主要条款填制,申请人填制后附合同副本一并提交银行,供银行参考、核对。信用证一经开立则独立于合同,因而在填写“信用证申请书”时应审慎查核合同的主要条款,并将其列入申请书中。

一般情况下,“信用证申请书”都由开证银行事先印就,以便申请人直接填制。“信用证申请书”通常为一式两联,申请人除填写正面内容外,还须签具背面的“开证申请人承诺书”。

点标志为“进口地银行”的建筑物,选择“信用证”业务,再点“添加信用证申请书”,添加完成后,点击该申请书编号进行填写,填写说明见表3.5。

步骤八:进口商将“信用证申请书”送进口地银行

“信用证申请书”填写完成后,仍在信用证管理画面中,选中对应“信用证申请书”前的单选钮,点“发送申请书”给进口地银行。

步骤九:进口地银行根据“信用证申请书”填写信用证

以进口地银行身份登录,点“信用证业务”,根据“信用证申请书”填写信用证。填写说明见表3.6。

步骤十:进口地银行将信用证送进口商确认

以进口地银行身份登录,点“信用证业务”,点“送进口商”进行确认。

步骤十一:进口商对照合同查看信用证

进口商收取银行要求确认信用证的通知邮件,然后到“业务中心”点“进口地银行”,再点“信用证业务”,检查对应的信用证内容。

步骤十二:进口商同意信用证

信用证内容检查无误后,再选中对应信用证前的单选钮,点“同意”。

步骤十三:进口地银行通知出口地银行

以进口地银行身份登录,点“信用证业务”,点“通知出口地银行”。

步骤十四:出口地银行审核信用证

以出口地银行身份登录,点“信用证业务”,审核信用证。

步骤十五:出口地银行填“信用证通知书”

以出口地银行身份登录,根据信用证填“信用证通知书”,填写说明见表3.7。

步骤十六:出口地银行通知出口商

以出口地银行身份登录,点“信用证业务”,系统自动发送给出口商信用证已开立的邮件通知。

步骤十七:出口商对照合同审核信用证

收取信用证已开立的通知邮件,然后回到“业务中心”,点“出口地银行”,再点“接受信用证”,进入信用证列表画面,查看信用证内容有无需要更改的地方。

步骤十八:出口商接受信用证

信用证内容审核无误后,点“接受”。

步骤十九:起草国内购销合同(买卖合同)

国内买卖合同既可由出口商起草,也可由工厂起草。

在“业务中心”里点标志为“工厂”的建筑物,在弹出页面中点“起草合同”。输入合同号“Order01”,输入对应的工厂编号(如xyz),并勾选选项“设置为主合同”,点“确定”,填写表单,填写说明见表3.8。合同填写完成后点“保存”,再回到“业务中心”画面,点“检查合同”,确认合同填写有无失误。

步骤二十:出口商合同送工厂

出口商确认合同填写无误后,点“合同送工厂”。

步骤二十一:工厂确认购销合同

以工厂身份登录,在“业务中心”中,点出口商建筑物,点“查看合同”,签字并确认购销合同。

步骤二十二:工厂组织生产

以工厂身份登录,在“业务中心”点市场建筑物,选定具体产品,点“组织生产”,产品自动进入“库存”。

步骤二十三:工厂放货给出口商

以工厂身份登录,在“业务中心”点“放货”。

出口商收取工厂已放货的通知邮件后,点“库存”,可看到所订购的货物已在库存列表中,备货完成。

步骤二十四:工厂国税局缴税

以工厂身份登录,在“业务中心”点国税局建筑物,点“缴税”。

步骤二十五:出口商填“货物出运委托书”

出口托运是从租船订舱或是委托出运开始的。外贸业务人员应根据信用证规定的最迟装运期及货源和船源情况安排委托出运。一般情况应提前5天左右或更长,以便留出机动时间应付意外情况发生。对此应填具“货物出运委托书”或是其他类似单据,办理委托代理租船订舱事宜。如果外贸公司本身开展托运业务,则需填具海运出口托运单、集装箱托运单等。如果外贸公司本身不办理运输业务,则可委托代理订舱,填具“货物出运委托书”。

添加“货物出运委托书”表单,填写说明见表3.9。

步骤二十六:指定船公司

填写完“货物出运委托书”后,在“业务中心”里点“船公司”,首先点“指定船公司”,选中“某某国际货运代理有限公司”,点“确定”,指定完成。

步骤二十七:洽订舱位,取得“配舱回单”

指定船公司完成后再点“洽订舱位”,选择“20′或40′”的集装箱或“拼箱”填写说明,填入装船日期,如“09/06/07”,再点“确定”,订舱完成。系统将自动返回“配舱回单”,填写说明见表3.10。点标志为“进口商”的建筑物里的“查看单据列表”,可查看“配舱回单”的内容。

步骤二十八:填“出境货物报检单”、“商业发票”、“装箱单”

报检单是报检人根据有关法律、行政法规或合同约定申请检验检疫机构对其某种货物实施检验检疫、鉴定意愿的书面凭证,它表明了申请人正式向检验检疫机构申请检验检疫、鉴定,以取得该批货物合法出口的合法凭证。报检单同时也是检验检疫机构对出入境货物实施检验检疫、起动检验检疫程序的依据。

交易商品是否需要出口检验,可凭商品的海关编码进行查询,查询方法在淘金网的“税率查询”页,输入商品的海关编码进行查询,可查到相对应的监管条件,点击代码符号,各代码的意义均在其中列明。若适用规定为必须申请出口检验取得出境货物通关单者,则应依规定办理。

添加“出境货物报检单”,填写说明见表3.11,填写完成后点“保存”。

“商业发票”又称为发票,是出口贸易结算单据中最重要的单据之一,所有其他单据都应以它为中心来缮制。因此,在制单顺序上,往往首先缮制商业发票。“商业发票”是卖方对装运货物的全面情况(品质、数量、价格,有时还有包装)详细列述的一种货款价目的清单。它常常是卖方陈述、申明、证明和提示某些事宜的书面文件。一般来说,发票无正副本之分,来证要求几份,制单时在此基础之上多制一份供议付行使用,如需正本,加打“ORIGIN”。

添加“ 商业发票”表单,填写说明见表3.22,填写完点“保存”。

“装箱单”是发票的补充单据,它列明了信用证(或合同)中买卖双方约定的有关包装事宜的细节,便于国外买方在货物到达目的港时供海关检查和核对货物,通常可以将其有关内容加列在商业发票上。

添加“装箱单”表单,填写说明见表3.23,填写完点“保存”。

步骤二十九:去检验机构申请报检

出口商回到“业务中心”,点“检验机构”,再点“申请报检”,选择单据“销货合同”、“信用证”、“商业发票”、“装箱单”、“出境货物报检单”,点“报检”。报检完成后,检验机构给发“出境货物通关单”及出口商申请签发的相应检验证书。

步骤三十:出口商填写“产地证明书”

产地证明书简称产地证,是证明货物原产地或制造地的证明文件。主要供进口国海关采取不同的国别政策和国别待遇。在不用海关发票或领事发票的国家,要求提供产地证明,以便确定对货物征收的税率。产地证明书包括“原产地证明书”和“普惠制产地证明书”,一般由出口地的公证行或工商团体签发,可由中国出入境检验检疫局或贸促会签发。至于产地证由谁出具或者出具何种产地证,应按信用证规定来办理。

以“原产地证明书”为例。添加“原产地证明书”表单,填写说明见表3.14,填写完点“保存”。

“普惠制产地证明书”又称G.S.P证书或FORM A证书。“普惠制产地证明书”是发展中国家向发达国家出口货物,按照联合国贸发会议规定的统一格式而填制的一种证明货物原产地的文件,又是给惠国(进口国)给予优惠关税待遇或免税的凭证。凡享受普惠制规定的关税减免者,必须提供普惠制产地证明书。

FORM A要向各地检验机构购买,需用时由出口公司缮打,连同一份申请书和商业发票送商检局,经商检局核对签章后即成为有效单据。一套FORM A中有一份正本、两份副本,副本仅供寄单参考和留存之用,正本是可以议付的单据。

以“普惠制产地证明书”为例。添加“普惠制产地证明书”表单,填写说明见表3.15,填写完点“保存”。

步骤三十一:到相关机构申请产地证

回到“业务中心”,点“检验机构”,再点“申请产地证”,选择产地证类型为“原产地证明书”或“普惠制产地证明书”,点“确定”,完成产地证的申请。

步骤三十二:外管局申领并填写“出口收汇核销单”

“出口收汇核销单”简称核销单,指由国家外汇管理局制发、出口单位和受托行及解付行填写,海关凭以受理报关,外汇管理部门凭以核销收汇的有顺序编号的凭证。

出口单位应到当地外汇管理部门申领经外汇管理部门加盖“监督收汇”章的核销单。在货物报关时,出口单位必须向海关出示有关核销单,凭有核销单编号的报关单办理报关手续,否则海关不予受理报关。

出口商点“外管局”,再点“申领核销单”,即从外管局取得“出口收汇核销单”,再到单据列表中进行填写,填写说明见表3.18,填写完点“保存”。

步骤三十三:凭“出口收汇核销单”到“海关”办理核销单的口岸备案

出口商到“业务中心”,点“海关”,再点“备案”,即凭填好的“出口收汇核销单”办理备案。

步骤三十四:填写“出口货物报关单”

“出口货物报关单”是出口商向海关申报出口的重要单据,也是海关直接监督出口行为、核准货物放行及对出口货物汇总统计的原始资料,直接决定了出口外销活动的合法性。“出口货物报关单”由中华人民共和国海关统一印制。

添加“出口货物报关单”表单,填写说明见表3.19,填写完点“保存”。

步骤三十五:出口商送货到海关

点“海关”,再点“备案”右边的“送货”,将货物送到海关指定地点。

步骤三十六：出口报关、货物出运

“出口货物报关单”填完后，点“送货”右边的“报关”，选择单据“商业发票”、“装箱单”、“出境货物通关单”（不需要出口检验的商品可免附）、“出口收汇核销单”、“出口货物报关单”，点“报关”。完成报关后，货物自动装船出运。

步骤三十七：船公司取提单

出口商点“船公司”，再点“取回提单”，将提单取回，填写说明见表3.20。

步骤三十八：出口商填“装船通知”

“装船通知”（SHIPPING ADVICE）是出口商向进口商发出货物已于某月某日或将于某月某日装运某船的通知。“装船通知”的作用在于方便买方购买保险或准备提货手续，其内容通常包括货名、装运数量、船名、装船日期、契约或信用证号码等。

添加“SHIPPING ADVICE”表单，填写说明见表3.21，填写完点“保存”。

步骤三十九：发送“装船通知”

填完后，点“船公司”，再点“发送装船通知”，将“装船通知”发送给进口商。

步骤四十：（A）填“汇票”；（B）查看“装船通知”

“汇票”简称B/E，是出票人签发的，要求受票人在见票时或在指定的日期无条件支付一定金额给其指定的受款人的书面命令。

“汇票”名称一般使用BILL OF EXCHANGE、EXCHANGE、DRAFT，一般已印妥，但英国的票据法没有汇票必须注名称的规定。

“汇票”一般为一式两份，第一联、第二联在法律上无区别，其中一联生效则另一联自动作废。港澳地区一次寄单可只出一联。为防止单据可能在邮寄途中遗失造成的麻烦，一般远洋单据都按两次邮寄。

添加“汇票”表单，填写说明见表3.22，填写完点“保存”。

步骤四十一：（A）出口商向出口地银行交单押汇；（B）进口商填“货物运输保险投保单”

出口商在“业务中心”，点“出口地银行”，再点“押汇”，选中单据“商业发票”、“装箱单”、“普惠制产地证明书”、“货物运输保险单”、“海运提单”、“汇票”前的复选框，点“押汇”，完成押汇手续的办理。

凡按FOB和CFR条件成交的进口货物，由进口商在备妥货物并已确定装运日期和运输工具后，按约定的保险险别和保险金额，向保险公司投保。投保时应填制投保单并支付保险费（保险费=保险金额×保险费率），保险公司凭以出具保险单或保险凭证。

投保的日期应不迟于货物装船的日期。投保金额若合同没有明示规定，应按CIF价格加成10%。

添加“货物运输保险投保单”表单，填写说明见表3.16，填写完点“保存”。

步骤四十二：（A）出口地银行审单；（B）进口商到保险公司办理保险，取得“货物运输保险单”

办理保险所需单据“商业发票”和“货物运输保险投保单”。办理完成后，保险公司签发“货物运输保险单”，见表3.17。

步骤四十三：出口地银行将单据送进口地银行

步骤四十四:(A)出口商到银行办理结汇;(B)进口地银行进行审单

出口商收取银行发来的可以结汇的通知邮件,到银行办理结汇,在"业务中心"里点"出口地银行",再点"结汇",结收货款,同时银行签发"出口收汇核销专用联",用以出口核销。

步骤四十五:(A)出口商填"出口收汇核销单送审登记表";(B)进口地银行通知进口商取单

"出口收汇核销单送审登记表"是退税单位在办理核销手续时填写交外汇局的,一般都是退税单位自制的格式。

添加"出口收汇核销单送审登记表"表单,填写说明见表3.23,填完点"保存"。

步骤四十六:(A)出口商外管局办理核销;(B)进口商到银行付款

出口商回到"业务中心",点"外管局",再点"办理核销",选中单据"商业发票"、"出口货物报关单"、"出口收汇核销单"、"出口收汇核销专用联"、"出口收汇核销单送审登记表"前的复选框,点"核销",完成核销手续的办理。同时,外管局盖章后返还出口收汇核销单第三联,用以出口退税。

进口商收取单据到达的通知邮件。在"业务中心",点"进口地银行",再点"付款",支付货款。

步骤四十七:(A)出口商到国税局出口退税;(B)进口商取回单据

出口商在外管局办理完核销手续后,到国税局办理出口退税,选中单据"商业发票"、"出口货物报关单"、"出口收汇核销单"(第三联)前的复选框,点"退税",完成退税手续的办理。

进口商点"付款"旁边的"取回单据",领取相关货运单据。

步骤四十八:进口商到船公司换提货单

进口商点"业务中心"里的"船公司",再点"换提货单"。

步骤四十九:填"入境货物报检单"

"入境货物报检单"所在列各栏必须填写完整、准确、清晰,若填写栏目没有内容,则以斜杠"/"表示,不得留空。

添加"入境货物报检单"表单,填写说明见表3.24,填写完成后点"保存"。

步骤五十:进口报检

进口商回到"业务中心",点"检验机构",再点"申请报检",选择单据"销货合同"、"商业发票"、"装箱单"、"提货单"、"入境货物报检单",点"报检"。报检完成后,检验机构签发"入境货物通关单",凭以报关。

步骤五十一:进口商填"进口货物报关单"

"进口货物报关单"是进口单位向海关提供审核是否合法进口货物的凭据,也是海关据以征税的主要凭证,还作为国家法定统计资料的重要来源。一般贸易货物进口时应填写"进口货物报关单"一式两份,并随附一份报关行预录入打印的报关单一份。

添加"进口货物报关单"表单,填写说明见表3.25,填写完成后点"保存"。

步骤五十二:进口商到海关进行进口报关

填写完"进口货物报关单"后,点"业务中心"的"海关",再点"报关",选择"销货合同”、“商业发票”、“装箱单”、“提货单”、“入境货物通关单”(不需进口检验的商品可免附)、“进口货物报关单”前的复选框,点“报关”。完成报关后,海关加盖放行章后返还提货单与进口报关单。

步骤五十三:进口商缴税

进口商点“报关”旁边的“缴税”,缴纳税款。

步骤五十四:进口商提货

进口商点“缴税”旁的“提货”,领取货物。

步骤五十五:填“贸易进口付汇到货核销表”

根据《进口付汇核销监管暂行办法》规定,进口单位应当在有关货物进口报关后一个月内向外汇局办理核销报审手续。在办理核销报审时,已到货的进口单位应当如实填写“贸易进口付汇到货核销表”;未到货的填写“贸易进口付汇未到货核销表”。在办理到货报审手续时,必须提供“贸易进口付汇到货核销表”一式两份,均为打印件并加盖公司章。添加“贸易进口付汇到货核销表”表单,填写说明见表3.26,填写完成后点“保存”。

步骤五十六:外管局办理进口付汇核销

填写完“贸易进口付汇到货核销表”回到“业务中心”,点“外管局”,再点“付汇核销”,选择单据“进口付汇核销单”、“进口货物报关单”、“贸易进口付汇到货核销表”前的复选框,点“付汇核销”。

步骤五十七:消费市场销货

点“业务中心”里的“市场”,再点“销货”,选择编号为××××××的产品,点“确定”即可销售货物。至此,该笔交易完成。

四、FOB+T/T 贸易术语履约流程

步骤一:起草外销合同

外销合同(SALES CONFIRMATION)可以由出口商或进口商起草,然后送对方签字确认即可。本处以出口方起草为例。

书面合同主要有两种形式,即正式合同(CONTRACT)和合同确认书(CONFIRMATION)。合同抬头应醒目注明 SALES CONTRACT 或 SALES CONFIRMATION(对销售合同或确认书而言)等字样。

在“业务中心”里点标志为“进口商”的建筑物,在弹出页面中点“起草合同”。输入合同号(可自行设置如00001),输入对应的进口商编号(如 xyz),再输入办理相关业务的出口地银行编号(如0002),并勾选选项“设置为主合同”,再点“确定”,弹出合同表单,填写说明见表3.1。填写完成后点“保存”,再在业务中心点“检查合同”,确认合同填写无误,进入下一步。

步骤二:填写“出口预算表”

出口商在将已起草好的合同送进口商之前,应填制“出口预算表”,否则不能送出合同。“出口预算表”是就该笔合同中可能发生的费用做出预算,以确保能够从该笔合同中获利;当合同完成后,再比照预算表中实际发生的金额,查看计算错误的部分。

点“添加单据”,选中“出口预算表”前的单选钮,点“确定”,然后在“查看单据列表”

中点“出口预算表”对应的单据编号(以后添加单据都用此方法),弹出表单,填写说明见表3.2。

步骤三:合同送进口商

填好“出口预算表”之后,就可以在出口商的业务栏中点“合同送进口商”,请进口商确认。

步骤四:填写“进口预算表”

进口商在确认合同之前,需就该笔合同中可能发生的费用支出做进口预算,以确保能够从该笔合同中获利;当合同完成后,再比照预算表中实际发生的金额,查看计算错误的部分。

收取出口商要求确认合同的邮件;退出邮件系统,点“业务中心”里“出口商”的建筑物,在弹出画面的左边首先点“切换”,将需要确认的合同设置为主合同;再点“修改合同”,打开合同页面查看相关条款;然后点“添加单据”,选中“进口预算表”前的单选钮,点“确定”,然后在“查看单据列表”中点“进口预算表”对应的单据编号,弹出表单,填写说明见表3.3,填写完成后点“保存”。

步骤五:进口商签字并确认外销合同

在“业务中心”画面中,点“修改合同”,在弹出合同的左下方签字,分别在两行空白栏中填入“公司名称”与“法人名称”,点“保存”;回到“业务中心”画面,点“确认合同”,输入合同编号(本例中为00001),再输入本地银行编号(如0003),点“确定”,成功确认合同;进口商确认合同后,出口商收取进口商已确认合同的通知邮件。

步骤六:(A)起草国内购销合同(买卖合同);(B)进口商指定船公司

国内买卖合同既可由出口商起草,也可由工厂起草。

在“业务中心”里点标志为“工厂”的建筑物,在弹出页面中点“起草合同”。输入合同号“Order01”,输入对应的工厂编号(如xyz),并勾选选项“设置为主合同”,点“确定”,填写表单,填写说明见表3.8。合同填写完成后点“保存”,再回到“业务中心”画面,点“检查合同”,确认合同填写有无失误。

到“业务中心”进入“船公司”,指定船公司。

步骤七:出口商合同送工厂

出口商确认合同填写无误后,点“合同送工厂”。

步骤八:工厂确认购销合同

以工厂身份登录,在“业务中心”中,点出口商建筑物,点“查看合同”,签字并确认购销合同。

步骤九:工厂组织生产

以工厂身份登录,在“业务中心”点市场建筑物,选定具体产品,点“组织生产”,产品自动进入“库存”。

步骤十:工厂放货给出口商

以工厂身份登录,在“业务中心”点“放货”。

出口商收取工厂已放货的通知邮件后,点“库存”,可看到所订购的货物已在库存列表中,备货完成。

步骤十一:工厂国税局缴税

以工厂身份登录,在“业务中心”点国税局建筑物,点“缴税”。

步骤十二:出口商填“货物出运委托书”

出口托运是从租船订舱或是委托出运开始的。外贸业务人员应根据信用证规定的最迟装运期及货源和船源情况安排委托出运。一般情况应提前5天左右或更长,以便留出机动时间应付意外情况发生。对此应填具“货物出运委托书”或是其他类似单据,办理委托代理租船订舱事宜。如果外贸公司本身开展托运业务,则需填具海运出口托运单、集装箱托运单等。如果外贸公司本身不办理运输业务,则可委托代理订舱,填具“货物出运委托书”。

添加“货物出运委托书”表单,填写说明见表3.9。

步骤十三:洽订舱位,取得“配舱回单”

指定船公司完成后点“洽订舱位”,选择“20′或40′”的集装箱或“拼箱”,填入装船日期(如“09/06/07”),再点“确定”,订舱完成。系统将自动返回“配舱回单”,见表3.10。点标志为“进口商”的建筑物里的“查看单据列表”,可查看“配舱回单”的内容。

步骤十四:填“出口货物报检单”、“商业发票”、“装箱单”

报检单是报检人根据有关法律、行政法规或合同约定申请检验检疫机构对其某种货物实施检验检疫、鉴定意愿的书面凭证,它表明了申请人正式向检验检疫机构申请检验检疫、鉴定,以取得该批货物合法出口的合法凭证。报检单同时也是检验检疫机构对出入境货物实施检验检疫、起动检验检疫程序的依据。

交易商品是否需要出口检验,可凭商品的海关编码进行查询,查询方法在淘金网的“税率查询”页,输入商品的海关编码进行查询,可查到相对应的监管条件,点击代码符号,各代码的意义均在其中列明。若适用规定为必须申请出口检验取得出境货物通关单者,则应依规定办理。

添加“出境货物报检单”,填写说明见表3.11,填写完成后点“保存”。

“商业发票”又称为发票,是出口贸易结算单据中最重要的单据之一,所有其他单据都应以它为中心来缮制。因此,在制单顺序上,往往首先缮制商业发票。“商业发票”是卖方对装运货物的全面情况(品质、数量、价格,有时还有包装)详细列述的一种货款价目的清单。它常常是卖方陈述、申明、证明和提示某些事宜的书面文件。一般来说,发票无正副本之分,来证要求几份,制单时在此基础之上多制一份供议付行使用,如需正本,加打“ORIGIN”。

添加“ 商业发票”表单,填写说明见表3.12,填写完点“保存”。

“装箱单”是发票的补充单据,它列明了信用证(或合同)中买卖双方约定的有关包装事宜的细节,便于国外买方在货物到达目的港时供海关检查和核对货物,通常可以将其有关内容加列在“商业发票”上。

添加“装箱单”表单,填写说明见表3.13,填写完点“保存”。

步骤十五:去检验机构申请报检

出口商回到“业务中心”,点“检验机构”,再点“申请报检”,选择单据“销货合同”、“信用证”、“商业发票”、“装箱单”、“出境货物报检单”,点“报检”。报检完成后,检验机构给发“出境货物通关单”及出口商申请签发的相应检验证书。

步骤十六:出口商填写“产地证明书”

产地证明书简称产地证,是证明货物原产地或制造地的证明文件。主要供进口国海关采取不同的国别政策和国别待遇。在不用海关发票或领事发票的国家,要求提供产地证明,以便确定对货物征收的税率。产地证明书包括“原产地证明书”和“普惠制产地证明书”,一般由出口地的公证行或工商团体签发,可由中国出入境检验检疫局或贸促会签发。至于产地证由谁出具或者出具何种产地证,应按信用证规定来办理。

以“原产地证明书”为例。添加“原产地证明书”表单,填写说明见表 3. 14,填写完点“保存”。

“普惠制产地证明书”又称 G. S. P 证书或 FORM A 证书。“普惠制产地证明书”是发展中国家向发达国家出口货物,按照联合国贸发会议规定的统一格式而填制的一种证明货物原产地的文件,又是给惠国(进口国)给予优惠关税待遇或免税的凭证。凡享受普惠制规定的关税减免者,必须提供普惠制产地证明书。

FORM A 要向各地检验机构购买,需用时由出口公司缮打,连同一份申请书和商业发票送商检局,经商检局核对签章后即成为有效单据。一套 FORM A 中有一份正本、两份副本,副本仅供寄单参考和留存之用,正本是可以议付的单据。

以“普惠制产地证明书”为例。添加“普惠制产地证明书”表单,填写说明见表 3. 15,填写完点“保存”。

步骤十七:到相关机构申请产地证

回到“业务中心”,点“检验机构”,再点“申请产地证”,选择产地证类型为“原产地证明书”或“普惠制产地证明书”,点“确定”,完成产地证的申请。

步骤十八:出口商外管局申领并填写“出口收汇核销单”

“出口收汇核销单”简称核销单,系指由国家外汇管理局制发、出口单位和受托行及解付行填写,海关凭以受理报关,外汇管理部门凭以核销收汇的有顺序编号的凭证。

出口单位应到当地外汇管理部门申领经外汇管理部门加盖“监督收汇”章的核销单。在货物报关时,出口单位必须向海关出示有关核销单,凭有核销单编号的报关单办理报关手续,否则海关不予受理报关。

出口商点“外管局”,再点“申领核销单”,即从外管局取得“出口收汇核销单”,再到单据列表中进行填写,填写说明见表 3. 18,填写完点“保存”。

步骤十九:凭“出口收汇核销单”到“海关”办理核销单的口岸备案

出口商在“业务中心”,点“海关”,再点“备案”,即凭填好的“出口收汇核销单”办理备案。

步骤二十:填“出口货物报关单”

“出口货物报关单”是出口商向海关申报出口的重要单据,也是海关直接监督出口行为、核准货物放行及对出口货物汇总统计的原始资料,直接决定了出口外销活动的合法性。“出口货物报关单”由中华人民共和国海关统一印制。

添加“出口货物报关单”表单,填写说明见表 3. 19,填写完点“保存”。

步骤二十一:送货到海关

点“海关”,再点“备案”右边的“送货”,将货物送到海关指定地点。

步骤二十二:出口报关、货物出运

“出口货物报关单”填写完成后,点“送货”右边的“报关”,选择单据“商业发票”、“装箱单”、“出境货物通关单”(不需要出口检验的商品可免附)、“出口收汇核销单”、“出口货物报关单”,点“报关”。完成报关后,同时货物自动装船出运。

步骤二十三:船公司取提单

出口商点“船公司”,再点“取回提单”,将提单取回,见表3.20。

步骤二十四:出口商填“装船通知”

“装船通知”(SHIPPING ADVICE)是出口商向进口商发出货物已于某月某日或将于某月某日装运某船的通知。“装船通知”的作用在于方便买方购买保险或准备提货手续,其内容通常包括货名、装运数量、船名、装船日期、契约或信用证号码等。

添加“SHIPPING ADVICE”表单,填写说明见表3.21,填写完点“保存”。

步骤二十五:发送“装船通知”

填写完成后,点“船公司”,再点“发送装船通知”,将“装船通知”发送给进口商。

步骤二十六:(A)将货物相关单据送进口商;(B)进口商查看“装船通知”

步骤二十七:进口商填写“货物运输保险投保单”

凡按FOB和CFR条件成交的进口货物,由进口商负责逐笔办理投保手续。根据进出口合同或信用证规定,在备妥货物并已确定装运日期和运输工具后,按约定的保险险别和保险金额,向保险公司投保。投保时应填制投保单并支付保险费(保险费 = 保险金额 × 保险费率),保险公司凭以出具保险单或保险凭证。

投保的日期应不迟于货物装船的日期。投保金额若合同没有明示规定,应按CIF价格加成10%。

添加“货物运输保险投保单”表单,填写说明见表3.16,填写完点“保存”。

步骤二十八:进口商到保险公司办理保险,取得“货物运输保险单”

所需单据“商业发票”和“货物运输保险投保单”。办理完成后,保险公司签发“货物运输保险单”,填写说明见表3.17。

步骤二十九:进口商查收单据

步骤三十:进口商到银行领取并填写“贸易进口付汇核销单”

“贸易进口付汇核销单(代申报单)”(以下简称进口核销单)系指由国家外汇管理局监制、保管和发放,进口单位和银行填写,银行凭以为进口单位办理贸易进口项下的进口售付汇和核销的凭证。每份进口核销单只能凭以办理一笔售付汇手续。

根据《国际收支统计申报办法实施细则》,进口核销单既用于贸易项下进口售付汇核销,又用于国际收支申报统计。在填写进口核销单时,应注意各项内容与售付汇情况是否一致,填写说明见表3.4。

步骤三十一:进口商到银行付款

步骤三十二:(A)出口商到银行办结汇;(B)进口商到船公司换“提货单”

出口商收取银行发来的可以结汇的通知邮件,到银行办理结汇,在“业务中心”里点

“出口地银行”,再点“结汇”,结收货款,同时银行签发“出口收汇核销专用联”,用以出口核销。

进口商点“业务中心”里的“船公司”,再点“换提货单”。

步骤三十三:(A)出口商填“出口收汇核销单送审登记表”;(B)填“入境货物报检单”

“出口收汇核销单送审登记表”是退税单位在办理核销手续时填写交外汇局的,一般都是退税单位自制的格式。

添加“出口收汇核销单送审登记表”表单,填写说明见表3.23,填写完点“保存”。

入境货物报检单所在列各栏必须填写完整、准确、清晰,若填写栏目没有内容,则以斜杠“/”表示,不得留空。

添加“入境货物报检单”表单,填写说明见表3.24,填写完成后点“保存”。

步骤三十四:(A)出口商到外管局办理核销;(B)进口报检

出口商回到“业务中心”,点“外管局”,再点“办理核销”,选中单据“商业发票”、“出口货物报关单”、“出口收汇核销单”、“出口收汇核销专用联”、“出口收汇核销单送审登记表”前的复选框,点“核销”,完成核销手续的办理。同时,外管局盖章后返还出口收汇核销单第三联,用以出口退税。

进口商回到“业务中心”,点“检验机构”,再点“申请报检”,选择单据“销货合同”、“商业发票”、“装箱单”、“提货单”、“入境货物报检单”,点“报检”。报检完成后,检验机构签发“入境货物通关单”,凭以报关。

步骤三十五:(A)出口商到国税局出口退税;(B)进口商填“进口货物报关单”

出口商在外管局办理完核销手续后,到国税局办理出口退税,选中单据“商业发票”、“出口货物报关单”、“出口收汇核销单”(第三联)前的复选框,点“退税”,完成退税手续的办理。

“进口货物报关单”是进口单位向海关提供审核是否合法进口货物的凭据,也是海关据以征税的主要凭证,同时还作为国家法定统计资料的重要来源。进口单位要如实填写,不得虚报、瞒报、拒报和迟报,更不得伪造、篡改。

一般贸易货物进口时,应填写“进口货物报关单”一式两份,并随附一份报关行预录入打印的报关单一份。

添加“进口货物报关单”表单,填写说明见表3.25,填写完点“保存”。

步骤三十六:进口商到海关进行进口报关

填写完“进口货物报关单”后,点“业务中心”的“海关”,再点“报关”,选择“销货合同”、“商业发票”、“装箱单”、“提货单”、“入境货物通关单”(不需进口检验的商品可免附)、“进口货物报关单”前的复选框,点“报关”。完成报关后,海关加盖放行章后返还提货单与进口报关单。

步骤三十七:进口商缴税

进口商点“报关”旁的“缴税”,缴纳税款。

步骤三十八:进口商提货

进口商点“缴税”旁的“提货”,领取货物。

步骤三十九:填"贸易进口付汇到货核销表"

根据《进口付汇核销监管暂行办法》规定,进口单位应当在有关货物进口报关后一个月内向外汇局办理核销报审手续。

在办理核销报审时,已到货的进口单位应当如实填写"贸易进口付汇到货核销表";未到货的填写"贸易进口付汇未到货核销表"。

在办理到货报审手续时,必须提供"贸易进口付汇到货核销表"(一式两份,均为打印件并加盖公司章)。

添加"贸易进口付汇到货核销表"表单,填写说明见表3.26,填写完成后点"保存"。

步骤四十:外管局办理进口付汇核销

填写完"贸易进口付汇到货核销表"回到"业务中心",点"外管局",再点"付汇核销",选择单据"进口付汇核销单"、"进口货物报关单"、"进口付汇到货核销表"前的复选框,点"付汇核销"。

步骤四十一:消费市场销货

点"业务中心"里的"市场",再点"销货",选择编号为××××××的产品,点"确定"即可销售货物。至此,该笔交易完成。

五、CIF+T/T贸易术语履约流程

步骤一:起草外销合同

外销合同(SALES CONFIRMATION)可以由出口商或进口商起草,然后送对方签字确认即可。本处以出口方起草为例:

书面合同主要有两种形式,即正式合同(CONTRACT)和合同确认书(CONFIRMATION)。合同抬头应醒目注明SALES CONTRACT或SALES CONFIRMATION(对销售合同或确认书而言)等字样。

在"业务中心"里点标志为"进口商"的建筑物,在弹出页面中点"起草合同"。输入合同号(可自行设置如00001),输入对应的进口商编号(如xyz),再输入办理相关业务的出口地银行编号(如0002),并勾选选项"设置为主合同",再点"确定",弹出合同表单,填写说明见表3.1。填写完成后点"保存",再在业务中心点"检查合同",确认合同填写无误,进入下一步。

步骤二:填写"出口预算表"

出口商在将已起草好的合同送进口商之前,应填制"出口预算表",否则不能送出合同。"出口预算表"是就该笔合同中可能发生的费用做出预算,以确保能够从该笔合同中获利;当合同完成后,再比照预算表中实际发生的金额,查看计算错误的部分。

点"添加单据",选中"出口预算表"前的单选钮,点"确定",然后在"查看单据列表"中点"出口预算表"对应的单据编号(以后添加单据都用此方法),弹出表单,填写说明见表3.2。

步骤三:合同送进口商

填好"出口预算表"之后,就可以在出口商的业务栏中点"合同送进口商",请进口商确认。

步骤四:填写“进口预算表”

进口商在确认合同之前,需就该笔合同中可能发生的费用支出做进口预算,以确保能够从该笔合同中获利;当合同完成后,再比照预算表中实际发生的金额,查看计算错误的部分。

收取出口商要求确认合同的邮件;退出邮件系统,点“业务中心”里“出口商”的建筑物,在弹出画面的左边首先点“切换”,将需要确认的合同设置为主合同;再点“修改合同”,打开合同页面查看相关条款;然后点“添加单据”,选中“进口预算表”前的单选钮,点“确定”,然后在“查看单据列表”中点“进口预算表”对应的单据编号,弹出表单,填写说明见表3.3,填写完成后点“保存”。

步骤五:进口商签字并确认外销合同

在“业务中心”画面中,点“修改合同”,在弹出合同的左下方签字,分别在两行空白栏中填入“公司名称”与“法人名称”,点“保存”;回到“业务中心”画面,点“确认合同”,输入合同编号(本例中为00001),再输入本地银行编号(如0003),点“确定”,成功确认合同;进口商确认合同后,出口商收取进口商已确认合同的通知邮件。

步骤六:起草国内购销合同(买卖合同)

国内买卖合同既可由出口商起草,也可由工厂起草。

在“业务中心”里点标志为“工厂”的建筑物,在弹出页面中点“起草合同”。输入合同号“Order01”,输入对应的工厂编号(如xyz),并勾选选项“设置为主合同”,点“确定”,填写表单,填写说明见表3.8。合同填写完成后点“保存”,再回到“业务中心”画面,点“检查合同”,确认合同填写有无失误。

步骤七:出口商合同送工厂

出口商确认合同填写无误后,点“合同送工厂”。

步骤八:工厂确认购销合同

以工厂身份登录,在“业务中心”中,点出口商建筑物,点“查看合同”,签字并确认购销合同。

步骤九:工厂组织生产

以工厂身份登录,在“业务中心”点市场建筑物,选定具体产品,点“组织生产”,产品自动进入“库存”。

步骤十:工厂放货给出口商

以工厂身份登录,在“业务中心”点“放货”。

出口商收取工厂已放货的通知邮件后,点“库存”,可看到所订购的货物已在库存列表中,备货完成。

步骤十一:工厂国税局缴税

以工厂身份登录,在“业务中心”点国税局建筑物,点“缴税”。

步骤十二:出口商填“货物出运委托书”

出口托运是从租船订舱或是委托出运开始的。外贸业务人员应根据信用证规定的最迟装运期及货源和船源情况安排委托出运。一般情况应提前5天左右或更长,以便留出机动时间应付意外情况发生。对此应填具“货物出运委托书”或是其他类似单据,办理委托代理租船订舱事宜。如果外贸公司本身开展托运业务，则需填具海运出口托运单、集装箱托运单等。如果外贸公司本身不办理运输业务，则可委托代理订舱，填具“货物出运委托书”。

添加“货物出运委托书”表单，填写说明见表3.9。

步骤十三：指定船公司

到“业务中心”进入“船公司”，指定船公司。

步骤十四：洽订舱位，取得“配舱回单”

指定船公司完成后再点“洽订舱位”，选择“20′或40′”的集装箱或“拼箱”，填入装船日期（如“09/06/07”），再点“确定”，订舱完成。系统将自动返回“配舱回单”，见表3.10。点标志为“进口商”的建筑物里的“查看单据列表”，可查看“配舱回单”的内容。

步骤十五：填“出口货物报检单”、“商业发票”、“装箱单”

报检单是报检人根据有关法律、行政法规或合同约定申请检验检疫机构对其某种货物实施检验检疫、鉴定意愿的书面凭证，它表明了申请人正式向检验检疫机构申请检验检疫、鉴定，以取得该批货物合法出口的合法凭证。报检单同时也是检验检疫机构对出入境货物实施检验检疫、起动检验检疫程序的依据。

交易商品是否需要出口检验，可凭商品的海关编码进行查询，查询方法在淘金网的“税率查询”页，输入商品的海关编码进行查询，可查到相对应的监管条件，点击代码符号，各代码的意义均在其中列明。若适用规定为必须申请出口检验取得出境货物通关单者，则应依规定办理。

添加“出境货物报检单”，填写说明见表3.11，填写完成后点“保存”。

“商业发票”又称为发票，是出口贸易结算单据中最重要的单据之一，所有其他单据都应以它为中心来缮制。因此，在制单顺序上，往往首先缮制商业发票。“商业发票”是卖方对装运货物的全面情况（品质、数量、价格，有时还有包装）详细列述的一种货款价目的清单。它常常是卖方陈述、申明、证明和提示某些事宜的书面文件。一般来说，发票无正副本之分，来证要求几份，制单时在此基础之上多制一份供议付行使用，如需正本，加打“ORIGIN”。

添加“ 商业发票”表单，填写说明见表3.12，填写完点“保存”。

“装箱单”是发票的补充单据，它列明了信用证（或合同）中买卖双方约定的有关包装事宜的细节，便于国外买方在货物到达目的港时供海关检查和核对货物，通常可以将其有关内容加列在“商业发票”上。

添加“装箱单”表单，填写说明见表3.13，填写完点“保存”。

步骤十六：去检验机构申请报检

出口商回到“业务中心”，点“检验机构”，再点“申请报检”，选择单据“销货合同”、“信用证”、“商业发票”、“装箱单”、“出境货物报检单”，点“报检”。报检完成后，检验机构给发“出境货物通关单”及出口商申请签发的相应检验证书。

步骤十七：出口商填写“产地证明书”

产地证明书简称产地证，是证明货物原产地或制造地的证明文件，主要供进口国海关采取不同的国别政策和国别待遇。在不用海关发票或领事发票的国家，要求提供产地证明,以便确定对货物征收的税率。产地证明书包括“原产地证明书”和“普惠制产地证明书”,一般由出口地的公证行或工商团体签发,可由中国出入境检验检疫局或贸促会签发。至于产地证由谁出具或者出具何种产地证,应按信用证规定来办理。

以“原产地证明书”为例。添加“原产地证明书”表单,填写说明见表3.14,填写完点“保存”。

“普惠制产地证明书”又称G.S.P证书或FORM A证书。“普惠制产地证明书”是发展中国家向发达国家出口货物,按照联合国贸发会议规定的统一格式而填制的一种证明货物原产地的文件,又是给惠国(进口国)给予优惠关税待遇或免税的凭证。凡享受普惠制规定的关税减免者,必须提供普惠制产地证明书。

FORM A要向各地检验机构购买,需用时由出口公司缮打,连同一份申请书和商业发票送商检局,经商检局核对签章后即成为有效单据。一套FORM A中有一份正本、两份副本,副本仅供寄单参考和留存之用,正本是可以议付的单据。

以“普惠制产地证明书”为例。添加“普惠制产地证明书”表单,填写说明见表3.15,填写完点“保存”。

步骤十八:到相关机构申请产地证

回到“业务中心”,点“检验机构”,再点“申请产地证”,选择产地证类型为“原产地证明书”或“普惠制产地证明书”,点“确定”,完成产地证的申请。

步骤十九:出口商填“货物运输保险投保单”

凡按CIF条件成交的出口货物,由出口商负责逐笔办理投保手续。根据进出口合同或信用证规定,在备妥货物并已确定装运日期和运输工具后,按约定的保险险别和保险金额,向保险公司投保。投保时应填制投保单并支付保险费(保险费=保险金额×保险费率),保险公司凭以出具保险单或保险凭证。

投保的日期应不迟于货物装船的日期。投保金额若合同没有明确规定,应按CIF价格加成10%。

添加“货物运输保险投保单”表单,填写说明见表3.16,填写完点“保存”。

步骤二十:出口商到保险公司办理保险,取得“货物运输保险单”

所需单据“商业发票”和“货物运输保险投保单”。办理完成后,保险公司签发“货物运输保险单”,填写说明见表3.17。

步骤二十一:外管局申领并填写“出口收汇核销单”

“出口收汇核销单”简称核销单,系指由国家外汇管理局制发、出口单位和受托行及解付行填写,海关凭以受理报关,外汇管理部门凭以核销收汇的有顺序编号的凭证。

出口单位应到当地外汇管理部门申领经外汇管理部门加盖“监督收汇”章的核销单。在货物报关时,出口单位必须向海关出示有关核销单,凭有核销单编号的报关单办理报关手续,否则海关不予受理报关。

出口商点“外管局”,再点“申领核销单”,即从外管局取得“出口收汇核销单”,再到单据列表中进行填写,填写说明见表3.18,填写完点“保存”。

步骤二十二:凭“出口收汇核销单”到“海关”办理核销单的口岸备案

出口商到“业务中心”,点“海关”,再点“备案”,即可凭填好的“出口收汇核销单”办理备案。

步骤二十三:填"出口货物报关单"

"出口货物报关单"是出口商向海关申报出口的重要单据,也是海关直接监督出口行为、核准货物放行及对出口货物汇总统计的原始资料,直接决定了出口外销活动的合法性。出口货物报关单由中华人民共和国海关统一印制。

添加"出口货物报关单"表单,填写说明见表3.19,填写完点"保存"。

步骤二十四:送货到海关

点"海关",再点"备案"右边的"送货",将货物送到海关指定地点。

步骤二十五:出口报关、货物出运

"出口货物报关单"填写完成后,点"送货"右边的"报关",选择单据"商业发票"、"装箱单"、"出境货物通关单"(不需要出口检验的商品可免附)、"出口收汇核销单"、"出口货物报关单",点"报关"。完成报关后,同时货物自动装船出运。

步骤二十六:出口商到船公司取提单

出口商点"船公司",再点"取回提单",将提单取回,填写说明见表3.20。

步骤二十七:出口商填"装船通知"

"装船通知"(SHIPPING ADVICE)是出口商向进口商发出货物已于某月某日或将于某月某日装运某船的通知。装船通知的作用在于方便买方购买保险或准备提货手续,其内容通常包括货名、装运数量、船名、装船日期、契约或信用证号码等。

添加"SHIPPING ADVICE"表单,填写说明见表3.21,填写完点"保存"。

步骤二十八:发送"装船通知"

填写完成后,点"船公司",再点"发送装船通知",将"装船通知"发送给进口商。

步骤二十九:出口商将货物相关单据送进口商

步骤三十:进口商查收单据

步骤三十一:进口商领取并填写"贸易进口付汇核销单"

"贸易进口付汇核销单(代申报单)"(以下简称进口核销单)系指由国家外汇管理局监制、保管和发放,进口单位和银行填写,银行凭以为进口单位办理贸易进口项下的进口售付汇和核销的凭证。每份进口核销单只能凭以办理一笔售付汇手续。根据《国际收支统计申报办法实施细则》,进口核销单既用于贸易项下进口售付汇核销,又用于国际收支申报统计。在填写进口核销单时,应注意各项内容与售付汇情况是否一致,填写说明见表3.4。

步骤三十二:付款

进口商到银行办理电汇付款。

步骤三十三:(A)出口商到银行办结汇;(B)进口商到船公司换"提货单"

出口商收取银行发来的可以结汇的通知邮件,到银行办理结汇,在"业务中心"里点"出口地银行",再点"结汇",结收货款,同时银行签发"出口收汇核销专用联",用以出口核销。

进口商点"业务中心"里的"船公司",再点"换提货单"。

步骤三十四:(A)出口商填"出口收汇核销单送审登记表";(B)进口商填"入境货物

报检单"

"出口收汇核销单送审登记表"是退税单位在办理核销手续时填写交外汇局的,一般都是退税单位自制的格式。添加"出口收汇核销单送审登记表"表单,填写说明见图3.23,填写完点"保存"。入境货物报检单所在列各栏必须填写完整、准确、清晰,若填写栏目没有内容,则以斜杠"/"表示,不得留空。

添加"入境货物报检单"表单,填写说明见表3.24,填写完成后点"保存"。

步骤三十五:(A)出口商外管局办理核销;(B)进口报检

出口商回到"业务中心",点"外管局",再点"办理核销",选中单据"商业发票"、"出口货物报关单"、"出口收汇核销单"、"出口收汇核销专用联"、"出口收汇核销单送审登记表"前的复选框,点"核销",完成核销手续的办理。同时,外管局盖章后返还出口收汇核销单第三联,用以出口退税。

进口商回到"业务中心",点"检验机构",再点"申请报检",选择单据"销货合同"、"商业发票"、"装箱单"、"提货单"、"入境货物报检单",点"报检"。报检完成后,检验机构签发"入境货物通关单",凭以报关。

步骤三十六:(A)出口商到国税局出口退税;(B)进口商填"进口货物报关单"

出口商在外管局办理完核销手续后,到国税局办理出口退税,选中单据"商业发票"、"出口货物报关单"、"出口收汇核销单"(第三联)前的复选框,点"退税",完成退税手续的办理。

"进口货物报关单"是进口单位向海关提供审核是否合法进口货物的凭据,也是海关据以征税的主要凭证,同时还作为国家法定统计资料的重要来源。进口单位要如实填写,不得虚报、瞒报、拒报和迟报,更不得伪造、篡改。一般贸易货物进口时,应填写"进口货物报关单"一式两份,并随附一份报关行预录入打印的报关单一份。

添加"进口货物报关单"表单,填写说明见表3.25,填完点"保存"。

步骤三十七:进口商到海关进行进口报关

填写完成"进口货物报关单"后,点"业务中心"的"海关",再点"报关",选择"销货合同"、"商业发票"、"装箱单"、"提货单"、"入境货物通关单"(不需进口检验的商品可免附)、"进口货物报关单"前的复选框,点"报关"。完成报关后,海关加盖放行章后返还提货单与进口报关单。

步骤三十八:进口商缴税

进口商点"报关"旁的"缴税",缴纳税款。

步骤三十九:进口商提货

进口商再点"缴税"旁的"提货",领取货物。

步骤四十:填"贸易进口付汇到货核销表"

根据《进口付汇核销监管暂行办法》规定,进口单位应当在有关货物进口报关后一个月内向外汇局办理核销报审手续。

在办理核销报审时,已到货的进口单位应当如实填写"贸易进口付汇到货核销表";未到货的填写"贸易进口付汇未到货核销表"。

在办理到货报审手续时,必须提供"贸易进口付汇到货核销表"(一式两份,均为打印件并加盖公司章)。

添加“贸易进口付汇到货核销表”表单,填写说明见表3.26,填写完成后点“保存”。

步骤四十一:外管局办理进口付汇核销

填写完“贸易进口付汇到货核销表”回到“业务中心”,点“外管局”,再点“付汇核销”,选择单据“进口付汇核销单”、“进口货物报关单”、“进口付汇到货核销表”前的复选框,点“付汇核销”。

步骤四十二:消费市场销货

点“业务中心”里的“市场”,再点“销货”,选择编号为××××××的产品,点“确定”即可销售货物。至此,该笔交易完成。

六、CFR + T/T 贸易术语履约流程

步骤一:起草外销合同

外销合同(SALES CONFIRMATION)可以由出口商或进口商起草,然后送对方签字确认即可。本处以出口方起草为例。

书面合同主要有两种形式,即正式合同(CONTRACT)和合同确认书(CONFIRMATION)。合同抬头应醒目注明 SALES CONTRACT 或 SALES CONFIRMATION(对销售合同或确认书而言)等字样。

在“业务中心”里点标志为“进口商”的建筑物,在弹出页面中点“起草合同”。输入合同号(可自行设置如00001),输入对应的进口商编号(如xyz),再输入办理相关业务的出口地银行编号(如0002),并勾选选项“设置为主合同”,再点“确定”,弹出合同表单,填写说明见表3.1。填写完成后点“保存”,再在业务中心点“检查合同”,确认合同填写无误,进入下一步。

步骤二:填写“出口预算表”

出口商在将已起草好的合同送进口商之前,应填制“出口预算表”,否则不能送出合同。“出口预算表”是就该笔合同中可能发生的费用做出预算,以确保能够从该笔合同中获利;当合同完成后,再比照预算表中实际发生的金额,查看计算错误的部分。

点“添加单据”,选中“出口预算表”前的单选钮,点“确定”,然后在“查看单据列表”中点“出口预算表”对应的单据编号(以后添加单据都用此方法),弹出表单,填写说明见表3.2。

步骤三:合同送进口商

填好“出口预算表”之后,就可以在出口商的业务栏中点“合同送进口商”,请进口商确认。

步骤四:填写“进口预算表”

进口商在确认合同之前,须就该笔合同中可能发生的费用支出做进口预算,以确保能够从该笔合同中获利;当合同完成后,再比照预算表中实际发生的金额,查看计算错误的部分。

收取出口商要求确认合同的邮件;退出邮件系统,点“业务中心”里“出口商”的建筑物,在弹出画面的左边首先点“切换”,将需要确认的合同设置为主合同;再点“修改合

同”,打开合同页面查看相关条款;然后点“添加单据”,选中“进口预算表”前的单选钮,点“确定”,再在“查看单据列表”中点进口预算表对应的单据编号,弹出表单,填写说明见表3.3,填写完成后点“保存”。

步骤五:进口商签字并确认外销合同

在“业务中心”画面中,点“修改合同”,在弹出合同的左下方签字,分别在两行空白栏中填入“公司名称”与“法人名称”,点“保存”;回到“业务中心”画面,点“确认合同”,输入合同编号(本例中为00001),再输入本地银行编号(如0003),点“确定”,成功确认合同。进口商确认合同后,出口商收取进口商已确认合同的通知邮件。

步骤六:起草国内购销合同(买卖合同)

国内买卖合同既可由出口商起草,也可由工厂起草。

在“业务中心”里点标志为“工厂”的建筑物,在弹出页面中点“起草合同”。输入合同号“Order01”,输入对应的工厂编号(如xyz),并勾选选项“设置为主合同”,点“确定”,填写表单,填写说明见表3.8,合同填写完成后点“保存”,再回到“业务中心”画面,点“检查合同”,确认合同填写有无错误。

步骤七:出口商合同送工厂

出口商确认合同填写无误后,点“合同送工厂”。

步骤八:工厂确认购销合同

以工厂身份登录,在“业务中心”点出口商建筑物,点“查看合同”,签字并确认购销合同。

步骤九:工厂组织生产

以工厂身份登录,在“业务中心”点市场建筑物,选定具体产品,点“组织生产”,产品自动进入“库存”。

步骤十:工厂放货给出口商

以工厂身份登录,在“业务中心”点“放货”。

出口商收取工厂已放货的通知邮件后,点“库存”,可看到所订购的货物已在库存列表中,备货完成。

步骤十一:工厂国税局缴税

以工厂身份登录,在“业务中心”中点国税局建筑物,点“缴税”。

步骤十二:出口商填“货物出运委托书”

出口托运是从租船订舱或是委托出运开始的。外贸业务人员应根据信用证规定的最迟装运期及货源和船源情况安排委托出运。一般情况应提前5天左右或更长,以便留出机动时间应付意外情况发生。对此应填具“货物出运委托书”或是其他类似单据,办理委托代理租船订舱事宜。如果外贸公司本身开展托运业务,则需填具海运出口托运单、集装箱托运单等。如果外贸公司本身不办理运输业务,则可委托代理订舱,填具“货物出运委托书”。

添加“货物出运委托书”表单,填写说明见表3.9。

步骤十三:指定船公司

到“业务中心”进入“船公司”,指定船公司。

步骤十四:洽订舱位,取得"配舱回单"

指定船公司完成后再点"洽订舱位",选择"20′或40′"的集装箱或"拼箱",填入装船日期(如"09/06/07"),再点"确定",订舱完成。系统将自动返回"配舱回单",填写说明见表3.10。点标志为"进口商"的建筑物里的"查看单据列表",可查看"配舱回单"的内容。

步骤十五:填"出口货物报检单"、"商业发票"、"装箱单"

报检单是报检人根据有关法律、行政法规或合同约定申请检验检疫机构对其某种货物实施检验检疫、鉴定意愿的书面凭证,它表明了申请人正式向检验检疫机构申请检验检疫、鉴定,以取得该批货物合法出口的合法凭证。报检单同时也是检验检疫机构对出入境货物实施检验检疫、起动检验检疫程序的依据。

交易商品是否需要出口检验,可凭商品的海关编码进行查询,查询方法在淘金网的"税率查询"页,输入商品的海关编码进行查询,可查到相对应的监管条件,点击代码符号,各代码的意义均在其中列明。若适用规定为必须申请出口检验取得出境货物通关单者,则应依规定办理。

添加"出境货物报检单",填写说明见表3.11,填写完成后点"保存"。

"商业发票"又称为发票,是出口贸易结算单据中最重要的单据之一,所有其他单据都应以它为中心来缮制。因此,在制单顺序上,往往首先缮制商业发票。"商业发票"是卖方对装运货物的全面情况(品质、数量、价格,有时还有包装)详细列述的一种货款价目的清单。它常常是卖方陈述、申明、证明和提示某些事宜的书面文件。一般来说,发票无正副本之分,来证要求几份,制单时在此基础之上多制一份供议付行使用,如需正本,加打"ORIGIN"。

添加" 商业发票"表单,填写说明见表3.12,填写完点"保存"。

"装箱单"是发票的补充单据,它列明了信用证(或合同)中买卖双方约定的有关包装事宜的细节,便于国外买方在货物到达目的港时供海关检查和核对货物,通常可以将其有关内容加列在"商业发票"上。

添加"装箱单"表单,填写说明见表3.13,填写完点"保存"。

步骤十六:去检验机构申请报检

出口商回到"业务中心",点"检验机构",再点"申请报检",选择单据"销货合同"、"信用证"、"商业发票"、"装箱单"、"出境货物报检单",点"报检"。报检完成后,检验机构给发"出境货物通关单"及出口商申请签发的相应检验证书。

步骤十七:出口商填写"产地证明书"

产地证明书简称产地证,是证明货物原产地或制造地的证明文件,主要供进口国海关采取不同的国别政策和国别待遇。在不用海关发票或领事发票的国家,要求提供产地证明,以便确定对货物征收的税率。产地证明书包括"原产地证明书"和"普惠制产地证明书",一般由出口地的公证行或工商团体签发,可由中国出入境检验检疫局或贸促会签发。至于产地证由谁出具或者出具何种产地证,应按信用证规定来办理。

以"原产地证明书"为例。添加"原产地证明书"表单,填写说明见表3.14,填写完点"保存"。

"普惠制产地证明书"又称 G.S.P 证书、FORM A 证书。"普惠制产地证明书"是发展中国家向发达国家出口货物,按照联合国贸发会议规定的统一格式而填制的一种证明货物原产地的文件,又是给惠国(进口国)给予优惠关税待遇或免税的凭证。凡享受普惠制规定的关税减免者,必须提供普惠制产地证明书。

FORM A 要向各地检验机构购买,需用时由出口公司缮打,连同一份申请书和商业发票送商检局,经商检局核对签章后即成为有效单据。一套 FORM A 中有一份正本、两份副本,副本仅供寄单参考和留存之用,正本是可以议付的单据。

以"普惠制产地证明书"为例。添加"普惠制产地证明书"表单,填写说明见表 3.15,填写完点"保存"。

步骤十八:到相关机构申请产地证

回到"业务中心",点"检验机构",再点"申请产地证",选择产地证类型为"原产地证明书"或"普惠制产地证明书",点"确定",完成产地证的申请。

步骤十九:外管局申领并填写"出口收汇核销单"

"出口收汇核销单"简称核销单,指由国家外汇管理局制发、出口单位和受托行及解付行填写,海关凭以受理报关,外汇管理部门凭以核销收汇的有顺序编号的凭证。出口单位应到当地外汇管理部门申领经外汇管理部门加盖"监督收汇"章的核销单。在货物报关时,出口单位必须向海关出示有关核销单,凭有核销单编号的报关单办理报关手续,否则海关不予受理报关。出口商点"外管局",再点"申领核销单",即从外管局取得"出口收汇核销单",再到单据列表中进行填写,填写说明见表 3.18,填写完点"保存"。

步骤二十:凭"出口收汇核销单"到"海关"办理核销单的口岸备案

出口商到"业务中心",点"海关",再点"备案",即凭填好的"出口收汇核销单"办理备案。

步骤二十一:填"出口货物报关单"

"出口货物报关单"是出口商向海关申报出口的重要单据,也是海关直接监督出口行为、核准货物放行及对出口货物汇总统计的原始资料,直接决定了出口外销活动的合法性。"出口货物报关单"由中华人民共和国海关统一印制。

添加"出口货物报关单"表单,填写说明见表 3.19,填写完点"保存"。

步骤二十二:送货到海关

点"海关",再点"备案"右边的"送货",将货物送到海关指定地点。

步骤二十三:出口报关、货物出运

"出口货物报关单"填写完成后,点"送货"右边的"报关",选择单据"商业发票"、"装箱单"、"出境货物通关单"(不需要出口检验的商品可免附)、"出口收汇核销单"、"出口货物报关单",点"报关"。完成报关后,同时货物自动装船出运。

步骤二十四:出口商到船公司取提单

出口商点"船公司",再点"取回提单",将提单取回,填写说明见表 3.20。

步骤二十五:出口商填"装船通知"

"装船通知"(SHIPPING ADVICE)是出口商向进口商发出货物已于某月某日或将于某月某日装运某船的通知。"装船通知"的作用在于方便买方购买保险或准备提货手续,其内容通常包括货名、装运数量、船名、装船日期、契约或信用证号码等。

添加“SHIPPING ADVICE”表单，填写说明见表3.21，填写完点“保存”。

步骤二十六：发送“装船通知”

填写完成后，点“船公司”，再点“发送装船通知”，将“装船通知”发送给进口商。

步骤二十七：（A）出口商将货物相关单据送进口商；（B）进口商查看“装船通知”

步骤二十八：进口商填“货物运输保险投保单”

凡按FOB和CFR条件成交的进口货物，由进口商负责逐笔办理投保手续。根据进出口合同或信用证规定，在备妥货物并已确定装运日期和运输工具后，按约定的保险险别和保险金额，向保险公司投保。投保时应填制投保单并支付保险费（保险费=保险金额×保险费率），保险公司凭以出具保险单或保险凭证。

投保的日期应不迟于货物装船的日期。投保金额若合同没有明示规定，应按CIF价格加成10%。

添加“货物运输保险投保单”表单，填写说明见表3.16，填写完点“保存”。

步骤二十九：进口商到保险公司办理保险，取得“货物运输保险单”

所需单据“商业发票”和“货物运输保险投保单”。办理完成后，保险公司签发“货物运输保险单”，填写说明见表3.17。

步骤三十：进口商查收单据

步骤三十一：进口商领取并填写“贸易进口付汇核销单”

“贸易进口付汇核销单（代申报单）”（以下简称进口核销单）系指由国家外汇管理局监制、保管和发放，进口单位和银行填写，银行凭以为进口单位办理贸易进口项下的进口售付汇和核销的凭证。每份进口核销单只能凭以办理一笔售付汇手续。根据《国际收支统计申报办法实施细则》，进口核销单既用于贸易项下进口售付汇核销，又用于国际收支申报统计。在填写进口核销单时，应注意各项内容与售付汇情况是否一致，填写说明见表3.4。

步骤三十二：付款

步骤三十三：（A）出口商到银行办理结汇；（B）进口商到船公司换提货单

出口商收取银行发来的可以结汇的通知邮件，到银行办理结汇，在“业务中心”里点“出口地银行”，再点“结汇”，结收货款，同时银行签发“出口收汇核销专用联”，用以出口核销。

进口商点“业务中心”里的“船公司”，再点“换提货单”。

步骤三十四：（A）出口商填“出口收汇核销单送审登记表”；（B）进口商填“入境货物报检单”

“出口收汇核销单送审登记表”是退税单位在办理核销手续时填写交外汇局的，一般都是退税单位自制的格式。

添加“出口收汇核销单送审登记表”表单，填写说明见表3.23，填写完点“保存”。

入境货物报检单所在列各栏必须填写完整、准确、清晰，若填写栏目没有内容，则以斜杠“/”表示，不得留空。

添加“入境货物报检单”表单，填写说明见表3.24，填完点“保存”。

步骤三十五:(A)出口商到外管局办理核销;(B)进口报检

出口商回到“业务中心”,点“外管局”,再点“办理核销”,选中单据“商业发票”、“出口货物报关单”、“出口收汇核销单”、“出口收汇核销专用联”、“出口收汇核销单送审登记表”前的复选框,点“核销”,完成核销手续的办理。同时,外管局盖章后返还出口收汇核销单第三联,用以出口退税。

进口商回到“业务中心”,点“检验机构”,再点“申请报检”,选择单据“销货合同”、“商业发票”、“装箱单”、“提货单”、“入境货物报检单”,点“报检”。报检完成后,检验机构签发“入境货物通关单”,凭以报关。

步骤三十六:(A)出口商到国税局出口退税;(B)进口商填“进口货物报关单”

出口商在外管局办理完核销手续后,到国税局办理出口退税,选中单据“商业发票”、“出口货物报关单”、“出口收汇核销单”(第三联)前的复选框,点“退税”,完成退税手续的办理。

“进口货物报关单”是进口单位向海关提供审核是否合法进口货物的凭据,也是海关据以征税的主要凭证,同时还作为国家法定统计资料的重要来源。进口单位要如实填写,不得虚报、瞒报、拒报和迟报,更不得伪造、篡改。

一般贸易货物进口时,应填写“进口货物报关单”一式两份,并随附一份报关行预录入打印的报关单一份。

添加“进口货物报关单”表单,填写说明见表3.25。填写完成后点“保存”。

步骤三十七:进口商到海关进行进口报关

填写完“进口货物报关单”后,点“业务中心”的“海关”,再点“报关”,选择“销货合同”、“商业发票”、“装箱单”、“提货单”、“入境货物通关单”(不需进口检验的商品可免附)、“进口货物报关单”前的复选框,点“报关”。完成报关后,海关加盖放行章后返还提货单与进口报关单。

步骤三十八:进口商缴税

进口商点“报关”旁的“缴税”,缴纳税款。

步骤三十九:进口商提货

进口商点“缴税”旁的“提货”,领取货物。

步骤四十:填“贸易进口付汇到货核销表”

根据《进口付汇核销监管暂行办法》规定,进口单位应当在有关货物进口报关后一个月内向外汇局办理核销报审手续。

在办理核销报审时,已到货的进口单位应当如实填写“贸易进口付汇到货核销表”;未到货的填写“贸易进口付汇未到货核销表”。

在办理到货报审手续时,必须提供“贸易进口付汇到货核销表”(一式两份,均为打印件并加盖公司章)。

添加“贸易进口付汇到货核销表”表单,填写说明见表3.26,填写完成后点“保存”。

步骤四十一:外管局办理进口付汇核销

填写完“贸易进口付汇到货核销表”回到“业务中心”,点“外管局”,再点“付汇核销”,选择单据“进口付汇核销单”、“进口货物报关单”、“进口付汇到货核销表”前的复选框,点“付汇核销”。

步骤四十二:消费市场销货

点“业务中心”里的“市场”,再点“销货”,选择编号为××××××的产品,点“确定”即可销售货物。至此,该笔交易完成。

七、FOB + D/P 贸易术语履约流程

步骤一:起草外销合同

外销合同(SALES CONFIRMATION)可以由出口商或进口商起草,然后送对方签字确认即可。本处以出口方起草为例。

书面合同主要有两种形式,即正式合同(CONTRACT)和合同确认书(CONFIRMATION)。合同抬头应醒目注明 SALES CONTRACT 或 SALES CONFIRMATION(对销售合同或确认书而言)等字样。

在“业务中心”里点标志为“进口商”的建筑物,在弹出页面中点“起草合同”。输入合同号(可自行设置如 00001),输入对应的进口商编号(如 xyz),再输入办理相关业务的出口地银行编号(如 0002),并勾选选项“设置为主合同”,再点“确定”,弹出合同表单,填写说明见表 3.1。填写完成后点“保存”,再在业务中心点“检查合同”,确认合同填写无误,进入下一步。

步骤二:填写“出口预算表”

出口商在将已起草好的合同送进口商之前,应填制“出口预算表”,否则不能送出合同。“出口预算表”是就该笔合同中可能发生的费用做出预算,以确保能够从该笔合同中获利;当合同完成后,再比照预算表中实际发生的金额,查看计算错误的部分。

点“添加单据”,选中“出口预算表”前的单选钮,点“确定”,然后在“查看单据列表”中点“出口预算表”对应的单据编号,弹出表单,填写说明见表 3.2。

步骤三:合同送进口商

填好“出口预算表”之后,就可以在出口商的业务栏中点“合同送进口商”,请进口商确认。

步骤四:填写进口预算表

进口商在确认合同之前,须就该笔合同中可能发生的费用支出做进口预算,以确保能够从该笔合同中获利;当合同完成后,再比照预算表中实际发生的金额,查看计算错误的部分。

收取出口商要求确认合同的邮件。退出邮件系统,点“业务中心”里“出口商”的建筑物,在弹出画面的左边首先点“切换”,将需要确认的合同设置为主合同;再点“修改合同”,打开合同页面查看相关条款;然后点“添加单据”,选中“进口预算表”前的单选钮,点“确定”,然后在“查看单据列表”中点进口预算表对应的单据编号,弹出表单,填写说明见表 3.3。

步骤五:进口商签字并确认外销合同

在“业务中心”画面中,点“修改合同”,在弹出合同的左下方签字,分别在两行空白栏中填入“公司名称”与“法人名称”,点“保存”;回到“业务中心”画面,点“确认合同”,输入

合同编号(本例中为00001),再输入本地银行编号(如0003),点“确定”,成功确认合同;进口商确认合同后,出口商收取进口商已确认合同的通知邮件。

步骤六:(A)起草国内购销合同(买卖合同);(B)进口商指定船公司

国内买卖合同既可由出口商起草,也可由工厂起草。

在“业务中心”里点标志为“工厂”的建筑物,在弹出页面中点“起草合同”。输入合同号“Order01”,输入对应的工厂编号(如xyz),并勾选选项“设置为主合同”,点“确定”,填写表单,填写说明见表3.8。合同填写完成后点“保存”,再回到“业务中心”画面,点“检查合同”,确认合同填写有无错误。

到“业务中心”进入“船公司”,指定船公司。

步骤七:出口商合同送工厂

出口商确认合同填写无误后,点“合同送工厂”。

步骤八:工厂确认购销合同

以工厂身份登录,在“业务中心”中,点出口商建筑物,点“查看合同”,签字并确认购销合同。

步骤九:工厂组织生产

以工厂身份登录,在“业务中心”点“市场”选中具体产品,点“组织生产”,产品自动进入库存。

步骤十:工厂放货给出口商

以工厂身份登录,在“业务中心”点“放货”。

出口商收取工厂已放货的通知邮件后,点“库存”,可看到所订购的货物已在库存列表中,备货完成。

步骤十一:工厂国税局缴税

以工厂身份登录,在“业务中心”点国税局建筑物,点“缴税”。

步骤十二:出口商填“货物出运委托书”

出口托运是从租船订舱或是委托出运开始的。外贸业务人员应根据信用证规定的最迟装运期及货源和船源情况安排委托出运。一般情况应提前5天左右或更长,以便留出机动时间应付意外情况发生。对此应填具“货物出运委托书”或是其他类似单据,办理委托代理租船订舱事宜。如果外贸公司本身开展托运业务,则需填具海运出口托运单、集装箱托运单等。如果外贸公司本身不办理运输业务,则可委托代理订舱,填具“货物出运委托书”。

添加“货物出运委托书”表单,填写说明见表3.9。

步骤十三:洽订舱位,取得“配舱回单”

指定船公司完成后点“洽订舱位”,选择“20′或40′”的集装箱或“拼箱”,填入装船日期(如“09/06/07”),再点“确定”,订舱完成。系统将自动返回“配舱回单”,填写说明见表3.10。点标志为“进口商”的建筑物里的“查看单据列表”,可查看“配舱回单”的内容。

步骤十四:填“出口货物报检单”、“商业发票”、“装箱单”

报检单是报检人根据有关法律、行政法规或合同约定申请检验检疫机构对其某种货物实施检验检疫、鉴定意愿的书面凭证,它表明了申请人正式向检验检疫机构申请检验检疫、鉴定，以取得该批货物合法出口的合法凭证。报检单同时也是检验检疫机构对出入境货物实施检验检疫、起动检验检疫程序的依据。

交易商品是否需要出口检验，可凭商品的海关编码进行查询，查询方法在淘金网的“税率查询”页，输入商品的海关编码进行查询，可查到相对应的监管条件，点击代码符号，各代码的意义均在其中列明。若适用规定为必须申请出口检验取得出境货物通关单者，则应依规定办理。

添加“出境货物报检单”，填写说明见表3.11，填写完成后点“保存”。

“商业发票”又称为发票，是出口贸易结算单据中最重要的单据之一，所有其他单据都应以它为中心来缮制。因此，在制单顺序上，往往首先缮制商业发票。“商业发票”是卖方对装运货物的全面情况(品质、数量、价格，有时还有包装)详细列述的一种货款价目的清单。它常常是卖方陈述、申明、证明和提示某些事宜的书面文件。一般来说，发票无正副本之分，来证要求几份，制单时在此基础之上多制一份供议付行使用，如需正本，加打“ORIGIN”。

添加“商业发票”表单，填写说明见表3.12，填写完点“保存”。

“装箱单”是发票的补充单据，它列明了信用证(或合同)中买卖双方约定的有关包装事宜的细节，便于国外买方在货物到达目的港时供海关检查和核对货物，通常可以将其有关内容加列在“商业发票”上。

添加“装箱单”表单，填写说明见表3.13，填写完点“保存”。

步骤十五：去检验机构申请报检

出口商回到“业务中心”，点“检验机构”，再点“申请报检”，选择单据“销货合同”、“信用证”、“商业发票”、“装箱单”、“出境货物报检单”，点“报检”。报检完成后，检验机构给发“出境货物通关单”及出口商申请签发的相应检验证书。

步骤十六：出口商填写“产地证明书”

产地证明书简称产地证，是证明货物原产地或制造地的证明文件，主要供进口国海关采取不同的国别政策和国别待遇。在不用海关发票或领事发票的国家，要求提供产地证明，以便确定对货物征收的税率。产地证明书包括“原产地证明书”和“普惠制产地证明书”，一般由出口地的公证行或工商团体签发，可由中国出入境检验检疫局或贸促会签发。至于产地证由谁出具或者出具何种产地证，应按信用证规定来办理。

以“原产地证明书”为例。添加“原产地证明书”表单，填写说明见表3.15，填写完点“保存”。

“普惠制产地证明书”又称G.S.P证书、FORM A证书。“普惠制产地证明书”是发展中国家向发达国家出口货物，按照联合国贸发会议规定的统一格式而填制的一种证明货物原产地的文件，又是给惠国(进口国)给予优惠关税待遇或免税的凭证。凡享受普惠制规定的关税减免者，必须提供普惠制产地证明书。

FORM A要向各地检验机构购买，需用时由出口公司缮打，连同一份申请书和商业发票送商检局，经商检局核对签章后即成为有效单据。一套FORM A中有一份正本、两份副本，副本仅供寄单参考和留存之用，正本是可以议付的单据。

以“普惠制产地证明书”为例。添加“普惠制产地证明书”表单，填写说明见表3.15，填写完点“保存”。

步骤十七:到相关机构申请产地证

回到“业务中心”,点“检验机构”,再点“申请产地证”,选择产地证类型为“原产地证明书”或“普惠制产地证明书”,点“确定”,完成产地证的申请。

步骤十八:出口商外管局申领并填写“出口收汇核销单”

“出口收汇核销单”简称核销单,系指由国家外汇管理局制发、出口单位和受托行及解付行填写,海关凭以受理报关,外汇管理部门凭以核销收汇的有顺序编号的凭证。

出口单位应到当地外汇管理部门申领经外汇管理部门加盖“监督收汇”章的核销单。在货物报关时,出口单位必须向海关出示有关核销单,凭有核销单编号的报关单办理报关手续,否则海关不予受理报关。

出口商点“外管局”,再点“申领核销单”,即从外管局取得“出口收汇核销单”,再到单据列表中进行填写,填写说明见表3.18,填写完点“保存”。

步骤十九:凭“出口收汇核销单”到“海关”办理核销单的口岸备案

出口商到“业务中心”,点“海关”,再点“备案”,即凭填好的“出口收汇核销单”办理备案。

步骤二十:填“出口货物报关单”

“出口货物报关单”是出口商向海关申报出口的重要单据,也是海关直接监督出口行为、核准货物放行及对出口货物汇总统计的原始资料,直接决定了出口外销活动的合法性。“出口货物报关单”由中华人民共和国海关统一印制。

添加“出口货物报关单”表单,填写说明见表3.19,填写完点“保存”。

步骤二十一:送货到海关

点“海关”,再点“备案”右边的“送货”,将货物送到海关指定地点。

步骤二十二:出口报关、货物出运

“出口货物报关单”填写完成后,点“送货”右边的“报关”,选择单据“商业发票”、“装箱单”、“出境货物通关单”(不需要出口检验的商品可免附)、“出口收汇核销单”、“出口货物报关单”,点“报关”。完成报关后,同时货物自动装船出运。

步骤二十三:船公司取提单

出口商点“船公司”,再点“取回提单”,将提单取回,填写说明见表3.20。

步骤二十四:出口商填“装船通知”

“装船通知”(SHIPPING ADVICE)是出口商向进口商发出货物已于某月某日或将于某月某日装运某船的通知。“装船通知”的作用在于方便买方购买保险或准备提货手续,其内容通常包括货名、装运数量、船名、装船日期、契约或信用证号码等。

添加“SHIPPING ADVICE”表单,填写说明见表3.21,填写完点“保存”。

步骤二十五:发送“装船通知”

填写完成后,点“船公司”,再点“发送装船通知”,将“装船通知”发送给进口商。

步骤二十六:(A)填“汇票”(B)进口商查看“装船通知”

“汇票”简称B/E,是出票人签发的,要求受票人在见票时或在指定的日期无条件支付一定金额给其指定的受款人的书面命令。

“汇票”名称一般使用 BILL OF EXCHANGE、EXCHANGE、DRAFT，一般已印妥，但英国的票据法没有汇票必须注名称的规定。

“汇票”一般为一式两份，第一联、第二联在法律上无区别。其中一联生效则另一联自动作废。港澳地区一次寄单可只出一联。为防止单据可能在邮寄途中遗失造成的麻烦，一般远洋单据都按两次邮寄。添加“汇票”表单，填写说明见表 3.22，填写完点“保存”。

步骤二十七：(A)出口地银行交单托收；(B)进口商填写“货物运输保险投保单”

凡按 FOB 和 CFR 条件成交的进口货物，由进口商负责逐笔办理投保手续。根据进出口合同或信用证规定，在备妥货物并已确定装运日期和运输工具后，按约定的保险险别和保险金额，向保险公司投保。投保时应填制投保单并支付保险费（保险费 = 保险金额 × 保险费率），保险公司凭以出具保险单或保险凭证。

投保的日期应不迟于货物装船的日期。投保金额若合同没有明示规定，应按 CIF 价格加成 10%。

添加“货物运输保险投保单”表单，填写说明见表 3.16，填写完点“保存”。

步骤二十八：(A)出口地银行审单；(B)进口商保险公司办理保险，取得“货物运输保险单”

所需单据“商业发票”和“货物运输保险投保单”。办理完成后，保险公司签发“货物运输保险单”，填写说明见表 3.17。

步骤二十九：出口地银行送单据到进口地银行

步骤三十：进口地银行审单

步骤三十一：进口地银行通知进口商取单

步骤三十二：到银行领取并填写“贸易进口付汇核销单”

“贸易进口付汇核销单（代申报单）”（以下简称进口核销单）系指由国家外汇管理局监制、保管和发放，进口单位和银行填写，银行凭以为进口单位办理贸易进口项下的进口售付汇和核销的凭证。每份进口核销单只能凭以办理一笔售付汇手续。根据《国际收支统计申报办法实施细则》，进口核销单既用于贸易项下进口售付汇核销，又用于国际收支申报统计。在填写进口核销单时，应注意各项内容与售付汇情况是否一致，填写说明见图四。

步骤三十三：进口商到银行付款

步骤三十四：(A)出口商到银行办理结汇；(B)进口商取回单据

出口商收取银行发来的可以结汇的通知邮件，到银行办理结汇，在“业务中心”里点“出口地银行”，再点“结汇”，结收货款，同时银行签发“出口收汇核销专用联”，用以出口核销。

步骤三十五：(A)出口商填“出口收汇核销单送审登记表”；(B)进口商到船公司换“提货单”

“出口收汇核销单送审登记表”是退税单位在办理核销手续时填写交外汇局的，一般都是退税单位自制的格式。

添加“出口收汇核销单送审登记表”表单，填写说明见表 3.23，填写完点“保存”。

进口商点"业务中心"里的"船公司",再点"换提货单"。

步骤三十六:(A)出口商到外管局办理核销(B)填"入境货物报检单"

出口商回到"业务中心",点"外管局",再点"办理核销",选中单据"商业发票"、"出口货物报关单"、"出口收汇核销单"、"出口收汇核销专用联"、"出口收汇核销单送审登记表"前的复选框,点"核销",完成核销手续的办理。同时外管局盖章后返还出口收汇核销单第三联,用以出口退税。

入境货物报检单所在列各栏必须填写完整、准确、清晰,若填写栏目没有内容,则以斜杠"/"表示,不得留空。

添加"入境货物报检单"表单,填写说明见表 3.24,填写完成后点"保存"。

步骤三十七:(A)出口商到国税局出口退税;(B)进口商进口报检

出口商在外管局办理完核销手续后,到国税局办理出口退税,选中单据"商业发票"、"出口货物报关单"、"出口收汇核销单"(第三联)前的复选框,点"退税",完成退税手续的办理。

进口商回到"业务中心",点"检验机构",再点"申请报检",选择单据"销货合同"、"商业发票"、"装箱单"、"提货单"、"入境货物报检单",点"报检"。报检完成后,检验机构签发"入境货物通关单",凭以报关。

步骤三十八:进口商填"进口货物报关单"

"进口货物报关单"是进口单位向海关提供审核是否合法进口货物的凭据,也是海关据以征税的主要凭证,同时还作为国家法定统计资料的重要来源。进口单位要如实填写,不得虚报、瞒报、拒报和迟报,更不得伪造、篡改。

一般贸易货物进口时,应填写"进口货物报关单"一式两份,并随附一份报关行预录入打印的报关单一份。

添加"进口货物报关单"表单,填写说明见表 3.25,填写完成后点"保存"。

步骤三十九:进口商到海关进行进口报关

填写完"进口货物报关单"后,点"业务中心"的"海关",再点"报关",选择"销货合同"、"商业发票"、"装箱单"、"提货单"、"入境货物通关单"(不需进口检验的商品可免附)、"进口货物报关单"前的复选框,点"报关"。完成报关后,海关加盖放行章后返还提货单与进口报关单。

步骤四十:进口商缴税

进口商点"报关"旁的"缴税",缴纳税款。

步骤四十一:进口商提货

进口商点"缴税"旁的"提货",领取货物。

步骤四十二:填"贸易进口付汇到货核销表"

根据《进口付汇核销监管暂行办法》规定,进口单位应当在有关货物进口报关后一个月内向外汇局办理核销报审手续。

在办理核销报审时,已到货的进口单位应当如实填写"贸易进口付汇到货核销表";未到货的填写"贸易进口付汇未到货核销表"。

在办理到货报审手续时,必须提供"贸易进口付汇到货核销表"(一式两份,均为打印件并加盖公司章)。

添加“贸易进口付汇到货核销表”表单,填写说明见表3.26,填写完成后点“保存”。

步骤四十三:外管局办理进口付汇核销

填写完“贸易进口付汇到货核销表”回到“业务中心”,点“外管局”,再点“付汇核销”,选择单据“进口付汇核销单”、“进口货物报关单”、“进口付汇到货核销表”前的复选框,点“付汇核销”。

步骤四十四:消费市场销货

点“业务中心”里的“市场”,再点“销货”,选择编号为××××××的产品,点“确定”即可销售货物。至此,该笔交易完成。

八、CIF + D/P 贸易术语履约流程

步骤一:起草外销合同

外销合同(SALES CONFIRMATION)可以由出口商或进口商起草,然后送对方签字确认即可。本处以出口方起草为例。

书面合同主要有两种形式,即正式合同(CONTRACT)和合同确认书(CONFIRMATION)。合同抬头应醒目注明 SALES CONTRACT 或 SALES CONFIRMATION(对销售合同或确认书而言)等字样。

在“业务中心”里点标志为“进口商”的建筑物,在弹出页面中点“起草合同”。输入合同号(可自行设置如00001),输入对应的进口商编号(如 xyz),再输入办理相关业务的出口地银行编号(如0002),并勾选选项“设置为主合同”,再点“确定”,弹出合同表单,填写说明见表3.1。填写完成后点“保存”,再在业务中心点“检查合同”,确认合同填写无误,进入下一步。

步骤二:填写“出口预算表”

出口商在将已起草好的合同送进口商之前,应填制“出口预算表”,否则不能送出合同。“出口预算表”是就该笔合同中可能发生的费用做出预算,以确保能够从该笔合同中获利;当合同完成后,再比照预算表中实际发生的金额,查看计算错误的部分。

点“添加单据”,选中“出口预算表”前的单选钮,点“确定”,然后在“查看单据列表”中点“出口预算表”对应的单据编号(以后添加单据都用此方法),弹出表单,填写说明见表3.2。

步骤三:合同送进口商

填好“出口预算表”之后,就可以在出口商的业务栏中点“合同送进口商”,请进口商确认。

步骤四:填写“进口预算表”

进口商在确认合同之前,须就该笔合同中可能发生的费用支出做进口预算,以确保能够从该笔合同中获利;当合同完成后,再比照预算表中实际发生的金额,查看计算错误的部分。

收取出口商要求确认合同的邮件。退出邮件系统,点“业务中心”里“出口商”的建筑物,在弹出画面的左边首先点“切换”,将需要确认的合同设置为主合同;再点“修改合

同”,打开合同页面查看相关条款;然后点“添加单据”,选中“进口预算表”前的单选钮,点“确定”,然后在“查看单据列表”中点“进口预算表”对应的单据编号,弹出表单,填写说明见表3.3,填写完成后点“保存”。

步骤五:进口商签字并确认外销合同

在“业务中心”画面中,点“修改合同”,在弹出合同的左下方签字,分别在两行空白栏中填入“公司名称”与“法人名称”,点“保存”;回到“业务中心”画面,点“确认合同”,输入合同编号(本例中为00001),再输入本地银行编号(如0003),点“确定”,成功确认合同。进口商确认合同后,出口商收取进口商已确认合同的通知邮件。

步骤六:起草国内购销合同(买卖合同)

国内买卖合同既可由出口商起草,也可由工厂起草。

在“业务中心”里点标志为“工厂”的建筑物,在弹出页面中点“起草合同”。输入合同号“Order01”,输入对应的工厂编号(如xyz),并勾选选项“设置为主合同”,点“确定”,填写表单,填写说明见表3.8。合同填写完成后点“保存”,再回到“业务中心”画面,点“检查合同”,确认合同填写有无错误。

步骤七:出口商合同送工厂

出口商确认合同填写无误后,点“合同送工厂”。

步骤八:工厂确认购销合同

以工厂身份登录,在“业务中心”中,点出口商建筑物,点“查看合同”,签字并确认购销合同。

步骤九:工厂组织生产

以工厂身份登录,在“业务中心”点“市场”选中具体产品,点“组织生产”,产品自动进入库存。

步骤十:工厂放货给出口商

以工厂身份登录,在“业务中心”点“放货”。

出口商收取工厂已放货的通知邮件后,点“库存”,可看到所订购的货物已在库存列表中,备货完成。

步骤十一:工厂国税局缴税

以工厂身份登录,在“业务中心”点国税局建筑物,点“缴税”。

步骤十二:出口商填“货物出运委托书”

出口托运是从租船订舱或是委托出运开始的。外贸业务人员应根据信用证规定的最迟装运期及货源和船源情况安排委托出运。一般情况应提前5天左右或更长,以便留出机动时间应付意外情况发生。对此应填具“货物出运委托书”或是其他类似单据,办理委托代理租船订舱事宜。如果外贸公司本身开展托运业务,则需填具海运出口托运单、集装箱托运单等。如果外贸公司本身不办理运输业务,则可委托代理订舱,填具“货物出运委托书”。

添加“货物出运委托书”表单,填写说明见表3.9。

步骤十三:指定船公司

到“业务中心”进入“船公司”,指定船公司。

步骤十四:洽订舱位,取得“配舱回单”

指定船公司完成后点“洽订舱位”,选择“20′或40′”的集装箱或“拼箱”,填入装船日期(如“09/06/07”),再点“确定”,订舱完成。系统将自动返回“配舱回单”,填写说明见表3.10。点标志为“进口商”的建筑物里的“查看单据列表”,可查看“配舱回单”的内容。

步骤十五:填“出口货物报检单”、“商业发票”、“装箱单”

报检单是报检人根据有关法律、行政法规或合同约定申请检验检疫机构对其某种货物实施检验检疫、鉴定意愿的书面凭证,它表明了申请人正式向检验检疫机构申请检验检疫、鉴定,以取得该批货物合法出口的合法凭证。报检单同时也是检验检疫机构对出入境货物实施检验检疫、起动检验检疫程序的依据。

交易商品是否需要出口检验,可凭商品的海关编码进行查询,查询方法在淘金网的“税率查询”页,输入商品的海关编码进行查询,可查到相对应的监管条件,点击代码符号,各代码的意义均在其中列明。若适用规定为必须申请出口检验取得出境货物通关单者,则应依规定办理。

添加“出境货物报检单”,填写说明见表3.11,填写完成后点“保存”。

“商业发票”又称为发票,是出口贸易结算单据中最重要的单据之一,所有其他单据都应以它为中心来缮制。因此,在制单顺序上,往往首先缮制商业发票。“商业发票”是卖方对装运货物的全面情况(品质、数量、价格,有时还有包装)详细列述的一种货款价目的清单。它常常是卖方陈述、申明、证明和提示某些事宜的书面文件。一般来说,发票无正副本之分,来证要求几份,制单时在此基础之上多制一份供议付行使用,如需正本,加打“ORIGIN”。

添加“ 商业发票”表单,填写说明见表3.12,填写完点“保存”。

“装箱单”是发票的补充单据,它列明了信用证(或合同)中买卖双方约定的有关包装事宜的细节,便于国外买方在货物到达目的港时供海关检查和核对货物,通常可以将其有关内容加列在“商业发票”上。

添加“装箱单”表单,填写说明见表3.13,填写完点“保存”。

步骤十六:出口商去检验机构申请报检

出口商回到“业务中心”,点“检验机构”,再点“申请报检”,选择单据“销货合同”、“信用证”、“商业发票”、“装箱单”、“出境货物报检单”,点“报检”。报检完成后,检验机构给发“出境货物通关单”及出口商申请签发的相应检验证书。

步骤十七:出口商填写“产地证明书”

产地证明书简称产地证,是证明货物原产地或制造地的证明文件,主要供进口国海关采取不同的国别政策和国别待遇。在不用海关发票或领事发票的国家,要求提供产地证明,以便确定对货物征收的税率。产地证明书包括“原产地证明书”和“普惠制产地证明书”,一般由出口地的公证行或工商团体签发,可由中国出入境检验检疫局或贸促会签发。至于产地证由谁出具或者出具何种产地证,应按信用证规定来办理。

以“原产地证明书”为例。添加“原产地证明书”表单,填写说明见表3.14,填写完点“保存”。

“普惠制产地证明书”又称G.S.P证书、FORM A证书。“普惠制产地证明书”是发展中国家向发达国家出口货物,按照联合国贸发会议规定的统一格式而填制的一种证明货物原产地的文件,又是给惠国(进口国)给予优惠关税待遇或免税的凭证。凡享受普惠制规定的关税减免者,必须提供普惠制产地证明书。

FORM A 要向各地检验机构购买,需用时由出口公司缮打,连同一份申请书和商业发票送商检局,经商检局核对签章后即成为有效单据。一套 FORM A 中有一份正本、两份副本,副本仅供寄单参考和留存之用,正本是可以议付的单据。

以"普惠制产地证明书"为例。添加"普惠制产地证明书"表单,填写说明见表 3.15,填写完点"保存"。

步骤十八:到相关机构申请产地证

回到"业务中心",点"检验机构",再点"申请产地证",选择产地证类型为"原产地证明书"或"普惠制产地证明书",点"确定",完成产地证的申请。

步骤十九:出口商填"货物运输保险投保单"

凡按 CIF 条件成交的出口货物,由出口商负责逐笔办理投保手续。根据进出口合同或信用证规定,在备妥货物并已确定装运日期和运输工具后,按约定的保险险别和保险金额,向保险公司投保。投保时应填制投保单并支付保险费(保险费 = 保险金额 × 保险费率),保险公司凭以出具保险单或保险凭证。

投保的日期应不迟于货物装船的日期。投保金额若合同没有明确规定,应按 CIF 价格加成 10%。

添加"货物运输保险投保单"表单,填写说明见表 3.16,填写完点"保存"。

步骤二十:出口商到保险公司办理保险,取得"货物运输保险单"

所需单据"商业发票"和"货物运输保险投保单"。办理完成后,保险公司签发"货物运输保险单",填写说明见表 3.17。

步骤二十一:外管局申领并填写"出口收汇核销单"

"出口收汇核销单"简称核销单,系指由国家外汇管理局制发、出口单位和受托行及解付行填写,海关凭以受理报关,外汇管理部门凭以核销收汇的有顺序编号的凭证。

出口单位应到当地外汇管理部门申领经外汇管理部门加盖"监督收汇"章的核销单。在货物报关时,出口单位必须向海关出示有关核销单,凭有核销单编号的报关单办理报关手续,否则海关不予受理报关。

出口商点"外管局",再点"申领核销单",即从外管局取得"出口收汇核销单",再到单据列表中进行填写,填写说明见表 3.18,填写完点"保存"。

步骤二十二:凭"出口收汇核销单"到"海关"办理核销单的口岸备案

出口商到"业务中心",点"海关",再点"备案",即可凭填好的"出口收汇核销单"办理备案。

步骤二十三:出口商填"出口货物报关单"

"出口货物报关单"是出口商向海关申报出口的重要单据,也是海关直接监督出口行为、核准货物放行及对出口货物汇总统计的原始资料,直接决定了出口外销活动的合法性。出口货物报关单由中华人民共和国海关统一印制。

添加"出口货物报关单"表单,填写说明见表 3.19,填写完点"保存"

步骤二十四:送货到海关

点“海关”,再点“备案”右边的“送货”,将货物送到海关指定地点。

步骤二十五:出口报关、货物出运

“出口货物报关单”填写完成后,点“送货”右边的“报关”,选择单据“商业发票”、“装箱单”、“出境货物通关单”(不需要出口检验的商品可免附)、“出口收汇核销单”、“出口货物报关单”,点“报关”。完成报关后,同时货物自动装船出运。

步骤二十六:出口商到船公司取提单

出口商点“船公司”,再点“取回提单”,将提单取回,填写说明见表3.20。

步骤二十七:出口商填“装船通知”

“装船通知”(SHIPPING ADVICE)是出口商向进口商发出货物已于某月某日或将于某月某日装运某船的通知。“装船通知”的作用在于方便买方购买保险或准备提货手续,其内容通常包括货名、装运数量、船名、装船日期、契约或信用证号码等。

添加“SHIPPING ADVICE”表单,填写说明见表3.21,填写完点“保存”。

步骤二十八:发送“装船通知”

填完后,点“船公司”,再点“发送装船通知”,将“装船通知”发送给进口商。

步骤二十九:(A)填“汇票”;(B)进口商查看“装船通知”

“汇票”简称B/E,是出票人签发的,要求受票人在见票时或在指定的日期无条件支付一定金额给其指定的受款人的书面命令。

“汇票”名称一般使用BILL OF EXCHANGE、EXCHANGE、DRAFT,一般已印妥,但英国的票据法没有汇票必须注名称的规定。

“汇票”一般为一式两份,第一联、第二联在法律上无区别,其中一联生效则另一联自动作废。港澳地区一次寄单可只出一联。为防止单据可能在邮寄途中遗失造成的麻烦,一般远洋单据都按两次邮寄。

添加“汇票”表单,填写说明见表3.22,填写完点“保存”。

步骤三十:出口商向出口地银行交单托收

步骤三十一:出口地银行审单

步骤三十二:出口地银行送单据到进口地银行

步骤三十三:进口地银行审单

步骤三十四:进口地银行通知进口商取单

步骤三十五:进口商到银行领取并填写“贸易进口付汇核销单”

“贸易进口付汇核销单(代申报单)”(以下简称进口核销单)系指由国家外汇管理局监制、保管和发放,进口单位和银行填写,银行凭以为进口单位办理贸易进口项下的进口售付汇和核销的凭证。每份进口核销单只能凭以办理一笔售付汇手续。

根据《国际收支统计申报办法实施细则》,进口核销单既用于贸易项下进口售付汇核销,又用于国际收支申报统计。在填写进口核销单时,应注意各项内容与售付汇情况是否一致,填写说明见表3.4。

步骤三十六:进口商到银行付款

步骤三十七:(A)出口商到银行办理结汇;(B)进口商取回单据

出口商收取银行发来的可以结汇的通知邮件,到银行办理结汇,在"业务中心"里点"出口地银行",再点"结汇",结收货款,同时银行签发"出口收汇核销专用联",用以出口核销。

步骤三十八:(A)出口商填"出口收汇核销单送审登记表";(B)进口商到船公司换"提货单"

"出口收汇核销单送审登记表"是退税单位在办理核销手续时填写交外汇局的,一般都是退税单位自制的格式。添加"出口收汇核销单送审登记表"表单,填写说明见表3.23,填写完点"保存"。

进口商点"业务中心"里的"船公司",再点"换提货单"。

步骤三十九:(A)出口商到外管局办理核销;(B)进口商填"入境货物报检单"

出口商回到"业务中心",点"外管局",再点"办理核销",选中单据"商业发票"、"出口货物报关单"、"出口收汇核销单"、"出口收汇核销专用联"、"出口收汇核销单送审登记表"前的复选框,点"核销",完成核销手续的办理。同时,外管局盖章后返还出口收汇核销单第三联,用以出口退税。

入境货物报检单所在列各栏必须填写完整、准确、清晰,若填写栏目没有内容,则以斜杠"/"表示,不得留空。

添加"入境货物报检单"表单,填写说明见表3.24。填写完成后点"保存"。

步骤四十:(A)出口商到国税局出口退税;(B)进口商进口报检

出口商在外管局办理完核销手续后,到国税局办理出口退税,选中单据"商业发票"、"出口货物报关单"、"出口收汇核销单"(第三联)前的复选框,点"退税",完成退税手续的办理。

进口商回到"业务中心",点"检验机构",再点"申请报检",选择单据"销货合同"、"商业发票"、"装箱单"、"提货单"、"入境货物报检单",点"报检"。报检完成后,检验机构签发"入境货物通关单",凭以报关。

步骤四十一:进口商填"进口货物报关单"

"进口货物报关单"是进口单位向海关提供审核是否合法进口货物的凭据,也是海关据以征税的主要凭证,同时还作为国家法定统计资料的重要来源。进口单位要如实填写,不得虚报、瞒报、拒报和迟报,更不得伪造、篡改。

一般贸易货物进口时,应填写"进口货物报关单"一式两份,并随附一份报关行预录入打印的报关单一份。

添加"进口货物报关单"表单,填写说明见表3.25,填写完成后点"保存"。

步骤四十二:进口商到海关进行进口报关

填写完成"进口货物报关单"后,点"业务中心"的"海关",再点"报关",选择"销货合同"、"商业发票"、"装箱单"、"提货单"、"入境货物通关单"(不需进口检验的商品可免附)、"进口货物报关单"前的复选框,点"报关"。完成报关后,海关加盖放行章后返还提货单与进口报关单。

步骤四十三:进口商缴税

进口商点“报关”旁的“缴税”,缴纳税款。

步骤四十四:进口商提货

进口商再点“缴税”旁的“提货”,领取货物。

步骤四十五:进口商填“贸易进口付汇到货核销表”

根据《进口付汇核销监管暂行办法》规定,进口单位应当在有关货物进口报关后一个月内向外汇局办理核销报审手续。

在办理核销报审时,已到货的进口单位应当如实填写“贸易进口付汇到货核销表”;未到货的填写“贸易进口付汇未到货核销表”。

在办理到货报审手续时,必须提供“贸易进口付汇到货核销表”(一式两份,均为打印件并加盖公司章)。

添加“贸易进口付汇到货核销表”表单,填写说明见表3.26,填写完成后点“保存”。

步骤四十六:进口商到外管局办理进口付汇核销

填写完“进口付汇到货核销单”回到“业务中心”,点“外管局”,再点“付汇核销”,选择单据“进口付汇核销单”、“进口货物报关单”、“进口付汇到货核销表”前的复选框,点“付汇核销”。

步骤四十七:进口商消费市场销货

点“业务中心”里的“市场”,再点“销货”,选择编号为××××××的产品,点“确定”即可销售货物。至此,该笔交易完成。

九、CFR + D/P 贸易术语履约流程

步骤一:起草外销合同

外销合同(SALES CONFIRMATION)可以由出口商或进口商起草,然后送对方签字确认即可。本处以出口方起草为例。

书面合同主要有两种形式,即正式合同(CONTRACT)和合同确认书(CONFIRMATION)。合同抬头应醒目注明 SALES CONTRACT 或 SALES CONFIRMATION(对销售合同或确认书而言)等字样。

在“业务中心”里点标志为“进口商”的建筑物,在弹出页面中点“起草合同”。输入合同号(可自行设置如00001),输入对应的进口商编号(如xyz),再输入办理相关业务的出口地银行编号(如0002),并勾选选项“设置为主合同”,再点“确定”,弹出合同表单,填写说明见表3.1。

填写完成后点“保存”,再在“业务中心”画面中点“检查合同”,确认合同填写无误,进入下一步。

步骤二:填写“出口预算表”

出口商在将已起草好的合同送进口商之前,应填制“出口预算表”,否则不能送出合同。“出口预算表”是就该笔合同中可能发生的费用做出预算,以确保能够从该笔合同中获利;当合同完成后,再比照预算表中实际发生的金额,查看计算错误的部分。

点“添加单据”,选中“出口预算表”前的单选钮,点“确定”,然后在“查看单据列表”

中点“出口预算表”对应的单据编号(以后添加单据都用此方法),弹出表单,填写说明见表3.2。

步骤三:合同送进口商

填好“出口预算表”之后,就可以在出口商的业务栏中点“合同送进口商”,请进口商确认。

步骤四:填写“进口预算表”

进口商在确认合同之前,须就该笔合同中可能发生的费用支出做进口预算,以确保能够从该笔合同中获利;当合同完成后,再比照预算表中实际发生的金额,查看计算错误的部分。

收取出口商要求确认合同的邮件;退出邮件系统,点“业务中心”里“出口商”的建筑物,在弹出画面的左边首先点“切换”,将需要确认的合同设置为主合同;再点“修改合同”,打开合同页面查看相关条款;然后点“添加单据”,选中“进口预算表”前的单选钮,点“确定”,再在“查看单据列表”中点“进口预算表”对应的单据编号,弹出表单,填写说明见表3.3,填写完点“保存”。

步骤五:进口商签字并确认外销合同

在“业务中心”画面中,点“修改合同”,在弹出合同的左下方签字,分别在两行空白栏中填入“公司名称”与“法人名称”,点“保存”;回到“业务中心”画面,点“确认合同”,输入合同编号(本例中为00001),再输入本地银行编号(如0003),点“确定”,成功确认合同;进口商确认合同后,出口商收取进口商已确认合同的通知邮件。

步骤六:起草国内购销合同(买卖合同)

国内买卖合同既可由出口商起草,也可由工厂起草。

在“业务中心”里点标志为“工厂”的建筑物,在弹出页面中点“起草合同”。输入合同号“Order01”,输入对应的工厂编号(如xyz),并勾选选项“设置为主合同”,点“确定”,填写表单,填写说明见表3.8。合同填写完成后点“保存”,再回到“业务中心”画面,点“检查合同”,确认合同填写有无失误。

步骤七:出口商合同送工厂

出口商确认合同填写无误后,点“合同送工厂”。

步骤八:工厂确认购销合同

以工厂身份登录,在“业务中心”中,点出口商建筑物,点查看合同,签字并确认购销合同。

步骤九:工厂组织生产

以工厂身份登录,在“业务中心”点市场建筑物,选定具体产品,点“组织生产”,产品自动进入“库存”。

步骤十:工厂放货给出口商

以工厂身份登录,在“业务中心”点“放货”。

出口商收取工厂已放货的通知邮件后,点“库存”,可看到所订购的货物已在库存列表中,备货完成。

步骤十一:工厂国税局缴税

以工厂身份登录,在"业务中心"点国税局建筑物,点"缴税"。

步骤十二:出口商填"货物出运委托书"

出口托运是从租船订舱或是委托出运开始的。外贸业务人员应根据信用证规定的最迟装运期及货源和船源情况安排委托出运。一般情况应提前5天左右或更长,以便留出机动时间应付意外情况发生。对此应填具"货物出运委托书"或是其他类似单据,办理委托代理租船订舱事宜。如果外贸公司本身开展托运业务,则需填具海运出口托运单、集装箱托运单等。如果外贸公司本身不办理运输业务,则可委托代理订舱,填具"货物出运委托书"。

添加"货物出运委托书"表单,填写说明见表3.9。

步骤十三:指定船公司

到"业务中心"进入"船公司",指定船公司。

步骤十四:洽订舱位,取得"配舱回单"

指定船公司完成后再点"洽订舱位",选择"20′或40′"的集装箱或"拼箱",填入装船日期,如"09/06/07",再点"确定",订舱完成。系统将自动返回"配舱回单",填写说明见表3.10。点标志为"进口商"的建筑物里的"查看单据列表",可查看"配舱回单"的内容。

步骤十五:填"出境货物报检单"、"商业发票"、"装箱单"

报检单是报检人根据有关法律、行政法规或合同约定申请检验检疫机构对其某种货物实施检验检疫、鉴定意愿的书面凭证,它表明了申请人正式向检验检疫机构申请检验检疫、鉴定,以取得该批货物合法出口的合法凭证。报检单同时也是检验检疫机构对出入境货物实施检验、检疫起动检验检疫程序的依据。

交易商品是否需要出口检验,可凭商品的海关编码进行查询,查询方法在淘金网的"税率查询"页,输入商品的海关编码进行查询,可查到相对应的监管条件,点击代码符号,各代码的意义均在其中列明。若适用规定为必须申请出口检验取得出境货物通关单者,则应依规定办理。

添加"出境货物报检单",填写说明见表3.11,填写完成后点"保存"。

"商业发票"又称为发票,是出口贸易结算单据中最重要的单据之一,所有其他单据都应以它为中心来缮制。因此,在制单顺序上,往往首先缮制商业发票。"商业发票"是卖方对装运货物的全面情况(品质、数量、价格,有时还有包装)详细列述的一种货款价目的清单。它常常是卖方陈述、申明、证明和提示某些事宜的书面文件;一般来说,发票无正副本之分,来证要求几份,制单时在此基础之上多制一份供议付行使用,如需正本,加打"ORIGIN"。

添加"商业发票"表单,填写说明见表3.12,填写完点"保存"。

"装箱单"是发票的补充单据,它列明了信用证(或合同)中买卖双方约定的有关包装事宜的细节,便于国外买方在货物到达目的港时供海关检查和核对货物,通常可以将其有关内容加列在商业发票上。

添加"装箱单"表单,填写说明见表3.13,填写完点"保存"。

步骤十六:出口商去检验机构申请报检

出口商回到“业务中心”,点“检验机构”,再点“申请报检”,选择单据“销货合同”、“信用证”、“商业发票”、“装箱单”、“出境货物报检单”,点“报检”。报检完成后,检验机构给发“出境货物通关单”及出口商申请签发的相应检验证书。

步骤十七:出口商填写“产地证明书”

产地证明书简称产地证,是证明货物原产地或制造地的证明文件,主要供进口国海关采取不同的国别政策和国别待遇。在不用海关发票或领事发票的国家,要求提供产地证明,以便确定对货物征收的税率。产地证明书包括“原产地证明书”和“普惠制产地证明书”,一般由出口地的公证行或工商团体签发,可由中国出入境检验检疫局或贸促会签发。至于产地证由谁出具或者出具何种产地证,应按信用证规定来办理。

以“原产地证明书”为例。添加“原产地证明书”表单,填写说明见表 3.14,填写完点“保存”。

“普惠制产地证明书”又称 G.S.P 证书或 FORM A 证书。“普惠制产地证明书”是发展中国家向发达国家出口货物,按照联合国贸发会议规定的统一格式而填制的一种证明货物原产地的文件,又是给惠国(进口国)给予优惠关税待遇或免税的凭证。凡享受普惠制规定的关税减免者,必须提供普惠制产地证明书。

FORM A 要向各地检验机构购买,需用时由出口公司缮打,连同一份申请书和商业发票送商检局,经商检局核对签章后即成为有效单据。一套 FORM A 中有一份正本、两份副本,副本仅供寄单参考和留存之用,正本是可以议付的单据。

以“普惠制产地证明书”为例。添加“普惠制产地证明书”表单,填写说明见表 3.15,填写完点“保存”。

步骤十八:到相关机构申请产地证

回到“业务中心”,点“检验机构”,再点“申请产地证”,选择产地证类型为“原产地证明书”或“普惠制产地证明书”,点“确定”,完成产地证的申请。

步骤十九:出口商到外管局申领并填写“出口收汇核销单”

“出口收汇核销单”简称核销单,系指由国家外汇管理局制发、出口单位和受托行及解付行填写,海关凭以受理报关,外汇管理部门凭以核销收汇的有顺序编号的凭证。

出口单位应到当地外汇管理部门申领经外汇管理部门加盖“监督收汇”章的核销单。在货物报关时,出口单位必须向海关出示有关核销单,凭有核销单编号的报关单办理报关手续,否则海关不予受理报关。

出口商点“外管局”,再点“申领核销单”,即从外管局取得“出口收汇核销单”,再到单据列表中进行填写,填写说明见表 3.18,填写完点“保存”。

步骤二十:凭“出口收汇核销单”到“海关”办理核销单的口岸备案

出口商到业务中心,点“海关”,再点“备案”,即凭填好的“出口收汇核销单”办理备案。

步骤二十一:出口商填“出口货物报关单”

“出口货物报关单”是出口商向海关申报出口的重要单据,也是海关直接监督出口行为、核准货物放行及对出口货物汇总统计的原始资料,直接决定了出口外销活动的合法性。“出口货物报关单”由中华人民共和国海关统一印制。

添加“出口货物报关单”表单,填写说明见表3.19,填写完点“保存”。

步骤二十二:送货到海关

点“海关”,再点“备案”右边的“送货”,将货物送到海关指定地点。

步骤二十三:出口报关、货物出运

“出口货物报关单”填写完成后,点“送货”右边的“报关”,选择单据“商业发票”、“装箱单”、“出境货物通关单”(不需要出口检验的商品可免附)、“出口收汇核销单”、“出口货物报关单”,点“报关”。完成报关后,同时货物自动装船出运。

步骤二十四:船公司取提单

出口商点“船公司”,再点“取回提单”,将提单取回,填写说明见表3.20。

步骤二十五:出口商填“装船通知”

“装船通知”(SHIPPING ADVICE)是出口商向进口商发出货物已于某月某日或将于某月某日装运某船的通知。“装船通知”的作用在于方便买方购买保险或准备提货手续,其内容通常包括货名、装运数量、船名、装船日期、契约或信用证号码等。

添加“SHIPPING ADVICE”表单,填写说明见表3.21,填写完点“保存”。

步骤二十六:发送“装船通知”

填完后,点“船公司”,再点“发送装船通知”,将“装船通知”发送给进口商。

步骤二十七:(A)填“汇票”;(B)进口商查看“装船通知”

“汇票”简称B/E,是出票人签发的,要求受票人在见票时或在指定的日期无条件支付一定金额给其指定的受款人的书面命令。

“汇票”名称一般使用BILL OF EXCHANGE、EXCHANGE、DRAFT,一般已印妥,但英国的票据法没有汇票必须注名称的规定。

“汇票”一般为一式两份,第一联、第二联在法律上无区别。其中一联生效则另一联自动作废。港澳地区一次寄单可只出一联。为防止单据可能在邮寄途中遗失造成的麻烦,一般远洋单据都按两次邮寄。

添加“汇票”表单,填写说明见表3.22,填写完点“保存”。

步骤二十八:(A)出口商向出口地银行交单托收;(B)进口商填写“货物运输保险投保单”

凡按FOB和CFR条件成交的进口货物,由进口商负责逐笔办理投保手续。根据进出口合同或信用证规定,在备妥货物并已确定装运日期和运输工具后,按约定的保险险别和保险金额,向保险公司投保。投保时应填制投保单并支付保险费(保险费=保险金额×保险费率),保险公司凭以出具保险单或保险凭证。

投保的日期应不迟于货物装船的日期。投保金额若合同没有明示规定,应按CIF价格加成10%。

添加“货物运输保险投保单”表单,填写说明见表3.16,填写完点“保存”。

步骤二十九:(A)出口地银行审单;(B)进口商保险公司办理保险,取得“货物运输保险单”

所需单据“商业发票”和“货物运输保险投保单”。办理完成后,保险公司签发“货物运输保险单”,填写说明见表3.17。

步骤三十:出口地银行送单据到进口地银行

步骤三十一:进口地银行审单

步骤三十二:进口地银行通知进口商取单

步骤三十三:进口商到银行领取并填写“贸易进口付汇核销单”

“贸易进口付汇核销单(代申报单)”(以下简称进口核销单)系指由国家外汇管理局监制、保管和发放,进口单位和银行填写,银行凭以为进口单位办理贸易进口项下的进口售付汇和核销的凭证。每份进口核销单只能凭以办理一笔售付汇手续。

根据《国际收支统计申报办法实施细则》,进口核销单既用于贸易项下进口售付汇核销,又用于国际收支申报统计。在填写进口核销单时,应注意各项内容与售付汇情况是否一致,填写说明见表3.4。

步骤三十四:进口商到银行付款

步骤三十五:(A)出口商到银行办理结汇;(B)进口商取回单据

出口商收取银行发来的可以结汇的通知邮件,到银行办理结汇,在“业务中心”里点“出口地银行”,再点“结汇”,结收货款,同时银行签发“出口收汇核销专用联”,用以出口核销。

步骤三十六:(A)出口商填“出口收汇核销单送审登记表”;(B)进口商到船公司换“提货单”

“出口收汇核销单送审登记表”是退税单位在办理核销手续时填写交外汇局的,一般都是退税单位自制的格式。

添加“出口收汇核销单送审登记表”表单,填写说明见表3.23,填写完点“保存”。

进口商点“业务中心”里的“船公司”,再点“换提货单”。

步骤三十七:(A)出口商外管局办理核销;(B)进口商填“入境货物报检单”

出口商回到“业务中心”,点“外管局”,再点“办理核销”,选中单据“商业发票”、“出口货物报关单”、“出口收汇核销单”、“出口收汇核销专用联”、“出口收汇核销单送审登记表”前的复选框,点“核销”,完成核销手续的办理。同时,外管局盖章后返还出口收汇核销单第三联,用以出口退税。

“入境货物报检单”所在列各栏必须填写完整、准确、清晰,若填写栏目没有内容,以斜杠“/”表示,不得留空。

添加“入境货物报检单”表单,填写说明见表3.24,填写完成后点“保存”。

步骤三十八:(A)出口商到国税局出口退税;(B)进口商进口报检

出口商在外管局办理完核销手续后,到国税局办理出口退税,选中单据“商业发票”、“出口货物报关单”、“出口收汇核销单”(第三联)前的复选框,点“退税”,完成退税手续的办理。

进口商回到“业务中心”,点“检验机构”,再点“申请报检”,选择单据“销货合同”、“商业发票”、“装箱单”、“提货单”、“入境货物报检单”,点“报检”。报检完成后,检验机构签发“入境货物通关单”,凭以报关。

步骤三十九:进口商填“进口货物报关单”

“进口货物报关单”是进口单位向海关提供审核是否合法进口货物的凭据,也是海关据以征税的主要凭证,同时还作为国家法定统计资料的重要来源。进口单位要如实填写,不得虚报、瞒报、拒报和迟报,更不得伪造、篡改。

一般贸易货物进口时,应填写“进口货物报关单”一式两份,并随附一份报关行预录入打印的报关单一份。

添加“进口货物报关单”表单,填写说明见表3.25,填写完成后点“保存”。

步骤四十:进口商到海关进行进口报关

填写完“进口货物报关单”后,点“业务中心”的“海关”,再点“报关”,选择“销货合同”、“商业发票”、“装箱单”、“提货单”、“入境货物通关单”(不需进口检验的商品可免附)、“进口货物报关单”前的复选框,点“报关”。完成报关后,海关加盖放行章后返还提货单与进口报关单。

步骤四十一:进口商缴税

进口商点“报关”旁边的“缴税”,缴纳税款。

步骤四十二:进口商提货

进口商点“缴税”旁的“提货”,领取货物。

步骤四十三:填“贸易进口付汇到货核销表”

根据《进口付汇核销监管暂行办法》规定,进口单位应当在有关货物进口报关后一个月内向外汇局办理核销报审手续。

在办理核销报审时,已到货的进口单位应当如实填写“贸易进口付汇到货核销表”;未到货的填写“贸易进口付汇未到货核销表”。

在办理到货报审手续时,必须提供“进口付汇到货核销表”(一式两份,均为打印件并加盖公司章)。

添加“贸易进口付汇到货核销表”表单,填写说明见表3.26,填写完成后点“保存”。

步骤四十四:外管局办理进口付汇核销

填写完“进口付汇到货核销表”回到“业务中心”,点“外管局”,再点“付汇核销”,选择单据“进口付汇核销单”、“进口货物报关单”、“进口付汇到货核销表”前的复选框,点“付汇核销”。

步骤四十五:消费市场销货

点“业务中心”里的“市场”,再点“销货”,选择编号为××××××的产品,点“确定”即可销售货物。至此,该笔交易完成。

十、FOB + D/A 贸易术语履约流程

步骤一:起草外销合同

外销合同(SALES CONFIRMATION)可以由出口商或进口商起草,然后送对方签字确认即可。本处以出口方起草为例。

书面合同主要有两种形式,即正式合同(CONTRACT)和合同确认书(CONFIRMATION)。合同抬头应醒目注明SALES CONTRACT或SALES CONFIRMATION(对销售合

同或确认书而言)等字样。

在“业务中心”里点标志为“进口商”的建筑物,在弹出页面中点“起草合同”。输入合同号(可自行设置如00001),输入对应的进口商编号(如xyz),再输入办理相关业务的出口地银行编号(如0002),并勾选选项“设置为主合同”,再点“确定”,弹出合同表单,填写说明见表3.1。

填写完成后点“保存”,再在“业务中心”画面中点“检查合同”,确认合同填写无误,进入下一步。

步骤二:填写“出口预算表”

出口商在将已起草好的合同送进口商之前,应填制“出口预算表”,否则不能送出合同。“出口预算表”是就该笔合同中可能发生的费用做出预算,以确保能够从该笔合同中获利;当合同完成后,再比照预算表中实际发生的金额,查看计算错误的部分。

点“添加单据”,选中“出口预算表”前的单选钮,点“确定”,然后在“查看单据列表”中点“出口预算表”对应的单据编号(以后添加单据都用此方法),弹出表单,填写说明见表3.2。

步骤三:合同送进口商

填好“出口预算表”之后,就可以在出口商的业务栏中点“合同送进口商”,请进口商确认。

步骤四:填写“进口预算表”

进口商在确认合同之前,须就该笔合同中可能发生的费用支出做进口预算,以确保能够从该笔合同中获利;当合同完成后,再比照预算表中实际发生的金额,查看计算错误的部分。

收取出口商要求确认合同的邮件;退出邮件系统,点“业务中心”里“出口商”的建筑物,在弹出画面的左边首先点“切换”,将需要确认的合同设置为主合同;再点“修改合同”,打开合同页面查看相关条款;再点“添加单据”,选中“进口预算表”前的单选钮,点“确定”,再在“查看单据列表”中点“进口预算表”对应的单据编号,弹出表单,填写说明见表3.3,填写完点“保存”。

步骤五:进口商签字并确认外销合同

在“业务中心”画面中,点“修改合同”,在弹出合同的左下方签字,分别在两行空白栏中填入“公司名称”与“法人名称”,点“保存”;回到“业务中心”画面,点“确认合同”,输入合同编号(本例中为00001),再输入本地银行编号(如0003),点“确定”,成功确认合同;进口商确认合同后,出口商收取进口商已确认合同的通知邮件。

步骤六:(A)起草国内购销合同(买卖合同);(B)指定船公司

国内买卖合同既可由出口商起草,也可由工厂起草。

在“业务中心”里点标志为“工厂”的建筑物,在弹出页面中点“起草合同”。输入合同号“Order01”,输入对应的工厂编号(如xyz),并勾选选项“设置为主合同”,点“确定”,填写表单,填写说明见表3.8。合同填写完成后点“保存”,再回到“业务中心”画面,点“检查合同”,确认合同填写有无失误。

到“业务中心”进入“船公司”,指定船公司。

步骤七:出口商合同送工厂

出口商确认合同填写无误后,点"合同送工厂"。

步骤八:工厂确认购销合同

以工厂身份登录,在"业务中心"点出口商建筑物,点"查看合同",签字并确认购销合同。

步骤九:工厂组织生产

以工厂身份登录,在"业务中心"中,点出口商建筑物,点"查看合同",签字并确认购销合同。

步骤十:工厂放货给出口商

以工厂身份登录,在"业务中心"点"放货"。

出口商收取工厂已放货的通知邮件后,点"库存",可看到所订购的货物已在库存列表中,备货完成。

步骤十一:工厂国税局缴税

以工厂身份登录,在"业务中心"点国税局建筑物,点"缴税"。

步骤十二:出口商填"货物出运委托书"

出口托运是从租船订舱或是委托出运开始的。外贸业务人员应根据信用证规定的最迟装运期及货源和船源情况安排委托出运。一般情况应提前 5 天左右或更长,以便留出机动时间应付意外情况发生。对此应填具"货物出运委托书"或是其他类似单据,办理委托代理租船订舱事宜。如果外贸公司本身开展托运业务,则需填具海运出口托运单、集装箱托运单等。如果外贸公司本身不办理运输业务,则可委托代理订舱,填具"货物出运委托书"。

添加"货物出运委托书"表单,填写说明见表 3.9。

步骤十三:洽订舱位,取得"配舱回单"

指定船公司完成后再点"洽订舱位",选择"20′或 40′"的集装箱或"拼箱",填入装船日期,如"09/06/07",再点"确定",订舱完成。系统将自动返回"配舱回单",填写说明见表 3.10。点标志为"进口商"的建筑物里的"查看单据列表",可查看"配舱回单"的内容。

步骤十四:填"出境货物报检单"、"商业发票"、"装箱单"

报检单是报检人根据有关法律、行政法规或合同约定申请检验检疫机构对其某种货物实施检验检疫、鉴定意愿的书面凭证,它表明了申请人正式向检验检疫机构申请检验检疫、鉴定,以取得该批货物合法出口的合法凭证。报检单同时也是检验检疫机构对出入境货物实施检验、检疫起动检验检疫程序的依据。

交易商品是否需要出口检验,可凭商品的海关编码进行查询,查询方法在淘金网的"税率查询"页,输入商品的海关编码进行查询,可查到相对应的监管条件,点击代码符号,各代码的意义均在其中列明。若适用规定为必须申请出口检验取得出境货物通关单者,则应依规定办理。

添加"出境货物报检单",填写说明见表 3.11。填写完成后点"保存"。

"商业发票"又称为发票,是出口贸易结算单据中最重要的单据之一,所有其他单据都应以它为中心来缮制。因此,在制单顺序上,往往首先缮制商业发票。"商业发票"是卖方对装运货物的全面情况(品质、数量、价格,有时还有包装)详细列述的一种货款价目的清单。它常常是卖方陈述、申明、证明和提示某些事宜的书面文件。一般来说,发票无正副本之分,来证要求几份,制单时在此基础之上多制一份供议付行使用,如需正本,加打"ORIGIN"。

添加" 商业发票"表单,填写说明见表 3.12,填写完点"保存"。

"装箱单"是发票的补充单据,它列明了信用证(或合同)中买卖双方约定的有关包装事宜的细节,便于国外买方在货物到达目的港时供海关检查和核对货物,通常可以将其有关内容加列在商业发票上。

添加"装箱单"表单,填写说明见表 3.13,填写完点"保存"。

步骤十五:出口商去检验机构申请报检

出口商回到"业务中心",点"检验机构",再点"申请报检",选择单据"销货合同"、"信用证"、"商业发票"、"装箱单"、"出境货物报检单",点"报检"。报检完成后,检验机构给发"出境货物通关单"及出口商申请签发的相应检验证书。

步骤十六:出口商填写"产地证明书"

产地证明书简称产地证,是证明货物原产地或制造地的证明文件,主要供进口国海关采取不同的国别政策和国别待遇。在不用海关发票或领事发票的国家,要求提供产地证明,以便确定对货物征收的税率。产地证明书包括"原产地证明书"和"普惠制产地证明书",一般由出口地的公证行或工商团体签发,可由中国出入境检验检疫局或贸促会签发。至于产地证由谁出具或者出具何种产地证,应按信用证规定来办理。

以"原产地证明书"为例。添加"原产地证明书"表单,填写说明见表 3.14,填写完点"保存"。

"普惠制产地证明书"又称 G.S.P 证书、FORM A 证书。"普惠制产地证明书"是发展中国家向发达国家出口货物,按照联合国贸发会议规定的统一格式而填制的一种证明货物原产地的文件,又是给惠国(进口国)给予优惠关税待遇或免税的凭证。凡享受普惠制规定的关税减免者,必须提供普惠制产地证明书。

FORM A 要向各地检验机构购买,需用时由出口公司缮打,连同一份申请书和商业发票送商检局,经商检局核对签章后即成为有效单据。一套 FORM A 中有一份正本、两份副本,副本仅供寄单参考和留存之用,正本是可以议付的单据。

以"普惠制产地证明书"为例。添加"普惠制产地证明书"表单,填写说明见表 3.15,填写完点"保存"。

步骤十七:到相关机构申请产地证

回到"业务中心",点"检验机构",再点"申请产地证",选择产地证类型为"原产地证明书"或"普惠制产地证明书",点"确定",完成产地证的申请。

步骤十八:出口商到外管局申领并填写"出口收汇核销单"

"出口收汇核销单"简称核销单,指由国家外汇管理局制发、出口单位和受托行及解付行填写,海关凭以受理报关,外汇管理部门凭以核销收汇的有顺序编号的凭证。

出口单位应到当地外汇管理部门申领经外汇管理部门加盖"监督收汇"章的核销单。在货物报关时,出口单位必须向海关出示有关核销单,凭有核销单编号的报关单办理报关手续，否则海关不予受理报关。

出口商点“外管局”，再点“申领核销单”，即从外管局取得“出口收汇核销单”，再到单据列表中进行填写，填写说明见表3.18，填写完点“保存”。

步骤十九：凭“出口收汇核销单”到“海关”办理核销单的口岸备案

出口商到“业务中心”，点“海关”，再点“备案”，即凭填好的“出口收汇核销单”办理备案。

步骤二十：出口商填“出口货物报关单”

“出口货物报关单”是出口商向海关申报出口的重要单据，也是海关直接监督出口行为、核准货物放行及对出口货物汇总统计的原始资料，直接决定了出口外销活动的合法性。“出口货物报关单”由中华人民共和国海关统一印制。

添加“出口货物报关单”表单，填写说明见表3.19，填写完点“保存”。

步骤二十一：送货到海关

点“海关”，再点“备案”右边的“送货”，将货物送到海关指定地点。

步骤二十二：出口报关、货物出运

“出口货物报关单”填写完成后，点“送货”右边的“报关”，选择单据“商业发票”、“装箱单”、“出境货物通关单”（不需要出口检验的商品可免附）、“出口收汇核销单”、“出口货物报关单”，点“报关”。完成报关后，同时货物自动装船出运。

步骤二十三：出口商船公司取提单

出口商点“船公司”，再点“取回提单”，将提单取回，填写说明见表3.20。

步骤二十四：出口商填“装船通知”

“装船通知”（SHIPPING ADVICE）是出口商向进口商发出货物已于某月某日或将于某月某日装运某船的通知。“装船通知”的作用在于方便买方购买保险或准备提货手续，其内容通常包括货名、装运数量、船名、装船日期、契约或信用证号码等。

添加“SHIPPING ADVICE”表单，填写说明见表3.21，填写完点“保存”。

步骤二十五：发送“装船通知”

填完后，点“船公司”，再点“发送装船通知”，将“装船通知”发送给进口商。

步骤二十六：（A）填“汇票”；（B）进口商查看“装船通知”

“汇票”简称B/E，是出票人签发的，要求受票人在见票时或在指定的日期无条件支付一定金额给其指定的受款人的书面命令。

“汇票”名称一般使用BILL OF EXCHANGE、EXCHANGE、DRAFT，一般已印妥，但英国的票据法没有汇票必须注名称的规定。

“汇票”一般为一式两份，第一联、第二联在法律上无区别，其中一联生效则另一联自动作废。港澳地区一次寄单可只出一联。为防止单据可能在邮寄途中遗失造成的麻烦，一般远洋单据都按两次邮寄。

添加“汇票”表单，填写说明见表3.22，填写完点“保存”。

步骤二十七：（A）出口商向出口地银行交单托收；（B）进口商填写“货物运输保险投保单”

凡按FOB和CFR条件成交的进口货物，由进口商负责逐笔办理投保手续。根据进出口合同或信用证规定,在备妥货物并已确定装运日期和运输工具后,按约定的保险险别和保险金额,向保险公司投保。投保时应填制投保单并支付保险费(保险费 = 保险金额 × 保险费率),保险公司凭以出具保险单或保险凭证。

投保的日期应不迟于货物装船的日期。投保金额若合同没有明示规定,应按 CIF 价格加成10%。

添加“货物运输保险投保单”表单,填写说明见表3.16,填写完点“保存”。

步骤二十八:(A)出口地银行审单;(B)进口商保险公司办理保险,取得“货物运输保险单”

所需单据“商业发票”和“货物运输保险投保单”。办理完成后,保险公司签发“货物运输保险单”,填写说明见表3.17。

步骤二十九:出口地银行送单据到进口地银行

步骤三十:进口地银行审单

步骤三十一:进口地银行通知进口商取单

步骤三十二:进口商承兑汇票

步骤三十三:进口商取回单据

步骤三十四:进口商到船公司换“提货单”

进口商点“业务中心”里的“船公司”,再点“换提货单”。

步骤三十五:进口商填“入境货物报检单”

“入境货物报检单”所在列各栏必须填写完整、准确、清晰,若填写栏目没有内容,则以斜杠“/”表示,不得留空。

添加“入境货物报检单”表单,填写说明见表3.24,填写完成后点“保存”。

步骤三十六:进口商进口报检

进口商回到“业务中心”,点“检验机构”,再点“申请报检”,选择单据“销货合同”、“商业发票”、“装箱单”、“提货单”、“入境货物报检单”,点“报检”。报检完成后,检验机构签发“入境货物通关单”,凭以报关。

步骤三十七:进口商填“进口货物报关单”

“进口货物报关单”是进口单位向海关提供审核是否合法进口货物的凭据,也是海关据以征税的主要凭证,同时还作为国家法定统计资料的重要来源。进口单位要如实填写,不得虚报、瞒报、拒报和迟报,更不得伪造、篡改。

一般贸易货物进口时,应填写“进口货物报关单”一式两份,并随附一份报关行预录入打印的报关单一份。

添加“进口货物报关单”表单,填写说明见表3.25,填写完成后点“保存”。

步骤三十八:进口商到海关进行进口报关

填写完“进口货物报关单”后,点“业务中心”的“海关”,再点“报关”,选择“销货合同”、“商业发票”、“装箱单”、“提货单”、“入境货物通关单”(不需进口检验的商品可免附)、“进口货物报关单”前的复选框,点“报关”。完成报关后,海关加盖放行章后返还提货单与进口报关单。

步骤三十九:进口商缴税

进口商点“报关”旁边的“缴税”,缴纳税款。

步骤四十:进口商提货

进口商点“缴税”旁的“提货”,领取货物。

步骤四十一:消费市场销货

点“业务中心”里的“市场”,再点“销货”,选择编号为××××××的产品,点“确定”即可销售货物。至此,该笔交易完成。

步骤四十二:进口商到银行领取并填写“贸易进口付汇核销单”

“贸易进口付汇核销单(代申报单)”(以下简称进口核销单)系指由国家外汇管理局监制、保管和发放,进口单位和银行填写,银行凭以为进口单位办理贸易进口项下的进口售付汇和核销的凭证。每份进口核销单只能凭以办理一笔售付汇手续。

根据《国际收支统计申报办法实施细则》,进口核销单既用于贸易项下进口售付汇核销,又用于国际收支申报统计。在填写进口核销单时,应注意各项内容与售付汇情况是否一致,填写说明见表3.4。

步骤四十三:进口商汇票到期付款

步骤四十四:进口商填“贸易进口付汇到货核销表”

根据《进口付汇核销监管暂行办法》规定,进口单位应当在有关货物进口报关后一个月内向外汇局办理核销报审手续。

在办理核销报审时,已到货的进口单位应当如实填写“贸易进口付汇到货核销表”;未到货的填写“贸易进口付汇未到货核销表”。在办理到货报审手续时,必须提供“贸易进口付汇到货核销表”(一式两份,均为打印件并加盖公司章)。

添加“贸易进口付汇到货核销表”表单,填写说明见表3.26,填写完成后点“保存”。

步骤四十五:外管局办理进口付汇核销

填写完“贸易进口付汇到货核销表”回到“业务中心”,点“外管局”,再点“付汇核销”,选择单据“进口付汇核销单”、“进口货物报关单”、“贸易进口付汇到货核销表”前的复选框,点“付汇核销”。

步骤四十六:出口商到银行办理结汇

出口商收取银行发来的可以结汇的通知邮件,到银行办理结汇,在“业务中心”里点“出口地银行”,再点“结汇”,结收货款,同时银行签发“出口收汇核销专用联”,用以出口核销。

步骤四十七:出口商填“出口收汇核销单送审登记表”

“出口收汇核销单送审登记表”是退税单位在办理核销手续时填写交外汇局的,一般都是退税单位自制的格式。

添加“出口收汇核销单送审登记表”表单,填写说明见表3.23,填完点“保存”。

步骤四十八:出口商外管局办理核销

出口商回到“业务中心”,点“外管局”,再点“办理核销”,选中单据“商业发票”、“出口货物报关单”、“出口收汇核销单”、“出口收汇核销专用联”、“出口收汇核销单送审登记表”前的复选框,点“核销”,完成核销手续的办理。同时外管局盖章后返还出口收汇核销单第三联，用以出口退税。

步骤四十九：出口商到国税局出口退税

出口商在外管局办理完核销手续后，到国税局办理出口退税，选中单据“商业发票”、“出口货物报关单”、“出口收汇核销单”（第三联）前的复选框，点“退税”，完成退税手续的办理。

十一、CIF + D/A 贸易术语履约流程

步骤一：起草外销合同

外销合同（SALES CONFIRMATION）可以由出口商或进口商起草，然后送对方签字确认即可。本处以出口方起草为例。

书面合同主要有两种形式，即正式合同（CONTRACT）和合同确认书（CONFIRMATION）。合同抬头应醒目注明 SALES CONTRACT 或 SALES CONFIRMATION（对销售合同或确认书而言）等字样。

在“业务中心”里点标志为“进口商”的建筑物，在弹出页面中点“起草合同”。输入合同号（可自行设置如 00001），输入对应的进口商编号（如 xyz），再输入办理相关业务的出口地银行编号（如 0002），并勾选选项“设置为主合同”，再点“确定”，弹出合同表单，填写说明见表 3.1。

填写完成后点“保存”，再在“业务中心”画面中点“检查合同”，确认合同填写无误，进入下一步。

步骤二：填写“出口预算表”

出口商在将已起草好的合同送进口商之前，应填制“出口预算表”，否则不能送出合同。“出口预算表”是就该笔合同中可能发生的费用做出预算，以确保能够从该笔合同中获利；当合同完成后，再比照预算表中实际发生的金额，查看计算错误的部分。

点“添加单据”，选中“出口预算表”前的单选钮，点“确定”，然后在“查看单据列表”中点“出口预算表”对应的单据编号（以后添加单据都用此方法），弹出表单，填写说明见表 3.2。

步骤三：合同送进口商

填好“出口预算表”之后，就可以在出口商的业务栏中点“合同送进口商”，请进口商确认。

步骤四：进口商填写“进口预算表”

进口商在确认合同之前，须就该笔合同中可能发生的费用支出做进口预算，以确保能够从该笔合同中获利；当合同完成后，再比照预算表中实际发生的金额，查看计算错误的部分。

收取出口商要求确认合同的邮件；退出邮件系统，点“业务中心”里“出口商”的建筑物，在弹出画面的左边首先点“切换”，将需要确认的合同设置为主合同；再点“修改合同”，打开合同页面查看相关条款；然后点“添加单据”，选中“进口预算表”前的单选钮，点“确定”，再在“查看单据列表”中点“进口预算表”对应的单据编号，弹出表单，填写说明见表 3.3，填写完点“保存”。

步骤五:进口商签字并确认外销合同

在“业务中心”画面中,点“修改合同”,在弹出合同的左下方签字,分别在两行空白栏中填入“公司名称”与“法人名称”,点“保存”;回到“业务中心”画面,点“确认合同”,输入合同编号(本例中为00001),再输入本地银行编号(如0003),点“确定”,成功确认合同;进口商确认合同后,出口商收取进口商已确认合同的通知邮件。

步骤六:起草国内购销合同(买卖合同)

国内买卖合同既可由出口商起草,也可由工厂起草。

在“业务中心”里点标志为“工厂”的建筑物,在弹出页面中点“起草合同”。输入合同号“Order01”,输入对应的工厂编号(如xyz),并勾选选项“设置为主合同”,点“确定”,填写表单,填写说明见表3.8。合同填写完成后点“保存”,再回到“业务中心”画面,点“检查合同”,确认合同填写有无失误。

步骤七:出口商合同送工厂

出口商确认合同填写无误后,点“合同送工厂”。

步骤八:工厂确认购销合同

以工厂身份登录,在“业务中心”点出口商建筑物,点“查看合同”,签字并确认购销合同。

步骤九:工厂组织生产

以工厂身份登录,在“业务中心”点市场建筑物,选定具体产品,点“组织生产”,产品自动进入“库存”。

步骤十:工厂放货给出口商

以工厂身份登录,在“业务中心”点“放货”。

出口商收取工厂已放货的通知邮件后,点“库存”,可看到所订购的货物已在库存列表中,备货完成。

步骤十一:工厂国税局缴税

以工厂身份登录,在“业务中心”点国税局建筑物,点“缴税”。

步骤十二:出口商填“货物出运委托书”

出口托运是从租船订舱或是委托出运开始的。外贸业务人员应根据信用证规定的最迟装运期及货源和船源情况安排委托出运。一般情况应提前5天左右或更长,以便留出机动时间应付意外情况发生。对此应填具“货物出运委托书”或是其他类似单据,办理委托代理租船订舱事宜。如果外贸公司本身开展托运业务,则需填具海运出口托运单、集装箱托运单等。如果外贸公司本身不办理运输业务,则可委托代理订舱,填具“货物出运委托书。”

添加“货物出运委托书”表单,填写说明见表3.9。

步骤十三:出口商指定船公司

到“业务中心”进入“船公司”,指定船公司。

步骤十四:洽订舱位,取得“配舱回单”

指定船公司完成后再点“洽订舱位”,选择“20′或40′”的集装箱或“拼箱”,填入装船日期,如“09/06/07”,再点“确定”,订舱完成。系统将自动返回“配舱回单”,见表3.10。

点标志为“进口商”的建筑物里的“查看单据列表”,可查看“配舱回单”的内容。

步骤十五:填“出境货物报检单”、“商业发票”、“装箱单”

报检单是报检人根据有关法律、行政法规或合同约定申请检验检疫机构对其某种货物实施检验检疫、鉴定意愿的书面凭证,它表明了申请人正式向检验检疫机构申请检验检疫、鉴定,以取得该批货物合法出口的合法凭证。报检单同时也是检验检疫机构对出入境货物实施检验、检疫起动检验检疫程序的依据。

交易商品是否需要出口检验,可凭商品的海关编码进行查询,查询方法在淘金网的“税率查询”页,输入商品的海关编码进行查询,可查到相对应的监管条件,点击代码符号,各代码的意义均在其中列明。若适用规定为必须申请出口检验取得出境货物通关单者,则应依规定办理。

添加“出境货物报检单”,填写说明见表3.11,填写完成后点“保存”。

“商业发票”又称为发票,是出口贸易结算单据中最重要的单据之一,所有其他单据都应以它为中心来缮制。因此,在制单顺序上,往往首先缮制商业发票。“商业发票”是卖方对装运货物的全面情况(品质、数量、价格,有时还有包装)详细列述的一种货款价目的清单。它常常是卖方陈述、申明、证明和提示某些事宜的书面文件;一般来说,发票无正副本之分,来证要求几份,制单时在此基础之上多制一份供议付行使用,如需正本,加打“ORIGIN”。

添加“ 商业发票”表单,填写说明见表3.12,填写完点“保存”。

“装箱单”是发票的补充单据,它列明了信用证(或合同)中买卖双方约定的有关包装事宜的细节,便于国外买方在货物到达目的港时供海关检查和核对货物,通常可以将其有关内容加列在商业发票上。

添加“装箱单”表单,填写说明见表3.13,填写完点“保存”。

步骤十六:出口商去检验机构申请报检

出口商回到“业务中心”,点“检验机构”,再点“申请报检”,选择单据“销货合同”、“信用证”、“商业发票”、“装箱单”、“出境货物报检单”,点“报检”。报检完成后,检验机构给发“出境货物通关单”及出口商申请签发的相应检验证书。

步骤十七:出口商填写“产地证明书”

产地证明书简称产地证,是证明货物原产地或制造地的证明文件。主要供进口国海关采取不同的国别政策和国别待遇。在不用海关发票或领事发票的国家,要求提供产地证明,以便确定对货物征收的税率。产地证明书包括“原产地证明书”和“普惠制产地证明书”,一般由出口地的公证行或工商团体签发,可由中国出入境检验检疫局或贸促会签发。至于产地证由谁出具或者出具何种产地证,应按信用证规定来办理。

以“原产地证明书”为例。添加“原产地证明书”表单,填写说明见表3.14,填写完点“保存”。

“普惠制产地证明书”又称G.S.P证书、FORM A证书。“普惠制产地证明书”是发展中国家向发达国家出口货物,按照联合国贸发会议规定的统一格式而填制的一种证明货物原产地的文件,又是给惠国(进口国)给予优惠关税待遇或免税的凭证。凡享受普惠制规定的关税减免者,必须提供普惠制产地证明书。

FORM A 要向各地检验机构购买,需用时由出口公司缮打,连同一份申请书和商业发票送商检局,经商检局核对签章后即成为有效单据。一套 FORM A 中有一份正本、两份副本,副本仅供寄单参考和留存之用,正本是可以议付的单据。

以“普惠制产地证明书”为例。添加“普惠制产地证明书”表单,填写说明见表 3.15,填写完点“保存”。

步骤十八:到相关机构申请产地证

回到“业务中心”,点“检验机构”,再点“申请产地证”,选择产地证类型为“原产地证明书”或“普惠制产地证明书”,点“确定”,完成产地证的申请。

步骤十九:出口商填写“货物运输保险投保单”

凡按 CIF 条件成交的出口货物,由出口商负责逐笔办理投保手续。根据进出口合同或信用证规定,在备妥货物并已确定装运日期和运输工具后,按约定的保险险别和保险金额,向保险公司投保。投保时应填制投保单并支付保险费(保险费 = 保险金额 × 保险费率),保险公司凭以出具保险单或保险凭证。

投保的日期应不迟于货物装船的日期。投保金额若合同没有明示规定,应按 CIF 价格加成 10%。

添加“货物运输保险投保单”表单,填写说明见表 3.16,填写完点“保存”。

步骤二十:保险公司办理保险,取得“货物运输保险单”

所需单据“商业发票”和“货物运输保险投保单”。办理完成后,保险公司签发“货物运输保险单”,填写说明见表 3.17。

步骤二十一:出口商到外管局申领并填写“出口收汇核销单”

“出口收汇核销单”简称核销单,系指由国家外汇管理局制发、出口单位和受托行及解付行填写,海关凭以受理报关,外汇管理部门凭以核销收汇的有顺序编号的凭证。

出口单位应到当地外汇管理部门申领经外汇管理部门加盖“监督收汇”章的核销单。在货物报关时,出口单位必须向海关出示有关核销单,凭有核销单编号的报关单办理报关手续,否则海关不予受理报关。

出口商点“外管局”,再点“申领核销单”,即从外管局取得“出口收汇核销单”,再到单据列表中进行填写,填写说明见表 3.18,填写完点“保存”。

步骤二十二:凭“出口收汇核销单”到“海关”办理核销单的口岸备案

出口商到“业务中心”,点“海关”,再点“备案”,即凭填好的“出口收汇核销单”办理备案。

步骤二十三:出口商填“出口货物报关单”

“出口货物报关单”是出口商向海关申报出口的重要单据,也是海关直接监督出口行为、核准货物放行及对出口货物汇总统计的原始资料,直接决定了出口外销活动的合法性。出口货物报关单由中华人民共和国海关统一印制。

添加“出口货物报关单”表单,填写说明见表 3.19,填写完点“保存”。

步骤二十四:送货到海关

点“海关”,再点“备案”右边的“送货”,将货物送到海关指定地点。

步骤二十五:出口报关、货物出运

“出口货物报关单”填写完成后,点“送货”右边的“报关”,选择单据“商业发票”、“装箱单”、“出境货物通关单”(不需要出口检验的商品可免附)、“出口收汇核销单”、“出口货物报关单”,点“报关”。完成报关后,同时货物自动装船出运。

步骤二十六:出口商船公司取提单

出口商点“船公司”,再点“取回提单”,将提单取回,填写说明见表3.20。

步骤二十七:出口商填“装船通知”

“装船通知”(SHIPPING ADVICE)是出口商向进口商发出货物已于某月某日或将于某月某日装运某船的通知。装船通知的作用于方便买方购买保险或准备提货手续,其内容通常包括货名、装运数量、船名、装船日期、契约或信用证号码等。

添加“SHIPPING ADVICE”表单,填写说明见表3.21,填写完点“保存”。

步骤二十八:发送“装船通知”

填写完成后,点“船公司”,再点“发送装船通知”,将“装船通知”发送给进口商。

步骤二十九:填“汇票”

“汇票”简称B/E,是出票人签发的,要求受票人在见票时或在指定的日期无条件支付一定金额给其指定的受款人的书面命令。

“汇票”名称一般使用BILL OF EXCHANGE、EXCHANGE、DRAFT,一般已印妥,但英国的票据法没有汇票必须注名称的规定。

“汇票”一般为一式两份,第一联、第二联在法律上无区别,其中一联生效则另一联自动作废。港澳地区一次寄单可只出一联。为防止单据可能在邮寄途中遗失造成的麻烦,一般远洋单据都按两次邮寄。

添加“汇票”表单,填写说明见表3.22,填写完点“保存”。

步骤三十:出口商向出口地银行交单托收

步骤三十一:出口地银行审单

步骤三十二:出口地银行送单据到进口地银行

步骤三十三:进口地银行审单

步骤三十四:进口地银行通知进口商取单

步骤三十五:进口商承兑汇票

步骤三十六:进口商取回单据

步骤三十七:进口商到船公司换“提货单”

进口商点“业务中心”里的“船公司”,再点“换提货单”。

步骤三十八:进口商填“入境货物报检单”

“入境货物报检单”所在列各栏必须填写完整、准确、清晰,若填写栏目没有内容,则以斜杠“/”表示,不得留空。

添加“入境货物报检单”表单,填写说明见表3.24,填写完成后点“保存”。

步骤三十九:进口商进口报检

进口商回到“业务中心”,点“检验机构”,再点“申请报检”,选择单据“销货合同”、“商业发票”、“装箱单”、“提货单”、“入境货物报检单”,点“报检”。报检完成后,检验机构签发“入境货物通关单”，凭以报关。

步骤四十：进口商填“进口货物报关单”

“进口货物报关单”是进口单位向海关提供审核是否合法进口货物的凭据，也是海关据以征税的主要凭证，还作为国家法定统计资料的重要来源。一般贸易货物进口时应填写“进口货物报关单”一式两份，并随附一份报关行预录入打印的报关单一份。

添加“进口货物报关单”表单，填写说明见表3.25，填写完成后点“保存”。

步骤四十一：进口商到海关进行进口报关

填写完成后，点“业务中心”的“海关”，再点“报关”，选择“销货合同”、“商业发票”、“装箱单”、“提货单”、“入境货物通关单”（不需进口检验的商品可免附）、“进口货物报关单”前的复选框，点“报关”。完成报关后，海关加盖放行章后返还提货单与进口报关单。

步骤四十二：进口商缴税

进口商点“报关”旁边的“缴税”，缴纳税款。

步骤四十三：进口商提货

进口商再点“缴税”旁的“提货”，领取货物。

步骤四十四：消费市场销货

点“业务中心”里的“市场”，再点“销货”，选择编号为××××××的产品，点“确定”即可销售货物。至此，该笔交易完成。

步骤四十五：进口商到银行领取并填写“贸易进口付汇核销单”

“贸易进口付汇核销单（代申报单）”（以下简称进口核销单）系指由国家外汇管理局监制、保管和发放，进口单位和银行填写，银行凭以为进口单位办理贸易进口项下的进口售付汇和核销的凭证。每份进口核销单只能凭以办理一笔售付汇手续。根据《国际收支统计申报办法实施细则》，进口核销单既用于贸易项下进口售付汇核销，又用于国际收支申报统计。在填写进口核销单时，应注意各项内容与售付汇情况是否一致，填写说明见表3.4。

步骤四十六：进口商汇票到期付款

步骤四十七：进口商填“贸易进口付汇到货核销表”

根据《进口付汇核销监管暂行办法》规定，进口单位应当在有关货物进口报关后一个月内向外汇局办理核销报审手续。

在办理核销报审时，已到货的进口单位应当如实填写“贸易进口付汇到货核销表”；未到货的填写“贸易进口付汇未到货核销表”。在办理到货报审手续时，必须提供“贸易进口付汇到货核销表”（一式两份，均为打印件并加盖公司章）。

添加“贸易进口付汇到货核销表”表单，填写说明见表3.26，填写完成后点“保存”。

步骤四十八：外管局办理进口付汇核销

填写完“贸易进口付汇到货核销表”回到“业务中心”，点“外管局”，再点“付汇核销”，选择单据“进口付汇核销单”、“进口货物报关单”、“进口付汇到货核销表”前的复选框，点“付汇核销”。

步骤四十九：出口商到银行办理结汇

出口商收取银行发来的可以结汇的通知邮件，到银行办理结汇，在“业务中心”里点

“出口地银行”,再点“结汇”,结收货款,同时银行签发“出口收汇核销专用联”,用以出口核销。

步骤五十:出口商填“出口收汇核销单送审登记表”

“出口收汇核销单送审登记表”是退税单位在办理核销手续时填写交外汇局的,一般都是退税单位自制的格式。

添加“出口收汇核销单送审登记表”表单,填写说明见表3.23,填完点“保存”。

步骤五十一:出口商外管局办理核销

出口商回到“业务中心”,点“外管局”,再点“办理核销”,选中单据“商业发票”、“出口货物报关单”、“出口收汇核销单”、“出口收汇核销专用联”、“出口收汇核销单送审登记表”前的复选框,点“核销”,完成核销手续的办理。同时外管局盖章后返还出口收汇核销单第三联,用以出口退税。

步骤五十二:出口商到国税局出口退税

出口商在外管局办理完核销手续后,到国税局办理出口退税,选中单据“商业发票”、“出口货物报关单”、“出口收汇核销单”(第三联)前的复选框,点“退税”,完成退税手续的办理。

十二、CFR + D/A 贸易术语履约流程

步骤一:起草外销合同

外销合同(SALES CONFIRMATION)可以由出口商或进口商起草,然后送对方签字确认即可。本处以出口方起草为例。

书面合同主要有两种形式,即正式合同(CONTRACT)和合同确认书(CONFIRMATION)。合同抬头应醒目注明SALES CONTRACT或SALES CONFIRMATION(对销售合同或确认书而言)等字样。

在“业务中心”里点标志为“进口商”的建筑物,在弹出页面中点“起草合同”。输入合同号(可自行设置,如00001),输入对应的进口商编号(如xyz),再输入办理相关业务的出口地银行编号(如0002),并勾选选项“设置为主合同”,再点“确定”,弹出合同表单,填写说明见表3.1。

填写完成后点“保存”,再在“业务中心”画面中点“检查合同”,确认合同填写无误,进入下一步。

步骤二:填写“出口预算表”

出口商在将已起草好的合同送进口商之前,应填制“出口预算表”,否则不能送出合同。“出口预算表”是就该笔合同中可能发生的费用做出预算,以确保能够从该笔合同中获利;当合同完成后,再比照预算表中实际发生的金额,查看计算错误的部分。

点“添加单据”,选中“出口预算表”前的单选钮,点“确定”,然后在“查看单据列表”中点“出口预算表”对应的单据编号(以后添加单据都用此方法),弹出表单,填写说明见表3.2。

步骤三:合同送进口商

填好“出口预算表”之后,就可以在出口商的业务栏中点“合同送进口商”,请进口商

确认。

步骤四:填写"进口预算表"

进口商在确认合同之前,须就该笔合同中可能发生的费用支出做进口预算,以确保能够从该笔合同中获利;当合同完成后,再比照预算表中实际发生的金额,查看计算错误的部分。

收取出口商要求确认合同的邮件;退出邮件系统,点"业务中心"里"出口商"的建筑物,在弹出画面的左边首先点"切换",将需要确认的合同设置为主合同;再点"修改合同",打开合同页面查看相关条款;然后点"添加单据",选中"进口预算表"前的单选钮,点"确定",再在"查看单据列表"中点"进口预算表"对应的单据编号(以后添加与填写单据都用此方法),弹出表单,填写说明见表3.3,填写完点"保存"。

步骤五:进口商签字并确认外销合同

在"业务中心"画面中,点"修改合同",在弹出合同的左下方签字,分别在两行空白栏中填入"公司名称"与"法人名称",点"保存";回到"业务中心"画面,点"确认合同",输入合同编号(本例中为00001),再输入本地银行编号(如0003),点"确定",成功确认合同;进口商确认合同后,出口商收取进口商已确认合同的通知邮件。

步骤六:起草国内购销合同(买卖合同)

国内买卖合同既可由出口商起草,也可由工厂起草。

在"业务中心"里点标志为"工厂"的建筑物,在弹出页面中点"起草合同"。输入合同号"Order01",输入对应的工厂编号(如xyz),并勾选选项"设置为主合同",点"确定",填写表单,填写说明见表3.8。合同填写完成后点"保存",再回到"业务中心"画面,点"检查合同",确认合同填写有无失误。

步骤七:出口商合同送工厂

出口商确认合同填写无误后,点"合同送工厂"。

步骤八:工厂确认购销合同

以工厂身份登录,在"业务中心"点出口商建筑物,点"查看合同",签字并确认购销合同。

步骤九:工厂组织生产

以工厂身份登录,在"业务中心"点市场建筑物,选定具体产品,点"组织生产",产品自动进入"库存"。

步骤十:工厂放货给出口商

以工厂身份登录,在"业务中心"点"放货"。

出口商收取工厂已放货的通知邮件后,点"库存",可看到所订购的货物已在库存列表中,备货完成。

步骤十一:工厂国税局缴税

以工厂身份登录,在"业务中心"点国税局建筑物,点"缴税"。

步骤十二:出口商填"货物出运委托书"

出口托运是从租船订舱或是委托出运开始的。外贸业务人员应根据信用证规定的最迟装运期及货源和船源情况安排委托出运。一般情况应提前5天左右或更长,以便留出机动时间应付意外情况发生。对此应填具“货物出运委托书”或是其他类似单据,办理委托代理租船订舱事宜。如果外贸公司本身开展托运业务,则需填具海运出口托运单、集装箱托运单等。如果外贸公司本身不办理运输业务,则可委托代理订舱,填具“货物出运委托书”。

添加“货物出运委托书”表单,填写说明见表3.9。

步骤十三:指定船公司

到“业务中心”进入“船公司”,指定船公司。

步骤十四:洽订舱位,取得“配舱回单”

指定船公司完成后再点“洽订舱位”,选择“20′或40′”的集装箱或“拼箱”,填入装船日期,如“09/06/07”,再点“确定”,订舱完成。系统将自动返回“配舱回单”,填写说明见表3.10。点标志为“进口商”的建筑物里的“查看单据列表”,可查看“配舱回单”的内容。

步骤十五:填“出境货物报检单”、“商业发票”、“装箱单”

报检单是报检人根据有关法律、行政法规或合同约定申请检验检疫机构对其某种货物实施检验检疫、鉴定意愿的书面凭证,它表明了申请人正式向检验检疫机构申请检验检疫、鉴定,以取得该批货物合法出口的合法凭证。报检单同时也是检验检疫机构对出入境货物实施检验检疫起动检验检疫程序的依据。

交易商品是否需要出口检验,可凭商品的海关编码进行查询,查询方法在淘金网的“税率查询”页,输入商品的海关编码进行查询,可查到相对应的监管条件,点击代码符号,各代码的意义均在其中列明。若适用规定为必须申请出口检验取得出境货物通关单者,则应依规定办理。

添加“出境货物报检单”,填写说明见表3.11,填写完成后点“保存”。

“商业发票”又称为发票,是出口贸易结算单据中最重要的单据之一,所有其他单据都应以它为中心来缮制。因此,在制单顺序上,往往首先缮制商业发票。“商业发票”是卖方对装运货物的全面情况(品质、数量、价格,有时还有包装)详细列述的一种货款价目的清单。它常常是卖方陈述、申明、证明和提示某些事宜的书面文件;一般来说,发票无正副本之分,来证要求几份,制单时在此基础之上多制一份供议付行使用,如需正本,加打“ORIGIN”。

添加“ 商业发票”表单,填写说明见表3.12,填写完点“保存”。

“装箱单”是发票的补充单据,它列明了信用证(或合同)中买卖双方约定的有关包装事宜的细节,便于国外买方在货物到达目的港时供海关检查和核对货物,通常可以将其有关内容加列在商业发票上。

添加“装箱单”表单,填写说明见表3.13,填写完点“保存”。

步骤十六:出口商去检验机构申请报检

出口商回到“业务中心”,点“检验机构”,再点“申请报检”,选择单据“销货合同”、“信用证”、“商业发票”、“装箱单”、“出境货物报检单”,点“报检”。报检完成后,检验机构给发“出境货物通关单”及出口商申请签发的相应检验证书。

步骤十七:出口商填写“产地证明书”

产地证明书简称产地证,是证明货物原产地或制造地的证明文件,主要供进口国海关采取不同的国别政策和国别待遇。在不用海关发票或领事发票的国家,要求提供产地证明,以便确定对货物征收的税率。产地证明书包括“原产地证明书”和“普惠制产地证明书”,一般由出口地的公证行或工商团体签发,可由中国出入境检验检疫局或贸促会签发。至于产地证由谁出具或者出具何种产地证,应按信用证规定来办理。

以“原产地证明书”为例。添加“原产地证明书”表单,填写说明见表3.14,填写完点“保存”。

“普惠制产地证明书”又称G.S.P证书、FORM A证书。“普惠制产地证明书”是发展中国家向发达国家出口货物,按照联合国贸发会议规定的统一格式而填制的一种证明货物原产地的文件,又是给惠国(进口国)给予优惠关税待遇或免税的凭证。凡享受普惠制规定的关税减免者,必须提供普惠制产地证明书。

FORM A要向各地检验机构购买,需用时由出口公司缮打,连同一份申请书和商业发票送商检局,经商检局核对签章后即成为有效单据。一套FORM A中有一份正本、两份副本,副本仅供寄单参考和留存之用,正本是可以议付的单据。

以“普惠制产地证明书”为例。添加“普惠制产地证明书”表单,填写说明见表3.15,填写完点“保存”。

步骤十八:出口商到相关机构申请产地证

回到“业务中心”,点“检验机构”,再点“申请产地证”,选择产地证类型为“原产地证明书”或“普惠制产地证明书”,点“确定”,完成产地证的申请。

步骤十九:外管局申领并填写“出口收汇核销单”

“出口收汇核销单”简称核销单,指由国家外汇管理局制发、出口单位和受托行及解付行填写,海关凭以受理报关,外汇管理部门凭以核销收汇的有顺序编号的凭证。

出口单位应到当地外汇管理部门申领经外汇管理部门加盖“监督收汇”章的核销单。在货物报关时,出口单位必须向海关出示有关核销单,凭有核销单编号的报关单办理报关手续,否则海关不予受理报关。

出口商点“外管局”,再点“申领核销单”,即从外管局取得“出口收汇核销单”,再到单据列表中进行填写,填写说明见表3.18,填写完点“保存”。

步骤二十:凭“出口收汇核销单”到“海关”办理核销单的口岸备案

出口商到“业务中心”,点“海关”,再点“备案”,即凭填好的“出口收汇核销单”办理备案。

步骤二十一:出口商填“出口货物报关单”

“出口货物报关单”是出口商向海关申报出口的重要单据,也是海关直接监督出口行为、核准货物放行及对出口货物汇总统计的原始资料,直接决定了出口外销活动的合法性。“出口货物报关单”由中华人民共和国海关统一印制。

添加“出口货物报关单”表单,填写说明见表3.19,填写完点“保存”。

步骤二十二:出口商送货到海关

点“海关”,再点“备案”右边的“送货”,将货物送到海关指定地点。

步骤二十三:出口报关、货物出运

出口货物报关单填写完成后,点“送货”右边的“报关”,选择单据“商业发票”、“装箱单”、“出境货物通关单”(不需要出口检验的商品可免附)、“出口收汇核销单”、“出口货物报关单”,点“报关”。完成报关后,同时货物自动装船出运。

步骤二十四:出口商船公司取提单

出口商点“船公司”,再点“取回提单”,将提单取回,填写说明见表3.20。

步骤二十五:出口商填“装船通知”

“装船通知”(SHIPPING ADVICE)是出口商向进口商发出货物已于某月某日或将于某月某日装运某船的通知。“装船通知”的作用在于方便买方购买保险或准备提货手续,其内容通常包括货名、装运数量、船名、装船日期、契约或信用证号码等。

添加“SHIPPING ADVICE”表单,填写说明见表3.21,填写完点“保存”。

步骤二十六:发送“装船通知”

填写完成后,点“船公司”,再点“发送装船通知”,将“装船通知”发送给进口商。

步骤二十七:(A)出口商填“汇票”;(B)进口商查看“装船通知”

“汇票”简称B/E,是出票人签发的,要求受票人在见票时或在指定的日期无条件支付一定金额给其指定的受款人的书面命令。

“汇票”名称一般使用BILL OF EXCHANGE、EXCHANGE、DRAFT,一般已印妥,但英国的票据法没有汇票必须注名称的规定。

“汇票”一般为一式两份,第一联、第二联在法律上无区别,其中一联生效则另一联自动作废。港澳地区一次寄单可只出一联。为防止单据可能在邮寄途中遗失造成的麻烦,一般远洋单据都按两次邮寄。

添加“汇票”表单,填写说明见表3.22,填写完点“保存”。

步骤二十八:(A)出口商向出口地银行交单托收;(B)进口商填写“货物运输保险投保单”

凡按FOB和CFR条件成交的进口货物,由进口商负责逐笔办理投保手续。根据进出口合同或信用证规定,在备妥货物并已确定装运日期和运输工具后,按约定的保险险别和保险金额,向保险公司投保。投保时应填制投保单并支付保险费(保险费 = 保险金额 × 保险费率),保险公司凭以出具保险单或保险凭证。

投保的日期应不迟于货物装船的日期。投保金额若合同没有明示规定,应按CIF价格加成10%。

添加“货物运输保险投保单”表单,填写说明见表3.16,填写完点“保存”。

步骤二十九:(A)出口地银行审单;(B)进口商保险公司办理保险,取得“货物运输保险单”

所需单据“商业发票”和“货物运输保险投保单”。办理完成后,保险公司签发“货物运输保险单”,填写说明见表3.17。

步骤三十:出口地银行送单据到进口地银行

步骤三十一:进口地银行审单

步骤三十二:进口地银行通知进口商取单

步骤三十三:进口商承兑汇票

步骤三十四:进口商取回单据

步骤三十五:进口商到船公司换“提货单”

进口商点“业务中心”里的“船公司”,再点“换提货单”。

步骤三十六:进口商填入境货物报检单

“入境货物报检单”所在列各栏必须填写完整、准确、清晰,若填写栏目没有内容,则以斜杠“/”表示,不得留空。

添加“入境货物报检单”表单,填写说明见表3.24,填写完成后点“保存”。

步骤三十七:进口商进口报检

进口商回到“业务中心”,点“检验机构”,再点“申请报检”,选择单据“销货合同”、“商业发票”、“装箱单”、“提货单”、“入境货物报检单”,点“报检”。报检完成后,检验机构签发“入境货物通关单”,凭以报关。

步骤三十八:进口商填“进口货物报关单”

“进口货物报关单”是进口单位向海关提供审核是否合法进口货物的凭据,也是海关据以征税的主要凭证,同时还作为国家法定统计资料的重要来源。一般贸易货物进口时,应填写“进口货物报关单”一式两份,并随附一份报关行预录入打印的报关单一份。

添加“进口货物报关单”表单,填写说明见表3.25,填写完成后点“保存”。

步骤三十九:进口商到海关进行进口报关

填写完“进口货物报关单”后,点“业务中心”的“海关”,再点“报关”,选择“销货合同”、“商业发票”、“装箱单”、“提货单”、“入境货物通关单”(不需进口检验的商品可免附)、“进口货物报关单”前的复选框,点“报关”。完成报关后,海关加盖放行章后返还提货单与进口报关单。

步骤四十:进口商缴税

进口商点“报关”旁边的“缴税”,缴纳税款。

步骤四十一:进口商提货

进口商点“缴税”旁的“提货”,领取货物。

步骤四十二:消费市场销货

点“业务中心”里的“市场”,再点“销货”,选择编号为××××××的产品,点“确定”即可销售货物。至此,该笔交易完成。

步骤四十三:进口商到银行领取并填写“贸易进口付汇核销单”

“贸易进口付汇核销单(代申报单)”(以下简称进口核销单)系指由国家外汇管理局监制、保管和发放,进口单位和银行填写,银行凭以为进口单位办理贸易进口项下的进口售付汇和核销的凭证。每份进口核销单只能凭以办理一笔售付汇手续。

根据《国际收支统计申报办法实施细则》,进口核销单既用于贸易项下进口售付汇核销,又用于国际收支申报统计。在填写进口核销单时,应注意各项内容与售付汇情况是否一致,填写说明见表3.4。

步骤四十四:进口商汇票到期付款

步骤四十五:进口商填“贸易进口付汇到货核销表”

根据《进口付汇核销监管暂行办法》规定,进口单位应当在有关货物进口报关后一个月内向外汇局办理核销报审手续。

在办理核销报审时,已到货的进口单位应当如实填写“贸易进口付汇到货核销表”;未到货的填写“贸易进口付汇未到货核销表”。在办理到货报审手续时,必须提供“进口付汇到货核销表”(一式两份,均为打印件并加盖公司章)。

添加“贸易进口付汇到货核销表”表单,填写说明见表3.26,填写完成后点“保存”。

步骤四十六:外管局办理进口付汇核销

填写完“贸易进口付汇到货核销表”回到“业务中心”,点“外管局”,再点“付汇核销”,选择单据“进口付汇核销单”、“进口货物报关单”、“贸易进口付汇到货核销表”前的复选框,点“付汇核销”。

步骤四十七:出口商到银行办理结汇

出口商收取银行发来的可以结汇的通知邮件,到银行办理结汇,在“业务中心”里点“出口地银行”,再点“结汇”,结收货款,同时银行签发“出口收汇核销专用联”,用以出口核销。

步骤四十八:出口商填“出口收汇核销单送审登记表”

“出口收汇核销单送审登记表”是退税单位在办理核销手续时填写交外汇局的,一般都是退税单位自制的格式。

添加“出口收汇核销单送审登记表”表单,填写说明见表3.23,填完点“保存”。

步骤四十九:出口商外管局办理核销

出口商回到“业务中心”,点“外管局”,再点“办理核销”,选中单据“商业发票”、“出口货物报关单”、“出口收汇核销单”、“出口收汇核销专用联”、“出口收汇核销单送审登记表”前的复选框,点“核销”,完成核销手续的办理。同时外管局盖章后返还出口收汇核销单第三联,用以出口退税。

步骤五十:出口商到国税局出口退税

出口商在外管局办理完核销手续后,到国税局办理出口退税,选中单据“商业发票”、“出口货物报关单”、“出口收汇核销单”(第三联)前的复选框,点“退税”,完成退税手续的办理。

第三部分　单据及注释

一、外销合同

外销合同见表3.1。

表3.1　外销合同

(1)						
(2)						
SALES CONFIRMATION						
Messrs：	(3)				No.	100000 (4)
					Date：	(5)
Dear Sirs.						
We are pleased to confirm our sale of the following goods on the terms and conditions set forth below.						
Choice	Product No.	Description	Quantity	Unit	Unit Price	Amount
					[ ][ ]	
(6)	(7)	(8)	(9)	(10)	(11)	(12)
		(13) Total：				[ ][ ]
Say Total：	(14)					
Payment：	(15)					
Packing：	(16)					
Port of Shipment：	(17)					
Port of Destination：	(18)					
Shipment：	(19)					
Shipping Mark：	(20)					
Quality：	(21)					
Insurance：	(22)					
Remarks：	(23)					
BUYERS(24)				SELLERS(25)		
(Manager Signature)				(Manager Signature)		

【注释】　外销合同可以由出口商或进口商起草,国内购销合同也可以由出口商或工厂起草,然后送对方签字确认即可。本处以出口方起草为例。

(1)出口商的英文名称。

(2)出口商的英文地址。

(3)Messrs。交易对象(即进口商)的名称及地址。

(4) No.。销货合同编号，由卖方自行编设，以便存储归档管理之用。

(5) Date。填写销货合同制作日期。

例如：① 2007－02－18 或 02－18－2007；

② February 18, 2007 或 Feb 18,2007；

③ 070218（信用证电文上的日期格式）；

④ 2007/02/18 或 02/18/2007。

(6) 项目号。交易商品的项目数。

(7) Product No.。货号。

(8) Description。品名条款。详细填明各项商品的英文名称及规格。

(9) Quantity。数量条款。填写交易的货物数量，为便于装运并节省运费，通常以一个20′或40′集装箱的可装数量作为最低交易数量。

(10) Unit。货物数量的计量单位。

填写销售单位而非包装单位，以适合该货物计量的单位为准。不同类别的产品，销售单位和包装单位不同，例如，食品类的销售单位是 CARTON，钟表类的销售单位则是 PC。

(11) Unit Price。价格条款。货物的价格指货物的单价（Unit Price）（一个销售单位）。单价一般包括贸易术语、计价货币与单价金额等内容。

①贸易术语。请填于上方空白栏中，填写格式为：FOB 后加“启运港”或“出口国家名称”；CFR 或 CIF 加“目的港”或“进口国家名称”。

②计价货币与单价金额。依双方约定填写。

(12) Amount。币种及各项商品总金额。总金额＝单价×数量。注意：此栏应与每一项商品相对应。

(13) Total。货物总计。填入所有货物累计的总数量和总金额（包括相应的计量单位与币种）。

(14) Say Total。以英文（大写）写出该笔交易的总金额。必须与货物总价数字表示的金额一致。例如，U. S. DOLLARS EIGHTY NINE THOUSAND SIX HUNDRED ONLY。

(15) Payment。支付条款。它规定了货款及其从属费用的支付工具、支付方式等内容。

常用支付方式有：L/C（信用证）、D/P（付款交单）、D/A（承兑交单）及 T/T（电汇）。选择其中一种，并将支付条款的具体要求写在后面。例如，By a prime bankers irrevocable sight letter of credit in sellers favor for 100% of invoice value.（全部凭银行所开的不可撤销即期信用证付款，以卖方为受益人。）

(16) Packing。包装条款。包括包装材料、包装方式和每件包装中所含物品的数量或重量等内容。

如：3060Gx6Tins per carton. Each of the carton should be indicated with Product No., Name of the Table, G. W., and C/NO.

(17) Port of Shipment。启运港名称，为中国港口之一。

(18) Port of Destination。目的港名称。

通常已由买方在双方签订合约之前的往来磋商函电中告知卖方。

(19) Shipment。装运条款。包括装运时间、装运港或装运地、目的港或目的地，以及分批装运和转运等内容，有的还规定卖方应予交付的单据和有关装运通知的条款。

(20)Shipping Mark。运输标志(唛头)。如没有唛头,应填“No Mark”或“N/M”。

例如,CHAB(货品名称),ABU DHABI(进口商所在国家),C/NO. 1 - 100(集装箱顺序号和总件数),MADE IN CHINA(货物原产地)。

(21)Quality。质量条款。包括商品的质量、等级、规格。例如,As per samples No. MBS/008 and CBS/002 submitted by seller on April 12, 2006.(同卖方于2006年4月12日所提供,编号MBS/006及CBS/008样品。)

(22)Insurance。保险条款。可填“Insurance effected by buyer”。在CIF条件下,由卖方投保,应具体载明投保的险别、保险金额、保单类别、适用条款、索赔地点及币种等事项。

(23)Remarks。备注。外贸公司多使用格式化的合同,难免有需要改动和补充之处,有特殊规定或其他条款可在此栏说明。

(24)BUYERS(Manager Signature)。进口商公司负责人签名。上方空白栏填写公司英文名称,下方则填写公司法人英文名称。

(25)SELLERS(Manager Signature)。出口商公司负责人签名。上方空白栏填写公司英文名称,下方则填写公司法人英文名称。

二、出口预算表

出口预算表见表3.2。

表3.2　出口预算表

合同号:

预算表编号:STEBG000570　　　　(注:本预算表填入的位数全部为本位币)

项目		预算金额	实际发生金额
合同金额	(1)		
采购成本	(2)		
FOB总价	(3)		
内陆运费	(4)		
报检费	(5)		
报关费	(6)		
海运费	(7)		
保险费	(8)		
核销费	(9)		
银行费用	(10)		
其他费用	(11)		
退税收入	(12)		
利润	(13)		

【注释】　出口商在将已起草好的合同送进口商之前,应填制出口预算表,否则不能送出合同。出口预算表是就该笔合同中可能发生的费用做出预算,以确保能够从该笔合同中获利。当合同完成后,再比照预算表中实际发生的金额,查看计算错误的部分。

(1)合同金额。双方议定的合同金额。注意:需换算成本币。例如,合同金额定为USD 16000,查当前美元兑换人民币的汇率为6.29,则合同金额为16000 × 6.29 = RMB 100640。

(2)采购成本。通过邮件和工厂联络,询问采购价格,用以成本核算。例如,某商品工厂报价为每只RMB 80,则采购971只的采购成本为80 × 971 = RMB 77680。

(3)FOB 总价。签订合同时所订的货物 FOB 价总金额。此处出口商在出口报价时就应综合考虑,先计算出采购成本,然后加上各项费用支出(可大致估算),并给出一定的利润空间,在此基础上进行报价,如不是 FOB 价,则要进行换算。

由 CFR 换算成 FOB 价:FOB = CFR - 海运费。

由 CIF 换算成 FOB 价:FOB = CIF - 海运费 - 保险费。

(4)内陆运费。内陆运费率常为 RMB 60/立方米(注:立方米即 CBM),内陆运费 = 出口货物的总体积 ×60。

(5)报检费。报检费为 RMB 200/次。

(6)报关费。报关费为 RMB 200/次。

(7)海运费。采用 CFR、CIF 贸易术语出口时,出口商需核算海运费。若为 FOB 方式,此栏填"0"。

①运费计算的基础。运费单位(FREIGHT UNIT),是指船公司用以计算运费的基本单位。由于货物种类繁多,打包情况不同,装运方式有别,计算运费标准不一。

A. 整箱装。以集装箱为运费的单位,有 20′集装箱与 40′集装箱两种。20′集装箱有效容积为 25 CBM,限重 17.5 TNE;40′集装箱有效容积为 55 CBM,限重 26 TNE,其中 1 TNE = 1000 KGS。

B. 拼箱装。由船方以能收取较高运价为准,运价表上常注记 M/W 或 R/T,表示船公司将就货品的重量吨或体积吨两者中择其运费较高者计算。

拼箱装时计算运费的单位为:

a. 重量吨(WEIGHT TON)。按货物总毛重,以一公吨(1 TNE = 1000 KGM)为一个运费吨;

b. 体积吨(MEASUREMENT TON)。按货物总毛体积,以一立方米(1 Cubic Meter;简称 1 MTQ 或 1 CBM 或 1 CUM)为一个运费吨。

在核算海运费时,出口商首先要根据报价数量算出产品体积,找到对应该批货物目的港的运价。如果报价数量正好够装整箱(20′集装箱或 40′集装箱),则直接取其运价为基本运费;如果不够装整箱,则用产品总体积(或总重量,取运费较多者)× 拼箱的价格来算海运费。

②运费分类计算方法。

A. 整箱装:整箱运费分 3 部分,总运费等于 3 部分费用的和。

a. 基本运费:基本运费 = 单位基本运费 × 整箱数。

b. 港口附加费:港口附加费 = 单位港口附加费 × 整箱数。

c. 燃油附加费:燃油附加费 = 单位燃油附加费 × 整箱数。

B. 拼箱装:拼箱运费只有基本运费,分按体积与重量计算两种方式。

a. 按体积计算:x_1 = 单位基本运费(MTQ)× 总体积。

b. 按重量计算:x_2 = 单位基本运费(TNE)× 总毛重。

注:取 x_1、x_2 中较大的一个。

例如:飞达牌自行车出口到美国,目的港是波士顿港口。试分别计算交易数量为 1000 辆和 2598 辆的海运费。

解:①计算产品体积与重量。该商品的体积是每箱 0.0576 CBM,每箱毛重 21 KGS,每箱装 6 辆。先计算产品体积。

报价数量为1000辆,则

$$总包装箱数=1000\div 6=166.6\approx 167(箱)$$

$$总体积=167\times 0.0576=9.6\ (CBM)$$

$$总毛重=1000\div 6\times 21=3500\ KGS=3.5\ (TNE)$$

报价数量为2598辆,则

$$总包装箱数=2598\div 6=433(箱)$$

$$总体积=433\times 0.0576=24.940\ (CBM)$$

$$总毛重=2598\div 6\times 21=9093\ KGS=9.093\ (TNE)$$

②查运价。

运至美国波士顿港的基本运费为:每20′集装箱USD 3290,每40′集装箱USD 4410,拼箱每体积吨(MTQ)USD 151,每重量吨(TNE)USD 216;

港口附加费为:每20′集装箱USD 132,每40′集装箱USD 176;

燃油附加费为:每20′集装箱USD 160,每40′集装箱USD 215;美元兑换人民币的汇率为6.29。

根据第①步计算出的结果来看,比照集装箱规格(已在运费计算基础中写明,20′集装箱的有效容积为25 CBM,限重17.5 TNE,40′集装箱的有效容积为55 CBM,限重26 TNE,其中1 TNE=1000 KGS),1000辆的运费宜采用拼箱,2598辆的海运费宜采用20′集装箱。

①报价数量为1000辆,按体积计算

$$基本运费=9.6\times 151=1449.6(美元)$$

按重量计算

$$基本运费=3.5\times 216=756(美元)$$

两者比较,体积运费较大,船公司收取较大者,则基本运费为USD 1449.6。

$$总运费=1449.6\times 6.29=9117.98\ (RMB)$$

②报价数量为2598件,由于体积和重量均未超过一个20′集装箱的体积与限重,所以装一个20′集装箱即可。

$$总运费=1\times(3290+132+160)\times 6.29=22530.78(RMB)$$

(8)保险费。在出口交易中,在以CIF条件成交的情况下,出口商需向保险公司申请投保,核算保险费。如系CFR或FOB方式,此栏填"0"。计算公式如下:

$$保险费=保险金额\times 保险费率$$

$$保险金额=CIF货价\times(1+保险加成率)$$

在进出口贸易中,根据有关的国际惯例,保险加成率通常为10%,出口商也可根据进口商的要求与保险公司约定不同的保险加成率。

例如,某商品的CIF总价为USD 9000,进口商要求按成交价格的110%投保协会货物保险条款(A)(保险费率为0.8%)和战争险(保险费率为0.08%),则出口商应付给保险公司的保险费用为:

$$保险金额=9000\times 110\%=9900(美元)$$

$$保险费=9900\times(0.8\%+0.08\%)=87.12(美元)$$

若美元兑换人民币的汇率为6.29,则换算人民币为87.12×6.29=547.98。

(9)核销费。核销费为RMB 10/次。

(10)银行费用。不同的结算方式,银行收取的费用也不同(其中,T/T 方式出口地银行不收取费用),通常:银行费用 = 总金额 × 银行费率。

例如:某合同总金额为 USD 29000 时,分别计算在 L/C、D/P、D/A 方式下的银行费用?(假设 L/C 方式时修改过一次信用证)

解:①查询费率。L/C 通知费 RMB 200/次、修改通知费 RMB 100/次、议付费率 0.13%(最低 200 元)、D/A 费率 0.1%(最低 100 元,最高 2000 元)、D/P 费率 0.1%(最低 100 元,最高 2000 元)。

②查询汇率,美元兑换人民币的汇率为 6.29。

③计算银行费用。

L/C 银行费用 = 29000 × 0.13% × 6.29 + 200 + 100 = 537.13(RMB)

D/P 银行费用 = 29000 × 0.1% × 6.29 = 182.41(RMB)

D/A 银行费用 = 29000 × 0.1% × 6.29 = 182.41(RMB)

(11)其他费用。包括公司综合费用、检验证书费、邮费及产地证明书费,其中检验证书费为出口商在填写出境报检单时,所申请的检验证书,如健康证书、植物检疫证书等。出口商公司综合费用为合同金额的 5%;每张证书收费 200 元;邮费则是在 T/T 方式下出口商向进口商邮寄单据时按次收取每次 28 美元。

(12)退税收入。不同的商品出口退税的比例是不同的,一般商品出口退税率为 17%,消费税从价计为 30%。如果一笔合同涉及多项商品,要分别计算累加。

退税收入 = 应退增值税 + 应退消费税 =

采购成本/(1 + 增值税率) × 出口退税率 + 采购成本 × 消费税税率

(13)利润。以上各项收入与支出合起来运算得,利润 = 合同金额 + 退税收入 - 采购成本 - 内陆运费 - 报检费 - 报关费 - 海运费 - 保险费 - 核销费 - 银行费用 - 其他费用。

三、进口预算表

进口预算表见表 3.3。

表 3.3　进口预算表

合同号:　(1)

预算表编号:　(2)　　　　(注:本预算表填入的位数全部为本位币)

项目	预算金额	实际发生金额
合同金额　(3)		
CIF 总价　(4)		
内陆运费　(5)		
报检费　(6)		
报关费　(7)		
关税　(8)		
增值税　(9)		
消费税　(10)		
海运费　(11)		
保险费　(12)		
银行费用　(13)		
其他费用　(14)		

【注释】进口商在确认合同之前,需就该笔合同中可能发生的费用支出做进口预算,以确保能够从该笔合同中获利;当合同完成后,再比照预算表中实际发生的金额,查看计算错误的部分。

(1)合同号。外销合同编号。

(2)预算表编号。

(3)合同金额。双方议定的合同金额,注意需换算成进口商的本币。

(4)CIF 总价。签订合同时所订的货品总金额。如不是 CIF 价,则要进行换算。

由 FOB 换算成 CIF 价:CIF = FOB + 海运费 + 保险费。

由 CFR 换算成 CIF 价:CIF = CFR + 保险费。

注意:如不是以本币订立的合同,则要进行换算。

假设某合同以美元计价,合同金额为 USD 39000,而进口商的本币为日元(JPY),美元兑换人民币的汇率为 6.29,日元兑换人民币的汇率为 0.081026。则该栏应填入的金额为:

$$39000 \times 6.29 \div 0.081026 = 3027546.71(\text{JPY})$$

(5)内陆运费。内陆运费为 RMB 60/立方米(CBM),假设进口商的本币为美元,美元兑换人民币的汇率为 6.29,则

$$\text{内陆运费} = \text{出口货物的总体积} \times 60 \div 6.29$$

(6)报检费。报检费率为 RMB 200/次,美元兑换人民币的汇率为 6.29,则

$$\text{报检费} = 200 \div 6.29 = 31.80(\text{USD})$$

(7)报关费。报关费为 RMB 200/次,美元兑换人民币的汇率为 6.29,报

$$\text{关费} = 200 \div 6.29 = 31.80(\text{USD})$$

(8)关税。计算时要用 CIF 总价,而不是合同金额。

$$\text{商品进口税} = \text{该项商品 CIF 总价} \times \text{进口优惠税率}$$

(9)增值税。计算时要用 CIF 总价,而不是合同金额。增值税率为 17%。如果一笔合同涉及多项商品,则需分别计算再累加。

$$\text{商品增值税} = (\text{该项商品 CIF 总价} + \text{进口关税税额} + \text{消费税税额}) \times \text{增值税率}$$

(10)消费税。计算时要用 CIF 总价,而不是合同金额。

$$\text{从价商品消费税} = (\text{该项商品 CIF 总价} + \text{进口关税税额}) \times \frac{\text{消费税税率}}{1 - \text{消费费税率}}$$

$$\text{从量商品消费税} = \text{应征消费税的商品数量} \times \text{消费税单位税额}$$

(11)海运费。采用 FOB 术语进口成交时,进口商需核算海运费。如为 CIF 或 CFR 方式,则此栏填“0”。

在进出口交易中,集装箱类型的选用,货物的装箱方法对于进口商减少运费开支起着很大的作用。需要考虑的内容包括:集装箱的尺码、重量,货物在集装箱内的配装、排放以及堆栈等。

注意:如果进口商的本币不是美元,需再查本币汇率将计算结果换算成本币,换算方法请参照前面 CIF 总价的汇率换算。

运费计算的基础及运费分类计算的方法参见出口预算表注释。

(12)在保险费进口交易中,在以 FOB、CFR 条件成交的情况下,进口商需要办理保险,核算保险费。如系 CIF 方式,此栏填"0"。公式如下:

保险费 = 保险金额 × 保险费率

保险金额 = CIF 货价 × (1 + 保险加成率)

保险金额以进口货物的 CIF 价格为准,若要加成投保,可以加成10%为宜,则按 CFR 条件进口时,保险费计算公式为:

保险费 = (CIF × 1.1) × 保险费率

按 FOB 进口时,保险费计算公式为:

保险费 = (FOB + 海运费) × [(k × r)/(1 - k × r)]

其中,k 为 1 + 保险加成率;r 为保险费率。

某商品的 FOB 价格为 7296 美元,海运费 1550 美元,要按成交价格的 110% 投保协会货物保险条款(A)(保险费率 0.8%)和战争险(保险费率 0.08%),试计算进口商应付给保险公司的保险费用(假设进口商的本币为美元)?

解:保险费 = (7296 + 1550) × 1.1 × (0.8% + 0.08%) ÷
[1 - 1.1 × (0.8% + 0.08%)] =
80.6293 ÷ 0.99032 = 86.47(美元)

注意:如果进口商的本币不是美元,则需再查本币汇率将计算结果换算成本币,换算方法参照前面 CIF 总价的汇率换算。

(13)银行费用 不同的结汇方式,银行收取的费用也不同。

例如,进出口商合同总金额为 USD 29000 时,分别计算进口商在 L/C、D/P、D/A、T/T 方式下的银行费用(假设 L/C 方式时修改过一次信用证)?

解:①查询费率。例如:开证手续费率 0.15%(最低 200 元),修改手续费率 200 RMB/次、付款手续费率 0.13%(最低 200 元)、D/A 费率 0.1%(最低 100 元,最高 2000 元)、D/P 费率 0.1%(最低 100 元,最高 2000 元)、T/T 费率 0.08%。

②计算银行费用(假设进口商的本币为美元)。在 L/C 方式下:

开证手续费 = 29000 × 0.15% = 43.5(美元)

修改手续费 = 200 / 6.29 = 31.80(美元)

付款手续费 = 29000 × 0.13% = 37.7(美元)

L/C 银行费用 = 开证手续费 + 修改手续费 + 付款手续费 = 113(美元)

D/A 银行费用 = 29000 × 0.1% = 29(美元)

D/P 银行费用 = 29000 × 0.1% = 29(美元)

T/T 银行费用 = 29000 × 0.08% = 23.2(美元)

注意:如果进口商的本币不是美元,需换算成本币。

(14)其他费用。进口商公司综合费用。例如,进口综合费用为合同金额的 5%。

四、贸易进口付汇核销单

贸易进口付汇核销单见表3.4。

表3.4　贸易进口付汇核销单(代申报单)

印单局代码：(1)　　　　　　　　核销单编号:STICA000260

单位代码　(2)	单位名称　(3)	所在地外汇局名称　(4)	
付汇银行名称　(5)	收汇人国别　(6)	交易编码　(7)	
收款人是否在保税区:是□　否□(8)	交易附言　(9)		
对外付汇币种　(10)	对外付汇总额　(11)		
其中:购汇金额	现汇金额	其他方式金额	
人民币账号	外汇账号		
付汇性质(12)			
□正常付汇			
□不在名录	□90天以上信用证	□90天以上托收	□异地付汇
□90天以上到货	□转口贸易		
备案表编号			
预计到货日期	进口批件号	合同/发票号	
结算方式(13)			
信用证　90天以内□　90天以上□	承兑日期	付汇日期	期限　天
托收　90天以内□　90天以上□	承兑日期	付汇日期	期限　天
汇款　预付货款□	货到付汇(凭报关单付汇)　□	付汇日期　/　/	
汇款　报关单号	报关日期	报关单币种	金额
汇款　报关单号	报关日期	报关单币种	金额
汇款　报关单号	报关日期	报关单币种	金额
汇款　报关单号	报关日期	报关单币种	金额
汇款　报关单号	报关日期	报关单币种	金额
(若报关单填写不完,可另附纸。)			
其他□　(14)	付汇日期　/　/		
以下由付汇银行填写			
申报号码:(15)			
业务编号:	审核日期:　/　/	(付汇银行签章)	

【注释】“贸易进口付汇核销单”指由国家外汇管理局监制、保管和发放,进口单位和银行填写,银行凭以为进口单位办理贸易进口项下的进口售付汇和核销的凭证。每份进口核销单只能凭以办理一笔售付汇手续。填写时应注意各项内容与售付汇情况一致。

(1)印单局代码。印制本核销单的6位外汇局代码。

(2)单位代码。根据国家技术监督局颁发的组织机构代码填写。

(3)单位名称。申报单位名称。

(4)所在地外汇局名称。付汇单位所在地外汇局名称。

(5)付汇银行名称。进口地银行。

(6)收汇人国别。出口国家。指该笔对外付款的实际收款人常驻国家,如“China”。

(7)交易编码。按对外付汇交易的性质对应国家外汇管理局国际收支交易编码表填。

0101　一般贸易

0102　国家间、国际组织无偿援助和赠送的物资

0103　华侨、港澳台同胞、外籍华人捐赠物资

0104　补偿贸易

0105　来料加工装配贸易

0106　进料加工装配贸易

0107　寄售代销贸易

0108　边境小额贸易

0109　来料加工装配进口的设备

0111　租赁贸易

0112　免税外汇商品

0113　出料加工贸易

0114　易货贸易

0115　外商投资企业进口供加工内销的料、件

0116　其他

0201　预付货款

(8)收汇人是否在保税区。

(9)交易附言。付款人对该笔对外付款用途的描述,可不填。

(10)对外付汇币种、报关单币种。按币种的英文缩写填写,如 USD。

(11)对外付汇总额。购汇金额、现汇金额及其他方式金额。

(12)付汇性质。"正常付汇"指除不在名录、90 天以上信用证、90 天以上托收、异地付汇、90 天以上到货、转口贸易、境外工程使用物资、真实性审查以外无须办进口付汇备案业务的付款业务。

"90 天以上信用证"及"90 天以上托收"均系指付汇日期距承兑日期在 90 天以上的对外付汇业务;除"正常付汇"之外的各付汇性质在标注"√"时,均需对应填写备案表编号。

(13)结算方式。90 天以内信用证、90 天以内托收的付汇日期距该笔付汇的承兑日期均小于 90 天且含 90 天;90 天以上信用证、90 天以上托收的付汇日期距该笔付汇的承兑日期均大于 90 天;结算方式为"货到付汇"时,应同时填写对应"报关单号"、"报关日期"、"报关单币种"、"金额"。

(14)其他各栏。均应按栏目提示对应填写。

(15)申报号码。共 22 位。第 1 至第 6 位为地区标识码、第 7 至第 10 位为银行标识码、第 11 和第 12 位为金融机构顺序号、第 13 至第 18 位为该笔贸易进口付汇的付汇日期或该笔对外付汇的申报日期,最后 4 位为银行营业部门的当日业务流水码。

五、不可撤销信用证申请书

不可撤销信用证申请书见表3.5。

表3.5 不可撤销信用证申请书

IRREVOCABLE DOCUMENTARY CREDIT APPLICATION

To:(1) DATE:(2)

<table>
<tr><td colspan="2">□Issue by airmail (3)
□With brief advice by teletransmission
□Issue by express delivery
□Issue by teletransmission (which shall be the operative instrument)</td><td>Credit NO.

Date and place of expiry (4)</td></tr>
<tr><td colspan="2">Applicant
(5)</td><td>Beneficiary(Full name and address)
(6)</td></tr>
<tr><td colspan="2">Advising bank (7)</td><td>Amount (8)
[ ][ ]</td></tr>
<tr><td>Partial shipments (9)
□allowed □not allowed</td><td>Transhipment (10)
□allowed □not allowed</td><td rowspan="3">Credit available with (13)
By (14)
□sight payment □acceptance □negotiation
□deferred payment at ______
against the documents detailed herein
□and beneficiary's draft(s) for (15) % of invoice value at ______ sight
drawn on ______</td></tr>
<tr><td colspan="2">Loading on board/dispatch/taking in charge at/from
(11)
not later than
For transportation to</td></tr>
<tr><td colspan="2">□FOB □CFR □CIF
□or other terms (12)</td></tr>
</table>

Documents required:(marked with X) (16)

1. ( ) Signed commercial invoice in ______ copies indicating L/C No. ______ and Contract No. ______
2. ( ) Full set of clean on board Bill of Lading made out to order and blank endorsed, marked "freight [ ] to collect/[ ] prepaid [ ] showing freight amount" notifying ______.
   ( ) Airway bills/cargo receipt/copy of railway bills issued by ______ showing "freight [ ] to collect/[ ] prepaid [ ] indicating freight amount" and consigned to ______.
3. ( ) Insurance Policy/Certificate in ______ copies for ______ % of the invoice value showing claims payable in ______ in currency of the draft, blank endorsed, covering ______.
4. ( ) Packing Lis/Weight Memo in ______ copies indicating quantity, gross and weights of each package.
5. ( ) Certificate of Quantity/Weight in ______ copies issued by ______.
6. ( ) Certificate of Quality in ______ copies issued by [ ] manufacturer/[ ] public recognized surveyor ______.
7. ( ) Certificate of Origin in ______ copies issued by ______.
8. ( ) Beneficiarys certified copy of fax/telex dispatched to the applicant within ______ hours after shipment advising L/C No. name of vessel, date of shipment, name, quantity, weight and value of goods.

Other documents, if any (17)

Description of Goods: (18)

Additional instructions: (19)

1. ( ) All banking charges outside the opening bank are for beneficiary's account.
2. ( ) Documents must be presented within ______ days after date of issuance of the transport documents but within the validity of this credit.
3. ( ) Third party as shipper is not acceptable, Short Form/Blank B/L is not acceptable.
4. ( ) Both quantity and credit amount ______ % more or less are allowed.
5. ( ) All documents must be forwarded in ______.
   ( ) Other terms, if any

【注释】 信用证申请书主要依据贸易合同中的有关主要条款填制,申请人填制后附合同副本一并提交银行,供银行参考、核对。但信用证一经开立则独立于合同,因而在填写开证申请时应审慎查核合同的主要条款,并将其列入申请书中。一般情况下,信用证申请书都由开证银行事先印就,以便申请人直接填制。开证申请书通常为一式两联,申请人除填写正面内容外,还须签具背面的"开证申请人承诺书"。

(1)To。开证行名称,即致________行。

(2)Date。申请开证日期。

(3)开证方式。

①Issue by airmail。以信开的形式开立信用证。选择此种方式,开证行以航邮将信用证寄给通知行。

②With brief advice by teletransmission。以简电开的形式开立信用证。选择此种方式,开证行将信用证主要内容发电预先通知受益人,银行承担必须使其生效的责任,但简电本身并非信用证的有效文本,不能凭以议付或付款,银行随后寄出的"证实书"才是正式的信用证。

③Issue by express delivery。以信开的形式开立信用证。

选择此种方式,开证行以快递(如DHL)将信用证寄给通知行。

④Issue by teletransmission (which shall be the operative instrument)。以全电开的形式开立信用证。选择此种方式,开证行将信用证的全部内容加注密押后发出,该电讯文本为有效的信用证正本。如今大多用"全电开证"的方式开立信用证。

(4)Date and place of expiry。信用证有效期及地点。地点填受益人所在国家。如070606 IN THE BENEFICIARY'S COUNTRY.

(5)Applicant。开证申请人名称及地址。开证申请人(Applicant)又称开证人(Opener),系指向银行提出申请开立信用证的人,一般为进口人,就是买卖合同的买方。开证申请人为信用证交易的发起人。

(6)Beneficiary (Full name and address)。受益人全称和详细地址。受益人指信用证上所指定的有权使用该信用证的人。一般为出口人,即买卖合同的卖方。

(7)Advising Bank。通知行名址。如果该信用证需要通过收报行以外的另一家银行转递、通知或加具保兑后给受益人,该项目内填写该银行。

(8)Amount。信用证金额。分别用数字小写和文字大写。以小写输入时须包括币种与金额,如USD89600;U. S. DOLLARS EIGHTY NINE THOUSAND SIX HUNDRED ONLY。

(9)Partial shipments。分批装运条款。

填写跟单信用证项下是否允许分批装运。

(10)Transhipment。转运条款。填写跟单信用证项下是否允许货物转运。

(11)Loading on board/dispatch/taking in charge at/from。装运港。not later than:最后装运期,如070616。

For transportation to。目的港。

(12)价格条款。根据合同内容选择或填写价格条款。

(13)Credit available with。押汇银行(出口地银行)名称。此信用证可由××银行即期付款、承兑、议付、延期付款，如果信用证为自由议付信用证，银行可用"ANY BANK IN...（地名/国名）"表示。如果该信用证为自由议付信用证，而且对议付地点也无限制时，可用"ANY BANK"表示。

（14）付款方式。

①Sight Payment。此项表示开具即期付款信用证。

即期付款信用证是指受益人（出口商）根据开证行的指示开立即期汇票或无须汇票仅凭运输单据即可向指定银行提示请求付款的信用证。

②Acceptance。此项表示开具承兑信用证。

承兑信用证是指信用证规定开证行对于受益人开立以开证行为付款人或以其他银行为付款人的远期汇票，在审单无误后，应承担承兑汇票并于到期日付款的信用证。

③Negotiation。此项表示开具议付信用证。

议付信用证是指开证行承诺延伸至第三当事人，即议付行，其拥有议付或购买受益人提交信用证规定的汇票/单据权利行为的信用证。如果信用证不限制某银行议付，可由受益人（出口商）选择任何愿意议付的银行，提交汇票、单据给所选银行请求议付的信用证称为自由议付信用证，反之为限制性议付信用证。

④Deferred Payment at。此项表示开具延期付款信用证。

如果开具这类信用证，需要写明延期多少天付款。例如，at 60 days from payment confirmation（60天承兑付款）、at 60 days from B/L date（提单日期后60天付款）等。

延期付款信用证指不需汇票，仅凭受益人交来单据，审核相符，指定银行承担延期付款责任起，延长直至到期日付款。该信用证能够为欧洲地区进口商避免向政府交纳印花税而免开具汇票外，其他都类似于远期信用证。

（15）against the documents detailed herein and beneficiary's draft(s) for ________% of invoice value; at sight drawn on。连同下列单据，即受益人按发票金额________%，做成限制为________天，付款人为________的汇票。

注意：延期付款信用证不需要选择连同此单据。

"at　sight"为付款期限。如果是即期，需要在"at　sight"之间填"×××"或"—"，不能留空。

远期有几种情况：at ×× days after date（出票后××天），at ×× days after sight（见票后××天）或 at ×× days after date of B/L（提单日后××天）等。如果是远期，要注意两种表达方式的不同：一种是见票后××天（at ×× days after sight），一种是提单日后××天（at ×× days after B/L date）。这两种表达方式在付款时间上是不同的，"见单后××天"是指银行见到申请人提示的单据时间算起，而"提单日后××天"是指从提单上的出具日开始计算的××天，所以如果能尽量争取到以"见单后××天"的条件成交，等于又争取了几天迟付款的时间。

"drawn on"为指定付款人。汇票的付款人应为开证行或指定的付款行。如：against the documents detailed herein and beneficiary's draft(s) for 100 % of invoice value at ××× sight drawn on THE CHARTERED BANK

（16）Documents required：（marked with X）。信用证需要提交的单据。

根据国际商会UCP600《跟单信用证统一惯例》,信用证业务是纯单据业务,与实际货物无关,所以信用证申请书上应按合同要求明确写出所应出具的单据,包括单据的种类,每种单据所表示的内容,正、副本的份数,出单人等。一般要求提示的单据有提单(或空运单、收货单)、发票、箱单、重量证明、保险单、数量证明、质量证明、产地证、装船通知、商检证明以及其他申请人要求的证明等。

注意:如果是以CFR或CIF成交,就要要求对方出具的提单为"运费已付"(Freight Prepaid),如果是以FOB成交,就要要求对方出具的提单为"运费到付"(Freight Collect)。如果按CIF成交,申请人应要求受益人提供保险单,且注意保险险别,赔付地应要求在到货港,以便一旦出现问题,方便解决。汇票的付款人应为开证行或指定的付款行,不可规定为开证申请人,否则会被视作额外单据。

①经签字的商业发票一式________份,标明信用证号________和合同号________。

②全套清洁已装船海运提单,做成空白抬头、空白背书,注明"运费[ ]待付/[ ]已付",[ ]标明运费金额,并通知________。空运提单收货人为________,注明"运费[ ]待付/[ ]已付",[ ]标明运费金额,并通知________。

③保险单/保险凭证一式________份,按发票金额的________%投保,注明赔付地在________,以汇票同种货币支付,空白背书,投保________。

④装箱单/重量证明一式________份,注明每一包装的数量、毛重和净重。

⑤数量/重量证一式________份,由________出具。

⑥品质证一式________份,由[ ]制造商/[ ]公众认可的检验机构________出具。

⑦产地证一式________份,由________出具。

⑧受益人以传真/电传方式通知申请人装船证明副本,该证明需在装船后________日内发出,并通知该信用证号、船名、装运日以及货物的名称、数量、重量和金额。

(17) Other documents, if any。其他单据。

(18) Description of goods。货物描述。例如,01005 CANNED SWEET CORN, 3060Gx6TINS/CTN;QUANTITY: 800 CARTON;PRICE: USD14/CTN。

(19) Additional instructions。附加条款。附加条款是对以上各条款未述之情况的补充和说明,且包括对银行的要求等。

①开证行以外的所有银行费用由受益人担保。

②所需单据须在运输单据出具日后________天内提交,但不得超过信用证有效期。

③第三方为托运人不可接受,简式/背面空白提单不可接受。

④数量及信用证金额允许有________%的增减。

⑤所有单据须指定________船公司。

六、信用证

信用证见表3.6。

表3.6 信用证
LETTER OF CREDIT

27:SEQUENCE OF TOTAL
(1)
40A:FORM OF DOCUMENTARY CREDIT
(2)
20:DOCUMENTARY CREDIT NUMBER
(3)
31C:DATE OF ISSUE
(4)
31D:DATE AND PLACE OF EXPIRY
(5)
51A:APPLICANT BANK
(6)
50:APPLICANT
(7)
59:BENEFICIARY
(8)
32B:CURRENCY CODE,AMOUNT
[(9)][ ]
41D:AVAILABLE WITH BY
(10)
42C:DRAFTS AT
(11)
42A:DRAWEE
(12)
43P:PARTIAL SHIPMENTS
(13)
44A:ON BOARD/DISP/TAKING CHARGE
(14)
44B:FOR TRANSPORTATION TO
(15)
44C:LATEST DATE OF SHIPMENT
(16)
45A:DESCRIPTION OF GOODS AND/OR SERVICES
(17)
46A:DOCUMENTS REQUIRED

续表 3.6

(18)
47A:ADDITIONAL CONDITIONS
(19)
71B:CMPGES
(20)
48:PERIOD FOR PRESENTATION
(21)
49:CONFIRMATION INSTRUCTIONS
(22)
57D:ADVISE THROUGH BANK
(23)

【注释】 信用证是银行(开证行)根据申请人(一般是进口商)的要求,向受益人(一般是出口商)开立的一种有条件的书面付款保证,即开证行保证在收到受益人交付全部符合信用证规定的单据的条件下,向受益人或其指定履行付款的责任。信用证结算是依据银行开立的信用证进行的,信用证项下的所有单据是根据信用证的约定制定的。

信用证的开立可以用信函的方式,也可以用电文方式,因此信用证可以分为信开本和电开本两种形式。信开本是指以信函格式开立,并用航空挂号等方式寄出给受益人或通知行的信用证。信开信用证是早期信用证的主要形式。电开本是指采用电文格式开立并以电讯方式传递的信用证。通常采用的电讯方式主要有电报、电传和 SWIFT。电开信用证按照电文内容的详细与否,又可以分为简电本和详电本。简电本是指电文内容较简单扼要的信用证;详电本是指电文内容详细完整的信用证。

目前,详电本信用证大多采取 Telex、SWIFT 两种形式开具。Telex(电传)开具的信用证因费用较高、手续烦琐、条款文句缺乏统一性容易造成误解等原因,在实务中已为方便、迅速、安全、格式统一、条款明确的 SWIFT 信用证取代。

(1)27:SEQUENCE OF TOTAL(合计次序)。如果该跟单信用证条款能够全部容纳在该 MT700 报文中,那么该项目内就填入“1/1”。如果该证由一份 MT700 报文和一份 MT701 报文组成,那么在 MT700 报文的项目“27”中填入“1/2”,在 MT701 报文的项目“27”中填入“2/2”。

(2)40A:FORM OF DOCUMENTARY CREDIT(跟单信用证类别)。信用证中必须明确注明是“可撤销信用证”还是“不可撤销信用证”。若没有明示此点,则视该证为“不可撤销信用证”。原则上,银行只受理不可撤销信用证。

该项目内容有以下 6 种填法:

① IRREVOCABLE:不可撤销跟单信用证。

② REVOCABLE:可撤销跟单信用证。

③ IRREVOCABLE TRANSFERABLE:不可撤销可转让跟单信用证。

④ REVOCABLE TRANSFERABLE:可撤销可转让跟单信用证。

⑤ IRREVOCABLE STANDBY:不可撤销备用信用证。

⑥ REVOCABLE STANDBY：可撤销备用信用证。

详细的转让条款应在项目“47A”中列明。

(3)20：DOCUMENTARY CREDIT NUMBER（信用证号码）。该项目列明开证行开立跟单信用证的号码，在本练习中，该编号已由系统自动产生，据此编号填写即可。

(4)31C：DATE OF ISSUE（开证日期）。该项目列明开证行开立跟单信用证的日期，如070428。如果报文无此项目，那么开证日期就是该报文的发送日期。

(5)31D：DATE AND PLACE OF EXPIRY（到期日及地点）。该项目列明跟单信用证最迟交单日期和交单地点，根据开证申请书填写，如070815 IN THE BENEFICIARY' S COUNTRY。

(6)51A：APPLICANT BANK（申请人的银行）。该项目列明开证行。

(7)50：APPLICANT（申请人）。此项目列明申请人名称及地址，又称开证人（Opener），指向银行提出申请开立信用证的人，一般为进口人，就是买卖合同的买方。开证申请人为信用证交易的发起人。

(8)59：BENEFICIARY（受益人）。列明受益人名称及地址，系指信用证上所指定的有权使用该信用证的人，一般为出口人，也就是买卖合同的卖方。受益人通常也是信用证的收件人（Addressee），他有按信用证规定签发汇票向所指定的付款银行索取价款的权利，但也在法律上以汇票出票人的地位对其后的持票人负有担保该汇票必获承兑和付款的责任。

(9)32B：CURRENCY CODE, AMOUNT（币别代号、金额）。根据交易金额填写，如USD15000。

(10)41D：AVAILABLE WITH BY（向……银行押汇，押汇方式为……）。根据申请书的相关内容，指定有关银行及信用证兑付方式，如ANY BANK IN CHINA BY NEGOTIATION（可在中国任何银行押汇）。

该项目列明被授权对该证付款、承兑或议付的银行及该信用证的兑付方式。

①银行表示方法。

当该项目代号为“41A”时，银行用SWIFT名址码表示。

当该项目代号为“41D”时，银行用行名地址表示。

如果信用证为自由议付信用证时，该项目代号应为“41D”，银行用“ANY BANK IN...（地名/国名）”表示。

如果该信用证为自由议付信用证，而且对议付地点也无限制时，该项目代号应为“41D”，银行用“ANY BANK”表示。

②兑付方式表示方法。分别用下列词句表示：

a. BY PAYMENT：即期付款。

b. BY ACCEPTANCE：远期承兑。

c. BY NEGOTIATION：议付。

d. BY DEP PAYMENT：迟期付款。

e. BY MIXED PYMT：混合付款。

如果该证系迟期付款信用证，有关付款的详细条款将在项目“42P”中列明；如果该证系混合付款信用证，有关付款的详细条款将在项目“42M”中列明。

(11)42C:DRAFTS AT(汇票期限)。该项目列明跟单信用证项下汇票付款期限。如果是即期,填“AT SIGHT”或“SIGHT”;如果是远期,照申请书填写,如 AT 180 DAYS AFTER SIGHT。

(12)42A:DRAWEE(付款人)。该项目列明跟单信用证项下汇票的付款人。汇票付款人通常是开证银行、信用证申请人或开证银行指定的第三者。

注:该项目内不能出现账号。

(13)43P:PARTIAL SHIPMENTS(分批装运)。该项目列明跟单信用证项下分批装运是否允许。填“ALLOWED”或“NOT ALLOWED”。

(14)44A:ON BOARD/DISP/TAKING CHARGE(由……装船/发运/接管)。该项目列明跟单信用证项下装船、发运和接受监管的地点,即装运港。

(15)44B:FOR TRANSPORTATION TO(装运至……)。该项目列明跟单信用证项下货物最终目的地。

(16)44C:LATEST DATE OF SHIPMENT(最迟装运日)。该项目列明最迟装船、发运和接受监管的日期,照申请书填写。

(17)45A:DESCRIPTION OF GOODS AND/OR SERVICES(货物描述及/或交易条件)。该项目照申请书内容填写。

例如,CANNED WHOLE MUSHROOMS

425Gx24TINS/CTN

CIF BOMBAY

(18)46A:DOCUMENTS REQUIRED(应具备单据)。根据信用证申请书填写,如果信用证规定运输单据的最迟出单日期,该条款应和有关单据的要求一起在该项目中列明。例如:

SIGNED COMMERCIAL INVOICE IN 5 COPIES INDICATING CONTRACT NO. 1101

FULL SET OF CLEAN ON BOARD BILLS OF LADING MADE OUT TO ORDER AND BLANK ENDORSED, MARKED “FREIGHT TO PREPAID SHOWING FREIGHT AMOUNT”

INSURANCE POLICY/CERTIFICATE IN 3 COPIES FOR 110 % OF THE INVOIECE VALUE SHOWING CLAIMS PAYABLE IN CANADA

CURRENCY OF THE DRAFT, BLANK ENDORSED, COVERING ALL RISKS, WAR RISKS

PACKING LIST/WEIGHT MEMO IN 6 COPIES INDICATING QUANTITY, GROSS AND WEIGHTS OF EACH PACKAGE

(19)47A:ADDITIONAL CONDITIONS(附加条件)。

注意:当一份信用证由一份 MT700 报文和 1 至 3 份 MT701 报文组成时,项目“45A”、“ 46A”和“47A”的内容只能完整地出现在某一份报文中(即在 MT700 或某一份 MT701 中),不能被分割成几部分分别出现在几个报文中。

在 MT700 报文中,“45A”、“ 46A”、“ 47A”3 个项目的代号应分别为:“45A”、“ 46A”和“47A”;在报文 MT701 中,这 3 项目的代号应分别为“45B”、“ 46B”、“ 47B”。

(20)71B:CHARGES(费用)。根据申请书填写。该项目的出现只表示费用由受益人负担。若报文无此项目,则表示除议付费、转让费外,其他费用均由开证申请人负担。

例如:ALL BANKING CHARGES OUTSIDE THE OPENING BANK ARE FOR BENEFICIARYS ACCOUNT.

(21)48:PERIOD FOR PRESENTATION(提示期间)。规定受益人应于……日前(或……天内)向银行提示汇票的指示,根据申请书要求填写。

例如:DOCUMENTS MUST BE PRESENTED WITHIN 21 DAYS AFTER DATE OF ISSUANCE OF THE TRANSPORT DOCUMENTS BUT WITHIN THE VALIDITY OF THIS CREDIT.

(22)49:CONFIRMATION INSTRUCTIONS(保兑指示)。该项目列明给收报行的保兑指示。

该项目内容可能为下列某一代码:

①CONFIRM:要求收报行保兑该信用证。

②MAY ADD:收报行可以对该信用证加具保兑。

③WITHOUT:不要求收报行保兑该信用证。

(23)57D:ADVISE THROUGH BANK(收讯银行以外的通知银行)。如有收讯银行以外的通知银行,请填其名称。

七、信用证通知书

信用证通知书见表 3.7。

表 3.7　信用证通知书

NOTIFICATION OF DOCUMENTARY CREDIT

日期:

TO 致:(1)		WHEN CORRESPOND NG PLEASE QUOTE OUT REF NO. (3)	
ISSUING BANK 开证行 (2)		TRANSMITTED TO US THROUGH 转递行 REF NO. (4)	
L/C NO. 信用证号 (5)	DATED 开证日期 (6)	AMOUNT 金额 [ ][(7)]	EXPIRY PLACE 有效地 (8)
EXPIRY DATE 有效期 (9)	TENOR 期限 (10)	CHARGE 未付费用 (11)	CHARGE BY 费用承担人 (12)
RECEIVED VIA 来证方式 (13)	AVAILABLE 是否生效 (14)	TEST/SIGN 印押是否相符 (15)	CONFIRM 我行是否保兑 (16)

DEAR SIRS 敬启者:

WE HAVE PLEASURE IN ADVISING YOU THAT WE HAVE RECIVED FROM THE A/M BANK A(N) LETTER OF CREDIT,CONTENTS OF WHICH ARE AS PER ATTACHED SHEET(S).

THIS ADVICE AND THE ATTACHED SHEET(S) MUST ACCOMPANY THE RELATIVE DOCUMENTS WHEN PRESENTED FOR NEGOTIATION。

兹通知贵公司,我行收自上述银行信用证一份,现随附通知。贵司交单时,请将本通知书及信用证一并提示。

REMARK 备注:

PLEASE NOTE THAT THIS ADVICE DOES NOT CONSTITUTE OUR CONFIRMATION OF THE ABOVE L/C NOR DOES IT CONVEY ANY ENGAGEMENT OR OBLIGATION ON OUR PART.

THIS L/C CONSISTS OF ____ SHEET(S), INCLUDING THE COVERING LETTER AND ATTACHMENT (S).

本信用证连同面函及附件共____纸。

IF YOU FIND ANY TERMS AND CONDITIONS IN THE L/C WHICH YOU ARE UNABLE TO COMPLY WITH AND OR ANY ERROR(S). IT IS SUGGESTED THAT YOU CONTACT APPLICANT DIRECTLY FOR NECESSARY
AMENDMENT(S) SO AS TO AVOID AND DIFFICULTIES WHICH MAY ARISE WHEN DOCUMENTS ARE PRESENED.

如本信用证中有无法办到的条款及/或错误，请与开证申请人联系，进行必要的修改，以排除交单时可能发生的问题。

THIS L/C IS ADVISED SUBJECT TO ICC UCP PUBLICATION NO. 600.

本信用证之通知系遵循国际商会跟单信用证统一惯例第600号出版物办理。

此证如有任何问题及疑虑，请与结算业务部审证科联络，电话：

FOR ____(17)____

【注释】 对于国外银行开来的信用证，其受理与通知是办理出口信用证业务的第一步。通知行受理国外来证后，应在1~2个工作日内将信用证审核完毕并通知出口商，以利于出口商提前备货，在信用证效期内完成规定工作。

信用证的通知方式因开证形式而异。如系信开信用证，通知行一般以正本通知出口商，将副本存档；对于全电本，通知行将其复制后以复制本通知出口商，原件存档。电开信用证或修改（包括修改通知）中的密押（SWIFT信用证无密押）需涂抹后再行通知。

如果信用证的受益人不同意接受信用证，则应在收到“信用证通知书”的3日内以书面形式告知通知行，并说明拒受理由。

(1)To。出口方。受益人名称及地址。信用证上指定的有权使用信用证的人。

(2)开证行。进口方所在地银行。受开证人之托开具信用证、保证付款的银行名称及地址。

(3)WHEN CORRESPOND NG PLEASE QUOTE OUT REF NO。代理作业务编号。代理行业务编号，开证行将信用证寄给出口方所在地的代理银行（通知行），出口商收到国外开来的信用证后，应仔细审核通知行的签章、业务编号及通知日期。

(4)转递行。转递行负责将开证行开给出口方的信用证原件，递交给出口方。只有信开信用证，才有转递行，电开信用证，则无转递行。

(5)信用证号。信用证的证号是开证行的银行编号，在与开证行的业务联系中必须引用该编号。信用证的证号必须清楚、没有变字等错误。

如果信用证的证号在信用证中多次出现，应注意前后是否一致，否则当电洽修改。

(6)开证日期。信用证上必须注明开证日期，如果没有，则视开证行的发电日期（电开信用证）或抬头日期（信开信用证）为开证日期。

由于有些日期需要根据开证日期来计算或判断，而且开证日期还表明进口方是否按照合同规定期限开出信用证,因此开证日期非常重要,应当清楚明了。

(7)信用证的币别和金额。信用证中规定的币别、金额应该与合同中签订的一致。币别应是国际间可自由兑换的币种,货币符号为国际间普遍使用的世界各国货币标准代码;金额采用国际间通用的写法,若有大小写两种金额,应注意大小写保持一致。

(8)信用证的有效地点。有效地点指受益人在有效期以内向银行提交单据的地点。国外来证一般规定有效地点在我国境内,但如果规定有效地点在国外,则应提前交单以便银行有合理的时间将单据寄到有效地的银行,这一点应特别注意。

(9)信用证的有效期限。信用证的有效期限是受益人向银行提交单据的最后期限,受益人应在有效期限日期之前或当天将单据提交指定地点的指定银行。

一般情况下,开证行和开证申请人(进口方)规定装运期限后 10 天、15 天或 21 天为交单的最后期限。如果信用证没有规定该期限,按照国际惯例,银行将拒绝受理于装运日期后 21 天提交的单据。

(10)信用证付款期限。根据付款期限不同,信用证可分为即期信用证和远期信用证。

(11)未付费用。受益人尚未支付给通知行的费用,如没有请填“RMB 0.00”。

(12)费用承担人。信用证中规定的各相关银行的银行费用等由谁来承担。

(13)来证方式。开立信用证可以采用信开和电开方式,通常为“SWIFT”。

信开信用证,由开证行加盖信用证专用章和经办人名章并加编密押,寄送通知行;电开信用证,由开证行加编密押,以电传方式发送通知行。

(14)信用证是否生效。通常为“VALID”。有些信用证在一定条件下才正式生效,一般通知行在通知此类信用证时会在正本信用证上加注“暂不生效”字样。因此,在此种情况下,受益人应在接到通知行的正式生效通知后再办理发货。

(15)印押是否相符。收到国外开来的信用证后,应仔细审核印押是否相符,请填“YES”或“NO”。

信开信用证要注意其签章,看有无印鉴核符签章;电开信用证应注意其密押,看有无密押核符签章(SWIFT L/C 因随机自动核押,无此章)。

在一般情况下,通知行在通知信用证前会预先审查一下,看其有无不利条款,并在信用证上注明,受益人若发现此类注明,应加强注意或及时洽开证人修改信用证。

(16)是否保兑行。通知行,也可是其他第三者银行。

根据信用证内容,请填“YES”或“NO”。保兑行是指接受开证行的委托要求,对开证行开出的信用证的付款责任以本银行的名义实行保付的银行。保兑行在信用证上加具保兑后,即对信用证独立负责,承担必须付款或议付的责任。汇票或单据一经保兑行付款或议付,即使开证行倒闭或无理拒付,保兑行也无权向出口商追索票款。

(17)出口地银行签章。

八、国内购销合同

国内购销合同见表3.8。

表3.8　国内购销合同

卖方：　(1)　　　　　　　　　　　　　　合同编号：　(3)
买方：　(2)　　　　　　　　　　　　　　签订时间：　(4)
　　　　　　　　　　　　　　　　　　　签订地点：　(5)

一、产品名称、品种规格、数量、金额、供货时间：

选择	产品编号	品名规格	计量单位	数量	单价（元）	总金额（元）	交（提）货时间及数量
	(6)	(7)	(8)	(9)	(10)	(11)	(12)
合计：	(13)						
合计人民币（大写）	(14)						
备注：	(15)						

二、质量要求技术标准、卖方对质量负责的条件和期限：(16)
三、交（提）货地点、方式：(17)
四、交（提）货地点及运输方式及费用负担：(18)
五、包装标准、包装物的供应与回收的费用负担：(19)
六、验收标准、方法及提出异议期限：(20)
七、结算方式及期限：(21)
八、违约责任：(22)
九、解决合同纠纷的方式：(23)
十、本合同一式两份，双方各执一份，效力相同。未尽事宜由双方另行友好协商。

卖方	买方
单位名称：	单位名称：
单位地址：	单位地址：
法人代表或委托人：　(24)	法人代表或委托人：　(25)
电话：	电话：
税务登记号：	税务登记号：
开户银行：	开户银行：
账号：	账号：
邮政编码：	邮政编码：

【注释】　国内购销合同又叫买卖合同，订立国际货物买卖合同之后的第一步就是根据合同和信用证的规定按时、按质、按量地准备好应交的货物。

对于大的有出口经营权的集团公司，通常由出口部向生产加工及仓储部门下达联系单，而无实体的出口公司则向国内的工厂签订国内的买卖合同。无论是哪一类，有关部门都要以联系单或国内的买卖合同为依据，对应交的货物进行清点、加工整理、刷制运输标志（刷唛）以及办理申请报验和领证等工作。所以，该单据同时也是国内进出口公司内部之间或与内地工厂进行制单结汇的依据。

此类单据在缮制时要与原合同相符，并且清楚、完整。应主要列明货物的品质、规格、数量，货物的包装和唛头及其备货时间。

国内买卖合同与国际合同内容大致相同，较简单，用中文填写。它是出口公司与国内厂家相互之间权利和义务的法律文件。

(1)卖方。工厂中文名称。

(2)买方。出口商公司中文名称。

(3)合同编号。买卖合同编号。由卖方或买方自行编设，以便存储归档管理之用。

(4)签订时间。

(5)签订地点。买卖合同签订日期、地点。日期格式填法：

①2006-03-15或03-15-2006；

②March 15,2006或Mar 15,2006；

③2006/03/15或03/15/2006；

④060315(信用证电文上的日期格式)。

(6)产品编号。销货合同上应记明各种产品编号。

(7)品名规格。各项商品的中文名称及规格。

(8)计量单位。货物数量的计量单位，应以适合该货物计量的单位为准。

(9)数量。数量条款。填写交易的货物数量，是买卖双方交接货物及处理数量争议时的依据。

(10)单价。价格条款。通常由工厂根据成本通过往来函电报价给出口商，双方经过协商后确定此交易价格。

(11)总金额。币种及各项商品总金额。总金额=单价×数量。此栏应与每一项商品相对应。

(12)交(提)货时间及数量。如2007年6月6日前工厂交货。

(13)合计。货物总计。分别填入所有货物累计的总数量(包括相应的计量单位)和总金额。

(14)合计人民币(大写)。以文字(大写)写出该笔交易的总金额，必须与货物总价数字表示的金额一致，如伍万贰仟元整。

(15)备注。公司多使用格式化的合同，难免有需要改动和补充之处，有特殊规定或其他条款可在此栏说明。例如：

①需方凭供方提供的增值税发票及相应的税收(出口货物专用)缴款书在供方工厂交货后7个工作日内付款。如果供方未将有关票证备齐，需方扣除17%税款支付给供方等有关票证齐全后结清余款。

②所有生产的罐码采用暗码打字方式，不得在罐盖上显示生产日期。

③本合同经双方传真签字盖章后即生效。

(16)质量要求技术标准、卖方对质量负责的条件和期限。如质量符合国标出口优级品，如因品质问题引起的一切损失及索赔由供方承担，质量异议以本合同产品保质期为限。(产品保质期以商标有效期为准)

(17)交(提)货地点、方式。如工厂交货。

(18)交(提)货地点及运输方式及费用负担。如集装箱门到门交货，费用由需方承担。

(19)包装标准、包装物的供应与回收和费用负担。如纸箱包装符合出口标准，商标由需方无偿提供。

(20)验收标准、方法及提出异议期限。例如,需方代表按出口优级品检验内在品质及外包装,同时供方提供商检放行单或商检换证凭单。

(21)结算方式及期限。例如,需方凭供方提供的增值税发票及相应的税收(出口货物专用)缴款书在供方工厂交货后7个工作日内付款。如果供方未将有关票证备齐,需方扣除17%税款支付给供方,等有关票证齐全后结清余款。

(22)违约责任。例如,违约方支付合同金额的15%违约金。

(23)解决合同纠纷的方式。例如,按《中华人民共和国经济合同法》。

(24)卖方。工厂相关信息及负责人签名,应与公司基本资料中的信息一一对应,包括税务登记号、账号等。

(25)买方。出口商公司相关信息及负责人签名。

九、货物出运委托书

货物出运委托书见表3.9。

表3.9 货物出运委托书

(出口货物明细单) 日期:(1) 根据《中华人民共和国合同法》与《中华人民共和国海商法》的规定,就出口货物委托运输事宜订立本合同。		合同号	(5)	运输编号	(6)
		银行编号	(7)	信用证号	(8)
		开证银行	(9)		
托运人	(2)	付款方式	(10)		
		贸易性质	(11)	贸易国别	(12)
抬头人	(3)	运输方式	(13)	消费国别	(14)
		装运期限	(15)	出口口岸	(16)
		有效期限	(17)	目的港	(18)
通知人	(4)	可否转运	(19)	可否分批	(20)
		运费预付	(21)	运费到付	(22)

选择	标志唛头	货名规格	件数	数量	毛重	净重	单价	总价
	(23)	(24)	(25)	(26)	(27)	(28)	(29)	(30)
		(31)TOTAL:	[ ] [ ]	[ ] [ ]	[ ] [ ]	[ ] [ ]		[ ] [ ]

注意事项	(32)	FOB价 (33)		[ ][ ]
		总体积 (34)		[ ][ ]
		保险单	险别	(35)
			保额	[ ][ ]
			赔偿地点	
		海关编号(36)		
		制单员 (37)		

受托人(即承运人)　　　　　　　　委托人(即托运人)

续表 3.9

名称:(38)	名称:(39)
电话:________	电话:________
传真:________	传真:________
委托代理人:________	委托代理人:________

【注释】 出口托运是从租船订舱或是委托出运开始的。外贸业务人员应根据信用证规定的最迟装运期及货源和船源情况安排委托出运。一般情况应提前5天左右或更长,以便留出机动时间应付意外情况发生。对此应填具货物出运委托书或是其他类似单据,办理委托代理租船订舱事宜。如果外贸公司本身开展托运业务,则需填具海运出口托运单、集装箱托运单等。如果外贸公司本身不办理运输业务,则可委托代理订舱,填具"货物出运委托书"。

(1)日期。委托出运日期。

(2)托运人。填写出口公司中文名称及地址(信用证受益人)。

(3)抬头人。即提单上的抬头人。例如,信用证方式下:

①来证要求。"Full set of B/L made out to order",提单收货人一栏则应填"To order"。

②来证要求。"B/L issued to order of Applicant",此 Applicant 为信用证的申请开证人 Big A. Co.,则提单收货人一栏填写"To order of Big A. Co."。

③来证要求。"Full set of B/L made out our order",开证行名称为 Small B Bank,则应在收货人处填"To small B Bank's order"。

(4)通知人。信用证规定的提单通知人名称及地址,通常为进口商。

(5)合同号。相关交易的合同号码。

(6)运输编号。出口商自行编制外运的编号,多数出口商直接以发票号作为运输编号。

(7)银行编号。开证行的银行编号。

(8)信用证号。填写相关交易的信用证号码,如非信用证方式,则不填。

(9)开证银行。根据信用证填写开证银行,如非信用证方式,则不填。

(10)付款方式。按出口合同所列的付款方式填写,如 L/C。

(11)贸易性质。贸易方式。

包括以下7种:一般贸易即正常贸易,寄售、代销,对外承包工程,来料加工,免费广告品、免费样品,"索赔"、"换货"、"补贸"和进口货退回。

(12)贸易国别。填写贸易成交国别(地区),即进口国。

(13)运输方式。按实际填写,如海运、陆运、空运等方式。

(14)消费国别。出口货物实际消费的国家(地区),通常为进口国。如无法确定实际消费国,可填最后运往国。

(15)装运期限。按出口合同或信用证所列填写。

(16)出口口岸。货物出境时我国港口或国境口岸名称,按合同或信用证所列填写。若出口货物在设有海关的发运地办报关手续,出口口岸仍应填出境口岸的名称。

(17)有效期限。按信用证所列填写。

信用证的有效期限是受益人向银行提交单据的最后日期。受益人应在有效期限日期之前或当天向银行提交信用证单据。

(18)目的港。填写出口货物运往境外的最终目的港,按合同或信用证所列填写。最终目的港不得预知的,可按尽可能预知的目的港填报。

(19)可否转运。按出口合同或信用证所列填写。如果允许分批或转运,则填"是"或"YES"或"Y";反之,则填"否"或"NO" 或"N"。

(20)可否分批。

(21)运费预付。

(22)运费到付。如 CIF 或 CFR 出口,一般均在运费预付栏填"是"或"YES"或"Y"字样,并在到付栏填"否"或"NO"或"N",千万不可漏列,否则收货人会因运费问题提不到货,虽可查清情况,但拖延提货时间,也将造成损失。如系 FOB 出口,则反之,除非收货人委托发货人垫付运费。

(23)标志唛头。运输标志。照合同规定填写。唛头既要与实际货物一致,还应与提单一致,并符合信用证的规定。无唛头时,应注"N/M"或"No Mark"。如为裸装货,则注明"NAKED"或散装"In Bulk"。

(24)货名规格。货物描述。

(25)件数。货物的外包装(运输包装)数量。

(26)数量。货物的销售数量。

(27)毛重。合同商品的总毛重。

(28)净重。合同商品的总净重。

(29)单价。合同商品的单价。

(30)总价。按货物的实际情况填写。

(31)TOTAL。出口货物的总件数、数量、毛重、净重及价格。

(32)受托人注意事项。填写承运人或货运代理人需注意的事项。

(33)FOB 价。填写出口货物离开我国国境的 FOB 价格,如按 CIF、CFR 价格成交的,应扣除其中的保险费、运费以及其他佣金、折扣等。以成交币种折算成人民币和美元时,均应按当天中国人民银行公布的汇率折算。

(34)总体积。按货物实际情况填写。除信用证另有规定外,一般以立方米(CBM)列出。

(35)保险险别、保额、赔偿地点。根据出口合同或信用证填写。凡按 CIF 条件成交的出口货物,由出口商向当地保险公司逐笔办理投保手续。业务量较大的外贸公司,为简化手续,节省时间,投保时可以此单代替投保单。

(36)海关编号。出口商公司的海关代码。

(37)制单员。制单员姓名。

(38)受托人名称、电话、传真、委托代理人。受托人的相关信息,出口商不填。

(39)委托人名称、电话、传真、委托代理人。填写委托人的相关信息。

十、配舱回单

配舱回单见表3.10。

表3.10　国际货运代理有限公司

INTERNATIONAL TRANSPORT CO. , LTD

To:
Date:
Port of Discharge(目的港):
Country of Discharge(目的国):
Container(集装箱种类):
Ocean Vessel(船名):
Voy. No.(航次):
Place of Delivery(货物存放地):
Freight(运费):

【注释】 配仓回单相关数据系统自动生成。

十一、出境货物报检单

出境货物报检单见表3.11。

表3.11　出境货物报检单

中华人民共和国出入境检验检疫

出境货物报检单

报检单位(加盖公章):　　　　　　　　　　　　*编　号:(2)

报检单位登记号:(1)　　联系人:　　电话:　　报检日期:　年　月　日

发货人	(中文)(3)					
	(外文)					
收货人	(中文)(4)					
	(外文)					
选择	货物名称(中/外文)	H.S.编码	产地	数/重量	货物总值	包装种类及数量
	(5)	(6)	(7)	(8)	(9)	(10)

运输工具名称号码	(11)	贸易方式	(12)	货物存放地点	(13)
合同号	(14)	信用证号	(15)	用途	(16)
发货日期	(17)	输往国家(地区)	(18)	许可证/审批号	(19)
启运地	(20)	到达口岸	(21)	生产单位注册号	(22)
集装箱规格、数量及号码	(23)				
合同、信用证订立的检验检疫条款或特殊要求	标记及号码	随附单据(划"√"或补填)			

续表 3.11

<table>
<tr><td>(24)</td><td>(25)</td><td colspan="2">□合同
□信用证　(26)
□发票
□换证凭单
□装箱单
□厂检单</td><td colspan="2">□包装性能结果单
□许可/审批文件
□________
□________
□________
□________</td></tr>
<tr><td colspan="4">需要证单名称(划"√"或补填)(27)</td><td colspan="2">＊检验检疫费(28)</td></tr>
<tr><td colspan="2" rowspan="3">□品质证书　____正____副
□重量证书　____正____副
□数量证书　____正____副
□兽医卫生证书　____正____副
□健康证书　____正____副
□卫生证书　____正____副
□动物卫生证书　____正____副</td><td colspan="2" rowspan="3">□植物检疫证书　____正____副
□熏蒸/消毒证书　____正____副
□出境货物换证凭单
□通关单
□________
□________
□________</td><td>总金额(人民币元)</td><td></td></tr>
<tr><td>计费人</td><td></td></tr>
<tr><td>收费人</td><td></td></tr>
<tr><td colspan="3" rowspan="3">报检人郑重声明：
1. 本人被授权报检。
2. 上列填写内容正确属实,货物无伪造或冒用他人的厂名、标志、认证标志,并承担货物质量责任。
签名：(29)</td><td colspan="3">领取证单(30)</td></tr>
<tr><td>日期</td><td colspan="2"></td></tr>
<tr><td>签名</td><td colspan="2"></td></tr>
</table>

注:有"＊"号栏由出入境检验检疫机关填写　　◆国家出入境检验检疫局制

【注释】　交易商品是否需要出口检验,可凭商品的海关编码进行查询,若适用规定为必须申请出口检验取得出境货物通关单者,则应依规定办理。

报检单是报检人根据有关法律、行政法规或合同约定申请检验检疫机构对其某种货物实施检验检疫、鉴定意愿的书面凭证。它表明了申请人正式向检验检疫机构申请检验检疫、鉴定,以取得该批货物合法出口的合法凭证。报检单同时也是检验检疫机构对出入境货物实施检验检疫、起动检验检疫程序的依据。

(1)报检单位(加盖公章)、登记号、联系人、电话。报检单位全称并加盖公章或报验专用章(或附单位介绍信),并准确填写本单位报检登记代码、联系人及电话;代理报检的应加盖代理报检机构在检验机构备案的印章,其中,报检单位登记号,即单位海关代码,可在公司基本资料中查找。

(2)编号。由出入境检验检疫机关填写。

(3)发货人。合同上的卖方或信用证上的受益人名称,要求用中文、英文。

(4)收货人。合同上的买方或信用证的开证人名称,可只填英文。

(5)货物名称(中/外文)。合同、信用证所列名称。中/外文要一致。

(6)H. S. 编码。按《商品分类及编码协调制度》8 位数字填写,如皮革服装的 H. S. 编码为 42031000。

(7)产地。货物原始的生产/加工的国家或地区的名称。

(8)数/重量。申请检验检疫数/重量,并注明计量单位,如××××PC。该数量和计量单位既要与实际装运货物情况一致，又要与信用证要求一致。

(9)货物总值。合同或发票所列货物总值，并注明货币单位。对于加工贸易生产出口的货物填写料费与加工费的总和，不得只填写加工费。

(10)包装种类及数量。包装材料的种类及件数，如“320 CARTON”。

(11)运输工具名称号码。运输工具类别名称及运输工具编号。实际装载货物的运输工具类别名称(如船、飞机、货柜车、火车等)及运输工具编号(船名、飞机航班号、车牌号码、火车车次)。

(12)贸易方式。成交的方式，如一般贸易、来料加工、补偿贸易等，通常都为一般贸易。

(13)货物存放地点。报验商品存放的地点；商检机构施检或抽取样品的地点。

(14)合同号。报验商品成交的合同号码。

(15)信用证号。按实际情况填写信用证号。如属非信用证结汇的货物，本栏目应填写“无”或“/”。

(16)用途。商品的用途，一般用途明确的商品也可不填。

(17)发货日期。按照货物的装运情况填写。

(18)输往国家(地区)。出口货物的最终销售国或地区(英文)。

(19)许可证/审批号。需申领许可证或经审批的商品填写，一般商品可不填。

(20)启运地。代理报关出运的地点或口岸。须与合同规定一致。

(21)到达口岸。最终目的港。目的港不预知的，可按尽可能预知的目的港填报，须与合同规定一致。

(22)生产单位注册号。出入境检验检疫机构签发的卫生注册证书号或质量许可证号，没有可不填。

(23)集装箱规格、数量及号码。按实际情况填写，可参看“配舱回单”。

(24)合同、信用证订立的检验检疫条款或特殊要求。填写对商检机构出具检验证书的要求，即检验检疫条款的内容。

(25)标记及号码。实际货物运输包装上的标记。与合同相一致。中性包装或裸装、散装商品应填“N/M”，并注明“裸装”或“散装”。

(26)随附单据。出口商品在报验时，一般应提供外贸合同(或售货确认书及函电)、信用证原本的复印件或副本，必要时提供原本，还有发票及装箱单。合同如果有补充协议的，要提供补充的协议书；合同、信用证有更改，要提供合同、信用证的修改书或更改的函电。对订有长期贸易合同而采取记账方式结算的，外贸进出口公司每年一次将合同副本送交商检机构。申请检验时，只在申请单上填明合同号即可，不必每批附交合同副本。凡属危险或法定检验范围内的商品，在申请品质、规格、数量、重量、安全、卫生检验时，必须提交商检机构签发的出口商品包装性能检验合格单证，商检机构凭此受理上述各种报验手续。

(27)需要证单名称。按照合同、信用证及有关国际条约规定必须经检验检疫机构检验并签发证书的，应在报检单上准确注明所需检验检疫证书的种类和数量。

(28)检验检疫费。由出入境检验检疫机关填写。

(29)签名。由出口商公司法人签名。

(30)领取证单。应在检验检疫机构受理报验日现场由报验人填写。

十二、商业发票

商业发票见表3.12。

表3.12 商业发票

COMMERCIAL INVOICE

ISSUER (1)			No. (3)		DATE (4)
TO (2)			S/C NO. (5)		L/C NO. (6)
TRANSPORT DETAILS (7)			TERMS OF PAYMENT (8)		
Choice	Marks and Numbers	Description of goods	Quantity	Unit Price	Amount
(9)	(10)	(11)	(12)	(13)	(14)

(15) Total:[ ][ ] [ ][ ]

SAY TOTAL:(16)

(写备注处)

(17)

(公司名称)

(法人签名)

【注释】 商业发票又称为发票,是出口贸易结算单据中最重要的单据之一,所有其他单据都应以它为中心来缮制。因此,在制单顺序上,往往首先缮制商业发票。商业发票是卖方对装运货物的全面情况(包括:品质、数量、价格,有时还有包装)详细列述的一种货款价目的清单。它常常是卖方陈述、申明、证明和提示某些事宜的书面文件。另外,商业发票也是作为进口国确定征收进口关税的基本资料。

一般来说,发票无正副本之分。来证要求几份,制单时在此基础之上多制一份供议付行使用。如需正本,加打"ORIGIN"。

不同发票的名称表示不同用途,要严格根据信用证的规定制作发票名称。一般发票都印有"INVOICE"字样,前面不加修饰语,如信用证规定用"COMMERCIAL INVOICE"、"SHIPPING INVOICE"、" TRADE INVOICE"或"INVOICE",均可作商业发票理解。信用证如规定"DETAILED INVOICE"是指详细发票,则应加打"DETAILED INVOICE"字样,且发票内容中的货物名称、规格、数量、单价、价格条件、总值等应一一详细列出。来证如要求"CERTIFIED INVOICE"证实发票,则发票名称为"CERTIFIED INVOICE"。同时,在发票内注明“We hereby certify that the contents of invoice herein are true & correct”。当然,发票下端通常印就的“E. &. O. E.”(有错当查)应去掉。来证如要求“MANUFACTURE'S INVOICE”厂商发票,则可在发票内加注“We hereby certify that we are actual manufacturer of the goods invoice”。同时,要用人民币表示国内市场价,此价应低于出口FOB价。此外,又有“RECEIPT INVOICE”(钱货两讫发票)、“SAMPLE INVOICE”(样品发票)、“CONSIGNMENT INVOICE”(寄售发票)等。

(1)出票人(Issuer)。的英文名称和地址。在信用证支付方式下,应与信用证受益人的名称和地址保持一致。

(2)受票人(To)。抬头人。此项必须与信用证中所规定的严格一致。多数情况下填写进口商的名称和地址,且应与信用证开证申请人的名称和地址一致。如信用证无规定,即将信用证的申请人或收货人的名称、地址填入此项。如信用证中无申请人名字,则用汇票付款人。在其他支付方式下,可以按合同规定列人买方名址。

(3)发票号(No.)。一般由出口企业自行编制。发票号码可以代表整套单据的号码,如出口报关单的申报单位编号、汇票的号码、托运单的号码、箱单及其他一系列同笔合同项下的单据编号都可用发票号码代替,因此发票号码尤其重要。有时,有些地区为使结汇不致混乱,也使用银行编制的统一编号。

注意:每一张发票的号码应与同一批货物的出口报关单的号码一致。

(4)发票日期(Date)。在全套单据中,发票是签发日最早的单据。它只要不早于合同的签订日期,不迟于提单的签发日期即可。一般都是在信用证开证日期之后、信用证有效期之前。

(5)合同号(S/C No.)。发票的出具都有买卖合同作为依据,但买卖合同不都以“S/C”为名称。有时出现“order”、“P. O.”、“contract”等。因此,当合同的名称不是“S/C”时,应将本项的名称修改后,再填写该合同的号码。

(6)信用证号(L/C No.)。信用证方式下的发票需填列信用证号码,作为出具该发票的依据。若不是信用证方式付款,本项留空。

(7)运输说明(Transport Details)。运输工具或运输方式,一般也加上运输工具的名称。运输航线要严格与信用证一致。如果在中途转运,在信用证允许的条件下,应表示转运及其地点。如From Tianjin to London on July 1,2007,Thence Transshipped to Rotterdam By Vessel.(所有货物于2007年7月1日通过海运,从天津港运往伦敦港,中途在鹿特丹港口转船。)

(8)支付条款(Term of Payment)。支付方式,如T/T、L/C、D/P、D/A。

(9)项目号(Choice)。

(10)唛头及件数编号(Marks and numbers)。唛头即运输标志,既要与实际货物一致,还应与提单一致,并符合信用证的规定。如信用证没有规定,可按买卖双方和厂商订的方案或由受益人自定。无唛头时,应注“N/M”或“No Mark”。如为裸装货,则注明“NAKED”或散装“In Bulk”。如来证规定唛头文字过长,用“/”将独立意思的文字彼此隔开,可以向下错行。即使无线相隔,也可酌情错开。

件数有两种表示方法:一是直接写出××件;二是在发票中记载。诸如“We hereby

declare that the number of shipping marks on each packages is 1 ~ 10, but we actually shipped 10 cases of goods."(兹申明,每件货物的唛头号码是从 1 ~ 10,实际装运货物为 10 箱。)之类的文句。

(11)货物描述、包装种类和件数(Number and kind of packages, scription of goods)。它是发票的主要部分,包括商品的名称、规格、包装、数量、价格等内容。品名规格应该严格按照信用证的规定或描述填写。货物的数量应该与实际装运货物相符,同是符合信用证的要求,如信用证没有详细的规定,必要时可以按照合同注明货物数量,但不能与来证内容有抵触。

(12)数量(Quantity)。货物的数量,与计量单位连用,如××××PC。

注意:该数量和计量单位既要与实际装运货物情况一致,又要与信用证要求一致。

(13)单价(Unit Price)。单价由 4 个部分组成:计价货币、计量单位、单位数额和价格术语。如果信用证有规定,应与信用证保持一致;若信用证没规定,则应与合同保持一致。

本栏填写方法与合同中的相关内容相同,说明如下:

①贸易术语。请填于上方空白栏中,填写格式为:FOB 后加"启运港"或"出口国家名称";CFR 或 CIF 加"目的港"或"进口国家名称"。

②计价货币与单价金额。依双方约定填写。

如:CIF Canada(或 CIF Toronto)

USD 20.75

(14)金额小计(Amount)。币种及各项商品总金额。除非信用证上另有规定,货物总值不能超过信用证金额。若信用证没规定,则应与合同保持一致。

实际制单时,若来证要求在发票中扣除佣金,则必须扣除。折扣与佣金的处理方法相同。有时证内无扣除佣金规定,但金额正好是减佣后的金额,发票应显示减佣,否则发票金额超证。有时合同规定佣金,但来证金额内未扣除,而且证内也未提及佣金事宜,则发票不宜显示,待货款收回后另行汇给买方。另外,在 CFR 和 CIF 价格条件下,佣金一般应按扣除运费和保险费之后的 FOB 价计算。

(15)TOTAL。各项目总计。

(16)SAY TOTAL。发票总金额。以大写文字写明发票总金额,必须与数字表示的货物总金额一致,如 U.S. DOLLARS EIGHTY NINE THOUSAND EIGHT HUNDRED ONLY。

(17)签名(Signature)。根据《UCP600》条款规定,如果信用证没有特殊要求,发票无须签字,但是必须表明系由受益人出具。如果信用证要求签字(Signed)发票,由出口公司的法人代表或者经办制单人员代表公司在发票右下方签名,上方空白栏填写公司英文名称,下方则填写公司法人英文名称。

发票的出票人一般为信用证的受益人,如果是可转让信用证或其表明接受第三方单据,则出票人可为受让人或第三者。

十三、装箱单

装箱单见表3.13。

表3.13 装箱单

PACKING LIST

ISSUER (1)				INVOICE NO.		DATE
TO (2)				(3)		(4)
Choice	Marks and Numbers	Description of goods	Package	G. W.	N. W.	Meas.
(5)	(6)	(7)	(8)	(9)	(10)	(11)

(12) Total: [ ][ ][ ][ ]
[ ][ ][ ][ ]

SAY TOTAL: (13)

(写备注处)

(公司名称)

(法人签名)

(14)

【注释】 装箱单是发票的补充单据,它列明了信用证(或合同)中买卖双方约定的有关包装事宜的细节,便于国外买方在货物到达目的港时供海关检查和核对货物,通常可以将其有关内容加列在商业发票上,但是在信用证有明确要求时,就必须严格按信用证约定制作。类似的单据还有:重量单、规格单、尺码单等。其中重量单是用来列明每件货物的毛、净重;规格单是用来列明包装的规格;尺码单用于列明货物每件尺码和总尺码,或用来列明每批货物的逐件花色搭配。

装箱单名称应按照信用证规定使用。通常用"PACKING LIST"、"PACKING SPECIFICATION"或"DETAILED PACKING LIST"。如果来证要求用"中性包装单"(NEUTRAL PACKING),则包装单名称打"PACKING LIST",但包装单内不打卖方名称,不能签章。

(1)出单方(Issuer)。出单人的名称与地址。与发票的出单方相同。在信用证支付方式下,此栏应与信用证受益人的名称和地址一致。

(2)受单方(To)。受单方的名称与地址。与发票的受单方相同。多数情况下填写进口商的名称和地址,并与信用证开证申请人的名称和地址保持一致。在某些情况下也可不填,或填写"To whom it may concern"(致有关人)。

(3)发票号(Invoice No.)。

(4)日期(Date)。装箱单缮制日期。不能迟于信用证的有效期及提单日期。

(5)项目号(Choice)。

(6)唛头及件数编号(Marks and Numbers)。有的注实际唛头,有时也可以只注"as per invoice No. ×××"。

(7)包装种类和件数、货物描述(Number and kind of packages, des - cription of goods)。

要求与发票一致。货名如有总称,应先注总称,然后逐项列明每一包装件的货名、规格、品种等内容。

(8)外包装件数(Package)。填写每种货物的包装件数,最后在合计栏处注外包装总件数。

(9)毛重(G. W.)。注明每个包装件的毛重和此包装件内不同规格、品种、花色货物各自的总毛重,最后在合计栏处注总毛重。信用证或合同未要求,不注也可。本栏要分别填入数值与单位,计算方法请参照出口预算表中的基本计算部分。

(10)净重(N. W.)。注明每个包装件的净重和此包装件内不同规格、品种、花色货物各自的总净重,最后在合计栏处注总净重。信用证或合同未要求,不注也可。本栏要分别填入数值与单位,计算方法请参照"出口预算表"中的基本计算部分。

(11)箱外尺寸(Meas.):注明每包装件的体积,并在合计栏处注总体积。

本栏须分别填入数值与单位,计算方法参照"出口预算表"中的基本计算部分。

(12)总计(TOTAL):分别填写件数、毛重、净重、体积的总计(计算可参照"出口预算表")。

(13)SAY TOTAL。以大写文字写明总包装数量,必须与数字表示的包装数量一致,如 FOUR THOUSAND FOUR HUNDRED CARTONS ONLY.

(14)签名(Signature)。上方空白栏填写公司英文名称,下方则填写公司法人英文名称。

十四、原产地证明书

原产地证明书见表 3.14。

表 3.14　原产地证明书

ORIGINAL

<table>
<tr><td colspan="4">1. Exporter</td><td colspan="3" rowspan="2">Certificake No.
CERTIFICATE OF ORIGIN
OF
THE PEOPLE'S REPUBLIC OF CHINA</td></tr>
<tr><td colspan="4">2. Consignee</td></tr>
<tr><td colspan="4">3. Means of transport and route</td><td colspan="3" rowspan="2">5. For certifying authority use only</td></tr>
<tr><td colspan="4">4. Country/region of destination</td></tr>
<tr><td>Choice</td><td>6. Marks and numbers</td><td colspan="2">7. Number an kind of packages; description of goods</td><td>8. H. S. Code</td><td>9. Quantity</td><td>10. Number and date of invoices</td></tr>
<tr><td colspan="7">SAY TOTAL:
(写备注处)</td></tr>
<tr><td colspan="4">11. Declaration by the exporter
The undersigned hereby declares that the above delails and statements are correct, that all the goods were produced in China and that they comply with the Rules of Origin of the People's Republic of China.
Place and date, signature and stamp of authorized signatory</td><td colspan="3">12. Certification
It is hereby certified that the declaration by the exporter is correct.
Place and date, signature and stamp of certifying authority</td></tr>
</table>

【注释】　原产地证明书简称产地证，是证明货物原产地或制造地的证明文件，主要供进口国海关采取不同的国别政策和国别待遇。在不用海关发票或领事发票的国家，要求提供产地证明，以便确定对货物征收的税率。产地证明书一般由出口地的公证行或工商团体签发，可由中国出入境检验检疫局或贸促会签发。至于产地证由谁出具或者出具何种产地证，应按信用证规定来办理。

(1)出口方(Exporter)。出口方英文名称、详细地址及国家(地区)。一般填写有效合同的卖方，同出口发票上的公司名称一致。地址部分填写详细地址，包括街道名称、门牌号码等。此栏不能填境外的中间商，即使信用证有此规定也不行。若经由其他国家或地区需填写转口名称时，可在出口商后面加英文"VIA"，然后填写转口商名称、地址和国家地区。

(2)收货人(Consignee)。收货方的英文名称、详细地址及国家(地区)。通常是合同的买方或信用证规定的提单通知人。如果来证要求所有单证收货人留空，应加注"To Whom It May Concern"或"To Order"，但不得留空。若需填写转口商名称，可在收货人后面加英文"VIA"，然后加填转口商名称、地址和国家(地区)。

(3)运输方式和路线(Means of transport and route)。填写运输方式(海运、空运等)、起运港和目的地(目的港)，应注意与提单等其他单据保持一致。如需中途转运，也应注明。例如，From Shanghai to London on July 8, 2007, Thence Transshipped to Rotterdam By Vessel.(所有货物于2007年7月8日通过海运，从上海港运往伦敦港，中途在鹿特丹港口转船。)

(4)目的地国(地区)(Country/region of destination)。货物最终运抵目的地的国家、地区或港口，一般应与最终收货人或最终目的地港的国家或地区一致，不能填写中间商国别。

(5)仅供签证机构使用(For certifying authority use only)。签证机构使用栏在正常情况下，出口公司应将此栏留空，由签证机构根据需要在此加注。

(6)运输标志(Marks and numbers)。唛头。

此栏内容应与合同、信用证或其他单据所列的同类内容完全一致，可以是图案、文字或号码。如无运输标志，要填"No Mark"或"N/M"。

(7)包装种类和件数、货物描述(Number and kind of packages, Des-cription of goods)。填写商品的数量、包装种类及商品名称与描述。

①商品要写具体名称。例如，杯子(Cup)、睡袋(Sleeping Bags)。不得用概括性描述，如服装(Garment)。

②包装种类和数量，按具体单位填写，并用大小写分别表述。例如，"100 CARTONS (ONE HUNDRED CARTONS ONLY) OF COLOUR TV SETS"。如果是散装货，在品名后加注"IN BULK"。例如，"1000 M/T (ONE THOUSAND M/T ONLY) PIGIRON IN BULK"(1000吨生铁)。

③有时信用证要求加注合同号、L/C号，可加于此。

④本栏的末行要打上表示结束的符号，如"- - - -"或"* * * *"或"× × × ×"，以防伪造或添加。

例如，800 CARTONS (EIGHT HUNDRED CARTONS ONLY) OF CANNED SWEET CORN
3060Gx6TINS/CTN

(8)海关协调制度编码(H. S. Code)。商品的H. S.编码，即《商品分类和编码协调制度》为不同类的商品加列的商检顺序号。

(9)量值(Quantity)。计算单价时使用的数量和计量单位。

(10)发票号和发票日期(Number and date of invoice)。为避免月份、日期的误解,月份一律用英文表示,如2007SDT001 July 25,2007。

(11)出口方声明(Declaration)。出口方声明、签字盖章栏。申请单位在签证机构办理登记注册手续时,须对手签人签字与公章进行登记注册。手签人员应是本申请单位的法人代表或由法人代表指定的其他人员,并应保持相对稳定,印章使用中英文对照章。手签人签字与公章在证书上的位置不得重合。此栏还须填写申报地点和日期,申报日期不得早于发票日期和申请日期,如NANJING,CHINA JULY 25,2007。

(12)签证机构证明(Certification)。所申请的证书,经签证机构审核人员审核无误后,由授权的签证人在此栏手签姓名并加盖签证机构印章,注明签署地点、日期。

注意:此栏签发日期不得早于发票日期(第10栏)和申报日期(第11栏),因为如早于发票日期和申报日期则不符合逻辑上的时间关系。

十五、普惠制产地证明书

普惠制产地证明书见表3.15。

表3.15　普惠制产地证明书

ORIGINAL

<table>
<tr><td colspan="4">1. Goods consigned from (Exporter's business name, address, country)
(1)</td><td colspan="4" rowspan="2">Reference No.
GENERALIZED SYSTEM OF PREFERENCES
CERTIFICATE OF ORIGIN
(Combined declaration and certificate)
FORM A
Issued in THE PEOPLE'S REPUBLIC OF CHINA
(country)</td></tr>
<tr><td colspan="4">2. Goods consigned to (Consignee's name, address, country)
(2)</td></tr>
<tr><td colspan="4">3. Means of transport and route (as far as known)
(3)</td><td colspan="4">4. For offical use
(4)</td></tr>
<tr><td>Choice</td><td>Item number
(5)</td><td>6. Marks and number of packages
(6)</td><td>7. Number and kind of packages; description of goods
(7)</td><td>8. Origin criterion (see Notes overleaf)
(8)</td><td>9. Gross weight or other quantity
(9)</td><td colspan="2">10. Number and date of invoices
(10)</td></tr>
<tr><td colspan="4">11. Certification
(11)

Place and date, signature and stamp of certifying authority</td><td colspan="4">12. Declaration by the exporter
The undersigned hereby declares that the above details and statements are correct, that all the goods were produced in CHINA
(country)
and that they comply with the origin requirements specified for those goods in the Generalized System of Preferences for goods exported to
(12)
(importing country)

Place and date, signature an stamp of authorized signatory</td></tr>
</table>

【注释】　普惠制产地证明书又称 G. S. P 证书、FORM A 证书。普惠制产地证明书是发展中国家向发达国家出口货物，按照联合国贸发会议规定的统一格式而填制的一种证明货物原产地的文件，又是给惠国（进口国）给予优惠关税待遇或免税的凭证。凡享受普惠制规定的关税减免者，必须提供普惠制产地证明书。

（1）发货人（出口商名称、地址、国家）（Goods consigned from...）。若属信用证项下，应与规定的受益人名址、国别一致。

注意：本栏目的最后一个单词必须是国家名。如为第三方发货，须与提单发货人一致。

例如，CHINA NATIONAL LIGHT INDUSTRIAL PRODUCTS IMPORT & EXPORT CORP.

NO. 82 DONGANMENT STREET. BEIJING, CHINA

此栏须填在中国境内的出口商详址，包括街道、门牌号码和城市名称及国家名。

（2）收货人（收货人名称、地址、国别）（Goods consigned to...）。填实际给惠国的最终目的地收货人名址、国别，不得填中间商名址。

注意：

①信用证无其他规定时，收货人一般即是开证申请人。

②若信用证申请人不是实际收货人，而又无法明确实际收货人时，可以将提单的被通知人作为收货人。

③如果进口国为欧共体成员国，本栏可以留空或填“To be ordered”。另外，日本、挪威、瑞典的进口商要求签发“临时”证书时，签证当局在此栏加盖“临时（PROVISIONAL）”红色印章。

（3）运输方式和路线（Means of transport and route）。此栏仅发货人知道，填写运输方式（如海运、空运等）、起运港和目的地（目的港），应注意与其他单据保持一致。如需中途转运，也应注明。

例如，From Shanghai to London on July 1, 2007, Thence Transshipped to Rotterdam By Vessel.（所有货物于 2007 年 7 月 1 日通过海运，从上海港运往伦敦港，中途在鹿特丹港口转船。）

（4）供官方使用（For official use）。由进出口检验机构填注。正常情况下，出口公司应将此栏留空。检验机构主要在两种情况下填注：一是后补证书，则加盖“ISSUED RETROSPECTIVELY”（后发）的红色印章；二是原证丢失，该证系补签，此栏加盖“DUPLICATE”并声明原证作废。需注意，日本一般不接受后发证书。如为“复本”，应在本栏注明原发证书的编号和签订日期，然后声明原证书作废，例如，“THIS CERTIFICATE IS IN REPLACEMENT OF CERTIFICATE OF ORIGIN NO ... DATED ... WHICH IS CANCELLED.”并加盖“DUPLICATE”红色印章。

（5）项目编号（Item number）。填列商品项目，有几项则填几项。如果只有单项商品，仍要列明项目“1”；如果商品品名有多项，则必须按“1、2、3……”分行列出。

（6）唛头及包装号码（Marks and numbers of packages）。应注意与买卖合同、发票、提

单、保险单等单据保持一致(对应合同中的“Shipping Mark”栏)。即使没有唛头,也应注明“N/M”,不得留空。

如唛头内容过多,可填在第7、8、9栏的空白处,或另加附页,只需打上原证号,并由签证机关授权人员手签和加盖签证章。

(7)包装种类和件数、货物描述(Number and kind of packages, Description of goods)。填写商品的数量、包装种类及商品名称与描述,应与信用证和其他单据保持一致。

注意:请勿忘记填上包装种类及数量,并在包装数量的阿拉伯数字后用括号加上大写的英文数字,例如,上例商品名称应具体填明,其详细程度应能在HS的四位数字中准确归类,不能笼统填MACHINE、METER、GARMENT等。但商品的商标、牌名(BRAND)、货号(ART. NO)也可不填,因这些与国外海关税则无关。商品名称等项列完后,应在末行加上表示结束的符号,以防止加填伪造内容。国外信用证有时要求填具合同、信用证号码等,可加在此栏结束符号下方的空白处。例如,800 CARTONS (EIGHT HUNDRED CARTONS ONLY) OF CANNED SWEET CORN 3060Gx6TINS/CTN

(8)原产地标准(Origin criterion)。填写货物原料的成分比例。此栏用字最少,但却是国外海关审证的核心项目。对含有进口成分的商品,因情况复杂,国外要求严格,极易弄错而造成退证,故应认真审核。一般规定说明如下:

①“P”:完全自产,无进口成分。

②“W”:含有进口成分,但符合原产地标准。

③“F”:对加拿大出口时,含进口成分占产品出厂价40%以内者。

④空白:出口到澳大利亚、新西兰的货物,此栏可留空不填。

注意:含有进口原料成分的商品,发往瑞士、挪威、芬兰、瑞典、奥地利等欧盟成员国及日本时,都使用“W”,并在字母下方标上产品的CCCN税则号(布鲁塞尔税则);发往加拿大出口的商品,产品含有进口成分占产品出厂价40%以内者,使用“F”;发往澳大利亚、新西兰的商品,此栏可以空白;发往俄罗斯、白俄罗斯、乌克兰、哈萨克斯坦、捷克、斯洛伐克时,都填写“Y”,并在字母下面标上百分比(占产品离岸价格的50%以下)。

(9)毛重或其他数量(Gross weight or other quantity)。应与运输单据的总毛重或数量相同,分别列明毛重数值与计量单位,如1500 KGS。

注意:此栏应以商品的正常计量单位填,如“只、件、匹、双、台、打”等。以重量计算的则填毛重,只有净重的,填净重亦可。但必须注明“N. W.”(NET WEIGHT)。

(10)发票号和发票日期(Number and date of invoice)。与商业发票的同类内容完全一致。

注意:此栏不得留空,为避免月份、日期的误解,月份一律用英文表示,发票内容必须与证书所列内容和货物完全相符。

如:2007SDT001

July 25, 2007

(11)检验检疫机构的签证证明(Certification)。此栏由签发此证的检验检疫机构盖章、授权人手签,并填列出证日期和地点。

注意：本证书只在正本上签章，不签署副本。签发日期不得早于第10栏发票日期和第12栏的申报日期，也不得晚于提单的装运日期。手签人的字迹必须清楚，手签与签证章在证面上的位置不得重叠。

（12）出口商申报（Declaration by the exporter）。出口方声明、签字、盖章栏。出口商的申明进口国横线上填写的国名一定要填正确。进口国一般与最终收货人或目的港的国别一致。如果难于确定，以第3栏目的港国别为准。凡货物运往欧盟15国范围内，进口国不明确时，进口国可填E. U.；申请单位的手签人员应在此栏签字，加盖中、英文对照的印章，填写申报地点、时间。例如，“BEIJING CHINA SEPT. 22,2000”。

注意：此栏日期不得早于发票日期（第10栏），不得迟于签证机构签发日期（第11栏）；在证书正本和所有副本上盖章时避免覆盖进口国名称和手签人姓名；国名应是正式的和全称的。

十六、货物运输保险投保单

货物运输保险投保单见表3.16。

表3.16　货物运输保险投保单

投保人：　(1)　　　　　　　　　　　　　　　　投保日期：　(2)

<table>
<tr><td>发票号码</td><td>(3)</td><td>投保条款和险别(15)</td></tr>
<tr><td rowspan="2">被保险人</td><td>客户抬头
(4)</td><td rowspan="12">(　)PICC CLAUSE
(　)ICC CLAUSE
(　)ALL RISKS
(　)W. P. A. /W. A.
(　)F. P. A
(　)WAR RISKS
(　)S. R. C. C
(　)STRIKE
(　)ICC CLAUSE A
(　)ICC CLAUSE B
(　)ICC CLAUSE C
(　)AIR TPT ALL RISKS
(　)AIR TPT RISKS
(　)O/L TPT ALL RISKS
(　)O/L TPT RISKS
(　)TRANSHIPMENT RISKS
(　)W TO W
(　)T. P. N. O.
(　)R. F. W. D.
(　)RISKS OF BREAKAGE
(　)I. O. P.</td></tr>
<tr><td>过户
(5)</td></tr>
<tr><td>保险金额</td><td>[　(6)　][　　　　　　]</td></tr>
<tr><td>启运港</td><td>(7)</td></tr>
<tr><td>目的港</td><td>(8)</td></tr>
<tr><td>转内陆</td><td>(9)</td></tr>
<tr><td>开航日期</td><td>(10)</td></tr>
<tr><td>船名航次</td><td>(11)</td></tr>
<tr><td>赔款地点</td><td>(12)</td></tr>
<tr><td>赔付币别</td><td>(13)</td></tr>
<tr><td>保单份数</td><td>(14)</td></tr>
<tr><td>其他特别条款</td><td colspan="2">(16)</td></tr>
<tr><td colspan="3">以下由保险公司填写</td></tr>
<tr><td>保单号码</td><td></td><td>签单日期</td></tr>
</table>

【注释】 凡按 CIF 条件成交的出口货物,由出口企业向当地保险公司逐笔办理投保手续。应根据出口合同或信用证规定,在备妥货物并已确定装运日期和运输工具后,按约定的保险险别和保险金额,向保险公司投保。投保时应填制投保单并支付保险费(保险费 = 保险金额 × 保险费率),保险公司凭以出具保险单或保险凭证。

投保的日期应不迟于货物装船的日期。投保金额若合同没有明示规定,应按 CIF 或 CIP 价格加成 10%。

(1)投保人。投保人公司名称(如为出口商投保请填公司中文名称)。

(2)投保日期。投保单的日期。

(3)发票号码。此批货物的发票号码。

(4)客户抬头。投保人公司的名称。

(5)过户。货物出运后,风险转由进口商负担。因此,如属出口商投保,则可将自己公司的中文名称填在“客户抬头”栏,而将进口商公司名称填在“过户”栏,便于货物发生意外后进口商向保险公司索赔;如属进口商投保,则直接将自己公司名称填在“抬头”栏,而“过户”栏留空。

(6)保险金额。在进出口贸易中,根据有关的国际贸易惯例,保险加成率通常为 10%,当然,出口人也可以根据进口人的要求与保险公司约定不同的保险加成率。

由于保险金额的计算是以 CIF 货价为基础的,因此,对外报价时如果需要将 CFR 价格变为 CIF 价格,或是在 CFR 合同项下买方要求卖方代为投保时,均不应以 CFR 价格为基础直接加保险费来计算,而应先将 CFR 价格换算为 CIF 价格后再求出相应的保险金额和保险费。

$$\text{保险金额} = \text{CIF 货价} \times (1 + \text{保险加成率})$$

①按 CIF 进口时:

$$\text{保险金额} = \text{CIF 货价} \times 1.1$$

②按 CFR 进口时:

$$\text{保险金额} = \text{CFR 货价} \times 1.1 / (1 - 1.1 \times r)$$

其中,r 为保险费率,将所投险别的保险费率相加即可。

③按 FOB 进口时:

$$\text{保险金额} = (\text{FOB 货价} + \text{海运费}) \times 1.1 / (1 - 1.1 \times r)$$

其中,海运费请在装船通知中查找,由出口商根据“配舱回单”填写。

注意:因一切险(或 A 险)已包括了所有一般附加险的责任范围,所以在投保一切险(或 A 险)时,保险公司对一般附加险的各险别不会再另收费。投保人在计算保险金额时,一般附加险的保险费率可不计入。

(7)启运港。按提单填写。

(8)目的港。按提单填写。

(9)转内陆。按实际情况填写。

(10)开航日期。可只填“As Per B/L”,也可根据提单签发日具体填写,如为备运提单应填装船日。根据《UCP600》,允许填写提单签发前 5 天之内的任何一天的日期。此栏目出保单时可暂时不填,待签发提单后再填不迟。

（11）船名航次。海运方式下填写船名加航次。例如，FENG NING V.9103；如整个运输由两次运输完成时，应分别填写一程船名及二程船名，中间用“/”隔开。此处可参考提单内容填写。例如，提单中一程船名为“Mayer”，二程为“Sinyai”，则填“Mayer/Sinyai”。

铁路运输加填运输方式“by railway”加车号；航空运输为“By air”；邮包运输为“By parcel post”。

船名与航次可在船公司接受出口商订舱时给发的“配舱回单”中查找。如系进口商投保，则应在出口商发来的“装船通知”中查找船名航次。

（12）赔款地点。严格按照信用证规定打制；如来证未规定，则应打目的地或目的港。如信用证规定不止一个目的港或赔付地，则应全部照打。

（13）赔付币别：按出口合同规定的赔付币别填写。

（14）保单份数。中国人民保险公司出具的保险单 1 套 5 份，由 1 份正本 Original、1 份副本 Duplicate 和 3 份副本 Copy 构成。具体如下：

①来证要求提供保单为“In duplicate”、“In two folds”或“in 2 copies”，应提供 1 份正本 Original、1 份副本 Duplicate 构成全套保单。

②根据《UCP600》规定，如保险单据表明所出具正本为 1 份以上，则必须提交全部正本保单。

（15）投保条款和险别。投保条款包括：PICC CLAUSE 中国人民保险公司保险条款，ICC CLAUSE 伦敦协会货物保险条款，两种任选其一。

投保险别包括：

ALL RISKS 一切险；
W. P. A. /W. A. 水渍险；
F. P. A. 平安险；
WAR RISKS 战争险；
S. R. C. C. 罢工、暴动、民变险；
STRIKE 罢工险；
ICC CLAUSE A 协会货物（A）险条款；
ICC CLAUSE B 协会货物（B）险条款；
ICC CLAUSE C 协会货物（C）险条款；
AIR TPT ALL RISKS 航空运输综合险；
AIR TPT RISKS 航空运输险；
O/L TPT ALL RISKS 陆运综合险；
O/L TPT RISKS 陆运险；
TRANSHIPMENT RISKS 转运险；
W TO W 仓至仓条款；
T. P. N. D. 偷窃、提货不着险；
F. R. E. C. 存仓火险责任扩展条款（货物出口到香港，包括九龙或澳门）；
R. F. W. D. 淡水雨淋险；
RISKS OF BREAKAGE 包装破裂险。

其中，中国保险条款的基本险险别为一切险、水渍险、平安险，一切险承保范围最大，水渍险次之，平安险最小。伦敦协会货物险条款包括协会货物（A）险条款、协会货物（B）险条款、协会货物（C）险条款，A 险条款承保范围最大，B 险条款次之，C 险条款最小。

注意：由于一切险（或 A 险）条款承保范围最大，包括一般附加险，所以在填写投保单时，一般附加险的条款可不勾选。但若对方要求在保险单上列明一般附加险中的若干险别，投保人则需在投保单中勾选这些险别，这样保险公司在出具保险单时，才会把这些险别一一列出。

（16）其他特别条款。有其他特殊投保条款可在此说明，以分号隔开。

十七、货物运输保险单

货物运输保险单见表3.17。

表3.17 货物运输保险单

中国人民保险公司

PICC

The People's Insurance Company of China

总公司设于北京　　一九四九年创立

Head Office Beijing　　Established in 1949

货物运输保险单

GARGO TRANSPORTATION INSURANCE POLICY

发票号(INVOICE NO.)　(1)

合同号(CONTRACT NO.)　(2)　　保单号次(4)

信用证号(L/C NO.)　(3)　　POLICY NO.

被保险人　(5)

Insured: China harbin xueer fushi company

中国人民保险公司(以下简称本公司)根据被保险人的要求。由被保险人向本公司缴付约定的保险费。按照本保险单承保险别和背面所载条款与下列特效承保下述货物运输保险。特立本保险单。

THIS POLICY OF INSURANCE WITNESSES THAT THE PEOPLE'S INSURANCE COMPANY OF CHINA (HEREINAFTER CALLEO "THE COMPANY") AT THE REOUEST OF THE INSURED AND IN CONSIDERATION OF THE AGREED PRBMIUM PAID TO THE COMPANY BY THE INSURED. UNOERTAKES TO INSURE THE UNDERMENTIONED GOODS IN TRANSPORTATION SUBJECT TO THE CONDITIONS OF THIS OF THIS POLICY AS PER THE CLAUSES PRINTED OVERLEAF AND OTHER SPECIL CLAUSES ATTACHED HEREON.

标记 MARKS&NOS	包装及数量 QUANTITY	保险货物项目 DESCRIPTION OF GOODS	保险金额 AMOUNT INSURED
(6)	(7)	(8)	(9)

总保险金额　(10)

TOTAL AMOUNT INSURED:

保费　(11)　启运日期(12)　装载运输工具(13)

PERMIUM:　DATE OF COMMENCEMENT:　PER CONVEYANCE:

自　(14)　经　至

FROM:　VIA:　TO:

承保险别　(15)

CONDITIONS:

所保货物。如发生保险单项下可能引起索赔的损失或损坏,应立即通知本公司下述代理人查勘。如有索赔,应向本公司提交保单正本(本保险单共有(16)份正本)及有关文件。如一份正本已用于索赔。其余正本自动失效。

IN THE EVENT OF LOSS OR DAMAGE WITCH MAY RESULT IN A CLAM UNDER THIS POLICY。IMMEDIATE NOTICE MUST BE GIVEN TO THE COMPANY'S AGENT AS MENTIONED HEREUNDER. CLAIMS. IF ANY. ONE OF THE ORIGINAL POLICY WHICH HAS BEEN ISSUED IN ________ ORIGINAL(S) TO GETHER WITH THE RELEVENT DOCUMENTS SHALL BE SURRENDERED TO THE COMPANY. IF ONE OF THE ORIGINAL POLICY HAS BEEN ACCOMPLISHED. THE OTHERS TO BE VOID.

中国人民保险公司

The People's Insurance Company of China

赔款偿付地点

CLAIM PAYABLE AT　(18)

出单日期　(17)

ISSUING DATE　(19)　Authorized Signature

地址(ADD):中国北京　电话(TEL):(010)88888888

邮编(POST CODE):101100　传真(FAX):(010)88888887

【注释】 保险单是保险人接受被保险人的申请,并交纳保险费后而订立的保险契约,是保险人和被保险人之间权利义务的说明,是当事人处理理赔和索赔的重要依据,是出口商在 CIF 条件下向银行办理结汇所必须提交的单据。

保险单就是一份保险合同,在保险单的正面,是特定的一笔保险交易,同时,该笔保险交易的当事人,保险标的物、保险金额险别、费率等应一一列出。在单据的背面,详细地列出了投保人、保险人、保险受益人的权利、义务以及各自的免责条款。

(1)发票号(INVOICE NO.)。此批货物的发票号码。

(2)合同号(CONTRACT NO.)。此批货物的出口合同号。

(3)信用证号(L/C NO.)。

(4)保单号次(POLICY NO.)。保险公司编制的保单号。

(5)被保险人(Insured)。投保人或称"抬头"填出口公司的名称。一般说来,买卖双方对货物的权利可凭单据的转移而转移,因此待交单结汇时,卖方将保险单背书转让给买方。

如信用证规定被保险人为受益人以外第三方,或作成"To Order of...",应视情况确定接受与否。

在 FOB 或 CFR 价格条件下,如国外买方委托卖方代办保险,被保险人栏可做成"×××(卖方)On Behalf of ×××(买方)",并且由卖方按此形式背书。此时,卖方可凭保险公司出示的保费收据(Premium Receipt)作为向买方收费的凭证。

(6)标记(MARKS&NOS)。唛头。无唛头填"N/M",也可填"As per Invoice No.___"。

(7)包装及数量(QUANTITY)。有包装的填写最大包装件数;裸装货物要注明本身件数;煤炭、石油等散装货注明净重;有包装但以重量计价的,应将包装数量与计价重量都注上。

(8)保险货物项目(DESCRIPTION OF GOODS)。允许用统称,但不同类别的多种货物应注明不同类别货物的各自总称。这里与提单此栏目的填写一致。

(9)保险金额(AMOUNT INSURED)。可小写,如$307.00。

(10)总保险金额(TOTAL AMOUNT INSURED)。此处大写累计金额,如 U.S. Dollars Three Hundred and Seven Only.

①保险货币应与信用证一致,大小写应该一致。

②保险金额的加成百分比应严格按信用证或合同规定掌握。如未规定,应按 CIF 发票价格的110%投保。

③发票如需扣除佣金或折扣,则须按扣除佣金或折扣前的毛值投保。

④保险金额不要小数,出现小数时无论多少一律向上进位。

(11)保费(PERMIUM)。此栏通常不注具体数字而已分别印就"AS ARRANGED(按协商)"。有时也可按信用证要求缮打"Paid"、"Prepaid",或具体金额数目。

(12)启运日期(DATE OF COMMENCEMENT)。可只填"As Per B/L(符合提单)",也可根据提单签发日期具体填写,如为备运提单应填装船日。按照《UCP500》,也允许填写提单签发前5天之内的任何一天的日期。此栏目出保单时可暂时不填,待签发提单后再填不迟。

(13)装载运输工具(PER CONVEYANCE)。海运方式下填写船名加航次。例如,FENG NING V.9103;如整个运输由两次运输完成时,应分别填写一程船名及二程船名,中间用"/"隔开。此处可参考提单内容填写。例如,提单中一程船名为"Mayer",二程为

"Sinyai",则填"Mayer/Sinyai"。

铁路运输填写运输方式"by railway"加车号;航空运输为"By air";邮包运输为"By parcel post"。

(14)起讫地点(FROM...VIA...TO...):起点指装运港。讫点指目的港。如发生转船,则写为:From...(装运港)To...(目的港)W/T 或 Via...(转运港)。

例如,From Dalian To New York Via Hong Kong.

(15)承保险别(CONDITIONS)。出口公司在制单时,先在副本上填写这一栏的内容,当全部保险单填好交给保险公司审核确认时,才由保险公司把承保险别的详细内容加注在正本保险单上。

注意:

①应严格按照信用证的险别投保。

②如信用证没有具体规定险别或只规定"Marin Risk"、"Usual Risk"或"Transport Risk"等,则可投保最低险别平安险"FPA",或投保一切险"All Risks"、水渍险"WA"或"WPA"、平安险"FPA"中的任何一种,另外还可以加保一种或几种附加险。

③如来证要求投保的险别超出了合同规定或成交价格为 FOB 或 CFR,但来证却由卖方保险,遇到这种情况,如果买方同意支付额外保险费,可按信用证办理。

④投保的险别除注明险别名称外,还应注明险别适用的文本和日期。

例如,Covering All Risks and War Risks as per Ocean Marin Cargo Clauses & Ocean Marin Cargo War Risks Clauses of The People's Insurance Company of China dated 1981-01-01.

在实际业务中,可采用缩写。例如,上述条款可写成"...as per OMCC & OMCWRC of the PICC (CIC) dd 1981-01-01"或"...as per C. I. C. All Risks & War Risks dd 1981-01-01"。

填写时,一般只需填险别的英文缩写,同时注明险别的来源,即颁布这些险别的保险公司,如"PICC"指中国人民保险公司,"C. I. C."指中国保险条款,并指明险别生效的时间,如 PICC 或 C. I. C. 颁布的险别生效时间是 1981 年 1 月 1 日。

⑤如来证要求使用伦敦协会条款(I. C. C),根据中国人民保险公司的现行做法,可以按信用证规定承保,保险单应按要求填制。

注意:目前的保险业务中不许对同一保险标的物投保自相矛盾的两个不同保险公司的承保险别。如来证要求"Insurance against All Risks as per Institute Cargo Clause (A)",既要求投保中国人民保险公司的一切险,又要按照伦敦保险协会条款承保险种 A。虽然两种险别范围类似,但却不合规范。

⑥如信用证要求投保转船险(Unlimited Transshipment Risk),即使直达提单也应照做,以防在运输途中由于特殊原因转船而使货物受损。

⑦除信用证特别声明外,保险单内可加注免赔率。

(16)查勘、理赔代理人及保单正本。查勘、理赔代理人是指货物出险时负责检验、理赔的承保人的代理人。通常检验与理赔为同一代理人,但根据需要也可以分开,各司其职。此栏无论信用证有否规定,都应注明查勘代理人。由保险公司填写负责在该地办理理赔的理赔员的名字,或委托赔付地某保险公司作理赔代理。

①如果信用证规定在目的港以外的地方赔付,例如,目的港在伦敦,赔付地在巴黎,应注明伦敦的勘查代理人和巴黎的赔付代理人。

②如果来证规定有两个赔付地,则两个地点的代理人都应注明。

(17)签字(AUTORIZED SIGNATURE)。由保险承保人或它们的代理人签字,也可只盖图章。右下角由保险公司法人签章。

(18)赔款偿付地点(CLAIM PAYABLE AT)。严格按照信用证规定打制,如来证未规定,则应打目的港。如信用证规定不止一个目的港或赔付地,则应全部照打。

(19)出单日期(ISSUING DATE)。保险单的日期。保险手续要求在货物离开出口仓库前办理。保险单的日期相应填写货物离开仓库的日期,或至少填写早于提单签发日、发运日或接受监管日。

十八、出口收汇核销单

出口收汇核销单见表3.18。

表3.18　出口收汇核销单

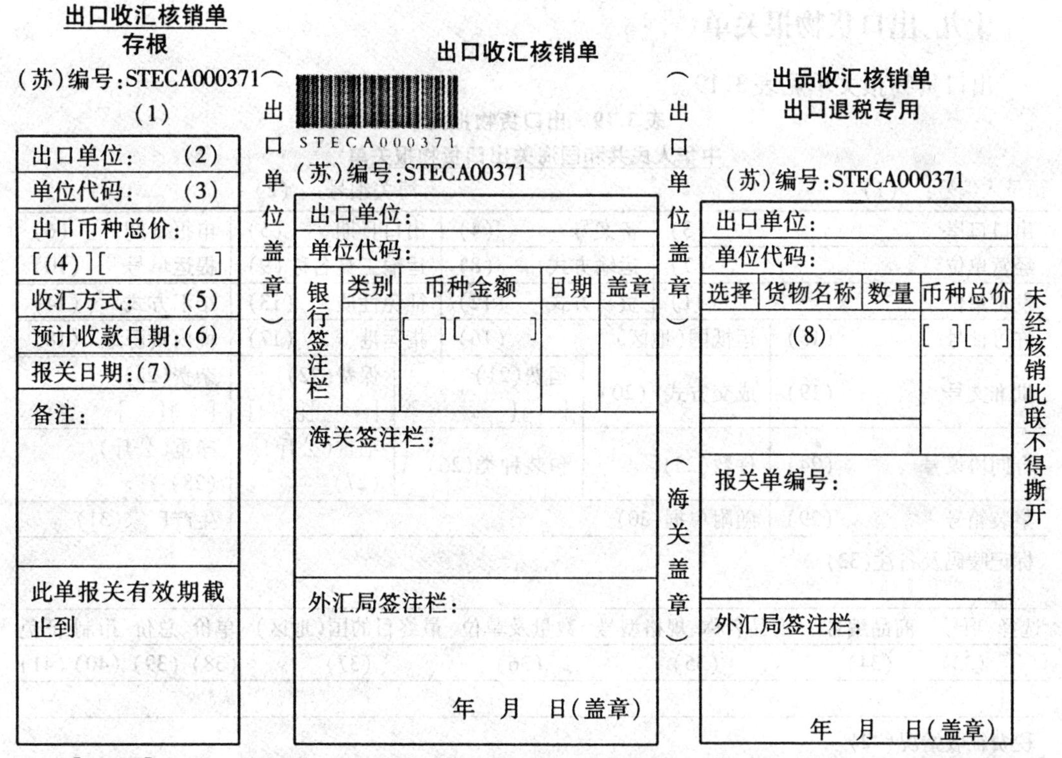
出口收汇核销单
存根
(苏)编号:STECA000371
(1)

出口单位: (2)
单位代码: (3)
出口币种总价: [(4)][　]
收汇方式: (5)
预计收款日期:(6)
报关日期:(7)
备注:
此单报关有效期截止到

(出口单位盖章)

出口收汇核销单
STECA000371
(苏)编号:STECA00371

出口单位:				
单位代码:				
银行签注栏	类别	币种金额	日期	盖章
		[　][　]		
海关签注栏:				
外汇局签注栏: 年　月　日(盖章)				

(出口单位盖章)
(海关盖章)

出品收汇核销单
出口退税专用
(苏)编号:STECA000371

出口单位:			
单位代码:			
选择	货物名称	数量	币种总价
	(8)		[　][　]
报关单编号:			
外汇局签注栏: 年　月　日(盖章)			

未经核销此联不得撕开

【注释】　出口收汇核销单简称核销单,系指由国家外汇管理局制发、出口单位和受托行及解付行填写,海关凭以受理报关,外汇管理部门凭以核销收汇的有顺序编号的凭证。

出口单位应到当地外汇管理部门申领经外汇管理部门加盖“监督收汇”章的核销单。在货物报关时,出口单位必须向海关出示有关核销单,凭有核销单编号的报关单办理报关手续,否则海关不予受理报关。

(1)编号。核销单编号。

(2)出口单位。经营单位中文名称,三联都要填写。

(3)单位代码。进出口企业在据地主管海关办理注册登记手续时,海关给企业设置的注册登记编码,三联都要填写。

(4)出口币种总价。按报关单所列货物的成交总值填写,并注明货币名称。

(5)收汇方式。即出口货物的发货人或其代理人收结外汇方式，本栏目应按海关规定的《结汇方式代码表》选择填报相应的结汇方式名称或代码，有4种结汇方式可用，它们在《结汇方式代码表》中对应的代码分别为：

①电汇(T/T)；代码:1。

②付款交单(D/P)；代码:4。

③承兑交单(D/A)；代码:5。

④信用证(L/C)；代码:6。

(6)预计收款日期。根据出口合同或信用证规定预计结汇收款日期。

(7)报关日期。海关放行的日期。

(8)货物名称和数量。此处的货物名称并非货物本身名称，而应填写货物所属类别，可在商品详细资料中查到，如“玩具”。数量即货物销售数量。

十九、出口货物报关单

出口货物报关单见表3.19。

表3.19　出口货物报关单

中华人民共和国海关出口货物报关单

预录人编号：(1)　　　　海关编号：(2)

出口口岸 (3)	备案号 (4)	出口日期 (5)	申报日期 (6)
经营单位 (7)	运输方式 (8)	运输工具名称 (9)	提运单号 (10)
发货单位 (11)	贸易方式 (12)	征免性质 (13)	结汇方式 (14)
许可证号 (15)	运抵国(地区) (16)	指运港 (17)	境内货源地 (18)

批准文号 (19)	成交方式 (20)	运费(21) [ ][ ]	保费(22) [ ][ ]	杂费(23) [ ][ ]
合同协议号 (24)	件数(25)	包装种类(26)	毛重(公斤) (27)	净重(公斤) (28)
集装箱号 (29)	随附单据(30)			生产厂家(31)

标记唛码及备注(32)

选择	项号	商品编号	商品名称、规格型号	数量及单位	最终目的国(地区)	单价	总价	币制	征免
	(33)	(34)	(35)	(36)	(37)	(38)	(39)	(40)	(41)

税费征收情况(42)

录入员(43)　录入单位(44)	兹声明以上申报无讹并承担法律责任	海关审单批注及放行日期(签章)(47)	
报关员 (45) 单位地址	申报单位(签章)	审单	审价
		征税	统计
邮编　电话	填制日期(46)	查验	放行

【注释】出口货物报关是出口商向海关申报出口的重要单据，也是海关直接监督出

口行为、核准货物放行及对出口货物汇总统计的原始资料，直接决定了出口外销活动的合法性。出口货物报关单由中华人民共和国海关统一印制。

(1)预录入编号。预录入单位预录入报关单的编号。用于申报单位与海关之间引用其申报后尚未接受申报的报关单。

(2)海关编号。海关接受申报时给予报关单的编号。应标识在报关单的每一联上。此栏报关单位不用填写。

①H883/EDI 通关系统。报关单海关编号为 9 位数码，其中 1 ~ 2 位为接受申报海关的编号(《关区代码表》中相应海关代码的后 2 位)，第 3 位为海关接受申报公历年份 4 位数字的最后 1 位，后 6 位为顺序编号。

进口报关单和出口报关单应分别编号，确保在同一公历年度内，能按进口和出口唯一地标识本关区的每一份报关单。

②H2000 通关系统。报关单海关编号为 18 位数字，其中第 1 ~ 4 位为接受申报海关的编号(《关区代码表》中相应海关代码)，第 5 ~ 8 位为海关接受申报的公历年份，第 9 位为进出口标志("1"为进口，"0"为出口)，后 9 位为顺序编号。在海关 H883/EDI 通关系统向 H2000 通关系统过渡期间，后 9 位的编号规则同 H883/EDI 通关系统的要求。

(3)出口口岸。货物实际运出我国关境口岸海关的名称。本栏目应根据货物实际进出关境的口岸海关填报《关区代码表》中相应的口岸海关名称及代码。

进口转关运输货物应填报货物进境地海关名称及代码，出口转关运输货物应填报货物出境地海关名称及代码。按转关运输方式监管的跨关区深加工结转货物，出口报关单填报转出地海关名称及代码，进口报关单填报转入地海关名称及代码。在不同出口加工区之间转让的货物，填报对方出口加工区海关名称及代码。其他无实际进出境的货物，填接受申报的海关名称及代码。

(4)备案号。备案审批文件的编号。进出口企业在海关办理加工贸易合同备案或征、减、免税审批备案等手续时，海关给予《进料加工登记手册》、《来料加工及中小型补偿贸易登记手册》、《外商投资企业履行产品出口合同进口料件及加工出口成品登记手册》、电子账册及其分册(以下均简称《加工贸易手册》)、《进出口货物征免税证明》(以下简称《征免税证明》)或其他有关备案审批文件的编号。

一份报关单只允许填报一个备案号。备案号栏目为 12 位字符，其中第 1 位是标记代码。无备案审批文件的报关单，本栏目免予填报。

具体填报要求如下：

①加工贸易合同项下货物，除少量低价值辅料按规定不使用《加工贸易手册》的外，填报《加工贸易手册》编号。

②涉及征、减、免税备案审批的报关单，填报《征免税证明》编号。

③出入出口加工区的保税货物，应填报标记代码为"H"的电子账册备案号；出入出口加工区的征免税货物、物品，应填报标记代码为"H"、第六位为"D"的电子账册备案号。

④使用异地直接报关分册和异地深加工结转出口分册在异地口岸报关的，本栏目应填报分册号；本地直接报关分册和本地深加工结转分册限制在本地报关，本栏目应填报总册号。

⑤加工贸易成品凭《征免税证明》转为享受减免税进口货物的，进口报关单填报《征

免税证明》编号,出口报关单填报《加工贸易手册》编号。

⑥对减免税设备及加工贸易设备之间的结转,转入和转出企业分别填制进、出口报关单,在报关单"备案号"栏目分别填报《加工贸易手册》编号、《征免税证明》编号或免予填报。

⑦优惠贸易协定项下实行原产地证书联网管理的货物,应填报原产地证书代码"Y"和原产地证书编号;未实行原产地证书联网管理的货物,本栏目免予填报。

(5)出口日期。运载所申报货物的运输工具办结出境手续的日期。

供海关打印报关单证明联用,在申报时免予填报。无实际进出境的报关单填报办理申报手续的日期,以海关接受申报的日期为准。H883/EDI 通关系统中,本栏为6位数,顺序为年、月、日各2位;在 H2000 通关系统中,本栏为8位数字,顺序为年(4位)、月(2位)、日(2位)。

(6)申报日期。海关接受进出口货物收双方或受其委托报关企业申请日期。

以电子数据报关单方式申报的,申报日期为海关计算机系统接受申报数据时记录日期。以纸质报关单方式申报的,申报日期为海关接受纸质报关单并对报关单进行登记处理的日期。在 H883/EDI 通关系统中,本栏目为6位数,顺序为年、月、日各2位;在 H2000 通关系统中,本栏目为8位数字,顺序为年(4位)、月(2位)、日(2位)。

(7)经营单位。对外签订并执行进出口贸易合同的中国境内企业、单位或个体工商户。本栏应填报经营单位名称及经营单位编码。经营单位编码是经营单位在海关办理注册登记手续时,海关给予的注册登记10位编码。

特殊情况下确定经营单位原则如下:①援助、赠送、捐赠的货物,填报直接接受货物的单位。②进出口企业之间相互代理进出口的,填报代理方。③外商投资企业委托进出口企业进口投资设备、物品的,填报外商投资企业,并在标记唛码及备注栏注明"委托某进出口企业进口"。④有代理报关权的进出口企业在本企业进出口或代理其他企业进出口时,填报本企业的经营单位编码;代理其他企业办理进出口报关手续时,填报委托方经营单位编码。

(8)运输方式。按照载运货物进出关境所使用的运输工具来分类,包括实际运输方式和海关规定的特殊运输方式。填写时应根据实际运输方式按海关规定的《运输方式代码表》选择填报相应的运输方式。

特殊情况下运输方式的填报原则如下:

①非邮政方式进出口的快递货物,按实际运输方式填报。

②进出境旅客随身携带的货物,按旅客所乘运输工具填报。

③进口转关运输货物,按载运货物抵达进境地的运输工具填报;出口转关运输货物,按载运货物驶离出境地的运输工具填报。

④出口加工区与区外进出的货物,区内企业填"9",区外企业填报"Z"。

⑤其他无实际进出境的,根据实际情况选择填报《运输方式代码表》中运输方式"0"(非保税区运入保税区和保税区退区)、"1"(境内存入出口监管仓库和出口监管仓库退仓)、"7"(保税区运往非保税区)、"8"(保税仓库转内销)或"9"(其他运输)。

⑥同一出口加工区内或不同出口加工区的企业之间相互结转、调拨的货物、出口加工区与其他海关特殊监管区域之间、不同保税区之间、同一保税区内不同企业之间、保税区

与出口加工区等海关特殊监管区域之间转移、调拨的货物,填报“9”(其他运输)。

(9)运输工具名称:运输工具的名称和运输工具编号。本栏目填报内容应与运输部门向海关申报的载货清单所列内容一致。一份报关单只允许填报一个运输工具名称。具体填报要求如下:

①直接在进出境地办理报关手续的报关单具体填报要求。

a. H883/EDI 通关系统。

(a)海运输填报船名或船舶呼号(来往港澳小型船舶为监管簿编号)+“/”+航次号。

(b)汽车运输填报该跨境运输车辆的国内行驶车牌号+“/”+进出境日期[8 位数字,顺序为年(4 位)、月(2 位)、日(2 位),下同]。

(c)铁路运输填报车次(或车厢号)+“/”+进出境日期。

(d)航空运输填报航班号+进出境日期+“/”+总运单号。

(e)邮政运输填报邮政包裹单号+“/”+进出境日期。

(f)其他运输填报具体运输方式名称,如管道、驮畜等。

b. H2000 通关系统。

(a)江海运输填报船舶编号(来往港澳小型船舶为监管簿编号)或者船舶英文名称。

(b)汽车运输填报该跨境运输车辆的国内行驶车牌号,深圳提前报关模式填报国内行驶车牌号+“/”+“提前报关”(4 个汉字)。

(c)铁路运输填报车厢编号或交接单号。

(d)航空运输填报航班号。

(e)邮政运输填报邮政包裹单号。

(f)其他运输填报具体运输方式名称,如管道、驮畜等。

(g)对于“清单放行,集中报关”的货物填报“集中报关”(4 个汉字)。

②转关运输货物出口报关单填报要求。

a. H883/EDI 通关系统。

(a)江海运输。出口非中转填报“@”+16 位转关申报单预录入号(或 13 位载货清单号);中转:境内江海运输填报驳船船名+“/”+“驳船航次”;境内铁路运输填报车名[4 位关别代码+“TRAIN”(英文单词)]+“/”+6 位启运日期;境内公路运输填报车名[4 位关别代码+“TRUCK”(英文单词)]+“/”+ 6 位启运日期;境内公路运输填报车名[4 位关别代码+“TRUCK”(英文单词)]+“/”+6 位启运日期。

上述“驳船船名”、“驳船航次”、“车名”、“日期”均须事先在海关备案。

(b)铁路运输。填报“@”+16 位转关申报单预录入号;多张报关单需要通过一张转关单转关的,填报“@”。

(c)其他运输方式。填报“@”+16 位转关申报单预录入号(或 13 位载货清单号)。

上述规定以外无实际进出境的,本栏目为空。

b. H2000 通关系统。

(a)江海运输。非中转填报“@”+16 位转关申报单预录入号(或 13 位载货清单号)。如多张报关单需要通过一张转关单转关的,运输工具名称字段填报“@”。中转,境内江海运输填报驳船船名;境内铁路运输填报车名[主管海关 4 位关别代码+“TRAIN”(英文单词)];境内公路运输填报车名[主管海关 4 位关别代码+“TRUCK”(英文单词)]。

(b)铁路运输。填报“@”+16位转关申报单预录入号(或13位载货清单号),如多张报关单需要通过一张转关单转关的,填报“@”。

(c)航空运输。填报“@”+16位转关申报单预录入号(或13位载货清单号),如多张报关单需要通过一张转关单转关的,填报“@”。

(d)其他各类出境运输方式。填报“@”+16位转关申报单预录入号(或13位载货清单号)。

③无实际进出境货物报关单。

a. 在H883/EDI通关系统下。

加工贸易深加工结转及料件结转货物,加工贸易成品凭《征免税证明》转为享受减免税进口的货物,保税区与区外之间进出的货物、同一保税区内或不同保税区的企业之间转移(调拨)的货物、出口加工区与区外之间进出的货物,同一出口加工区内或不同出口加工区的企业之间相互结转、调拨的货物,应先办理进口报关,并在出口报关单本栏目填报转入方关区代码(前两位)及进口报关单号,即“转入××(关区代码)××××××××(进口报关单/备案清单号)”。按转关运输货物办理结转手续的,按转关运输有关规定填报。

b. 在H2000通关系统下,本栏目免予填报。

上述规定以外无实际进出境的,本栏目免予填报。

(10)提运单号:进出口货物提单或运单的编号。

本栏内容应与运输部门向海关申报的载货清单所列内容一致。一份报关单只允许填报一个提运单号,一票货物对应多个提运单时,应分单填报。具体填报要求如下:

①直接在进出境地办理报关手续的报关单。

a. H883/EDI通关系统:

(a)江海运输:填报进口提单号。

(b)汽车运输:免予填报。

(c)铁路运输:填报运单号。

(d)航空运输:填报分运单号,无分运单的填报总运单号。

(e)邮政运输:免予填报。

(f)无实际进出境的,本栏目免予填报。

b. H2000通关系统。

(a)江海运输:填报进出口提运单号。如有分提运单的,填报进出口提运单号+“*”+分提运单号。

(b)汽车运输:免予填报。

(c)铁路运输:填报运单号。

(d)航空运输:填报总运单号+“_”(下划线)+分运单号,无分运单的填报总运单号。

(e)邮政运输填报邮运包裹单号。

(f)无实际进出境的,本栏目免予填报。

②转关运输货物出口报关单

a. H883/EDI 通关系统。

(a)江海运输。中转货物填报提单号;非中转货物免予填报;广东省内提前报关的转关货物填报车牌号。

(b)其他运输方式。广东省内提前报关的转关货物填报车牌号;其他地区免予填报。

b. H2000 通关系统。

①江海运输。中转货物填报运单号;非中转免予填报;广东省内提前报关的转关货物填报车牌号。

②其他运输方式。广东省内提前报关的转关货物填报车牌号;其他地区免予填报。

(11)发货单位。出口货物在境内的生产或销售单位,包括:

①自行出口货物的单位。

②委托有外贸进出口经营权的企业出口货物的单位。

本栏目应填报发货单位的中文名称及其海关注册编码。加工贸易报关单的收、发货单位应与《加工贸易手册》的“货主单位”一致;减免税货物报关单的收、发货单位应与《征免税证明》的“申请单位”一致。

(12)贸易方式。本栏目应根据实际情况,并按海关规定的《贸易方式代码表》选择填报相应的贸易方式简称或代码。

出口加工区内企业填制的《出口加工区进(出)境货物备案清单》应选择填报适用于出口加工区货物的监管方式简称或代码。一份报关单只允许填报一种贸易方式。

加工贸易报关单特殊情况下填报要求如下:

①少量低值辅料(即5000美元以下,78种以内的低值辅料)按规定不使用《加工贸易手册》的,辅料进口报关单填报“低值辅料”。使用《加工贸易手册》的,按《加工贸易手册》上的贸易方式填报。

②外商投资企业按内外销比例为加工内销产品而进口的料件或进口供加工内销产品的料件,进口报关单填报“一般贸易”。

外商投资企业为加工出口产品全部使用国内料件的出口合同,成品出口报关单填报“一般贸易”。

③加工贸易料件结转或深加工结转货物,按批准的贸易方式填报。

④加工贸易料件转内销货物(及按料件补办进口手续的转内销成品、残次品、半成品)应填制进口报关单,本栏目填报“(来料或进料)料件内销”;加工贸易成品凭《征免税证明》转为享受减免税进口货物的,应分别填制进、出口报关单,本栏目填报“(来料或进料)成品减免”。

⑤加工贸易出口成品因故退运进口及复出口、加工贸易进口料件因换料退运出口及复运进口的,填报与《加工贸易手册》备案相应的退换监管方式简称或代码。

⑥备料《加工贸易手册》中的料件结转入加工出口《加工贸易手册》的填报相应的来料或进料加工贸易方式。

⑦保税工厂加工贸易进出口货物,根据《加工贸易手册》填报相应的来料或进料加工贸易方式。

⑧加工贸易边角料内销和副产品内销,进口报关单应填报“(来料或进料)边角料内销”。

⑨加工贸易料件或成品放弃，进口报关单应填报“（进料料件或成品）放弃”。

（13）征免性质。海关对进出口货物实施征、减、免税管理的性质类别。

本栏目应按照海关核发的《征免税证明》中批注的征免性质填报，或根据实际情况按海关规定的《征免性质代码表》选择填报征免性质简称或代码。

加工贸易报关单本栏目应按照海关核发的《登记手册》中批注的征免性质填报相应的征免性质简称或代码。特殊情况下填报要求如下：

①保税工厂经营的加工贸易，根据《加工贸易手册》填报“进料加工”或“来料加工”。

②外商投资企业按内外销比例为加工内销产品而进口料件，填报“一般征税”或其他相应征免性质。

③加工贸易转内销货物，按实际应享受的征免性质填报（如一般征税、科教用品、其他法定等）。

④料件退运出口、成品退运进口货物填报“其他法定”（代码0299）。

⑤加工贸易结转货物本栏目为空。

一份报关单只允许填报一种征免性质。

（14）结汇方式。出口货物的发货人或其代理人收结外汇的方式。

本栏目应按海关规定的《结汇方式代码表》选择填报相应的结汇方式名称或代码。

（15）许可证号。应申领出口许可证的货物，在此栏目填报商务部及其授权发证机关签发的出口货物许可证编号，不得为空。一份报关单只允许填报一个许可证号。

（16）运抵国（地区）。运抵国（地区）指出口货物离开我国关境直接运抵或者在运输中转国（地）未发生任何商业性交易的情况下最后运抵的国家（地区）。

对发生运输中转的货物，如中转地未发生任何商业性交易，则运抵地不变；如中转地发生商业性交易，则以中转地作为运抵国（地区）填报。

本栏目应按海关规定的《国别（地区）代码表》选择填报相应的运抵国（地区）中文名称或代码。无实际出境的，本栏目填报“中国”（代码“142”）。

（17）指运港。指运港指出口货物运往境外的最终目的港。

最终目的港不可预知的，可按尽可能预知的目的港填报，本栏目应根据实际情况按海关规定的《港口航线代码表》选择填报相应的港口中文名称或代码。无实际出境的，本栏目填报“中国境内”（代码“0142”）。

（18）境内货源地。出口货物在国内的产地或原始发货地。

本栏目应根据进口货物的收货单位、出口货物生产厂家或发货单位所属国内地区，并按海关规定的《国内地区代码表》选择填报相应的国内地区名称或代码。

（19）批准文号。出口报关单本栏目用于填报《出口收汇核销单》编号。

（20）成交方式。本栏目应根据实际成交价格条款按海关规定的《成交方式代码表》选择填报相应的成交方式或代码。无实际出境的，填报FOB价。

（21）运费。本栏目用于成交价格中含有运费的出口货物，应填报该份报关单所含全部货物的国际运输费用。可按运费单价、总价或运费率3种方式之一填报，同时注明运费标记，并按海关规定的《货币代码表》选择填报相应的币种代码。如非CIF方式，则本栏可不填。

运保费合并计算的，运保费填报在本栏目。

运费标记“1”表示运费率,“2”表示每吨货物的运费单价,“3”表示运费总价。

①H883/EDI 通关系统。

a. 运费率:直接填报运费率的数值,如5%的运费率填报为“5”。

b. 运费单价:填报运费币值代码 +“/” + 运费单价的数值 +“/” + 运费单价标记,如24 美元的运费单价填报为“502/24/2”。

c. 运费总价:填报运费币值代码 +“/” + 运费总价的数值 +“/” + 运费总价标记,如7000 美元的运费总价填报为“502/7000/3”。

②H2000 通关系统。

a. 运费标记填写在运费标记处。

b. 运费价格填写在运费价格处。

c. 运费币制填写在运费币制处。

本栏统一以运费总价填报,填写格式为:币种 + 金额,如 USD1600. 25。

(22)保费。本栏目用于成交价格中含有保险费的出口货物,应填报该份报关单所含全部货物国际运输的保险费用。可按保险费总价或保险费率两种方式之一填报,同时注明保险费标记,并按海关规定的《货币代码表》选择填报相应的币种代码。

运保费合并计算的,运保费填报在运费栏目中。

保险费标记“1”表示保险费率,“3”表示保险费总价。

①H883/EDI 通关系统。

a. 保费率:直接填报保费率的数值,如 0. 3% 的保险费率填报为“0. 3”。

b. 保费总价:填报保费币值代码 +“/” +保费总价的数值 +“/” + 保费总价标记,如10000 港元保险费总价填报为“110/10000/3”。

②H2000 通关系统。

a. 保费标记填写在保费标记处。

b. 保费总价填写在保费总价处。

c. 保费币制填写在保费币制处。

(23)杂费。指成交价格以外的、应计入完税价格或应从完税价格中扣除的费用,如手续费、佣金、回扣等,可按杂费总价或杂费率两种方式之一填报,同时注明杂费标记,并按海关规定的《货币代码表》选择填报相应币种代码。

应计入完税价格的杂费填报为正值或正率,应从完税价格中扣除的杂费填报为负值或负率。

杂费标记:“1”表示杂费率,“3”表示杂费总价。

①H883/EDI 通关系统。

a. 杂费率:直接填报杂费率的数值,如应计入完税价格的 1. 5% 的杂费率填报为“1. 5”;应从完税价格中扣除的 1% 的回扣率填报为“ -1”。

b. 杂费总价:填报杂费币值代码 +“/” + 杂费总价的数值 +“/” + 杂费总价标记,如应计入完税价格的 500 英镑杂费总价填报为“303/500/3”。

②H2000 通关系统。

a. 杂费标记填写在杂费标记处。

b. 杂费总价填写在杂费总价处。

c. 杂费币制填写在杂费币制处。

(24)合同协议号。进(出)口货物合同(协议)的全部字头和号码。

(25)件数。有外包装的出口货物的实际件数。

特殊情况下填报要求如下:

①舱单件数为集装箱(TEU)的,填报集装箱个数。

②舱单件数为托盘的,填报托盘数。本栏目不得填报为零,裸装货物填报为1。

(26)包装种类。本栏目应根据出口货物的实际外包装种类,按海关规定的《包装种类代码表》选择填报相应的包装种类代码。

(27)毛重(公斤)。货物及其包装材料的重量之和。本栏目填报出口货物实际毛重,计量单位为公斤,不足一公斤填报1。

(28)净重(公斤)。货物的毛重减去外包装材料后的重量。本栏目填出口货物的实际净重,计量单位为公斤,不足一公斤填报1。

(29)集装箱号。在每个集装箱箱体两侧标示的全球唯一的编号。本栏目用于填报和打印集装箱编号及数量。集装箱数量四舍五入填报整数,非集装箱货物填报为0。

①H883/EDI 通关系统。填报:一个集装箱号+"*"+集装箱数+"(折合标准集装箱数)"。

例如:TEXU3605231*1(1)表示1个标准集装箱。

EXU3605231*2(3)表示2个集装箱,折合为3个标准集装箱,其中一个箱号为TEXU3605231。

在多于一个集装箱的情况下,其余集装箱编号打印在备注栏或随附清单上。

②H2000 通关系统。填报在集装箱表中,一个集装箱填一条记录,分别填报集装箱号、规格和自重。

(30)随附单据。指随出口货物报关单一并向海关递交的单证或文件,合同、发票、装箱单、许可证等的必备的随附单证不在本栏目填报。

①H883/EDI 通关系统。

本栏目按海关规定的《监管证件名称代码表》选择填报相应证件的代码,证件编号填报在"标记唛码及备注"栏后半部分。

②H2000 通关系统。

本栏目分为随附单据代码和随附单据编号两项,其中代码栏应按海关规定的《监管证件名称代码表》选择填报相应证件的代码填报;编号栏应填报许可证件编号。

③优惠贸易协定项下进出口货物。

"Y"为原产地证书代码。优惠贸易协定代码选择"01"、"02"、"03"或"04"填报:

"01"为"曼谷协定及中巴优惠贸易安排"项下的进口货物;

"02"为"中国与东盟全面经济合作框架协定项下'早期收获'方案"(简称"中国东盟早期收获"),包括"中泰蔬菜水果协定"项下的进口货物以及对原产于老挝、柬埔寨、缅甸的进口货物;

"03"为"内地与香港紧密经贸关系安排"(香港 CEPA)项下的进口货物;

"04"为"内地与澳门紧密经贸关系安排"(澳门 CEPA)项下的进口货物。

具体填报要求如下:

a. 实行原产地证书联网管理的，H2000 通关系统下，在本栏随附单证代码项下填写“Y”，在随附单证编号项下的“< >”内填写优惠贸易协定代码。例如，香港 CEPA 项下进口商品，应填报为“Y”和“<03 >”；H883/EDI 系统下，此栏不填报原产地证书相关内容。

b. 未实行原产地证书联网管理的，H2000 通关系统下，在报关单“随附单据”栏随附单证代码项下填写“Y”，在随附单证编号项下“< >”内填写优惠贸易协定代码 + “:” + 需证商品序号。例如，《曼谷协定》项下进口报关单中第 1 到第 3 项和第 5 项为优惠贸易协定项下商品，应填报为“<01:1 –3,5 >”； H883/EDI 通关系统下，此栏不填报原产地证书相关内容。

优惠贸易协定项下出口货物，本栏目填报原产地证书代码和编号。

(31)生产厂家。生产厂家指出口货物的境内生产企业。

(32)标记唛码及备注。与合同相关内容一致。

①H883/EDI 通关系统。

a. 本栏目上部用于打印以下内容，具体填报如下：

(a)标记唛码中除图形以外的文字、数字。

(b)受外商投资企业委托代理其进口投资设备、物品的进出口企业名称。

(c)加工贸易结转货物及凭《征免税证明》转内销货物，其对应的备案号应填报在本栏目，即“转至(自)××××××××××××手册”。

(d)实行原产地证书联网管理的优惠贸易协定项下进口货物，填写“<” + “协” + “优惠贸易协定代码” + “>”，例如，香港 CEPA 项下进口报关单应填为“<协 03 >”；未实行原产地证书联网管理的优惠贸易协定项下进口货物，填写“<” + “协” + “优惠贸易协定代码” + “:” + “需证商品序号” + “>”，例如，《曼谷协定》项下进口报关单中第 1 项到第 3 项和第 5 项为优惠贸易协定项下商品，应填为“<协 01:1 –3,5 >”。

(e)其他申报时必须说明的事项。

b. 本栏目下部供填报随附单据栏中监管证件的编号，具体填报如下：

(a)监管证件代码 + “:” + 监管证件号码。一份报关单多个监管证件的，连续填写。

(b)一票货物多个集装箱的，在本栏目打印其余的集装箱号(最多 160 字节，其余集装箱号手工抄写)。

②H2000 通关系统。

a. 标记唛码中除图形以外的文字、数字。

b. 受外商投资企业委托代理其进口投资设备、物品的进出口企业名称。

c. 与本报关单有关联关系的，同时在业务管理规范方面又要求填报的备案号，如加工贸易结转货物及凭《征免税证明》转内销货物，其对应的备案号应填报在“关联备案”栏。

d. 与本报关单有关联关系的，同时在业务管理规范方面又要求填报的报关单号，应填报在“关联报关单”栏。

加工贸易结转类的报关单，应先办理进口报关，并将进口报关单号填入出口报关单的关联报关单号栏。

(33)项号。本栏目分两行填报及打印。第一行打印报关单中的商品排列序号。第二行专用于加工贸易等已备案的货物，填报和打印该项货物在《加工贸易手册》中的项号。

加工贸易合同项下进出口货物,必须填报与《加工贸易手册》一致的商品项号,所填报项号用于核销对应项号下的料件或成品数量。特殊情况填报要求如下:

①深加工结转货物,分别按照《加工贸易手册》中的进口料件项号和出口成品项号填报。

②料件结转货物(包括料件、成品和半成品折料),出口报关单按照转出《加工贸易手册》中进口料件的项号填报;进口报关单按照转进《加工贸易手册》中进口料件的项号填报。

③料件复出货物(包括料件、边角料、来料加工半成品折料),出口报关单按照《加工贸易手册》中进口料件的项号填报;料件退换货物(包括料件、不包括半成品),出口报关单按照《加工贸易手册》中进口料件的项号填报。

④成品退运货物,退运进境报关单和复运出境报关单按照《加工贸易手册》原出口成品的项号填报。

⑤加工贸易料件转内销货物(及按料件补办进口手续的转内销成品、半成品、残次品)应填制进口报关单,本栏目填报《加工贸易手册》进口料件的项号。加工贸易边角料、副产品内销,本栏目填报《加工贸易手册》中对应的料件项号。当边角料或副产品对应一个以上料件项号时,填报主要料件项号。

⑥加工贸易成品凭《征免税证明》转为享受减免税进口货物的,应先办理进口报关手续。进口报关单本栏目填报《征免税证明》中的项号,出口报关单本栏目填报《加工贸易手册》原出口成品项号,进、出口报关单货物数量应一致。

⑦加工贸易料件、成品放弃,本栏目应填报《加工贸易手册》中的项号。半成品放弃的应按单耗折回料件,以料件放弃申报,本栏目填报《加工贸易手册》中对应的料件项号。

⑧加工贸易副产品退运出口、结转出口或放弃,本栏目应填报《加工贸易手册》中新增的变更副产品的出口项号。

⑨经海关批准实行加工贸易联网监管的企业,对按海关联网监管要求企业需申报报关清单的,应在向海关申报货物进出口(包括形式进出口)报关单前,向海关申报“清单”。一份报关清单对应一份报关单,报关单商品由报关清单归并而得。加工贸易电子账册报关单中项号、品名、规格等栏目的填制规范比照《加工贸易手册》。

优惠贸易协定项下实行原产地证书联网管理的报关单分两行填写。第一行填写报关单中商品排列序号,第二行填写对应的原产地证书上的“商品项号”。

(34)商品编号。按海关规定的商品分类编码规则确定的商品编号。加工贸易《登记手册》中商品编号与实际商品编号不符的,按实际商品编号填报。

(35)商品名称、规格型号。本栏目分两行填报及打印。

第一行打印出口货物规范的中文商品名称,第二行打印规格型号,必要时可加注原文。具体填报要求如下:

①商品名称及规格型号应据实填报,并与所提供的商业发票相符。

②商品名称应当规范,规格型号应当足够详细,以能满足海关归类、审价及许可证件管理要求为准。根据商品属性,本栏目填报内容包括:品名、牌名、规格、型号、成分、含量、等级、用途、功能等。

③加工贸易等已备案的货物,本栏目填报录入的内容必须与备案登记中同项号下货

物的名称与规格型号一致。

④对需要海关签发《货物进口证明书》的车辆，商品名称栏应填报“车辆品牌＋排气量(注明 cc)＋车型(如越野车、小轿车等)”。进口汽车底盘可不填报排气量。车辆品牌应按照《进口机动车辆制造厂名称和车辆品牌中英文对照表》中“签注名称”一栏的要求填报。规格型号栏可填报“汽油型”等。

⑤同一收货人使用同一运输工具同时运抵的进口货物应同时申报，视为同一报验状态，据此确定其归类。成套设备、减免税货物如需分批进口，货物实际进口时，应按照实际报验状态确定归类。

⑥加工贸易边角料和副产品内销，边角料复出口，本栏目填报其报验状态的名称和规格型号。属边角料、副产品、残次品、受灾保税货物且按规定需加以说明的，应在本栏目中填注规定的字样。

(36)数量及单位。出口商品的实际数量及计量单位。

本栏目分 3 行填报及打印。具体填报要求如下：

①进出口货物必须按海关法定计量单位填报，法定第一计量单位及数量打印在本栏目第一行。

②凡海关列明第二计量单位的，必须报明该商品第二计量单位及数量，打印在本栏目第二行。无第二计量单位的，本栏目第二行为空。

③成交计量单位及数量应当填报并打印在第三行。

④法定计量单位为“公斤”的数量填报，特殊情况下填报要求如下：

a. 装入可重复使用的包装容器的货物，按货物的净重填报，如罐装同位素、罐装氧气及类似品等，应扣除其包装容器的重量。

b. 使用不可分割包装材料和包装容器的货物，按货物的净重填报(即包括内层直接包装的净重重量)，如采用供零售包装的酒、罐头、化妆品及类似品等。

c. 按商业惯例以公量重计价的商品，应按公量重填报，如未脱脂羊毛、羊毛条等。

d. 采用以毛重作为净重计价的货物，可按毛重填报，如粮食、饲料等价格较低的农副产品。

e. 成套设备、减免税货物如需分批进口，货物实际进口时，应按照实际报验状态确定数量。

f. 根据 HS 归类规则，零部件按整机归类的，法定第一数量填报“0.1”，有法定第二数量的，按照货物实际净重申报。

h. 具有完整品或制成品基本特征的不完整品、未制成品，按照 HS 归类规则应按完整品归类的，申报数量按照构成完整品的实际数量申报。

⑤加工贸易等已备案的货物，成交计量单位必须与《加工贸易手册》中同项号下货物的计量单位一致，加工贸易边角料和副产品内销、边角料复出口，本栏目填报其报验状态的计量单位。

(37)最终目的国(地区)。已知的出口货物的最终实际消费、使用或进一步加工制造国家(地区)。

本栏目应按海关规定的《国别(地区)代码表》选择填报相应的国家(地区)名称或代码。加工贸易报关单特殊情况下填报要求如下：

①料件结转货物,出口报关单填报“中国”(代码 0142),进口报关单填报原料件生产国。

②深加工结转货物,进出口报关单均填报“中国”(代码 0142)。

③料件复运出境货物,填报实际最终目的国;加工出口成品因故退运境内的,填报“中国”(代码 0142),复运出境时填报实际最终目的国。

④加工贸易转内销时,最终目的国(地区)需区分两种情况:

a. 料件内销时,原产国(地区)按料件的生产国(即料件进口时的原产国)填报;

b. 加工成品转内销时,填报“中国”(代码 0142)。

⑤料件内销货物,属加工成品、半成品、残次品、副产品状态内销的,进口报关单本栏目均填报“中国”(代码 0142)。属剩余料件状态内销的,进口报关单填报原料件生产国。

(38)单价。同一项号下进出口货物实际成交的商品单位价格。海关估价时,应在 H2000 通关系统“海关单价”栏修改。无实际成交价格的,本栏目填报货值。

(39)总价。同一项号下出口货物实际成交的商品总价。海关估价时,应在 H2000 通关系统“海关总价”栏修改。无实际成交价格的,本栏目填报货值。

(40)币制。出口货物实际成交价格的币种。本栏应根据实际成交情况按海关规定的《货币代码表》选择填报相应的货币名称或代码,如《货币代码表》中无实际成交币种,需转换后填报。

(41)征免。指海关对出口货物进行征税、减税、免税或特案处理的实际操作方式。

本栏目应按照海关核发的《征免税证明》或有关政策规定,对报关单所列每项商品选择填报海关规定的《征减免税方式代码表》中相应的征减免税方式。

加工贸易报关单应根据《登记手册》中备案的征免规定填报。不能按备案的征免规定填报,而应填报“全免”。

(42)税费征收情况。供海关批注出口货物税费征收及减免情况。

(43)录入员。预录入操作人员的姓名

(44)录入单位。录入单位名称并打印。

(45)申报单位、报关员、单位地址、邮编、电话。本栏目指报关单左下方用于填报申报单位有关情况的总栏目。

申报单位指对申报内容的真实性直接向海关负责的企业或单位。自理报关的,应填报出口货物的经营单位名称及代码;委托代理报关的,应填报经海关批准的专业或代理报关企业名称及代码。

本栏目还包括报关单位地址、邮编和电话等分项目,由申报单位的报关员填报。

(46)填制日期。指报关单的填制日期。

①在 H883/EDI 通关系统中,为 6 位数,顺序为年、月、日各 2 位。

②在 H2000 通关系统中,为 8 位数字,顺序为年(4 位)、月(2 位)、日(2 位)。

(47)海关审单批注及放行日期(签章)。本栏目指供海关内部作业时签注的总栏目,由海关关员手工填写在预录入报关单上。其中“放行”栏填写海关对接受申报的进出口货物作出放行决定的日期。

二十、海运提单

海运提单见表3.20。

表3.20　海运提单

(1)B/L NO.________

中远集装箱运输有限公司

COSCO CONTAINER LINES

TLX:33057 COSCO CN　　FAX: +86(021)6545 8984

ORIGINAL

Port – to – Port or Combined Transport

BILL OF LADING

RECEIVED in extemal apparent good order and condition except as other – Wise noted. The total number of packages or unites stuffed in the container. The description of the goods and the weights shown in this Bill of Lading are Fumished by the Merchants, and which the carrier has no reasonable means Of checking and is not a part of this Bill of Lading contract. The camier has issued the number of Bills of Lading stated below, all of this tenor and date. One of the original Bills of Lading must be surrendered and endorsed or sig. ned against the delivery of the shipment and whereupon any other original Bill of Lading shall be void. The Merchants agree to be bound by the tems And conditions of this Bill of Lading as if each had personally signed this Bill of Lading. SEE clause 4 on the back of this Bill of Lading(Terms continued on the back Hereof. please read carefully).

* Applicable Only When Document Used as a Combined Transport Bill of Lading.

1. Shipper insert Name, Address and Phone
(2)

2. Consignee Insert Name, Address and Phone
(3)

3. Notify Party Insert Name, Address and Phone
(it is agreed that no responsibillity; shall attach to the carmer or his aganet tallur to noth;)
(4)

4. Pre – Carriage by(5)	5. Place of Receipt(6)
6. Ocean Vessel Voy. No. (7)	7. Port of Loading(8)
8. Port of Discharge(9)	9. Place of Delivery(10)

Marks & Nos. Container / Seal No. (11)	No. of Containers or Packages (12)	Description of Goods (if Dangerous Goods, See Clause 20) (13)	Gross Weight Kgs (14)	Measurement (15)
		Description of Contents for Shipper's Use Only(Not part of This B/L Contract)		

10. Total Number of containers and/or packages (in words)
Subject to Clause 7 Limitation(16)

续表 3.20

<table>
<tr><td colspan="2">11. Freight & Charges</td><td>Revenue Tons</td><td>Rate</td><td>Per</td><td>Prepaid</td><td>Collect</td></tr>
<tr><td rowspan="2">Ex. Rate:</td><td colspan="2">Prepaid at</td><td colspan="2">Payable at</td><td colspan="2">Place and date of issue(17)</td></tr>
<tr><td colspan="2">Total Prepaid</td><td colspan="2">No. of Original B(s)/L(18)</td><td colspan="2">Signed for the Carrier(19)</td></tr>
</table>

LADEN ON BOARD THE VESSEL

DATE　　　　　　　　BY　(20)

【注释】 卖方将货物交给大副,拿着大副签发的大副收据到船公司交运费,换取正式提单。海运提单种类繁多,就不同海运方式来分,有直运提单、转运提单、联运提单、集装箱运输提单。各船公司一般都使用自己签发的提单,内容、格式虽稍有差异。

提单的内容可分为固定部分和可变部分。固定部分是指提单背面的运输契约条款,这部分一般不做更改;可变部分指提单正面内容。填写提单本应是由船公司或其代理人经办,但我国许多口岸都由出口公司预填写。海运提单与空运提单、铁路及公路运单不同,它是物权的凭证,因此海运提单正面内容的填写要准确无误,不能随便涂改。

(1)提单号码(B/L No.)。提单上必须注明承运人及其代理人规定的提单编号,以便核查,否则提单无效。该编号由系统自动产生。

(2)托运人(Shipper)。托运人是指委托运输的人,即将卖方的名称和地址填入此栏。若信用证规定要求某一第三者作为托运人,则应按要求填制。

(3)收货人(Consignee)。本栏应严格按照 L/C 的规定在记名收货人、凭指示和记名指示中选一个。例如:

①来证要求:"Full set of B/L made out to order",提单收货人一栏则应填"To order"。

②来证要求:"B/L issued to order of Applicant",此 Applicant 为信用证的申请开证人 Big A. Co.,则提单收货人一栏填写"To order of Big A. Co."。

③来证要求:"Full set of B/L made out our order",开证行名称为 Small B Bank,则应在收货人处填"To small B Bank's order"。

(4)被通知人(Notify Party)。通知栏为接受船方发出货到通知的人的名址。它可以由买方选择,既可以是买方本人或其代理,又可以是第三方。但被通知人无权提货。

如果来证未说明哪一方为被通知人,那么就将 L/C 中的申请人名称、地址填入副本 B/L 中,正本先保持空白。

如果来证要求两个或两个以上的公司为被通知人,出口公司应把这两个或两个以上的公司名称和地址完整地填入。若地方太小,则应在结尾部分打"*",然后在提单中"描述货物内容"栏的空白地方做同样的记号"*",接着打完应填写的内容。这一方法对其他栏目的填写也适用。

(5)Pre - Carriage by。如货物需要转运,在此栏中填第一程船的船名;如果货物不需转运,则保持空白。

(6)Place of Receipt。如货物需要转运,填写收货的港口名称或地点;如果货物不需要转运,则保持空白。

(7)Ocean Vessel Voy. No。如货物需要转运,填写第二程船的船名与航次(但信用证并无要求时,则不需填写第二程船的船名);如果货物不需要转运,填写第一程船的船名与航次。

(8)Port of Loading。如果货物需要转运,填写中转港口名称;如果货物不需要转运,则填写装运港名称。

(9)Port of Discharge。填写卸货港(指目的港)名称。

(10)Place of Delivery。最终目的地名称。如果货物目的地是目的港,这一栏可保持空白。

(11)Marks & Nos. Container / Seal No。填写集装箱号和唛头;若无,填"N/M"。

(12)No. of Containers or Packages。本栏包括3个栏目,但无须分别填写。填写的内容包括:第一,商品名称;第二,最大包装件数;第三,运费条款。

①商品名称与托运单内容严格一致。在使用文字上按信用证要求。无特殊声明,应用英文填写。对某些港澳、新马地区来证要求货名用中文表达时,应遵守来证规定,用中文填写。

②运费条款。一般填"Freight Prepaid/Freight Collect",使用哪种按价格术语确定。若使用CIF或CFR,要求卖方在交货前把运费付清,则填"Freight Paid or Freight Prepaid"。

(13)Description of Goods (If Dangerous Goods, See Clause 20)。制作时应根据来证要求提单上的批注与实际情况结合分析而制作,通常情况信用证多要求在此声明"运费预/(到)付"或加注信用证号码,此时可照办。例如,来证写明"FULL SET OF 3/3 CLEAN ON BOARD OCEAN BILLS OF LADING AND TWO NONNEGOTIABLE COPIES MADE OUT TO ORDER OF BANGKOK BANK PUBLIC COMPANY LIMITED, BANGKOK MARKED FREIGHT PREPAID(注明运费预付) AND NOTIFY APPLICANT AND INDICATING THIS L/C NUMBER(标明信用证号码)"。

另外,也有个别信用证要求特殊注明"货物已装上某班轮公会的船"、"提单上不得出现运费预付字样"等类似语句,这里制单时不能因其他部位已表明相同含义而放弃加注,最好于此特别声明,"We certify that..."。

(14)Gross Weight Kgs。货物毛重。货物毛重以公斤计,同托运单内容。

(15)Measurement。尺码。

(16)Total Number of containers and/or packages (in words)。用大写表示集装箱或其他形式最大外包装的件数。与"No. of Containers or Packages"栏的件数一致。

(17)Place and date of issue。提单签发的时间和地点。

提单签发的时间,指货物实际装运的时间或已经接受船方监管的时间。

提单签发的地点,指货物实际装运的港口或接受监管的地点。

(18)No. of Original B(s)/L。正本提单签发的份数。收货人凭正本提单提货,为避免因正本提单在递交过程中丢失而造成提货困难,承运人多签发两份或两份以上的正本提单,正本提单的份数应在提单上注明。每份正本提单的效力相同,凭其中一份提货后,其余各份失效。如信用证中要求提供"全套正本提单"(FULL SET OR COMPLETE SET OF B/L),则须提供承运人签发的所有正本。

(19)Signed for the Carrier 。提单必须有船方或其代理的签字才能生效,特别情况下货代可以代办。

(20)DATE...BY。如要求提供已装船提单,必须由船长签字并注明开船时间Date:...和"LADEN ON BOARD"字样。

二十一、装船通知

装船通知见表3.21。

表3.21 装船通知

SHIPPING ADVICE

(1) Messrs.　　　　Invoice No.　(2)

Date:　(3)

Particulars

(4) 1. L/C No.

(5) 2. Purchase order No.

(6) 3. Vessel:

(7) 4. Port of Loading:

(8) 5. Port of Dischagre:

(9) 6. On Board Date:

(10) 7. Estimated Time of Arrival:

(11) 8. Container:

(12) 9. Freight: [　　] [　　]

(13) 10. Description of Goods:

(14) 11. Quantity. [　　] [　　]

(15) 12. Invoice Total Amount: [　　] [　　]

(16) Documents enclosed

1. Commercial Invoice:

2. Packing List

3. Bill of Lading:

4. Insurance Policy.

(17)

very truly yours.

(18)

manager of Foreign Trade Dept

(19)

【注释】 装船通知是出口商向进口商发出货物已于某月某日或将于某月某日装运某船的通知。装运通知的作用在方便买方购买保险或准备提货的手续,其内容通常包括货名、装运数量、船名、装船日期、契约或信用证号码等。

(1)Messrs。进口商名称及地址。

(2)Invoice No.。此笔交易对应的商业发票号码。

(3)Date。装船通知开出日期。

(4)L/C No.。此笔交易对应的信用证号码。

(5)Purchase order No.。此笔交易对应的销货合同号码。

(6)Vessel。装运船名与航次。

(7)Port of Loading。起运港,要与 B/L 一致。

(8)Port of Discharge。目的地,要与 B/L 一致,如 Yokohama。

(9)On Board Date。装船日期。

(10)Estimated Time of Arrival。预定抵埠日期。

(11)Container。集装箱个数及种类。

(12)Freight。海运费总金额。

(13)Description of Goods。所装运的货品内容,按实际情况填写。

(14)Quantity。货物数量。要与商业发票所记载相同。

(15)Invoice Total Amount。货物总价。要与商业发票所记载相同。

(16)Documents enclosed。随附单据。出口商作装船通知时,有时附上或另行寄上货运单据副本,以便进口商明了装货内容,可于货运单据正本迟到或遗失时,及时办理担保提货。

Commercial Invoice。商业发票份数,如 1(Duplicate) 2Copies。

Packing List。包装单份数。

Bill of Lading。提单份数。

Insurance Policy。保险单份数。

(17)下方空白栏。如还有其他单据随附,请填于下方空白栏。

(18)右下方空白栏。出口商公司名称。

(19)Manager of Foreign Trade Dept.。出口商负责人签字。

二十二、汇票

汇票见表 3.22。

表 3.22 汇票

BILL OF EXCHANGE

No. ______(1)______ Dated ______(2)______

Exchange for ______(3)______

At ______(4)______ Sight of this FIRST of Exchange

(Second of exchange being unpaid)

Pay to the Order of ______(5)______

the sum of ______(6)______

Drawn under L/C No. ______(7)______ Dated ______(8)______

Lssued by ______(9)______

To ______(10)______

______(11)______

(Authorized Signature)

【注释】 汇票简称 B/E,是出票人签发的,要求受票人在见票时或在指定的日期无条件支付一定金额给其指定的受款人的书面命令。

(1)汇票号码(No.)。由出票人自行编号填入,一般使用发票号兼作为汇票的编号。

在国际贸易结算单证中,商业发票是所有单据的核心,以商业发票的号码作为汇票编号,表明本汇票属第×××号发票项下。在实务操作过程中,银行也接受此栏是空白的汇票。

(2)出票日期(Dated)。汇票出具的日期。

(3)汇票金额(Exchange for)。此处要用数字小写(Amount in Figures)表明,使用货币缩写和用阿拉伯数字表示金额小写数字,如USD1234.00。大小写金额均应端正地填写在虚线格内,不得涂改,且大小写数量要一致。除非信用证另有规定,汇票金额不得超过信用证金额,而且汇票金额应与发票金额一致,汇票币别必须与信用证规定和发票所使用的币别一致。

(4)付款期限(at ____sight...)。一般可分为即期付款和远期付款两类。

即期付款只需在汇票固定格式栏内打上"at sight"。若已印有"at sight",可不填。若已印有"at ____ sight",应在横线上打"- - - -"。(注意:此处是"四个小横线")

远期付款一般有4种:

①见票后××天付款,填上"at ×× days after sight",即以付款人见票承兑日为起算日,××天后到期付款。

②出票后××天付款,填上"at ×× days after date",即以汇票出票日为起算日,××天后到期付款,将汇票上印就的"sight"划掉。

③提单日后××天付款,填上"at ×× days after B/L",即付款人以提单签发日为起算日,××天后到期付款。将汇票上印就的"sight"划掉。

④某指定日期付款,指定×年×月××日为付款日。例如,"On 25th Feb. 1998",汇票上印就的"sight"应划掉。这种汇票称为"定期付款汇票"或"板期汇票"。托收方式的汇票付款期限,如D/P即期者,填:"D/P at sight";D/P远期者,填:"D/P at ×× days sight";D/A远期者,填"D/A at ×× days Sight"。

(5)收款人(Pay to the Order of),也称"抬头人"或"抬头"。在信用证方式下通常为出口地银行。

汇票的抬头人通常有3种写法:

①指示性抬头(Demonstrative order)。例如,"付××公司或其指定人"(Pay ×× Co., or order; pay to the order of ×× Co.,)。

②限制性抬头(Restrictive order)。例如,"仅付××公司"(Pay ×× Co. only)或"付××公司,不准流通"(Pay ×× Co. Not negotiable)。

③持票人或来票人抬头(Payable to bearer)。例如,"付给来人"(Pay to bearer)。这种抬头的汇票无须持票人背书即可转让。

在我国对外贸易中,指示性抬头使用较多,在信用证业务中要按照信用证规定填写。若来证规定"由中国银行指定"或来证对汇票收款人未规定,此应填上:"Pay to the order of Bank of China"(由中国银行指定);若来证规定"由开证行指定",此栏应填上"Pay to the order of ×× Bank"(开证行名称)。

(6)汇票金额(The sum of)。填大写金额。要用文字大写(Amount in words)表明。先填写货币全称,再填写金额的数目文字,句尾加"only"相当于中文的"整"字。例如,UNITED STATES DOLLARS ONE THOUSAND TWO HUNDRED AND THIRTY FOUR ONLY。

除非信用证另有规定,汇票金额不得超过信用证金额,而且汇票金额应与发票金额一致,汇票币别必须与信用证规定和发票所使用的币别一致。

(7)信用证号码(L/C No.)。填写信用证的准确号码,如非信用证方式,则不填。

(8)开证日期(Dated)。填写信用证的准确开证日期,而非出具汇票的日期,如非信用证方式,则不填。

(9)付款人(Issued by)。信用证方式下通常为进口地开证银行。根据《UCP600》规定,信用证方式的汇票以开证行或其指定银行为付款人,不应以申请人为汇票的付款人。如果信用证要求以申请人为汇票的付款人,银行将视该汇票为一份附加的单据;而如果信用证未规定付款人的名称,汇票付款人也应填开证行名称。

在信用证业务中,汇票付款人是按信用证"draw on ××"、"draft on ××"或"drawee"确定。例如,"... available by beneficiary's draft(s) on applicant"条款表明,以开证申请人为付款人;又如,"... available by draft(s) drawn on us"条款表明,以开证行为付款人;再如,"drawn on yourselves/you"条款表明以通知行为付款人。信用证未明确付款人名称者,应以开证行为付款人。如非信用证方式,则填进口商名称。

(10)被出票人(To)。进口商的名称和地址。

(11)右下方空白栏(Authorized Signature)。出口商签字,填写公司名称。

二十三、出口收汇核销单送审登记表

出口收汇核销单送审登记表见表3.23。

表3.23　出口收汇核销单送审登记表

出口单位:(1)

送审日期:(2)　　年　　月　　日

核销单编号	发票编号	商品大类	国别地区	贸易方式	结算方式	报关日期	货款			收汇核销金额	
							币别	报关金额	FOB金额		
(3)	(4)	(5)	(6)	(7)	(8)	(9)	(10)	(11)	(12)	[　][(13)]	第一联　外汇局留存

出口单位填表人:(14)　　外汇局审核人:(15)

【注释】　出口收汇核销单送审登记表是退税单位在办理核销手续时填写交外汇局的,一般都是退税单位自制的格式。

(1)出口单位。出口单位中文名称。

(2)送审日期。

(3)核销单编号。出口收汇核销单编号。

(4)发票编号。商业发票编号。

(5)商品大类。商品所属类别而非商品名称。

(6)国别地区。进口国名。

(7)贸易方式。成交的方式。如一般贸易、来料加工、补偿贸易等。

(8)结算方式。出口货物的发货人或其代理人收结外汇方式。

本栏目应按海关规定的《结汇方式代码表》选择填报相应的结汇方式名称或代码。四种结汇方式,它们在《结汇方式代码表》中对应的代码分别为:

a. 电汇(T/T);代码:1。

b. 付款交单(D/P);代码:4。

c. 承兑交单(D/A);代码:5。

d. 信用证(L/C);代码:6。

(9)报关日期。

(10)币别。合同交易币种。

(11)报关金额。

(12)FOB 金额。如合同贸易术语不是 FOB,需要换算为 FOB 金额。

(13)收汇核销金额。依合同内容分别填入币别与金额。

(14)出口单位填表人。

(15)外汇局审核人。

二十四、入境货物报检单

入境货物报检单见表 3.24。

表 3.24 入境货物报检单

中华人民共和国出入境检验检疫

入境货物报检单

报检单位(加盖公章):(1)　　编　号:(2)

报检单位登记号:　　联系人:　　电话:　　报检日期:(3)　　年　　月　　日

收货人	(中文)	企业性质(划"√")	(5)	□合资 □合作 □外资
	(外文) (4)			
发货人	(中文)(6)			
	(外文)			

选择	货物名称(中/外文)	H.S.编码	原产国(地区)	数/重量	货物总值	包装种类及数量
	(7)	(8)	(9)	(10)	(11)	(12)

运输工具名称号码	(13)			合同号	(14)
贸易方式	(15)	贸易国别(地区)	(16)	提单/运单号	(17)
到货日期	(18)	启运国家(地区)	(19)	许可证/审批号	(20)
卸毕日期	(21)	启运口岸	(22)	入境口岸	(23)
索赔有效期至	(24)	经停口岸	(25)	目的地	(26)
集装箱规格、数量及号码	(27)				
合同订立的特殊条款以及其他要求	(28)			货物存放地点	(29)
				用途	(30)
随附单据(划"√"或补填)(31)		标记及号码		*外商投资财产(划"√")	□是□否

续表 3.24

<table>
<tr><td>□合同
□发票
□提/运单
□兽医卫生证书
□植物检疫证书
□动物检疫证书
□卫生证书
□原产地证
□许可/审批文件</td><td>□到货通知
□装箱单
□质保书
□理货清单
□磅码单
□验收报告
□________
□________
□________</td><td>(32)</td><td colspan="2">*检验检疫费
总金额（人民币元）　(33)
计费人
收费人</td></tr>
<tr><td colspan="3">报检人郑重声明：
1. 本人被授权报检。
2. 上列填写内容正确属实。
签名:(34)</td><td colspan="2">领取证单
日期　(35)
签名</td></tr>
</table>

注:有"＊"号栏由出入境检验检疫机关填写　　◆国家出入境检验检疫局制

[1-2(2000.1.1)]

【注释】　入境货物报检单所在列各栏必须填写完整、准确、清晰，若填写栏目没有内容，则以斜杠"/"表示，不得留空。

(1)报检单位、联系人、电话、登记号。填写报检单位全称并加盖公章或报验专用章，并准确填写本单位报检登记代码、联系人及电话；代理报检的应加盖代理报检机构在检验机构备案的印章。其中，报检单位登记号即单位的海关代码，可在公司基本资料中查找。

(2)编号。由出入境检验检疫机关填写。

(3)报检日期。检验检疫机构受理报检日。现场报检由报检人填写。

(4)收货人。合同上的买方或信用证的开证人。可只填英文。

(5)企业性质。收货人的性质。

(6)发货人。合同上的卖方或信用证上的受益人。要求用中文、英文填写，并保持一致。

(7)货物名称(中/外文)。合同或发票所列名称。按贸易合同或发票所列货物名称所对应国家检验检疫机构制定公布的《检验检疫商品目录》所列的货物名称填写。

(8)H. S. 编码。海关商品代码。按《商品分类及编码协调制度》中的 8 位数字填写，可在商品基本资料中查找。

(9)原产国(地区)。货物的原始的生产/加工的国家或地区的名称。

(10)数/重量。申请报检货物数/重量，并注明计量单位，如××××PC。

注意:该数量和计量单位既要与实际装运货物情况一致，又要与信用证要求一致。

(11)货物总值。货物合同或报关单上所列的总值填写(以美元计)。如同一报检单报检多批货物，需列明每批货物的总值。(注:如申报货物总值与国内，国际市场价格有较大差异，检验检疫机构保留核价权力)

(12)包装种类及数量。货物运输包装的种类及件数。

(13)运输工具名称号码。运输工具类别名称及运输工具编号。

实际装载货物的运输工具类别名称(如船、飞机、货柜车、火车等)；运输工具编号(船名、飞机航班号、车牌号码、火车车次)。请在出口商发来的"装船通知"中查找。

(14)合同号。书面贸易合同编号。

(15)贸易方式。成交的方式。如,1 一般贸易、2 三来一补、3 边境贸易、4 进料加工、5 其他贸易,通常都为一般贸易。

(16)贸易国别(地区)。本批货物贸易的国家或地区,即出口国。

(17)提单/运单号。本批货物对应的提单/运单号的编号。

(18)到货日期。货物到货通知单所列的日期。

(19)启运国家(地区)。出口国。指装运本批货物进境的交通工具的启运国家(地区)。

(20)许可证/审批号。对国家出入境检验检疫局已实施《进口商品质量许可证制度目录》下的货物和卫生注册、检疫、环保许可制度管理的货物,报检时填写安全质量许可编号或审批单编号 ,一般商品可空白。

(21)卸毕日期。货物实际卸毕的日期。在货物还未卸毕前报检的,可暂不填写,待卸毕后再填写。

(22)启运口岸。本批货物进境的交通工具的启运口岸名称。

(23)入境口岸。装运本批货物的交通工具进境时首次停靠的口岸名称。

(24)索赔有效期至。按合同规定的日期填写,特别要注明截止日期。

(25)经停口岸。本批货物在启运后,到达目的地前中途停靠的口岸名称。

(26)目的地。本批货物预定最后抵达的交货港(地)。

(27)集装箱规格、数量及号码。填写装载本批货物的集装箱规格(如 20 英尺、40 英尺等)以及分别对应的数量和集装箱号码全称,可参照配舱通知。若集装箱太多,则可用附单形式填报。

(28)合同订立的特殊条款以及其他要求。指贸易合同中双方对本批货物特别约定而订立的质量、卫生等条款和报检单位对本批货物的检验检疫有其他特别的要求。

(29)货物存放地点。本批货物卸货时存放的仓储位置。本练习可不填。

(30)用途。本批货物的用途。如食用、观赏或演艺、实验、药用、饲用、加工等,一般用途明确的商品可不填。

(31)随附单据。向检验检疫机构提供的单据。通常有合同、发票、提/运单、装箱单等单据是必须提交的。

(32)标记及号码。货物实际运输包装标记。如没有标记,填写 N/M,标记填写不下时可用附页填写。

(33)检验检疫费。出入境检验检疫机关填写。

(34)报检人郑重声明。必须用报检人的亲笔签名。

(35)领取证单。应在检验检疫机构受理报验日现场由报验人填写。

二十五、进口货物报关单

进口货物报关单见表 3.25。

表 3.25　进口货物报关单

预录入编号:(1)　　　　　　　　　　　　海关编号:(2)

出口口岸 (3)		备案号 (4)		进口日期 (5)		申报日期 (6)	
经营单位 (7)		运输方式 (8)		运输工具名称(9)		提运单号 (10)	
收货单位 (11)		贸易方式 (12)		征免性质 (13)		征税比例 (14)	
许可证号 (15)	起运国(地区) (16)			装货港 (17)		境内目的地 (18)	
批准文号 (19)	成交方式 (20)		运费(21) [ ][ ]	保费(22) [ ][ ]		杂费(23) [ ][ ]	
合同协议号 (24)	件数(25)		包装种类(26)	毛重(公斤) (27)		净重(公斤) (28)	
集装箱号 (29)	随附单据(30)					用途(31)	
标记唛码及备注(32)							

选择 项号	商品编号	商品名称、规格型号	数量及单位	原产国(地区)	单价	总价	币制	征免
(33)	(34)	(35)	(36)	(37)	(38)	(39)	(40)	(41)

税费征收情况(42)		
录入员　录入单位 (43)	兹声明以上申报无讹并承担法律责任	海关审单批注及放行日期(签章)(46)
报关员 (44)	申报单位(签章)	审单　审价
单位地址		征税　统计
邮编　电话	填制日期(45)	查验　放行

【注释】　进口货物报关单是进口单位向海关提供审核是否合法进口货物的凭据,也是海关据以征税的主要凭证,同时还作为国家法定统计资料的重要来源。所以,进口单位要如实填写,不得虚报、瞒报、拒报和迟报,更不得伪造、篡改。一般贸易货物进口时,应填写"进口货物报关单",一式两份,并随附一份报关行预录入打印的报关单一份。

(1)预录入编号。预录入单位预录入报关单的编号。

(2)海关编号。海关接受申报时给予报关单的编号。

(3)进口口岸。货物实际进入我国关境口岸海关的名称。

本栏目应根据货物实际进出关境的口岸海关填报《关区代码表》中相应的口岸海关名称及代码。

(4)备案号。

(5)进口日期。运载所申报货物的运输工具申报进境的日期。

本栏目填报的日期必须与相应的运输工具进境日期一致。进口申报时无法确知相应的运输工具的实际进境日期时,本栏目免予填报。

(6)申报日期。海关接受进出口货物的收、发货人或受其委托的报关企业申请的日期。

(7)经营单位。对外签订并执行进出口贸易合同的本国境内企业、单位或个体工商户。

(8)运输方式。载运货物进关境所使用的运输工具的分类。

(9)运输工具名称。运输工具的名称和运输工具编号。

(10)提运单号。进出口货物提单或运单的编号。

(11)收货单位。已知的进口货物在境内的最终消费、使用单位。

(12)贸易方式。

(13)征免性质。海关对进出口货物实施征、减、免税管理的性质类别。

注意:(1)~(13)项的详细注释见“出口货物报关单”。

(14)征税比例。仅用于“非对口合同进料加工”(代码0715)贸易方式下进口料件的进口报关单,填报海关规定的实际应征税比率,如5%填报“5”,15%填报“15”。一般可不填。

(15)许可证号。应申领进口许可证的货物,必须在此栏目填报外经贸部及其授权发证机关签发的进口货物许可证的编号,不得为空。

一份报关单只允许填报一个许可证号。

(16)起运国(地区)。起运国(地区)指进口货物直接运抵或者在运输中转国(地)未发生任何商业性交易的情况下运抵我国的起始发出的国家(地区)。

对发生运输中转的货物,如中转地未发生任何商业性交易,则起运地不变;如中转地发生商业性交易,则以中转地作为起运国(地区)填报。

本栏目应按海关规定的《国别(地区)代码表》选择填报相应的起运国(地区)中文名称或代码。

无实际进境的,本栏目填报“中国”(代码“142”)。

(17)装货港。进口货物运抵我国关境前最后一个境外装运港,即出口港。

本栏目应根据实际情况按海关规定《港口航线代码表》选择填报相应的港口中文名称或代码。无实际进境的,本栏目填报“中国境内”(代码“0142”)。

(18)境内目的地。已知的进口货物在国内的消费、使用地或最终运抵地。

本栏目应根据进口货物的收货单位所属国内地区,并按海关规定的《国内地区代码表》选择填报相应的国内地区名称或代码。

(19)批准文号。用于填报《进口付汇核销单》编号。

(20)成交方式。

(21)运费。

(22)保费。

(23)杂费。

(24)合同协议号。进(出)口货物合同(协议)。

(25)件数。有外包装的出口货物的实际件数。

(26)包装种类。根据进口货物的实际外包装种类。

(27)毛重(公斤)。货物及其包装材料的重量之和。

(28)净重(公斤)。货物的毛重减去外包装材料后的重量。

(29)集装箱号。在每个集装箱箱体两侧标示的全球唯一的编号。

(30)随附单据

注意:(19)~(30)项的详细注释见"出口货物报关单"。

(31)用途。应根据进口货物的实际用途按海关规定的《用途代码表》选择填报相应的用途代码,如"以产顶进"填报"13"。

(32)标记唛码及备注。

(33)项号。

(34)商品编号。按海关规定商品分类编码规则确定进口货物商品编号。

(35)商品名称、规格型号。

(36)数量及单位。指进口商品的实际数量及计量单位。

(37)原产国(地区)。进出口货物的生产、开采或加工制造国家(地区)。

本栏目应按海关规定的《国别(地区)代码表》选择填报相应的国家(地区)名称或代码。

注意:(32)~(37)项的详细注释见"出口货物报关单"。

(38)单价。同一项号下进口货物实际成交的商品单位价格。

(39)总价。同一项号下进口货物实际成交的商品总价。

(40)币制。进口货物实际成交价格的币种。

(41)征免。海关对进口货物进行征税、减税、免税或特案处理的实际操作方式。

(42)税费征收情况。海关批注进口货物税费征收及减免情况。

(43)录入员、录入单位。预录入操作人员的姓名和录入单位名称并打印。

(44)申报单位、报关员、单位地址、邮编、电话。

(45)填制日期。报关单的填制日期。

(46)海关审单批注及放行日期(签章)。

注意:(38)~(46)项的详细注释见"出口货物报关单"。

二十六、贸易进口付汇到货核销表

贸易进口付汇到货核销表见表3.26。

表3.26　贸易进口付汇到货核销表

年　　月贸易进口付汇到货核销表

进口单位名位:　　　　进口单位编码:　　　　核销表编号:

付汇情况								报关到货情况							
序号	核销单号	备案表号	付汇币种金额	付汇日期	结算方式	付汇银行名称	应到货日期	报关单号	到货企业名称	报关币种金额	报关日期	与付汇差额		凭报关单付汇	备注
												退汇	其他		
			[ ][ ]							[ ][ ]					

付汇合计笔数:	付汇合计金额: [　　][　　]	到货报关合计笔数:	到货到关合计金额: [　　][　　]	退汇合计金额: [　　][　　]	凭报关单付汇合计金额: [　　][　　]

续表 3.26

至本月累计笔数：	至本月累计金额： [ ][ ]	至本月累计笔数：	至本月累计金额： [ ][ ]	至本月累计金额： [ ][ ]	至本月累计金额： [ ][ ]

填表人： 负责人： 填表日期： 年 月 日

第二联：进口单位留存 本核销表内容无讹。

【注释】 根据《进口付汇核销监管暂行办法》规定，进口单位应当在有关货物进口报关后一个月内向外汇局办理核销报审手续。

在办理核销报审时，已到货的进口单位应当如实填写“贸易进口付汇到货核销表”；未到货的填写“贸易进口付汇未到货核销表”。

在办理到货报审手续时，必须提供“贸易进口付汇到货核销表”，一式两份，均为打印件并加盖公司章。

第四部分　进出口业务实训

在我国的进出口贸易中,以 CIF 贸易术语、L/C 结算方式成交最为常见,做法也最为复杂。结合 Sim Trade 实训操作平台,以这种成交方式为例,说明进出口业务的操作流程。

一、案例背景

1. 出口商(图 4.1)

公司全称(中):青岛雅观木艺有限公司

公司全称(英):QINGDAO YAGUAN WOOD CRAFTS CO. ,LTD.

企业法人(中):许多多

企业法人(英):Alexander

公司地址(中):青岛市闽江路 172 号开发大厦 5033

公司地址(英):5033room, develop Building, 172 Minjiang Road, Qingdao, Shandong

电话:0532 - 85971234　　　　传真:0532 - 85971233 转 8501

邮编:266071　　　　网址:www. yaguan. com. cn

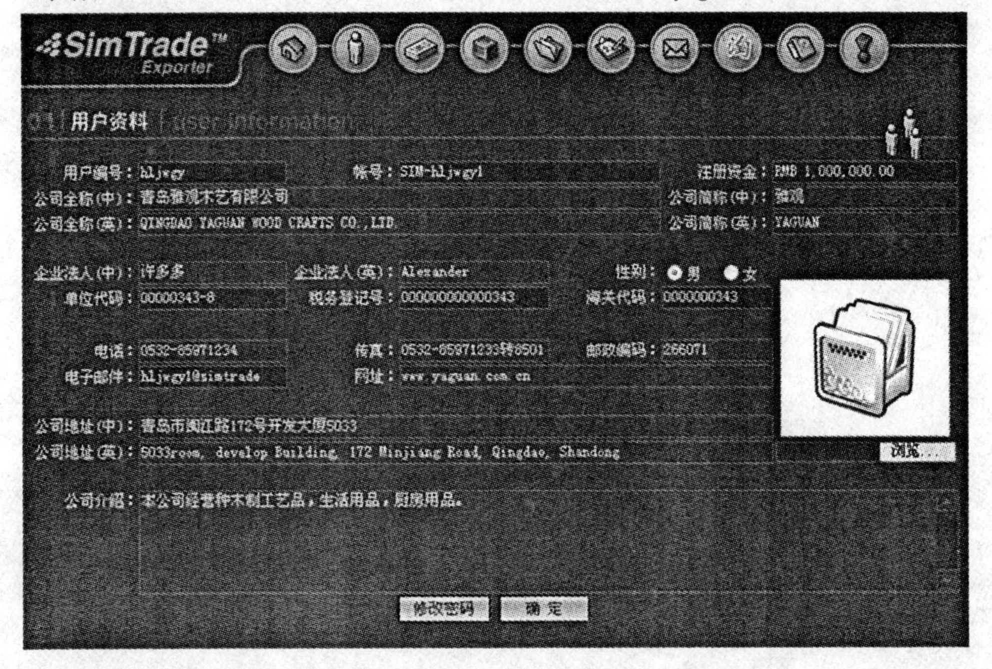

图 4.1

2. 进口商(图 4.2)

公司全称(英):VANCOUVER OVERSEAS ECONOMIC TRADING CO. ,LTD

公司地址(英):3388 Granville St. Vancouver

企业法人(英):Charles Herbert Best

电话:604 - 736 - 3911　　　　传真:604 - 736 - 3911

邮编:560030　　　　网址:www. voet. com. ca

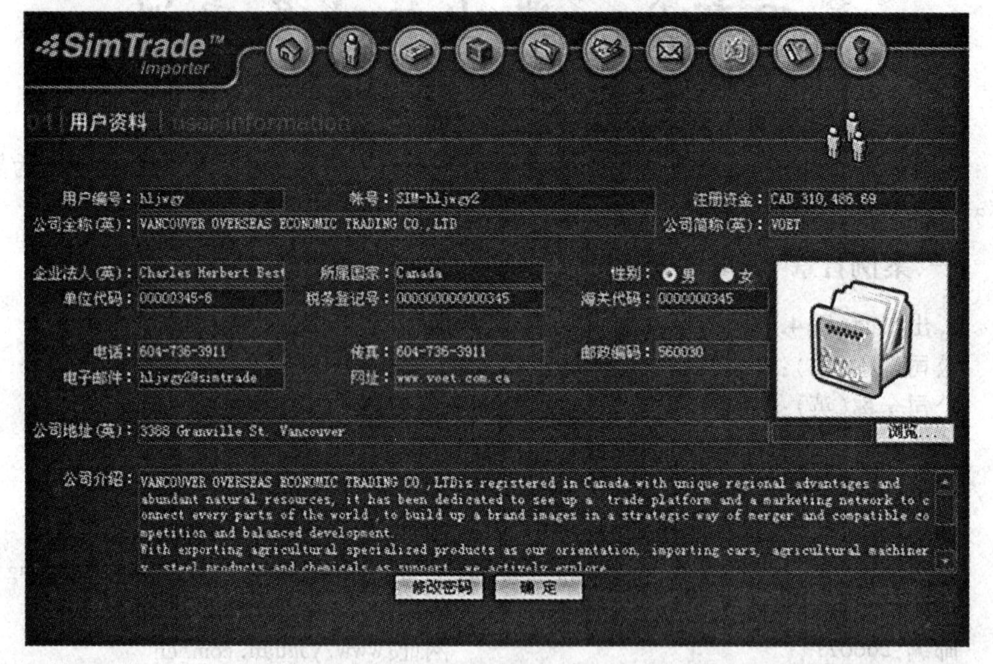

图 4.2

3. 工厂(图 4.3)

公司全称:山东省青岛顺源竹木艺品加工厂

公司地址:山东省青岛市李沧区青峰路 78 号

企业法人:顾闯

电话:86 - 532 - 66758577　　　　传真:86 - 532 - 66758577

邮编:266070　　　　网址:www. shunyuan. com. cn

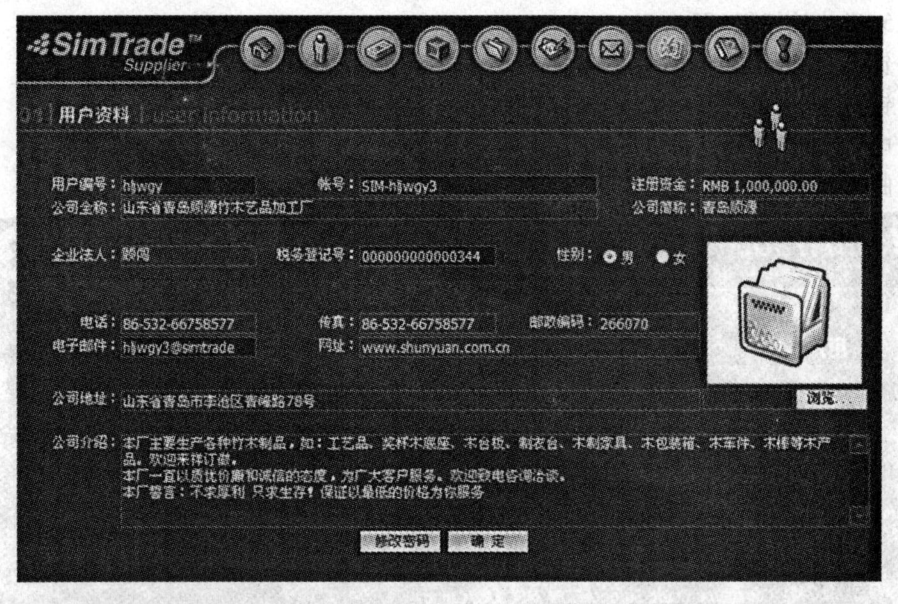

图 4.3

4. 出口地银行(图 4.4)

银行全称(中):中国银行青岛香港中路支行

银行全称(英):BANK OF CHINA QINGDAO XIANGGANG ZHONG ROAD BRANCH

银行地址(中):山东省青岛市市南区香港中路 69 号

银行地址(英):69, XIANGGANG ZHONG ROAD, NAN DISTRICT, QINGDAO, SHANDONG

电话:86 - 532 - 69138577　　　　传真:86 - 532 - 69138577

邮编:266071　　　　网址:www. bank of china. com. cn

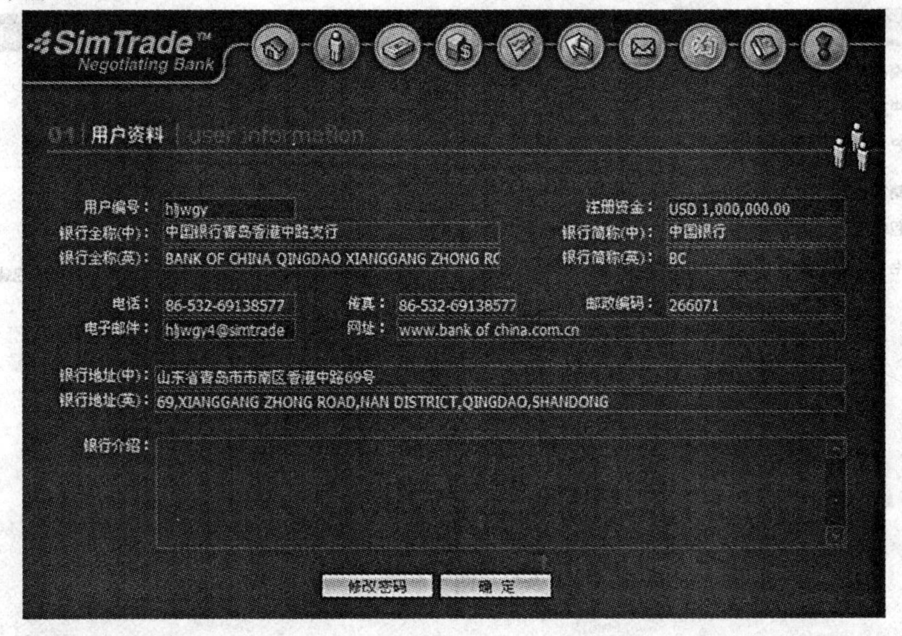

图 4.4

5. 进口地银行(图4.5)

银行全称(英):Canadian Imperial Bank of Commerce

银行地址(英):Commerce Court Toronto, ON M5L 1A2 Canada

电话:416－980－2211　　传真:416－980－2211

邮编:650023　　网址:http://www.cibc.com.ca

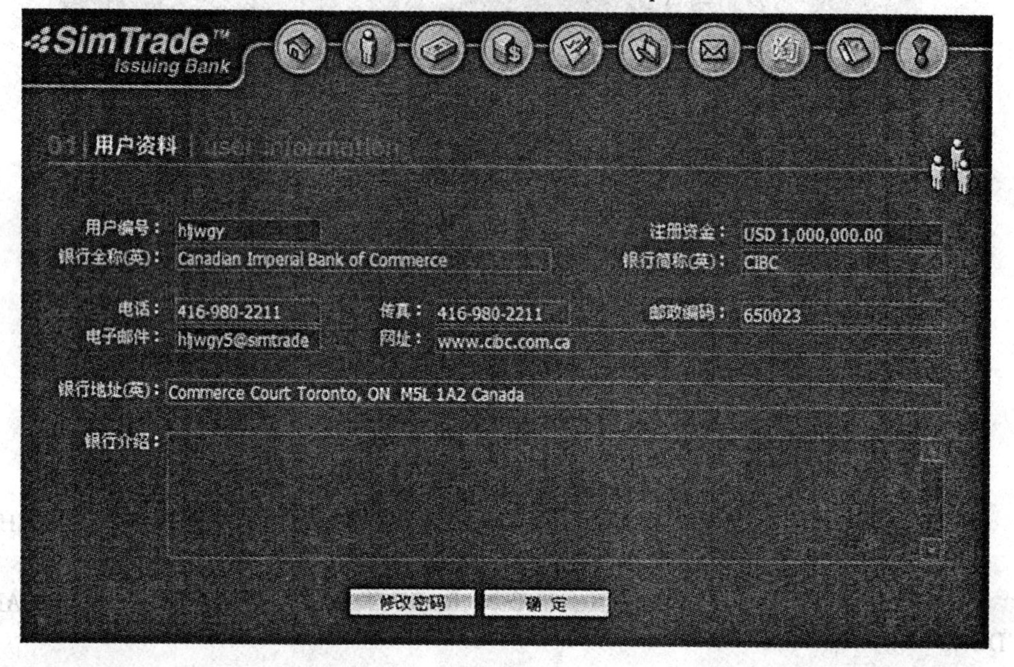
SimTrade™ Issuing Bank

01 | 用户资料 | user information

用户编号：hjwgy　　注册资金：USD 1,000,000.00

银行全称(英)：Canadian Imperial Bank of Commerce　　银行简称(英)：CIBC

电话：416-980-2211　　传真：416-980-2211　　邮政编码：650023

电子邮件：hjwgy5@simtrade　　网址：www.cibc.com.ca

银行地址(英)：Commerce Court Toronto, ON M5L 1A2 Canada

银行介绍：

修改密码　确 定

图4.5

6. 成交商品(图4.6)

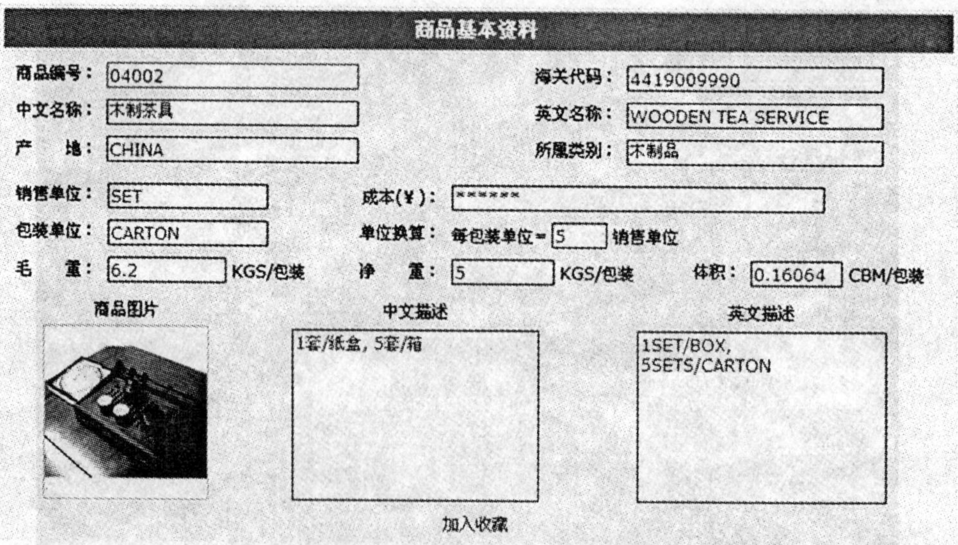

商品基本资料

商品编号：04002　　海关代码：4419009990

中文名称：木制茶具　　英文名称：WOODEN TEA SERVICE

产　地：CHINA　　所属类别：木制品

销售单位：SET　　成本(¥)：******

包装单位：CARTON　　单位换算：每包装单位＝5 销售单位

毛　重：6.2 KGS/包装　　净　重：5 KGS/包装　　体积：0.16064 CBM/包装

商品图片　　中文描述：1套/纸盒，5套/箱　　英文描述：1SET/BOX, 5SETS/CARTON

加入收藏

图4.6

二、案例操作程序

(一)磋商、签约

1. 进出口商通过网络、报刊、展会等渠道,发布广告、供需信息,并了解市场行情。

2. 有意向交易的进出口双方,通过电话、邮件或面谈的方式,建立贸易关系。

3. 进出口双方对商品交易的主要条款进行反复磋商,最后达成一致。

4. 起草外贸合同。合同可以由交易的任何一方起草,此案例中由出口商起草。具体步骤如下:

(1)出口商做出口预算,填制"出口预算表"(表4.1)。

(2)出口商起草英文版的"外销合同"(表4.2),并在合同下方签名盖章。之后将合同寄交进口商签字确认。

5. 会签合同。具体步骤如下:

(1)进口商做进口预算,填制"进口预算表"(表4.3)。

(2)进口商收到合同后,审核合同条款,确认无误后,在合同下方签名处签上公司名称及法人代表姓名,并盖章。(会签之后的外销合同见表4.4)

表4.1 出口预算表

合同号: W120110

预算表编号: STEBG000018 (注:本预算表填入的位数全部为本位币)

项目	预算金额	实际发生金额
合同金额	4927747.50	
采购成本	1700000.00	
FOB 总价	4636607.85	
内陆运费	32770.56	
报检费	200.00	
报关费	200.00	
海运费	243439.06	
保险费	47700.60	
核销费	10.00	
银行费用	6606.07	
其他费用	246787.38	
退税收入	130769.23	
利润	2780803.07	

表 4.2 外销合同

<table>
<tr><td colspan="7">QINGDAO YAGUAN WOOD CRAFTS CO. ,LTD.</td></tr>
<tr><td colspan="7">5033room,develop Building,172 Minjiang Road,Qingdao,Shandong</td></tr>
<tr><td colspan="7">SALES CONFIRMATION</td></tr>
<tr><td rowspan="2">Messre:</td><td colspan="3" rowspan="2">VANCOUVER OVERSEAS ECONOMIC TRADING CO. ,LTD
3388 Granville St. Vancouver
604 - 736 - 3911</td><td>No.</td><td colspan="2">W120110</td></tr>
<tr><td>Date:</td><td colspan="2">2012 - 01 - 10</td></tr>
<tr><td colspan="7">Dear Sirs.
We are pleased to confirm our sale of the following goods on the terms and conditions set forth below:</td></tr>
<tr><td>Choice</td><td>Product No.</td><td>Description</td><td>Quantity</td><td>Unit</td><td>Unit Price</td><td>Amount</td></tr>
<tr><td></td><td></td><td></td><td></td><td></td><td colspan="2">CIF Vancouver</td></tr>
<tr><td>○</td><td>04002</td><td>WOODEN TEA SERVICE
PACKING: 1SET/BOX, 5SET/CARTON</td><td>17000</td><td>SET</td><td>CAD45</td><td>CAD765000</td></tr>
<tr><td></td><td></td><td></td><td></td><td></td><td></td><td></td></tr>
<tr><td colspan="3">Total:</td><td>17000</td><td>SET</td><td></td><td>CAD 765000</td></tr>
</table>

Say Total:	CANADA DOLLAR SEVEN HUNDRED SIXTY - FIVE THOUSAND ONLY
Payment:	L/C. The buyer should open a L/C through Canadian Imperial Bank of Commerce
Packing:	5sets per carton. Each of the carton should be indicated with Product No. ,Port of Destination,and C/NO.
Port of Shipment:	QINGDAO
Port of Destination:	VANCOUVER
Shipment:	Shipment before the end of JAN,2012. Partial shipments and transhipment are not allowed.
Shipping Mark:	04002 VANCOUVER C/NO. 1 - 3400
Quality:	As per samples No. WT/006 submitted by seller on DEC 12,2011.
Insurance:	The SELLER shall arrange marine insurance covering ALL Risks bearing Institute Cargo Clauses(ALL Risks) plus institute War Clause (Cargo) for 110% of CIF value and provide of claim,if any,payable in CANADA
Remarks:	Unless otherwise specifled in this Sales Confirmation,all matters not mentioned here are subject to the agreement of the general terms and conditions of business No. CD - 101 concluded between both parties.

BUYERS	SELLERS
	QINGDAO YAGUAN WOOD CRAFTS CO. ,LTD.
	Alexander
(Manager Signature)	(Manager Signature)

表 4.3　进口预算表

合同号：W120110

预算表编号：STIBG000017　　　　（注：本预算表填入的位数全部为本位币）

项目	预算金额	实际发生金额
合同金额	765000.00	
CIF 总价	765000.00	
内陆运费	0.00	
报检费	31.05	
报关费	31.05	
关税	0.00	
增值税	0.00	
消费税	0.00	
海运费	0.00	
保险费	0.00	
银行费用	2142.00	
其他费用	0.00	

表 4.4　会签后的外销合同

QINGDAO YAGUAN WOOD CRAFTS CO.,LTD.

5033room, develop Building, 172 Minjiang Road, Qingdao, Shandong

SALES CONFIRMATION

Messre:	VANCOUVER OVERSEAS ECONOMIC TRADING CO.,LTD 3388 Granville St. Vancouver 604－736－3911	No. Date:	W120110 2012－01－10

Dear Sirs.

We are pleased to confirm our sale of the following goods on the terms and conditions set forth below:

Choice	Product No.	Description	Quantity	Unit	Unit Price	Amount
					[CIF][Vancouver]	
○	04002	WOODEN TEA SERVICE PACKING：1SET/BOX，5SET/CARTON	17000	SET	CAD45	CAD765000
		Total:	17000	SET		CAD 765000

Say Total:	CANADA DOLLAR SEVEN HUNDRED SIXTY－FIVE THOUSAND ONLY
Payment:	[The buyer should open a L/C through Canadian Imperial Bank of Commerce]
Packing:	5sets per carton. Each of the carton should be indicated with Product No.,Port of Destination, and C/NO.

续表 4.4

Port of Shipment:	QINGDAO
Port of Destination:	VANCOUVER
Shipment:	Shipment before the end of JAN,2012. Partial shipments and transhipment are not allowed.
Shipping Mark:	04002 VANCOUVER C/NO. 1 – 3400
Quality:	As per samples No. WT/006 submitted by seller on DEC 12,2011.
Insurance:	The SELLER shall arrange marine insurance covering ALL Risks bearing Institute Cargo Clauses(ALL Risks) plus institute War Clause (Cargo) for 110% of CIF value and provide of claim,if any,payable in CANADA.
Remarks:	Unless otherwise specified in this Sales Confimation,all matters not mentioned here are subject to the agreement of the general terms and conditions of business No. CD – 101 concluded between both parties.

BUYERS	SELLERS
VANCOUVER OVERSEAS ECONOMIC TRADING CO.,LED	QINGDAO YAGUAN WOOD CRAFTS CO.,LTD.
Charles Herbert Best	*Alexander*
(Manager Signature)	(Manager Signature)

(二)履约

1.落实信用证

(1)在开立信用证之前,进口商到外汇指定银行领取"贸易进口付汇核销单(代申报单)"(表4.5),凭以办理进口付汇手续。

(2)进口商填制"不可撤销信用证开证申请书"(表4.6),送交进口地银行(开证银行),申请开立信用证。

(3)进口地银行审核开证申请书,开立信用证(表4.7),交进口商确认。

(4)进口商确认信用证。

(5)进口地银行将信用证寄给出口地银行(通知银行)。

(6)出口地银行审核信用证,填写"信用证通知书"(表4.8),通知出口商信用证已到。

(7)出口商审核信用证无误后,接受信用证。若信用证有误,可要求进口商修改。

表4.5 贸易进口付汇核销单(代申报单)

印单局代码: 核销单编号:STICA0000014

单位代码:00000345 – 8	单位名称:VANCOUVER OVERSEAS ECON OMIC TRADING CO.,LTD	所在地外汇局名称
付汇银行名称:Canadian Imperial Bank of Commerce	收汇人国别:CHINA	交易编码:0101
收款人是否在保税区:是□否☑	交易附言	

续表 4.5

对外付汇币种:CAD	对外付汇总额:765000	
其中:购汇金额: 人民币账号:	现汇金额: 外汇账号:	其他方式金额:
付汇性质		
☑正常付汇 ☐不在名录　☐90 天以上信用证　☐90 天以上托收　☐异地付汇 ☐90 天以上到货　☐转口贸易 备案表编号		
预计到货日期:2012 - 01 - 31	进口批件号:	合同/发票号:W120110
结算方式		
信用证　90 天以内☑　90 天以上☐　承兑日期　/　/　付汇日期　/　/　期限　天		
托收　90 天以内☐　90 天以上☐　承兑日期　/　/　付汇日期　/　/　期限　天		
汇款	预付货款☐　货到付汇(凭报关单付汇)☐　付汇日期　/　/ 报关单号:　报关日期:　/　/　报关单币种:　金额: 报关单号:　报关日期:　/　/　报关单币种:　金额: 报关单号:　报关日期:　/　/　报关单币种:　金额: 报关单号:　报关日期:　/　/　报关单币种:　金额: 报关单号:　报关日期:　/　/　报关单币种:　金额: (若报关单填写不完,可另附纸。)	
其他☐	付汇日期　/　/	
以下由付汇银行填写		
申报号码:		
业务编号:	审核日期:　/　/	(付汇银行签章)

表 4.6　不可撤销信用证开证申请书

IRREVOCABLE DOCUMENTARY CREDIT APPLICATION

TO:Canadian Imperial Bank of Commerce　　　　DATE:2012 - 01 - 12

☐Issue by airmail ☐With brief advice by teletransmission ☐Issue by express delivery ☑Issue by teletransmission (which shall be the operative instrument)	Credit NO. STLCA000007 Date and place of expiry:2012 - 03 - 31
Applicant VANCOUVER OVERSEAS ECONOMIC TRADING CO.,LTD 3388 Granville St. Vancouver 604 - 736 - 3911	Beneficiary (Full name and address) QINGDAO YAGUAN WOOD CRAFTS CO.,LET. 5033room, develop Building, 172Minjiang Road, Qingdao, Shandong
Advising Bank BANK OF CHINA QINGDAO XIANGGANG ZHONG ROAD BRANCH 69,XIANGGANG ZHONG ROAD, NAN DISTRICT,QINGDAO,SHANDONG	Amount [CAD　　][765000　　] CANADA DOLLAR SEVEN HUNDRED SIXTY - FIVE THOUSAND

续表 4.6

<table>
<tr><td>Partial shipments
☐allowed
☑not allowed</td><td>Transhipment
☐allowed
☑not allowed</td><td rowspan="4">Credit available with
any bank
By
☐sight payment ☐acceptance ☑negotiation
☐deferred payment at ____________
against the documents detailed herein
☑and beneficiary's draft(s) for 100% of invoice value at * * * * * * sight
drawn on VANCOUVER OVERSEAS ECONOMIC TRADING CO., LTD.</td></tr>
<tr><td colspan="2">Loading on board/dispatch/taking in charge at/from
QINGDAO</td></tr>
<tr><td colspan="2">not later than: 2012 – 01 – 31
For transportation to: VANCOUVER</td></tr>
<tr><td colspan="2">☐FOB ☐CFR ☑CIF
☐or other terms</td></tr>
</table>

Documents required: (marked with ×)

1. (×) Signed commercial invoice in 3 copies indication L/C No. STLCA000007 and Contract No. W120110

2. (×) Full set of clean on board Bills of Lading made out to order and blank endorsed, marked "freight [ ] to collect/[×] prepaid[ ] showing freight amount" notifying VANCOUVER OVERSEAS ECONOMIC TRADING CO., LTD

   ( ) Airway bills/cargo receipt/copy of railway bills issued by ________ showing "freight[ ] to collect/[ ] prepaid[ ] indicating freight amount" and consigned to ________.

3. (×) Insurance Policy/Certificate in 2 copies for 110% of the invoice value showing claims payable in CANADA in currency of the draft, blank endorsed, covering ALL Risks bearing Institute Cargo Clauses (ALL Risks) plus institute War Clause (Cargo).

4. (×) Packing List/Weight Memo in 3 copies indicating quantity, gross and weights of each package.

5. ( ) Certificate of Quantity/Weight in ______ copies issued by ________________

6. ( ) Certificate of Quality in ______ copies issued by [ ] manufacturer/[ ] public recognized surveyor ________.

7. (×) Certificate of Origin in 2 copies issued by CIQ.

8. ( ) Beneficiary's certified copy of fax/telex dispatched to the applicant with in ________ hours after shipment advising L/C No., name of vessel, date of shipment, name, quantify, weight and value of goods.

Other documents, if any

Description of goods:

04002 WOODEN TEA SERVICE, 1SET/BOX, 5SETS/CARTON

QUANTITY: 17000 SET

PRICE: CAD45/SET

续表 4.6

Additional instructions:

1. (×) All banking charges outside the opening bank are for beneficiary's account.
2. (×) Documents must be presented within ___15___ days after date of issuance of the transport documents but within the validity of this credit.
3. (×) Third party as shipper is not acceptable. Short Form/Blank B/L is not acceptable.
4. (　) Both quantity and credit amount ______% more or less are allowed.
5. (　) All documents must be forwarded in ________________.

(　) Other terms, if any

表 4.7　信用证

LETTER OF CREDIT

MESSAGE TEXT

27: *SEQUENCE OF TOTAL*

1/1

40A: *FORM OF DOCUMENTARY CREDIT*

irrevocable

20: *DOCUMENTARY CREDIT NUMBER*

STI CN000007

31C: *DATE OF ISSUE*

2012 - 01 - 14

31D: *DATE AND PLACE OF EXPIRY*

2012 - 03 - 31

51A: *APLICANT BANK*

Canadian Imperial Bank of Commerce

50: *APPLICANT*

VANCOUVER OVERSEAS ECONOMIC TRADING CO., LTD

3388 Granville St. Vancouver 604 - 736 - 3911

59: *BENEFICIARY*

QINGDAO YAGUAN WOOD CRAFTS CO., LTD.

5033room, develop Building, 172 Minjiang Road, Qingdao, Shandong

32B: *CURRENCY CODE. AMOUNT*

[CAD　　　][765000　　　　　　　]

41D: *AVAILABLE WITH BY*

any bank by negotiation

42C: *DRAFTS AT*

sight

42A: *DRAWEE*

续表 4.7

VANCOUVER OVERSEAS ECONOMIC TRADING CO. ,LTD
43P:PARTIAL SHIPMENTS
not allowed
43T:TRANSHIPMENT
not allowed
44A:ON BOARD/DISP/TAKING CHARGE
QINGDAO
44B:FOR TRANSPORTATION TO
VANCOUVER
44C:LATEST DATE OF SHIPMENT
2012 - 01 - 31
45A:DESCRIPTION OF GOODS AND/OR SERVICES
04002 WOODEN TEA SERVICE,1SET/BOX,5SETS/CARTON QUANTITY:17000 SET PRICE:CAD 45/SET
46A:DOCUMENTS REQUIRED
+ Signed commercial involice in 3 copies indicating L/C No. STLCA000007 and Contract No. W120110. + Full set of clean on board Bills of Lading made out to order and blank endorsed, marked "freight prepaid" notifying VANCOUVER OVERSEAS ECONOMIC TRADING CO. ,LTD. + Insurance Policy/Certificate in 2 copies for 100% of the invoice value showing claims payable in CANADA in currency of the draft, blank endorsed, covering ALL Risks bearing Institute Cargo Clauses(ALL Risks) plus institute War Clause(Cargo).
47A:ADDITIONAL CONDITIONS
Third party as shipper is not acceptable, Short Form/Blank B/L is not acceptable.
71B:CHARGES
All banking charges outside the opening bank are for beneficiary's account.
48:PERIOD FOR PRESENTATION
Documents must be presented within 15 days after date of issuance of the transport documents but within the validity of this credit.
49. *CONFIRMATION INSTRUTIONS*
WITHOUT
57D:ADVISE THROUGH BANK

表4.8 信用证通知书

中国银行青岛香港中路支行

BANK OF CHINA QINGDAO XIANGGANG ZHONG ROAD BRANCH

69, XIANGGANG ZHONG ROAD, NAN DISTRICT, QINGDAO, SHANDONG

FAX:86 - 532 - 6913857

信用证通知书

NOTIFICATION OF DOCUMENTARY CREDIT

日期:2012 - 01 - 15

TO 致: QINGDAO YAGUAN WOOD CRAFTS CO. ,LTD. 5033room, develop Building, 172 Minjiang Road, Qingdao, Shandong		WHEN CORRESPOND NG PLEASE QUOTE OUT REF NO	
ISSUING BANK 开证行 Canadian Imperial Bank of Commerce Commerce Court Toronto, ON M5L 1A2 Canada		TRANSMITTED TO US THROUGH 转递行 REF NO.	
L/C NO. 信用证号 STLCN000007	DATE 开证日期 2012 - 01 - 14	AMOUNT 金额 [CAD][765000]	EXPIRY PLACE 有效地 CHINA
EXPIRY DATE 有效期 2012 - 03 - 31	TENOR 期限 AT SIGHT	CHARGE 未付费用 RMB0.00	CHARGE BY 费用承担人 BENE
RECEIVED VIA 来证方式 SWIFT	AVAILABLE 是否生效 VALID	TEST/SIGN 印押是否相符 YES	CONFIRM 我行是否保兑 NO

DEAR SIRS 敬启者:

WE HAVE PLEASURE IN ADVISING YOU THAT WE HAVE RECEIVED FROM THE A/M BANK A(N) LETTER OF CREDIT. CONTENTS OF WHICH ARE AS PER ATTACHED SHEET(S).

THIS ADVICE AND THE ATTACHED SHEET(S) MUST ACCOMPANY THE RELATIVE DOCUMENTS WHEN PRESENTED FOR NEGOTIATION.

兹通知贵公司,我行收自上述银行信用证一份,现随附通知。贵司交单时,请将本通知书及信用证一并提示。

REMARK 备注:

PLEASE NOTE THAT THIS ADVICE DOES NOT CONSTITUTE OUR CONFIRMATION OF THE ABOVE L/C NOR DOES IT CONVEY ANY ENGAGEMENT OR OBLIGATION ON OUT PART.

THIS L/C CONSISTS OF SHEET(S), INCLUDING THE COVERING LETTER AND ATTACHMENT(S).

本信用证连同面函及附件共 纸。

IF YOU FIND ANY TERMS AND CONDITIONS IN THE L/C WHICH YOU ARE UNABLE TO COMPLY WITH AND OR ANY ERROR(S), IT IS SUGGESTED THAT YOU CONTACT APPLICANT DIRECTLY FOR NECESSARY AMENDMENT(S) SO AS TO AVOID AND DIFFICULTIES WHICH MAY ARISE WHEN DOCUMENTS ARE PRESENED.

如本信用证中有无法办到的条款及/或错误,请迳与开证申请人联系,进行必要的修改,以排除交单时可能发生的问题。

THIS L/C IS ADVISED SUBJECT TO ICC UCP PUBLICATION NO. 500.

本信用证之通知系遵循国际商会跟单信用证统一惯例第500号出版物办理。

此证如有任何问题及疑虑,请与结算业务部审证科联络,电话:________

YOURS FAITHFULL

FOR *BANK OF CHINA QINGDAO XIANGG ANG ZHONG ROAD BRANCH.*

2. 备货

(1)出口商与工厂以电话、邮件、面谈的方式进行磋商。双方对于交易条件达成一致后,其中的一方起草国内买卖合同。本案例中由出口商起草合同。(国内买卖合同见表4.9)

(2)工厂确认购销合同后,组织生产、出货、缴税。至此,工厂完成其全部义务。可通过“工厂财务资料”界面了解工厂的财务状况。(工厂财务资料见图4.7)

表4.9 国内买卖合同

卖方:山东省青岛顺源竹木艺品加工厂　　　合同编号:N120105

买方:青岛雅观木艺有限公司　　　签订时间:2012-01-05

签订地点:青岛

一、产品名称、品种规格、数量、金额、供货时间:

选择	产品编号	品名规格	计量单位	数量	单价(元)	总金额(元)	交(提)货时间及数量
○	04002	木制茶具 包装:1套/纸盒,5套/箱	SET	17000	100	1700000	2012年1月15日之前。成交17000套,共计3400纸箱。
		合计:	SET	17000		1700000	
合计人民币(大写)	壹佰柒拾万圆整						
备注:	1. 需方凭供方提供的增值税发票及相应的税收(出口货物专用)缴款书在供方工厂交货后七个工作日内付款。如果供方未将有关票证备齐,需方扣除17%税款支付给供方,等有关票证齐全后结清余款。 2. 本合同经双方传真签字盖章后即生效。						

二、质量要求技术标准、卖方对质量负责的条件和期限:

质量符合国标出口优级品,如因品质问题引起的一切损失及索赔由供方承担,质量异议以本合同产品保质期为限。(产品保质期以商标有效期为准)

三、交(提)货地点、方式:

2012年1月15日前工厂交货。

四、交(提)货地点及运输方式及费用负担:

集装箱门到门交货,费用由需方承担。

五、包装标准、包装物的供应与回收和费用负担:

纸箱包装符合出口标准,商标由需方无偿提供。

六、验收标准、方法及提出异议期限:

需方按出口优级品标准检验内在品质及外包装,同时供方提供商检放行单或商检换证凭单。

续表　4.9

七、结算方式及期限：

需方凭供方提供的增值税发票及相应的税收（出口货物专用）缴款书在供方工厂交货后七个工作日内付款。如果供方未将有关票证备齐，需方扣除17%税款支付给供方，等有关票证齐全后结清余款。

八、违约责任：

违约方支付合同金额的15%违约金。

九、解决合同纠纷的方式：

按《中华人民共和国经济合同法》。

十、本合同一式两份，双方各执一份，效力相同。未尽事宜由双方另行友好协商。

卖方	买方
单位名称：山东省青岛顺源竹木艺品加工厂	单位名称：青岛雅观木艺有限公司
单位地址：山东省青岛市李沧区青峰路78号	单位地址：青岛市闽江路172号开发大厦5033
法人代表或委托人：顾闯	法人代表或委托人：许多多
电话：86－532－66758577	电话：0532－85971234
税务登记号：000000000000344	税务登记号：000000000000343
开户银行：中国银行青岛香港中路支行	开户银行：中国银行青岛香港中路支行
账号：SIM－hllwgy3	账号：SIM－hilwgy1
邮政编码：266070	邮政编码：266071

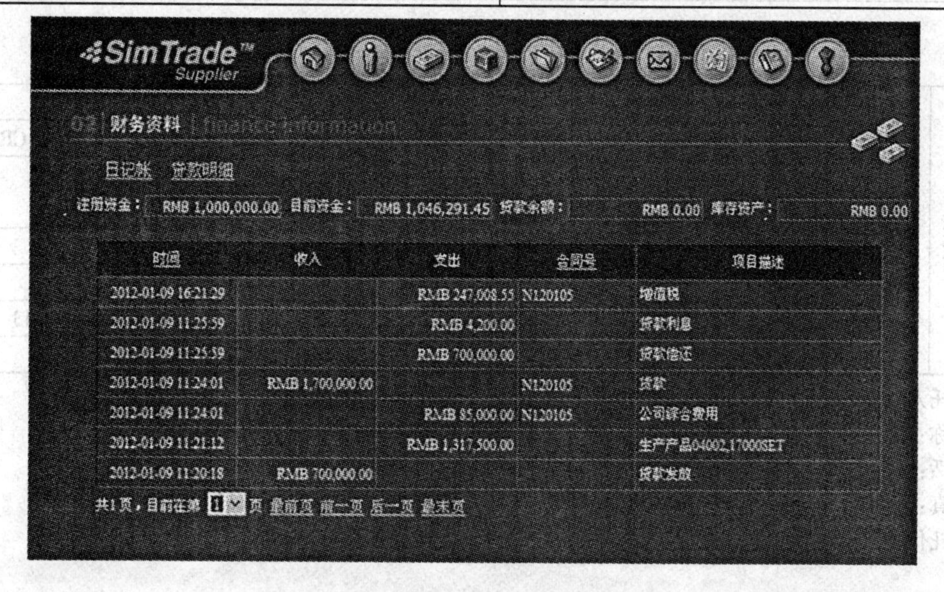

时间	收入	支出	合同号	项目描述
2012-01-09 16:21:29		RMB 247,008.55	N120105	增值税
2012-01-09 11:25:59		RMB 4,200.00		贷款利息
2012-01-09 11:25:59		RMB 700,000.00		贷款偿还
2012-01-09 11:24:01	RMB 1,700,000.00		N120105	货款
2012-01-09 11:24:01		RMB 85,000.00	N120105	公司综合费用
2012-01-09 11:21:12		RMB 1,317,500.00		生产产品04002,17000SET
2012-01-09 11:20:18	RMB 700,000.00			贷款发放

图4.7

3. 租船订舱

（1）出口商（托运人）填写“货物出运委托书”（表4.10），向船公司（承运人）订舱。

（2）船公司接受后，向出口商发送“配舱回单”（表4.11）。

表4.10 货物出运委托书

（出口货物明细单） 日期:2012－01－16

根据《中华人民共和国合同法》与《中华人民共和国海商法》的规定,就出口货物委托运输事宜订立本合同。

合同号	w120110	运输编号			
银行编号	hljwgy	信用证号	STLCN000007		
开证银行	Canadian Imperial Bank of Commerce				
托运人	青岛雅观木艺有限公司 青岛市闽江路172号开发大厦5033	付款方式	L/C		
		贸易性质	一般贸易	贸易国别	加拿大
抬头人	To order	运输方式	海运	消费国别	加拿大
		装运期限	2012－01－31	出口口岸	QINGDAO
通知人	VANCOUVER OVERSEAS ECONOMIC TRADING CO.,LTD 3388 Granville St. Vancouver 604－73	有效期限	2012－03－31	目的港	VANCOUVER
		可否转运	否	可否分批	否
		运费预付	是	运费到付	否

选择	标志唛头	货名规格	件数	数量	毛重	净重	单价	总价
○	04002 VANCOUVER C/NO.1－3400	WOODEN TEA SERVICE 1SET/BOX 5SETS/CARTON	3400CARTON	17000SET	21080KGS	17000KGS	CAD45	CAD765000
		TOTAL:	[3400] [CARTON]	[17000] [SET]	[21080] [KGS]	[17000] [KGS]		[CAD] [765000]

注意事项	小心轻放,不可翻转,不可雨淋。	FOB价		[ ][ ]
		总体积		[546176][CRM]
		保险单	险别	
			保额	[ ][ ]
			赔偿地点	
		海关编号		0000000343
		制单员		

委托人(即承运人)
名称:＿＿＿＿＿＿＿＿
电话:＿＿＿＿＿＿＿＿
传真:＿＿＿＿＿＿＿＿
委托代理人:＿＿＿＿＿＿＿＿

委托人(即托运人)
名称:青岛雅观木艺有限公司
电话:0532－85971234
传真:0532－85971233转8501
委托代理人:许多多

表 4.11　配舱回单

世格国际货运代理有限公司

DESUN INTERATIONAL TRANSPORT CO. , LTD

To:QINGDAO YAGUAN WOOD CRAFTS CO. ,LTD.

Date:2012 - 01 - 20

Port of Discharge(目的港):VANCOUVER

Country of Discharge(目的国):Canada

Container(集装箱种类):40′×10

Ocean Vessel(船名):Zaandam

Voy. No.(航次):DY105 - 02

Place of Delivery(货物存放地):QINGDAO CY

Freight(运费):CAD 37792.29

---

4. 出口报检

(1)出口商填写报检所需单据:“商业发票”(表 4.12)、“装箱单”(表 4.13)、“出境货物报检单”(表 4.14)。

(2)出口商备齐“外销合同”、“信用证”、“商业发票”、“装箱单”、“出境货物报检单”,向检验机构报检。

(3)对货物检验合格后,检验机构签发“出境货物通关单”(表 4.15)及“检验检疫证书”(表 4.16)。

表 4.12　商业发票

COMMERCIAL INVOICE

<table>
<tr><td colspan="6">ISSUER
QINGDAO YAGUAN WOOD CRAFTS CO. ,LTD.
5033 room,develop Building,172 Minjiang Road,Qingdao,Shandong</td></tr>
<tr><td colspan="3" rowspan="2">TO
VANCOUVER OVERSEAS ECONOMIC TRADING CO. ,LTD
3388 Granville St. Vancouver
604 - 736 - 3911</td><td colspan="2">NO.
STINV000014</td><td>DATE
2012 - 01 - 16</td></tr>
<tr><td colspan="2">S/C NO.
W120110</td><td>L/C NO.
STLCN000007</td></tr>
<tr><td colspan="3">TRANSPORT DETAILS
FROM QINGDAO TO VANCOUVER BY VESSEL
NOT LATER THAN JAN,31. 2012</td><td colspan="3">TERMS OF PAYMENT
L/C</td></tr>
<tr><td>Choice</td><td>Marks and Numbers</td><td>Description of goods</td><td>Quantity</td><td>Unit Price</td><td>Amount</td></tr>
<tr><td></td><td></td><td></td><td></td><td colspan="2">CIF VANCOUVER</td></tr>
<tr><td>○</td><td>04002
VANCOUVER
C/NO. 1 - 3400</td><td>WOODEN TEA SERVICE
1SET/BOX. 5SETS/CARTON</td><td>17000SET</td><td>CAD45</td><td>CAD765000</td></tr>
<tr><td></td><td></td><td></td><td></td><td></td><td></td></tr>
</table>

续表 4.12

Total：[17000][SET] [CAD][765000]

SAY TOTAL：CANADA DOLLAR SEVEN HUNDRED SIXTY – FIVE THOUSAND ONLY

（写备注处）

QINGDAO YAGUAN WOOD CRAETS CO. LTD（公司名称）

Alexander（法人签名）

表 4.13 装箱单

PACKING LIST

ISSUER
QINGDAO YAGUAN WOOD CRAFTS CO. LTD.
5033room，develop Building，172 Mingjiang Road，
Qingdao，Shandong

TO
VANCOUVER OVERSEAS ECONOMIC TRADING CO. LTD
3388 Granville St. Vancouver
604 – 736 – 3911

INVOICE NO.	DATE
STINV000014	2012 – 01 – 16

Choice	Marks and Numbers	Description of goods	Package	G. W	N. W	Meas.
	04002 VANCOUVER C/NO. 1 – 3400	WOODEN TEA SERVICE 1SET/BOX， 5SETS/CARTON	3400 CARTON	21080 KGS	17000 KGS	546. 176 CBM

Total：[3400 CARTON][21080 KGS][17000 KGS][546. 176 CBM]

SAY TOTAL：THREE THOUSAND FOUR HUNDRED CARTONS ONLY.

（写备注处）

QINGDAO YAGUAN WOOD CRAFTS CO. LTD（公司名称）

Alexander（法人签名）

表 4.14　出境货物报检单

中华人民共和国出入境检验检疫
出境货物报检单

报检单位(加盖公章):青岛雅观木艺有限公司　　　　＊编　　号:STEPC000014

报检单位登记号:　　　联系人:许多多　　　电话:0532－85971234　报检日期:2012年1月16日

发货人	(中文)	青岛雅观木艺有限公司				
	(外文)	QINGDAO YAGUAN WOOD CRAFTS CO.,LTD.				
收货人	(中文)					
	(外文)	VANCOUVER OVERSEAS ECONOMIC TRADING CO.,LTD				

选择	货物名称(中/外文)	H.S.编码	产地	数/重量	货物总值	包装种类及数量
○	木制茶具 WOODEN TEA SERVICE	4419009990	中国青岛	17000SET	CAD765000	3400CARTON

[添 加] [修 改] [删除]

运输工具名称号码	Zaandam/DY105－02	贸易方式	一般贸易	货物存放地点	
合 同 号	W120110	信用证号	STLCN000007	用途	
发货日期	2012－01－20	输往国家(地区)	加拿大	许可证/审批号	
启运地	青岛港	到达口岸	温哥华	生产单位注册号	
集装箱规格、数量及号码	40′×10				

合同、信用证订立的检验检疫条款或特殊要求	标记及号码	随附单据(划"√"或补填)	
	04002 VANCOUVER C/NO.1－3400	☑合同 ☑信用证 ☑发票 ☐换证凭单 ☑装箱单 ☐厂检单	☐包装性能结果单 ☐许可/审批文件 ☐＿＿＿ ☐＿＿＿ ☐＿＿＿ ☐＿＿＿

需要证单名称(划"√"或补填)		＊检验检疫费	
☑品质证书　1 正　1 副 ☐重量证书　＿正　＿副 ☐数量证书　＿正　＿副 ☐兽医卫生证书　＿正　＿副 ☐健康证书　＿正　＿副 ☐卫生证书　＿正　＿副 ☐动物卫生证书　＿正　＿副	☐植物检疫证书　＿正　＿副 ☑重蒸/消毒证书　1 正　1 副 ☐出境货物换证凭单 ☑通关单 ☐＿＿＿ ☐＿＿＿ ☐＿＿＿	总金额(人民币元) 计费人 收费人	

报检人郑重声明: 1.本人被授权报检。 2.上列填写内容正确属实,货物无伪造或冒用他人的厂名、标志、认证标志,并承担货物质量责任。　签名:	领取证单	
	日期	
	签名	

注:有"＊"号栏由出入境检验检疫机关填写　　　◆国家出入境检验检疫局制

[1－2(2000.1.1)]

表 4.15　出境货物通关单

中华人民共和国出入境检验检疫

<u>出境货物通关单</u>

编号 STEPP000013

1. 发货人 青岛雅观木艺有限公司			04002 VANCOUVER C/NO. 1-3400
2. 收货人 VANCOUVER OVERSEAS ECONOMIC TRADING CO. ,LTD			
3. 合同/信用证号 W120110/STLCN000007	4. 输往国家或地区 加拿大		
6. 运输工具名称及号码 * * *	7. 发货日期 2012 - 01 - 20		8. 集装箱规格及数量 40′ × 10
9. 货物名称及规格 木制茶具	10. H. S. 编码 4419009990	11. 申报总值 CAD 765000. 00	12. 数/重理、包装数量及种类 17000SET,21080. 000KGS, 3400CARTON

上述货物业经检验检疫，请海关予以放行。

本通关单有效期至 2012 年 3 月 17 日

签字:SimTrade　　　　日期:2012 年 1 月 17 日

13. 备注

表 4.16　检验检疫证书

中华人民共和国出入境检验检疫
ENTRY－EXIT INSPECTION AND QUARANTINE
OF THE PEOPLE'S REPUBLIC OF CHINA

正　本
ORIGINAL

编号 No.：STCOC000004

QUALITY INSPECTION CERTIFICATE

发 货 人 QINGDAO YAGUAN WOOD CRAFTS CO.,LTD.; Consignor 5033room,develop Building,172 Minjiang Road, Qingdao, Shandong	
收货人 VANCOUVER OVERSEAS ECONOMIC TRADING CO.,LTD; Consignee 3388 Granville St. Vancouver	
品名 Description of Goods WOODEN TEA SERVICE	标记及号码 Mark & No. 04002 VANCOUVER C/NO. 1－3400
报检数量/重量 Quantity/Weight Declared 17000SET/21080.000KGS	
包装种类及数量 Number and Type of Packages 3400 CARTONS	
运输工具 Means of Conveyance RY SHIP	

检验结果：
RESULTS OF INSPECTION：

IN ACCORDANCE WITH THE RELEVANT STANDARD, THE REPRESENTATIVE SAMPLE WERE DRAWN AT RONDOM AND INSPECTED WITH RESULTS AS FOLLOWS：

OF NORMAL QUALITY

THE QUALITY OF THE GOODS IS IN CONFORMITY WITH THE RELEVANT REQUIREMENTS.

印章　　签证地点 Place of Issue CHINA　　签证日期 Date of Issue 2012－01－17
official Stamp　　授权签字人 Authorized Officer SimTrade　　签　名 Signature Sim Trade

我们已尽所知最大能力实施上述试验，不能因我们签发本证书而免除卖方或其他根据合同和法律所承担的产品质量责任和其他责任。All in spections are carried out conscientiously to the best of our knowledge and ability. This especially does not in any respect absolve the seller and other related parties from his contractual and legal obligations especially when product quality is concerned.

5. 申请原产地证明书

(1)出口商向产地证的签发机构申请原产地证明书(表 4.17)。

(2)发证机构经过审核，签发原产地证明书。

表4.17　原产地证明书

ORIGINAL

1. Exporter QINGDAO YAGUAN WOOD CRAFTS CO. ,LTD. 5033room, develop Building, 172 Minjiang Road, Qingdao, Shandong, China	Certificate No.　STCOC000006
2. Consignee VANCOUVER OVERSEAS ECONOMIC TRADING CO. ,LTD 3388 Granville St. Vancouver 604 - 736 - 3911, Canada	CERTIFICATE OF ORIGIN OF THE PEOPLE'S REPUBLIC OF CHINA
3. Means of transport and route FROM QINGDAO TO VANCOUVER BY VESSEL NOT LATER THAN JAN,31. 2012	5. For certifying authority use only
4. Country/region of destination CANADA	

Choice	6. Marks and numbers	7. Number and kind of packages; description of goods	8. H. S. Code	9. Quantity	10. Number and date of invoices
○	04002 VANCOUVER C/NO. 1 - 3400	3400CARTONS(THREE THOUSAND FOUR HUNDRED) OF WOODEN TEA SERVICE 1SET/BOX, 5SETS/CARTON *********************	4419009990	17000SET	STINV000014 2012 - 01 - 16

SAY TOTAL: THREE THOUSAND FOUR HUNDRED CARTONS ONLY.
(写备注处)

11. Declaration by the exporter The undersigned hereby declares that the above details and statements are correct, that all the goods were produced in China and that they comply with the Rules of Origin of the People's Republic of China. Place and date, signature and stamp of authorized signatory	12. Certification It is hereby certified that the declaration by the exporter is correct. Place and date, signature and stamp of certifying authority

6. 办理保险

(1)出口商根据信用证的规定,填写“货物运输保险投保单”(表4.18),并随附商业单据向保险公司投保。

注意:在CIF术语下,保险由出口商办理;在FOB或CFR术语下,保险由进口商办理。

(2)保险公司承保后,签发“货物运输保险单”(表4.19)给出口商。

表4.18　货物运输保险投保单

货物运输保险投保单

投保人:青岛雅观木艺有限公司　　　　投保日期:2012-01-16

<table>
<tr><td>发票号码</td><td>STINV000014</td><td colspan="2">投保条款和险别</td></tr>
<tr><td>被保险人</td><td>客户抬头
青岛雅观木艺有限公司
过户
VANCOUVER OVERSEAS ECONOMIC TREAD-ING CO. ,LTD
3388 Granville St. Vancouver
604-736</td><td colspan="2" rowspan="10">(　)PICC CLAUSE
(√)ICC CLAUSE
(　)ALL RISKS
(　)W. P. A./W. A.
(　)F. P. A
(√)WAR RISKS
(　)S. R. C. C
(　)STRIKE
(√)ICC CLAUSE A
(　)ICC CLAUSE B
(　)ICC CLAUSE C
(　)AIR TPT ALL RISKS
(　)AIR TPT RISKS
(　)O/L TPT ALL RISKS
(　)O/L TPT RISKS
(　)TRANSHIPMENT RISKS
(　)W TO W
(　)T. P. N. D.
(　)F. R. E. C.
(　)R. F. W. D.
(　)RISKS OF BREAKAGE
(　)I. O. P.</td></tr>
<tr><td>保险金额</td><td>[CAD　　][841500　　　　]</td></tr>
<tr><td>启运港</td><td>QINGDAO、</td></tr>
<tr><td>目的港</td><td>VANCOUVER</td></tr>
<tr><td>转内陆</td><td></td></tr>
<tr><td>开航日期</td><td>2012-01-20</td></tr>
<tr><td>航名航次</td><td>Zaandam/DY105-02</td></tr>
<tr><td>赔款地点</td><td>CANADA</td></tr>
<tr><td>赔付币别</td><td>CAD</td></tr>
<tr><td>保单份数</td><td>2</td></tr>
<tr><td>其他特别条款</td><td colspan="3"></td></tr>
<tr><td colspan="4">以下由保险公司填写</td></tr>
<tr><td>保单号码</td><td></td><td>签单日期</td><td></td></tr>
</table>

表4.19 货物运输保险单

中国人民保险公司

PICC

The People's Insurance Company of China

总公司设于北京 一九四九年创立

Head Office Beijing Established in 1949

货物运输保险单

CARGO TRANSPORTATION INSURANCE POLICY

发票号(INVOICE NO.) STINV000014

合同号(CONTRACT NO.) W120110 保单号次

信用证号(L/C NO.) STLCN000007 POLICY NO. STINP000013

被保险人

Insured:VANCOUVER OVERSEAS ECONOMIC TRADING CO.,LTD

中国人民保险公司(以下简称本公司)根据被保险人的要求,由被保险人向本公司缴付约定的保险费。按照本保险单承保险别和背面所载条款与下列特款承保下述货物运输保险,特立本保险单。

THIS POLICY OF INSURANCE WITNESSES THAT THE PEOPLE'S INSURANCE COMPANY OF CHINA (HEREINAFTER CALLED "THE COMPANY")

AT THE REQUEST OF THE INSURED AND IN CONSIDERATION OF THE AGREED PREMIUM PAID TO THE COMPANY BY THE INSURED, UNDERTAKES TO INSURE THE UNDERMENTIONED GOODS IN TRANSPORTATION SUBJECT TO THE CONDITIONS OF THIS OF THIS POLICY AS PER THE CLAUSES PRINTED OVERLEAF AND OTHER SPECIL CLAUSES ATTACHED HEREON.

标记 MARKS&NOS.	包装及数量 QUANTITY	保险货物项目 DESCRIPTION OF GOODS	保险金额 AMOUNT INSURED
04002 VANCOUVER C/NO. 1 – 3400	3400CARTON	WOODEN TEA SERVICE 1SET/BOX,5SETS/CARTON	CAD 841500

总保险金额

TOTAL AMOUNT INSURED: CAD EIGHT HUNDRED AND FORTY-ONE THOUSAND FIVE HUNDRED ONLY

保费 启运日期 装载运输工具

PERMIUM:AS ARRANGFD DATE OF COMMENCEMENT:As Per B/L PER CONVEYANCE:Zaandam DY105 – 02

自 经 至

FROM:QINGDAO VIA: TO:VANCONVER

承保险别

CONDITIONS:

WAR RISKS;ICC CLAUSE A;

所保货物,如发生保险单项下可能引起索赔的损失或损坏,应立即通知本公司下述代理人查勘,如果索赔,应向本公司提交保单正本(本保险单共有 2 份正本)及有关文件.如一份正本已用于索赔,其余正本自动失效.

IN THE EVENT OF LOSS OR DAMAGE WHICH MAY RESULT IN A CLAIM UNDER THIS POLICY, IMMEDIATE NOTICE MUST BE GIVEN TO THE

续表　4.19

COMPANY'S AGENT AS MENTIONED HEREUNDER. CLAIMS, IF ANY, ONE OF THE ORIGINAL POLICY WHICH HAS BEEN ISSUED IN 2 ORIGINAL(S) TOGETHER WITH THE RELEVENT DOCUMENTS SHALL BE SURRENDERED TO THE COMPANY. IF ONE OF THE ORIGINAL POLICY HAS BEEN

ACCOMPLISHED. THE OTHERS TO BE VOID.

中国人民保险公司
The People's Insurance Company of China

赔款偿付地点
CLAIM PAYABLE AT　CANADA

出单日期
ISSUING DATE　2012 - 01 - 17

地址(ADD):中国北京
邮编(POST CODE):101100

电话(TEL):(010)88888888
传真(FAX):(010)88888887

7. 出口报关

(1)出口商在报关前,到外汇管理局申领"出口收汇核销单"(表4.20)。

(2)出口商凭出口收汇核销单向海关申请备案。

(3)出口商将货物送抵指定的码头或地点,以便报关出口。

(4)送出货物后,出口商填妥"出口货物报关单"(表4.21),并备齐相关文件(如"出口收汇核销单"、"商业发票"、"装箱单"、"出境货物通关单"等),向海关投单报关。

(5)海关审核单据无误后即办理出口通关手续,签发加盖验讫章的核销单与报关单(出口退税联)给出口商,以便其办理核销与退税。

表4.20　出口收汇核销单

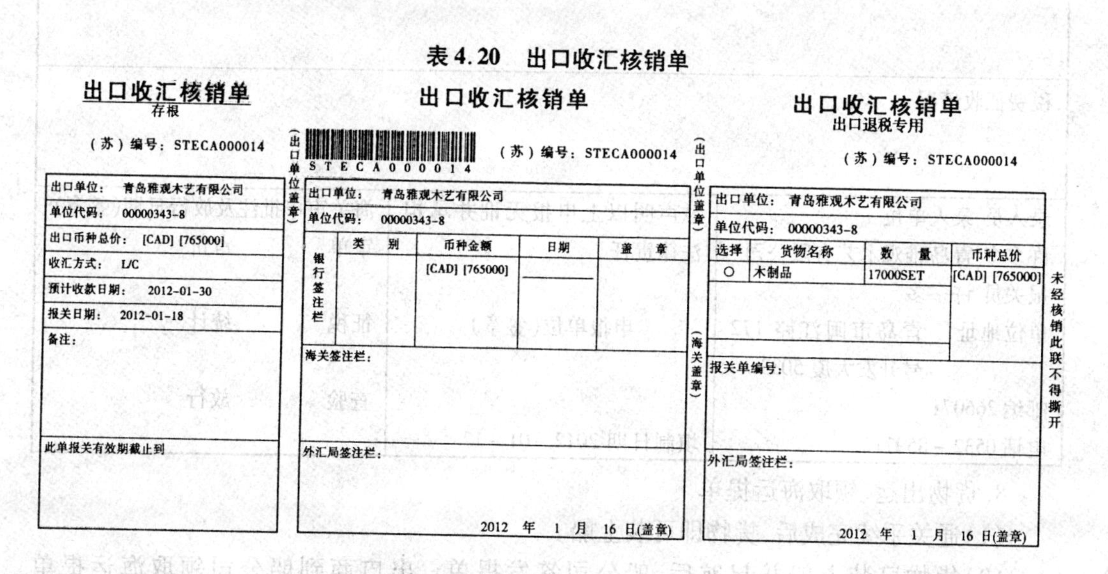

出口收汇核销单
存根

(苏)编号:STECA000014

出口单位:	青岛雅观木艺有限公司
单位代码:	00000343-8
出口币种总价:	[CAD] [765000]
收汇方式:	L/C
预计收款日期:	2012-01-30
报关日期:	2012-01-18
备注:	
此单报关有效期截止到	

(出口单位盖章)

出口收汇核销单

STECA000014　(苏)编号:STECA000014

出口单位:青岛雅观木艺有限公司

单位代码:00000343-8

银行签注栏	类别	币种金额	日期	盖章
		[CAD] [765000]		

海关签注栏:

外汇局签注栏:

2012 年 1 月 16 日(盖章)

(出口单位盖章)　(海关盖章)

出口收汇核销单
出口退税专用

(苏)编号:STECA000014

出口单位:青岛雅观木艺有限公司

单位代码:00000343-8

选择	货物名称	数量	币种总价
○	木制品	17000SET	[CAD] [765000]

报关单编号:

外汇局签注栏:

2012 年 1 月 16 日(盖章)

未经核销此联不得撕开

表 4.21　出口货物报关单

中华人民共和国海关出口货物报关单

预录入编号：　　　　　　　　　　　　海关编号：

出口口岸　青岛海关	备案号		出口日期 2012－01－20	申报日期 2012－01－18
经营单位　青岛雅观木艺有限公司　0000000343	运输方式 江海运输	运输工具名称 Zaandam/DY105－02		提运单号
发货单位　青鸟雅观木艺有限公司　0000000343	贸易方式 一般贸易		征免性质 一般征税	结汇方式 L/C
许可证号	运抵国（地区） 加拿大	指运港 温哥华		境内货源地 青岛其他
推准文号	成交方式 CIF	运费 CAD 37792.29	保费 CAD 7405	杂货
合同协议号 W120110	件数 3400	包装种类 纸箱	毛重（公斤） 21080	净重（公斤） 17000
集装箱号	随附单据			生产厂家 山东省青岛顺源竹木艺品
标记唛码及备注 04002 VANCOUVER C/NO.1－3400				

选择	项目	商品编号	商品名称、规格型号	数量及单位	最终目的国（地区）	单价	总价	币制	征免
○	1	4419009990	木制茶具 1SET/BOX. 5SETS/CARTON	17000SET	加拿大	56	76500	CAD	照章

税费征收情况		
录入员　录入单位 许多多　青岛雅观木艺有限公司 报关员　许多多 单位地址　青岛市闽江路 172 号开发大厦 5033 邮编 266071 电话 0532－859712	兹声明以上申报无讹并承担法律责任 申报单位（签章） 填制日期 2012－01－17	海关审单批注及放行日期（签章） 审单　　审价 征税　　统计 查验　　放行

8. 货物出运、领取海运提单

(1)通关手续完成后，货物即可装上船。

(2)货物已装上船并起航后，船公司签发提单。出口商到船公司领取海运提单（表 4.22）。

表 4.22 海运提单

1. Shipper Insert Name, Address and Phone QINGDAO YAGUAN WOOD CRAFTS CO., LTD. 5033ROOM, DEVELOP BUILDING, 172 MINJIANG ROAD, QINGDAO	 中远集装箱运输有限公司 COSCO CONTAINER LINES TLX: 33057 COSCO CN FAX: +86(021)6545 8984 ORIGINAL Port – to – Port or Combined Transport BILL OF LADING RECEIVED in external apparent good order and condition except as other – Wise noted. The total number of packages or unites stuffed in the container. The description of the goods and the weights shown in this Bill of Lading are Furnished by the Merchants, and which the carrier has no reasonable means of checking and is not a part of this Bill of Lading contract. The carrier has issued the number of Bills of Lading stated below, all of this tenor and date, One of the original Bills of Lading must be surrendered and endorsed or signed against the delivery of the shipment and whereupon any other original Bills of Lading shall be void. The Merchants agree to be bound by the terms And conditions of this Bill of Lading as if each had personally signed this Bill of Lading. SEE clause 4 on the back of this Bill of Lading (Terms continued on the back Hereof, please read carefully). Applicable Only When Document Used as a Combined Transport Bill of Lading.
2. Consignee Insert Name, Address and Phone TO ORDER OF VANCOUVER OVERSEAS ECONOMIC TRADING CO., LTD	
3. Notify Party Insert Name, Address and Phone (It is agreed that no responsibility shall attach to the carrier or his agents for failure to notify)	

4. Combined Transport * Pre – carriage by	5. Combined Transport Place of Receipt
6. Ocean Vessel Voy. No. Zaandam DY105 – 02	7. Port of Loading QINGDAO
8. Port of Discharge VANCOUVER	9. Combined Transport * Place of Delivery

Marks & Nos. Container/Seal No.	No. of Containers or Packages	Description of Goods (If Dangerous Goods, See Clause 20)	Gross Weight Kgs	Measurement
04002 VANCOUVER C/NO. 1 – 3400	3400 CARTON	WOODEN TEA SERVICE 1SET/BOX, 5SETS/CARTON FREIGHT PREPAID	21080.000 KGS	546.1760 CBM
		Description of Contents for Shipper's Use Only (Not part of This B/L Contract)		

10. Total Number of containers and/or packages (in words) Subject to Clause 7 Limitation
SAY THREE THOUSAND FOUR HUNDRED CARTONS ONLY

11. Freight & Charges	Revenue Tons	Rate	Per	Prepaid	Collect
Declared Value Charge					

Ex. Rate:	Prepaid at	Payable at	Place and date of issue QINGDAO 2012 – 01 – 09
	Total Prepaid	No. of Original B(s)/L THREE	Signed for the Carrier, COSCO CONTAINER LINES

LADEN ON BOARD THE VESSEL
DATE 2012 – 1 – 20 BY LADEN ON ROARD

9. 装船通知

出口商将货物运出后，向买主寄发“装运通知”(表4.23)。

注意：尤其是在 FOB、CFR 术语下，保险由买方自行负责时，出口商须尽快发送装运通知，以便买方凭此办理保险事宜。

表4.23 装运通知

SHIPPING ADVICE

Messrs. INVOICE NO: STINV0000014

VANCOUVER OVERSEAS ECONOMIC TRADING CO., LTD

Date: 2012 - 01 - 20

Particulars

1. L/C NO. STLCN000007
2. Purchase order NO. W120110
3. Vessel: Zaandam/DY105 - 02
4. Port of Loading: QINGDAO
5. Port of Discharge: VANCOUVER
6. On Board Date: 2012 - 01 - 20
7. Estimated Time of Arrival: 2012 - 01 - 31
8. Container: 40′ × 10
9. Freight: [CAD] [37792.29]
10. Description of Goods:
    WOODEN TEA SERVICE 1SET/BOX, 5SETS/CARTON
11. Quanlity [17000] [SET]
12. Invoice Toal Amount [CAD] [76500]

Documents enclosed

1. Commercial Invoice
2. Packing List
3. Bill of Lading
4. Insurance Policy

Very truly yours.

QINGDAO YAGUAN WOOD CARFTS CO., LTD.

Manager of Foreign Trade Dept.

10. 押汇

(1) 货物装运出口后，出口商按 L/C 上规定，备妥相关文件(如“商业发票”、“装箱单”、“海运提单”、“货物运输保险单”、“商检证书”、“产地证”、“信用证”等)，并签发以进口商为付款人的汇票(表4.24)，向出口地银行要求押汇。以出口单据作为质押，向银行取得融资。

(2) 押汇单据经押汇银行验审与信用证的规定相符，即拨付押汇款，通知出口商可以结汇，同时收取一定押汇费用。此外，银行还出具加盖“出口收汇核销专用联章”的“出口收汇核销专用联”(表4.25)给出口商。

表 4.24 汇票

BILL OF EXCHANGE

No. STDFT000008 Dated 2012 – 01 – 16

Exchange for CAD 765000

At — Sight of this FIRST of Exchange

(Second of exchange being unpaid)

Pay to the Order of ANY BANK BY NEGOTIATION

the sum of CANADA DOLLAR SEVEN HUNDRED SIXTY – FIVE THOUSAND ONLY

Drawn under L/C No. STLCN000007 Dated 2012 – 01 – 14

Issued by Canadian Imperial Bank of Commerce

TO Canadian Imperial Bank of Commerce

QIGDAO YAGUAN WOOD CARAFTS CO. ,LTD.

(Authorized Signature)

表 4.25 出口收汇核销专用联

EXPORT CHECKING LIST

OUR REF. NO.:

我行编号:21000BP0104554 – S1

TO:QINGDAO YAGUAN WOOD CRAFTS CO. ,LTD. DATE:

致:青岛雅观木艺有限公司 日期:2012 – 01 – 20

DEAR SIRS:

敬启者:

WITH REFERENCE TO THE CAPTIONED ITEMS,PLEASE BE ADVISED THAT WE HAVE TODAY CREDITED YOUR ACCOUNT NO. SIM – hliwgyl. FOR RMB 4927747.50

上述业务项下款项我行已于即日贷记你公司账户 SIM – hliwgyl ,金额为 RMB 4927747.50,大写金额为 肆佰玖拾贰万柒仟柒佰肆拾柒元伍角零分, 特此通知。

EQUL. FOREIGN AMOUNT 外汇金额		CREDIT AMOUNT 入账金额	EXCHANGE RATE 牌 价(每百元)
CAD 763974.45		RMB 4927747.50	100.0
BRIEF 摘要:			
YOUR INV NO. 发票号:		STINV000014	
INVOICE AMOUNT 发票金额:		CAD 765000.00	
RECEIVED AMOUNT 实际收汇金额:		CAD 765000.00	
LONG AMOUNT 长款金额:		CAD	
SHORT AMOUNT 短款金额:		CAD	
FOREIGN CHECK NO. 核销单号:		STFCA000014	
DECLERATION NO. 申报号码:		320000000565030214N005	
CHARGE DETAILS 费用明细:			
PRE. ADVICE CHG. 预通知费:	CAD	TRANSFER CHG 转让费:	CAD
ADVICE CHG. 通知费:	CAD 31.05	NEGO. CHG. 议付费:	CAD 994.50

续表 4.25

AMEND. CHG. 修改费:	CAD	CABLE CHG. 电报费:	CAD
CONFIRM CHG. 保兑费:	CAD	OUR TOTAL CHGS. 邮费:	CAD
		OUR TOTAL CHGS. 我行费用合计:	CAD 1025.55
OVERSEAS CHGS. 国外扣费:	CAD	TRANS AMT 转款金额:	CAD
NON EXCH COMM.1 原币入账无兑换费:	CAD	NON EXCH COMM.2 原币划转无兑换费:	CAD

中国银行青岛香港中路支行
BANK OF CHINA QINGDAO ANG GANG ZHONG ROAD BRANCH
Authorized Signature(s) 签章
Clerk ID:8001

11. 核销

(1)出口商填制"出口收汇核销单送审登记表"(表 4.26)。

(2)出口商凭出口收汇核销专用联及其他相关文件("出口收汇核销单送审登记表"、"报关单"、"出口收汇核销单"、"商业发票"等)向外管局办理核销,办理完成后,外管局发还"出口收汇核销单"(第三联)。

表 4.26 出口收汇核销单送审登记表

出口单位:青岛雅观木艺有限公司　　送审日期:2012 年 1 月 20 日

核销单编号	发票编号	商品大类	国别地区	贸易方式	结算方式	报关日期	货款			收汇核销金额
							币别	报关金额	FOB 金额	
STECA000014	STINV00014	木制品	Canada	一般贸易	信用证	2012.01.18	CAD	765000	719802.5	RMB 4927747.50

第一联 外汇局留存

出口单位填表人:许多多　　外汇局审核人:

12. 退税

核销完成后,出口商"凭出口收汇核销单"(第三联)、"报关单"(出口退税联)与"商业发票"前往国税局办理出口退税。

至此,出口商履行完毕其全部责任及义务,顺利收回货款。进出口地银行也完成了信用证业务的全部流程。这其中涉及各种费用,具体收支情况详见各方的财务资料。

进口地银行财务资料见图 4.8。出口地银行财务资料见图 4.9。出口商财务资料见图 4.10。

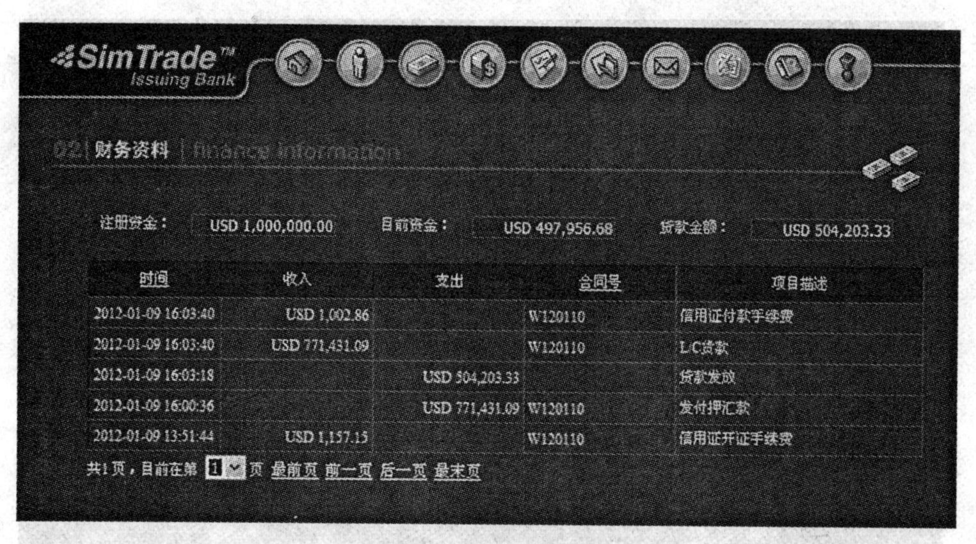

时间	收入	支出	合同号	项目描述
2012-01-09 16:03:40	USD 1,002.86		W120110	信用证付款手续费
2012-01-09 16:03:40	USD 771,431.09		W120110	L/C货款
2012-01-09 16:03:18		USD 504,203.33		贷款发放
2012-01-09 16:00:36		USD 771,431.09	W120110	发付押汇款
2012-01-09 13:51:44	USD 1,157.15		W120110	信用证开证手续费

图 4.8

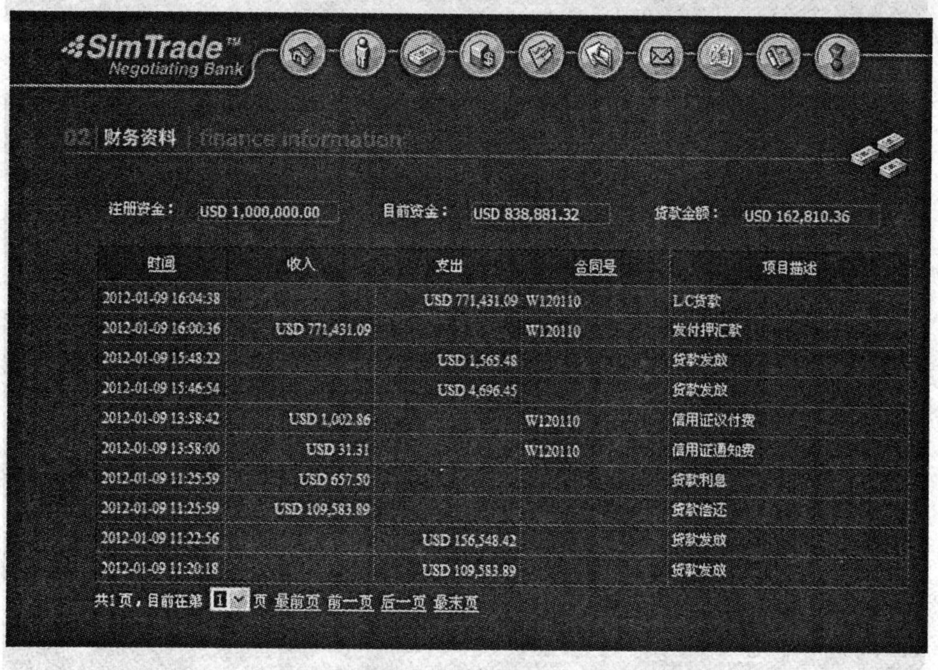

时间	收入	支出	合同号	项目描述
2012-01-09 16:04:38		USD 771,431.09	W120110	L/C货款
2012-01-09 16:00:36	USD 771,431.09		W120110	发付押汇款
2012-01-09 15:48:22		USD 1,565.48		贷款发放
2012-01-09 15:46:54		USD 4,696.45		贷款发放
2012-01-09 13:58:42	USD 1,002.86		W120110	信用证议付费
2012-01-09 13:58:00	USD 31.31		W120110	信用证通知费
2012-01-09 11:25:59	USD 657.50			贷款利息
2012-01-09 11:25:59	USD 109,583.89			贷款偿还
2012-01-09 11:22:56		USD 156,548.42		贷款发放
2012-01-09 11:20:18		USD 109,583.89		贷款发放

图 4.9

SimTrade™ Exporter

02 财务资料 | finance information

日记帐　贷款明细

注册资金：RMB 1,000,000.00　目前资金：RMB 4,176,008.92　贷款余额：RMB 1,040,000.00　库存资产：RMB 0.00

时间	收入	支出	合同号	项目描述
2012-01-10 10:55:52		RMB 644.15		汇款手续费
2012-01-10 10:55:52		RMB 644,150.00		汇款（收款人帐号SIM-hljwgy2）
2012-01-09 16:12:59		RMB 246,387.38	W120110	公司综合费用
2012-01-09 16:12:59	RMB 130,769.23		W120110	退税
2012-01-09 16:12:12		RMB 10.00	W120110	核销费
2012-01-09 16:04:38	RMB 4,927,747.50		W120110	L/C货款
2012-01-09 15:48:42		RMB 243,439.06	W120110	海运费
2012-01-09 15:48:22	RMB 10,000.00			贷款发放
2012-01-09 15:46:54	RMB 30,000.00			贷款发放
2012-01-09 15:44:19		RMB 200.00	W120110	报关费

共2页，目前在第 1 页　最前页　前一页　后一页　最末页

(a)

SimTrade™ Exporter

02 财务资料 | finance information

日记帐　贷款明细

注册资金：RMB 1,000,000.00　目前资金：RMB 4,176,008.92　贷款余额：RMB 1,040,000.00　库存资产：RMB 0.00

时间	收入	支出	合同号	项目描述
2012-01-09 15:31:50		RMB 32,770.56	W120110	内陆运费
2012-01-09 15:25:42		RMB 47,700.60	W120110	保险费
2012-01-09 15:15:46		RMB 200.00	W120110	产地证明书费
2012-01-09 15:06:27		RMB 200.00	W120140	品质证书费
2012-01-09 15:05:27		RMB 200.00	W120110	检验费
2012-01-09 13:58:42		RMB 6,408.07	W120110	信用证议付费
2012-01-09 13:58:00		RMB 200.00	W120110	信用证通知费
2012-01-09 11:24:01		RMB 1,700,000.00	N120105	货款
2012-01-09 11:22:58	RMB 1,000,000.00			贷款发放

共2页，目前在第 2 页　最前页　前一页　后一页　最末页

(b)

图 4.10

13. 进口商付款赎单

(1)议付后交单。押汇银行议付后，将押汇单据发送到国外开证银行，要求偿付押汇款。

(2)拨付货款。开证银行审单与信用证条款核对无误后，拨付押汇款（即承兑）给出口地银行。

(3)通知赎单。开证银行向进口商要求缴清货款。由于当初进口商在向开证银行申请开立信用证时，大部分的信用证金额尚未付清，而出口商已经在出口地押汇（抵押融资），所以开证银行通知进口商缴清余款，将押汇单据赎回。

（4）付款。进口商向开证银行缴清货款，同时需将之前领取的贸易进口付汇核销单交给银行审核。

（5）赎单。进口商付款后，自开证银行取回所有单据（即出口商凭以押汇的文件）。

14. 换取提货单

货物运抵进口国目的港后，船公司通知进口商来换取提货单（表4.27）。

表4.27　提货单

SINOTRANS

中国外运江苏公司

SINOTRANS JIANGSU CORP.　　No. STBI 0000011

提货单

DELIVERY ORDER

收货人：VANCOUVER OVERSEAS ECONOMIC TRADING CO.，LTD

致：____________港区、场、站

下列货物已办妥手续，运费结清，准予交付收货人。

收货人开户银行账号	SIM - hliwgy2		
船名 Iaandam	航次 DY105 - 02	起云港 QINGDAO	目的地 VANCOUVER
卸货地点 VANCOUVER	抵港日期 2012 - 01 - 31	进库场日期 2012 -2 -1	第一程运输
货名		集装箱号/铅封号	
集装箱数	40′×10	GVDU2027764/201344	
件数	17000SFT		
重量	21080KGS		
体积	546M3		
标志 D4002 VANCOUVER C/NO. 1 -3400			

请核对发货。

收货人章 1	海关章 2	3	4
5	6	7	8

15. 进口报检

（1）进口商填写“入境货物报检单”（表4.28），并备齐提货单、商业发票、装箱单等文件向出入境检验检疫局申请进口检验。

(2)检验机构接受报检后,对进口商签发"入境货物通关单"(表4.29)。

表4.28 入境货物报检单

中华人民共和国出入境检验检疫

入境货物报检单

报检单位(加盖公章):VANCOUVER OVERSEAS ECONOMIC TRADING CO. LTD

编　号:STIPC000011

报检单位登记号:0000000345　联系人:Charles Herbert　电话:604-736-3911

报检日期:2012年2月2日

收货人	(中文)	企业性质(划"√")	□合资　□合作　☑外资
	(外文)VANCOUVER OVERSEAS ECONOMIC TRADING CO., LTD		
收货人	(中文)青岛雅观木艺有限公司		
	(外文)QINGDAO YAGUAN WOOD CRAFTS CO., LTD		

选择	货物名称(中/外文)	H.S编码	原产国(地区)	数/重量	货物总值	包装种类及数量
	木制茶具 WOODEN TEA SERVICE	4419009990	CHINA	17000SET	CAD765000	3400CARTON

运输工具名称号码		Zaadam/DY105-02		合同号	W120110
贸易方式	一般贸易	贸易国别(地区)	中国	提单/运单号	STBLN000013
到货日期	2012-01-31	启运国家(地区)	中国	许可证/审批号	
卸毕日期	2012-02-01	启运口岸	青岛港	入境口岸	温哥华
索赔有效期至	2012-06-01	经停口岸		目的地	VANCOUVER
集装箱规格、数量及号码		40′×10			
合同订立的特殊条款以及其他要求				货物存放地点	
				用途	

随附单据(划"√"或补填)		标记及号码	*外商投资财产(划"√")	□是　□否
☑合同	□到货通知	04002 VANCOUVER C/NO.1-3400	*检验检疫费	
☑发票	☑装箱单			
☑提/运货单	□质保书			
□兽医卫生证书	□理货清单		总金额(人民币元)	
□植物检疫证书	□磅码单			
□动物检疫证书	□验收报告		计费人	
□卫生证书	□______			
□原产地证	□______		收费人	
□许可/审批文件	□______			

报检人郑重声明: 1.本人被授权报检。 2.上列填写内容正确属实。 签名:Charles Herbert Best	领取证单	
	日期	
	签名	

注:有"*"号栏由出入境检验检疫机关填写　◆国家出入境检验检疫局制

[1-2(2000.1.1)]

表4.29 入境货物通关单

中华人民共和国出入境检验检疫

入境货物通关单

编号:STIPP000010

1.收货人 VANCOUVER OVERSEAS ECONOMIC TRADING CO.,LTD			5.标记及号码 04002 VANCOUVER C/NO.13-3400
2.发货人 QINGDAO YAGUAN WOOD CRAFTS CO.,LTD.			
3.合同/提(运)单号 W120110/STBLO000011		4.输出国家或地区 CHINA	
6.运输工具名称及号码 Zaandam/DY105-02		7.目的地 VANCOUVER	8.集装箱规格及数量 40′×10
9.货物名称及规格 WOODEN TEA SERVICE	10.HS编码 4419009990	11.申报总值 CAD 765000.00	12.数量/重量、包装数量及种类 1700SET 21080.000 KGS 3400 CAR TON

13.证明

上述货物业已报检/申报,请海关予放行。

签字:Sim Trade　　　　日期: 2012年2月2日

14.备注

16.进口报关

(1)进口商填制"进口货物报关单"(表4.30)。

(2)进口商备齐进口货物报关单、提货单、商业发票、装箱单、入境货物通关单、合同等文件,向海关投单报关。

(3)进口商向海关缴清各项税款,包括进口关税、增值税与消费税等。

(4)海关对货物查验合格后,放行。

表 4.30　中华人民共和国海关进口货物报关单

预录入编号：　　　　　　　　　　　　　　　　海关编号：

出口口岸 VANCOUVER PORT	备案号	进口日期 2012－01－31	申报日期 2012－2－02
经营单位 VANCOUVER OVERSEAS ECONOMIC TRADING CO.,LTD 0000000345	运输方式 江海运输	运输工具名称 Zaandam/DY105－02	提运单号 STBLN000013
收货单位 VANCOUVER OVERSEAS ECONOMIC TRADING CO.,LTD	贸易方式 一般贸易	征免性质 一般征税	征税比例

许可证号	起运国(地区) 中国		装货港 青岛港	境内货源地 VANCOUVER
批准文号	成交方式 CIF	运费	保费	杂费
合同协议号 W120110	件数 3400	包装种类 CARTON	毛重(公斤) 21080	净重(公斤) 17000
集装箱号	随附单据			用途

标记唛码及备注
04002
VANCOUVER
C/NO.1－3400

选择	项号	商品编号	商品名称、规格型号	数量及单位	原产国(地区)	单价	总价	币制	征免
○	1	4419009990	木制茶具 1SET/BOX， 5SET/CARTON	17000SET	CHINA	45	765000	CAD	一般征税

税费征收情况

录入员 Charle Herbert Best	录入单位 VANCOUVER OVERSEAS ECONOMIC TRADING CO.,LTD	兹声明以上申报无讹并承担法律责任	海关审单批注及放行日期(签章)	
报关员 Charles Herbert Best			审单	审价
单位地址 3388 Granville St. Vancouver		申报单位(签章)	征税	统计
邮编 560030	电话 604－736－3911	填制日期 2012－02－12	查验	放行

17. 提货

海关放行后，进口商即可至码头或货物存放地提取货物。

18. 付汇核销

进口商凭“贸易进口付汇到货核销表”（表 4.31）、“进口货物报关单”及“进口付汇核销单”到外汇管理局办理付汇核销。

表 4.31 贸易进口付汇到货核销表

2012 年 2 月贸易进口付汇到货核销表

进口单位名位：VANCOUVER OVERSEAS ECONOMIC TRADING CO.，LTD 进口单位编码：0000000345 核销表编号：STICE000012

付汇情况								报关到货情况							
序号	核销单号	备案表号	付汇币种金额	付汇日期	结算方式	付汇银行名称	应到货日期	报关单号	到货企业名称	报关币种金额	报关日期	与付汇差额		凭报关单付汇	备注
												退汇	其他		
1	STICA000012		CAD 765000	2012－01－20	L/C		2012－01－31		VANCOUVER OVERSEAS ECONOMIC TRADING CO.，LTD	CAD 76500	2012－02－				

付汇合计笔数：1	付汇合计金额：CAD 765000	到货报关合计笔数：	到货报关合计金额：	退汇合计金额：	凭报关单付汇合计金额：
至本月累计笔数：	至本月累计金额：	至本月累计笔数：	至本月累计金额：	至本月累计金额：	至本月累计金额：

填表人：Chades Herbert Best　　负责人：　　填表日期：2012 年 2 月 2 日

第二联：进口单位留存　　本核销表内容无讹

至此，进口商完成其全部责任和义务，顺利地收取了货物。进口商财务资料见图 4.12。

图 4.12

参考文献

[1] 杜建萍.国际贸易实务[M].武汉:武汉理工大学出版社,2009.
[2] 杨频.国际贸易实务[M].北京:北京大学出版社,2008.
[3] 潘天芹,杨加琤,潘冬青.新编国际结算教程[M].杭州:浙江大学出版社,2010.
[4] 孙敬宜.国际货运代理实务[M].北京:对外经济贸易大学出版社,2011.
[5] 刘珉.国际贸易实务实训教程[M].北京:对外经济贸易大学出版社,2009.
[6] 王维娜,李莹.国际贸易实务[M].哈尔滨:哈尔滨工业大学出版社,2011.
[7] 王茜,刘薇.国际贸易实务实训教程[M].北京:清华大学出版社,2011.
[8] 刘珉.国际货物贸易实务实训与练习[M].北京:对外经济贸易大学出版社,2009.
[9] 杜素音.国际商务单证实训教程[M].北京:北京交通大学出版社,2010.
[10] 刘铁敏.国际结算[M].北京:清华大学出版社,2011.
[11] 朱华兵.进出口业务模拟实用教程[M].北京:中国广播电视出版社,2008.
[12] 陈岩.海关理论与实务[M].南京:东南大学出版社,2010.
[13] 李庆祥.外贸业务与单证实务[M].上海:南海出版公司,2007.
[14] 邵红万.国际商务单证实训教程[M].南京:东南大学出版社,2009.
[15] 常改姣.国际贸易实务实训教程[M].上海:上海交通大学出版社,2010.
[16] 张志.国际贸易实务实训教程[M].天津:天津大学出版社,2010.
[17] 王胜华.国际商务单证操作实训教程[M].重庆:重庆大学出版社,2008.
[18] 吴雷.海关实务[M].北京:北京大学出版社,2008.
[19] 韩晶玉,李辉.国际贸易实务实训教程[M].大连:东北财经大学出版社,2009.
[20] 孙跃兰.海关报关实务[M].北京:机械工业出版社,2008.
[21] 姚长佳.报关实训教程[M].大连:大连理工大学出版社,2008.
[22] 张君斐.国际贸易实务实训教程[M].北京:中国农业大学出版社,2009.
[23] 徐冬梅.国际贸易理论与实务[M].上海:上海财经大学出版社,2008.
[24] 罗凤翔.报关业务实训教程[M].北京:中国商务出版社,2008.
[25] 孟祥年.国际货物贸易实务实训与练习[M].北京:对外经济贸易大学出版社,2007.